面向新工科普通高等教育系列教材

基于 STM32Cube 的嵌入式系统应用

李正军　李潇然　编著

机械工业出版社

本书以"新工科"教育理念为指导，以产教融合为突破口，面向产业需求，全面重构课程内容，引入产业界的最新技术。从科研、教学和工程实际应用出发，全面系统地讲述了基于 STM32CubeMX 和 HAL 库的嵌入式系统设计与应用实例。

全书共 12 章，主要内容包括：绪论、STM32 嵌入式微控制器与最小系统设计、STM32CubeMX 的应用、嵌入式开发环境的搭建、STM32 通用输入/输出接口、STM32 中断系统、STM32 定时器系统、STM32 通用同步/异步收发器、STM32 SPI 控制器、STM32 I2C 控制器、STM32 模/数转换器和 STM32 DMA 控制器。全书内容丰富、体系先进、结构合理、理论与实践相结合，尤其注重工程应用技术的讲解。

通过阅读本书，读者可以掌握 STM32Cube 开发方式和工具软件的使用，掌握基于 HAL 库的 STM32F103 系统功能和常用外设的编程开发方法。

本书可作为高等院校自动化、机器人、自动检测、机电一体化、人工智能、电子与电气工程、计算机应用、信息工程、物联网等相关专业的本、专科教材，也适合作为 STM32 嵌入式系统开发人员的参考书。

本书配有程序代码、电子课件、教学大纲、习题答案、试卷及答案等资源，欢迎选用本书作为教材的教师登录 www.cmpedu.com 注册下载。

图书在版编目（CIP）数据

基于 STM32Cube 的嵌入式系统应用 / 李正军，李潇然编著 . —北京：机械工业出版社，2023.10（2024.12 重印）

面向新工科普通高等教育系列教材

ISBN 978-7-111-73669-1

Ⅰ. ①基… Ⅱ. ①李… ②李… Ⅲ. ①微处理器-高等学校-教材 Ⅳ. ①TP332.3

中国国家版本馆 CIP 数据核字（2023）第 151743 号

机械工业出版社（北京市百万庄大街 22 号 邮政编码 100037）

策划编辑：李馨馨 责任编辑：李馨馨 侯 颖
责任校对：张晓蓉 陈 越 责任印制：邓 博

北京盛通数码印刷有限公司印刷

2024 年 12 月第 1 版第 3 次印刷
184mm×260mm · 19.25 印张 · 502 千字
标准书号：ISBN 978-7-111-73669-1
定价：69.00 元

电话服务 网络服务

客服电话：010-88361066 机 工 官 网：www.cmpbook.com
010-88379833 机 工 官 博：weibo.com/cmp1952
010-68326294 金 书 网：www.golden-book.com
封底无防伪标均为盗版 机工教育服务网：www.cmpedu.com

前　言

随着物联网和智能系统的快速发展，嵌入式已成为当前热门且极具发展前景的 IT 应用领域之一，新技术、新应用层出不穷。当前，部分高校还在使用传统的 MCS-51 单片机进行教学，这款芯片已经问世 40 多年，其工作频率较低，片内资源匮乏，无法适应实时操作系统、物联网、云计算及人工智能等新技术的应用要求。

嵌入式系统的发展确实超乎人们的想象。从早期的 8 位单片机，到目前主流的 32 位单片机，其应用已渗透于生产、生活的各个方面。作为 ARM 的一个典型系列，STM32 以其较高的性能和优越的性价比，毫无疑问地成为 32 位单片机市场的主流。把 STM32 引入大学的培养体系，已经成为高校广大师生的普遍共识和共同实践。

ST 有限公司为开发者提供了非常方便的开发库，有标准外设库（SPL 库）、HAL 库（Hardware Abstraction Layer，硬件抽象层库）、LL 库（Low-Layer，底层库）三种。第一种是 ST 的老库，已经停止更新了，后两种是 ST 现在主推的开发库。

相比标准外设库，STM32Cube HAL 库表现出更高的抽象整合水平。HAL 库的 API 重点关注各外设的公共函数功能，这样便于定义一套通用的、用户友好的 API 函数接口，从而可以轻松实现从一个 STM32 产品移植到另一个不同的 STM32 系列产品。HAL 库是 ST 有限公司未来主推的库，ST 有限公司新出的芯片已经没有标准库了，比如 F7 系列。目前，HAL 库已经支持 STM32 全线产品。

HAL 库有以下特点：

（1）最大可移植性。

（2）提供了一整套的中间件组件，如 RTOS、USB、TCP / IP 和图形等。

（3）通用的、用户友好的 API 函数接口。

（4）HAL 库已经支持 STM32 全线产品。

有鉴于此，本书以"新工科"教育理念为指导，以产教融合为突破口，面向产业需求，全面重构课程内容，引入产业界的最新技术。选用产业界主流的微控制器 STM32F1 为硬件平台，并结合开发工具 STM32CubeMX 及 HAL 库进行嵌入式系统开发。用户只需要利用图形化界面完成芯片配置就可以自动生成初始化代码及应用程序的基本框架，再利用 HAL 库提供的接口函数完成应用代码的编写。

STM32Cube 生态系统已经完全抛弃了早期的标准外设库，STM32 系列 MCU 都提供 HAL 固件库及其他一些扩展库。STM32Cube 生态系统的两个核心软件是 STM32CubeMX 和 STM32CubeIDE，且都是由 ST 官方免费提供的。使用 STM32CubeMX 可进行 MCU 的系统功能和外设图形化配置，能生成 MDK-ARM 或 STM32CubeIDE 项目框架代码，包括系统初始化代码和已配置外设的初始化代码。如果用户想在生成的 MDK-ARM 或 STM32CubeIDE 初始项目的基础上添加自己的应用程序代码，只需把用户代码写在代码沙箱段内，就可以在 STM32CubeMX 中修改 MCU 设置，重新生成代码，而不会影响用户已经添加的程序代码。

由于目前多数用户熟悉的开发方式是 Keil MDK，本书只讲述 STM32CubeMX+HAL+Keil

MDK 开发方式。使用标准库的主要劣势是每次修改 MCU 功能的时候，都需要手动修改功能，而且手动修改也不能保证程序的正确性，因为代码在不同的 MCU 之间的移植方法是不一样的，也就是说标准库是针对某一系列芯片的，没有什么可移植性。例如 STM32F1 和 STM32F4 的标准库在文件结构上就有些不同；此外，在内部的布线上也稍微有些区别，在移植的时候需要格外注意。HAL 库是 ST 有限公司目前主推的开发库，其更新速度比较快，可以通过官方推出的 STM32CubeMX 工具直接一键生成代码，大大缩短了开发周期。使用 HAL 库的优势主要就是不需要开发工程师再设计所用的 MCU 的型号，只需要专注于所需功能的软件开发工作即可。

本书共分 12 章。第 1 章对嵌入式系统进行了概述，介绍了嵌入式系统的组成、嵌入式系统的应用领域、嵌入式系统的体系、嵌入式微处理器的分类、ARM 嵌入式微处理器、嵌入式系统的设计方法和嵌入式系统的发展；第 2 章介绍了 STM32 嵌入式微控制器与最小系统设计，包括 STM32F1 系列产品系统架构和 STM32F103ZET6 内部架构、STM32F103ZET6 的时钟结构、STM32F103VET6 最小系统设计；第 3 章讲述了 STM32CubeMX 的应用；第 4 章讲述了嵌入式开发环境的搭建；第 5 章讲述了 STM32 通用输入/输出接口、采用 STM32CubeMX 和 HAL 库的 GPIO 输出应用实例、采用 STM32CubeMX 和 HAL 库的 GPIO 输入应用实例；第 6 章讲述了 STM32 中断系统、STM32F1 外部中断设计流程和采用 STM32CubeMX 和 HAL 库的外部中断设计实例；第 7 章讲述了 STM32 定时器系统、采用 STM32CubeMX 和 HAL 库的定时器应用实例；第 8 章讲述了 STM32 USART 串行通信、采用 STM32CubeMX 和 HAL 库的 USART 串行通信应用实例；第 9 章讲述了 STM32 SPI 控制器、采用 STM32CubeMX 和 HAL 库的 SPI 应用实例；第 10 章讲述了 STM32 I2C 控制器、采用 STM32CubeMX 和 HAL 库的 I2C 应用实例；第 11 章讲述了 STM32 模/数转换器、采用 STM32CubeMX 和 HAL 库的 ADC 应用实例；第 12 章讲述了 STM32 DMA 控制器、采用 STM32CubeMX 和 HAL 库的 DMA 应用实例。

本书结合作者多年的科研和教学经验，遵循循序渐进、理论与实践并重、共性与个性兼顾的原则，将理论实践一体化的教学方式融入其中。书中实例开发过程用到的是目前使用最广的"正点原子 STM32F103 战舰开发板"，且均进行了调试。读者也可以结合现有的开发板开展实验，均能获得实验结果。

本书数字资源丰富，配有程序代码、电子课件、教学大纲、习题答案、试卷及答案等。读者可以到机械工业出版社网站（http://www.cmpedu.com）上下载。

由于编者水平有限，书中错误和不妥之处在所难免，敬请广大读者不吝指正。

编 者

目　录

第1章 绪 论

本章对嵌入式系统进行介绍，主要内容包括嵌入式系统的组成、嵌入式系统的软件、嵌入式系统的分类、嵌入式系统的应用领域、嵌入式系统的体系、嵌入式微处理器的分类、ARM 嵌入式微处理器、ARM Cortex-M3 的调试、嵌入式系统的设计方法和嵌入式系统的发展。

1.1 嵌入式系统

随着计算机技术的不断发展，计算机的处理速度越来越快，存储容量越来越大，外围设备的性能越来越强，满足了高速数值计算和海量数据处理的需要，形成了高性能的通用计算机系统。

以往按照计算机的体系结构、运算速度、结构规模、适用领域，将计算机分为大型机、中型机、小型机和微型机，并以此来组织学科和产业分工，这种分类沿袭了约 40 年。近 20 年来，随着计算机技术的迅速发展，以及计算机技术和产品对其他行业的广泛渗透，以应用为中心的分类方法变得更为切合实际。

下面来介绍嵌入式系统的定义。

电气与电子工程师学会（IEEE）定义的嵌入式系统（Embedded Systems）是"用于控制、监视或者辅助操作机器和设备运行的装置"（原文为 devices used to control，monitor，or assist the operation of equipment，machinery）。这主要是从应用层面定义的，从中可以看出，嵌入式系统是软件和硬件的综合体，还可以涵盖机械等附属装置。

国内普遍认同的嵌入式系统的定义是，以计算机技术为基础，以应用为中心，软件、硬件可剪裁，适合应用系统对功能可靠性、成本、体积、功耗严格要求的专业计算机系统。在构成上，嵌入式系统以微控制器及软件为核心部件，两者缺一不可；在特征上，嵌入式系统具有方便、灵活地嵌入到其他应用系统的特征，即具有很强的可嵌入性。

按嵌入式微控制器的类型划分，嵌入式系统可分为以单片机为核心的嵌入式单片机系统、以工业计算机板为核心的嵌入式计算机系统、以 DSP 为核心组成的嵌入式数字信号处理器系统，以及以 FPGA 为核心的嵌入式 SOPC（System on a Programmable Chip，可编程片上系统）等。

嵌入式系统在含义上与传统的单片机系统和计算机系统有很多重叠部分。为了方便区分，在实际应用中，嵌入式系统还应该具备下述三个特征。

1）嵌入式系统的微控制器通常是由 32 位及以上的 RISC（Reduced Instruction Set Computer，精简指令集计算机）处理器组成的。

2）嵌入式系统的软件系统通常是以嵌入式操作系统为核心，外加用户应用程序。

3）嵌入式系统在特征上具有明显的可嵌入性。

嵌入式系统应用经历了无操作系统、单操作系统、实时操作系统和面向 Internet 四个阶段。21 世纪无疑是一个网络的时代，互联网的快速发展及广泛应用为嵌入式系统的发展及应用提供了良好的机遇。"人工智能"这一技术早已人尽皆知，而嵌入式在其发展过程中扮演着重要角色。

嵌入式系统的广泛应用和互联网的发展促使物联网概念诞生。设备与设备、设备与人以及人与人之间要求实时互联，这导致了大量数据的产生。大数据一度成为科技前沿，每天世界各地的数据量呈指数增长，数据远程分析成为必然要求，云计算应运而生。数据存储、传输、分析等技术的发展无形中催生了人工智能，因此人工智能看似突然出现在大众视野，实则经历了近半个多世纪的漫长发展，其制约因素之一就是大数据。而嵌入式系统正是获取数据的最关键的系统之一。人工智能的发展可以说是嵌入式系统发展的产物，同时人工智能的发展要求更多、更精准的数据，以及更快、更方便的数据传输。这又促进了嵌入式系统的发展。嵌入式系统和人工智能两者相辅相成，嵌入式系统必将进入一个更加快速的发展时期。

1.1.1 嵌入式系统概述

嵌入式系统的发展大致经历了以下三个阶段。

1）以嵌入式微控制器为基础的初级嵌入式系统。

2）以嵌入式操作系统为基础的中级嵌入式系统。

3）以 Internet 和 RTOS 为基础的高级嵌入式系统。

嵌入式技术与 Internet 技术的结合正推动着嵌入式系统的飞速发展，为嵌入式系统市场展现出了美好的前景，也对嵌入式系统的生产厂商提出了新的挑战。

通用计算机具有计算机的标准形式，通过装配不同的应用软件，应用在各个领域。例如，在办公室、家庭中广泛使用的个人计算机（PC）就是通用计算机最典型的代表。

而嵌入式计算机则是以嵌入式系统的形式隐藏在各种装置、产品和系统中。在许多应用领域，如工业控制、智能仪器仪表、家用电器、电子通信设备等，对嵌入式计算机的应用有着不同的要求。主要要求如下。

1）能面对控制对象，例如面对物理量传感器的信号输入、面对人机交互的操作控制、面对对象的伺服驱动和控制。

2）可嵌入应用系统。由于其体积小、功耗低、价格低廉，可方便地嵌入应用系统和电子产品中。

3）能在工业现场环境中长时间可靠运行。

4）控制功能优良。能及时地捕捉外部的各种模拟和数字信号，对多种不同的控制对象能灵活地进行实时控制。

可以看出，满足上述要求的计算机系统与通用计算机系统是不同的。换句话讲，能够满足和适合以上这些应用的计算机系统与通用计算机系统在应用目标上存在巨大的差异。一般将具备高速计算能力和海量存储能力，用于高速数值计算和海量数据处理的计算机系统称为通用计算机系统。而将面对工控领域对象，嵌入各种控制应用系统、各类电子系统和电子产品中，实现嵌入式应用的计算机系统称为嵌入式计算机系统，简称嵌入式系统。

嵌入式系统将应用程序和操作系统与计算机硬件集成在一起，简单地讲，就是系统的应用软件与系统的硬件一体化。这种系统具有软件代码小、高度自动化、响应速度快等特点，特别适用于面向对象的要求实时和多任务的应用。

特定的环境和特定的功能要求嵌入式系统与所嵌入的应用环境成为一个统一的整体，并且往往要满足紧凑、可靠性高、实时性好、功耗低等技术要求。面向具体应用的嵌入式系统，以及系统的设计方法和开发技术，构成了今天嵌入式系统的重要内涵，也是嵌入式系统发展成为一个相对独立的计算机研究和学习领域的原因。

1.1.2 嵌入式系统和通用计算机系统的比较

作为计算机系统的不同分支，嵌入式系统和人们熟悉的通用计算机系统既有共性也有差异。

1. 嵌入式系统和通用计算机系统的共同点

嵌入式系统和通用计算机系统都属于计算机系统，从系统组成上讲，它们都是由硬件和软件构成的；它们的工作原理是相同的，都是存储程序机制。从硬件上看，嵌入式系统和通用计算机系统都是由 CPU、存储器、I/O 接口和中断系统等部件组成；从软件上看，嵌入式系统软件和通用计算机系统软件都可以划分为系统软件和应用软件两类。

2. 嵌入式系统和通用计算机系统的不同点

作为计算机系统的一个分支，嵌入式系统与人们熟悉和常用的通用计算机系统相比又具有以下不同点。

1）形态。通用计算机系统具有基本相同的外形（如主机、显示器、鼠标和键盘等）并且独立存在；而嵌入式系统通常隐藏在具体某个产品或设备（称为宿主对象，如空调、洗衣机、数字机顶盒等）中，它的形态随着产品或设备的不同而不同。

2）功能。通用计算机系统一般具有通用而复杂的功能，任意一台通用计算机都具有文档编辑、影音播放、娱乐游戏、网上购物和通信聊天等通用功能；而嵌入式系统嵌入在某个宿主对象中，功能由宿主对象决定，具有专用性，通常是为某个应用而量身定做的。

3）功耗。目前，通用计算机系统的功耗一般为 200W 左右；而嵌入式系统的宿主对象通常是小型应用系统，如手机和智能手环等，这些设备不可能配置容量较大的电源，因此，低功耗一直是嵌入式系统追求的目标，如日常生活中使用的智能手机，其待机功耗一般在 100～200mW，即使在通话时功耗也只有 4～5W。

4）资源。通用计算机系统通常拥有大而全的资源（如鼠标、键盘、硬盘、内存条和显示器等）；而嵌入式系统受限于嵌入的宿主对象（如手机、智能手环等），通常要求小型化和低功耗，其软/硬件资源受到严格的限制。

5）价值。通用计算机系统的价值体现在"计算"和"存储"上，计算能力（处理器的字长和主频等）和存储能力（内存和硬盘的大小和读取速度等）是通用计算机的通用评价指标；而嵌入式系统往往嵌入在某个设备和产品中，其价值一般不取决于其内嵌的处理器的性能，而体现在它所嵌入和控制的设备。例如一台智能洗衣机往往用洗净比、洗涤容量和脱水转速等来衡量，而不以其内嵌的微控制器的运算速度和存储容量等来衡量。

1.1.3　嵌入式系统的特点

通过嵌入式系统的定义和嵌入式系统与通用计算机系统的比较可以看出，嵌入式系统具有以下特点。

1. 专用性强

嵌入式系统通常是针对某种特定的应用场景，与具体应用密切相关，其硬件和软件都是面向特定产品或任务而设计的。不但一种产品中的嵌入式系统不能应用到另一种产品中，甚至都不能嵌入同一种产品的不同系列。例如，洗衣机的控制系统不能应用到洗碗机中，甚至不同型号洗衣机中的控制系统也不能相互替换。因此，嵌入式系统具有很强的专用性。

2. 可裁剪性

受限于体积、功耗和成本等因素，嵌入式系统的硬件和软件必须高效率地设计，根据实际应用需求量体裁衣，去除冗余，从而使系统在满足应用要求的前提下达到最精简的配置。

3. 实时性好

许多嵌入式系统应用于宿主系统的数据采集、传输与控制过程时，需要具有较好的实时性。

例如，现代汽车中的制动器和安全气囊控制系统、武器装备中的控制系统、某些工业装置中的控制系统等，这些应用对实时性有着极高的要求，一旦达不到应有的实时性，就有可能造成极其严重的后果。另外，虽然有些系统本身的运行对实时性要求不是很高，但实时性也会对用户体验产生影响。例如，应避免人机交互和遥控反应迟钝等情况。

4．可靠性高

嵌入式系统的应用场景多种多样，面对复杂的应用环境，嵌入式系统应能够长时间稳定、可靠地运行。

5．体积小、功耗低

由于嵌入式系统要嵌入具体的应用对象体中，其体积大小受限于宿主对象，所以对体积有着严格的要求。例如，心脏起搏器的大小就像一粒胶囊。再如，2020 年 8 月，埃隆·马斯克发布的拥有 1024 个信道的 Neuralink 脑机接口只有一枚硬币大小。同时，由于嵌入式系统运行在移动设备、可穿戴设备，以及无人机、人造卫星等这样的应用设备中，不可能配置交流电源或大容量的电池，因此低功耗也往往是嵌入式系统所追求的一个重要指标。

6．注重制造成本

与其他商品一样，制造成本会对嵌入式系统设备或产品在市场上的竞争力有很大的影响。同时，嵌入式系统产品通常会进行大量生产，例如，现在的消费类嵌入式系统产品，通常的年产量会在百万数量级、千万数量级，甚至亿数量级。节约单个产品的制造成本，意味着总制造成本的海量节约，会产生可观的经济效益。因此注重嵌入式系统的硬件和软件的高效设计，量体裁衣、去除冗余，在满足应用需求的前提下有效地降低单个产品的制造成本，也成为嵌入式系统所追求的重要目标之一。

7．生命周期长

随着计算机技术的飞速发展，像台式计算机、笔记本计算机及智能手机这样的通用计算机系统的更新换代速度大大加快，更新周期通常为 18 个月。然而，嵌入式系统和实际具体应用装置或系统紧密结合，一般会伴随具体嵌入的产品维持 8～10 年，甚至更长的使用时间，其升级换代往往是和宿主对象系统同步进行的。因此，相较于通用计算机系统而言，嵌入式系统产品一旦进入市场后，不会像通用计算机系统那样频繁换代，通常具有较长的生命周期。

8．不可垄断性

代表传统计算机行业的 Wintel（Windows-Intel）联盟统治台式计算机市场长达 30 多年，形成了事实上的市场垄断。而嵌入式系统是将先进的计算机技术、半导体电子技术和网络通信技术与各个行业的具体应用相结合后的产物，其拥有更为广阔和多样化的应用市场，行业细分市场极其宽泛，这一点就决定了嵌入式系统必然是一个技术密集、资金密集、高度分散、不断创新的知识集成系统。特别是 5G 技术、物联网技术及人工智能技术与嵌入式系统的融合，催生了嵌入式系统创新产品的不断涌现，给嵌入式系统产品的设计与研发提供了广阔的市场空间。

1.2　嵌入式系统的组成

嵌入式系统是一个在功能、可靠性、成本、体积和功耗等方面有严格要求的专用计算机系统，也具有一般计算机组成结构的共性。从总体上看，嵌入式系统的核心部分由嵌入式硬件和嵌入式软件组成；而从层次结构上看，嵌入式系统可划分为硬件层、驱动层、操作系统层和应用层四个层次。嵌入式系统的组成结构如图 1-1 所示。

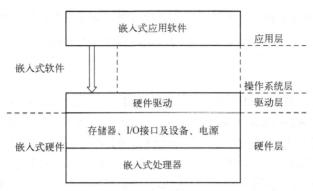

图 1-1 嵌入式系统的组成结构

嵌入式硬件（硬件层）是嵌入式系统的物理基础，主要包括嵌入式处理器、存储器、输入/输出（I/O）接口及设备和电源等。其中，嵌入式处理器是嵌入式系统的硬件核心，通常可分为嵌入式微处理器、嵌入式微控制器、嵌入式数字信号处理器及嵌入式片上系统等主要类型。

存储器是嵌入式系统硬件的基本组成部分，包括 RAM、Flash、EEPROM 等主要类型，承担着存储嵌入式系统程序和数据的任务。目前的嵌入式处理器中已经集成了较为丰富的存储器资源，同时也可通过 I/O 接口在嵌入式处理器外部扩展存储器。

I/O 接口及设备是嵌入式系统对外联系的纽带，负责与外部世界进行信息交换。I/O 接口主要包括数字接口和模拟接口两大类。数字接口又可分为并行接口和串行接口，模拟接口包括模数转换器（ADC）和数模转换器（DAC）。并行接口可以实现数据的所有位同时并行传输，传输速度快，但通信线路复杂，传输距离短。串行接口则按数据位顺序一位位传输，通信线路少，传输距离远，但传输速度相对较慢。常用的串行接口有通用同步/异步收发器（USART）接口、串行外设接口（SPI）、芯片间总线（P2C）接口，以及控制器局域网络（CAN）接口等，实际应用时可根据需要选择不同的接口类型。I/O 设备主要包括人机交互设备（按键、显示器件等）和机机交互设备（传感器、执行器等），可根据实际应用需求选择所需的设备类型。

嵌入式软件运行在嵌入式硬件平台之上，指挥嵌入式硬件完成嵌入式系统的特定功能。嵌入式软件包括硬件驱动（驱动层）、嵌入式操作系统（操作系统层）及嵌入式应用软件（应用层）三个层次。另外，有些系统还包含中间层，中间层也称为硬件抽象层（Hardware Abstract Layer，HAL）或板级支持包（Board Support Package，BSP）。对于底层硬件，它主要负责相关硬件设备的驱动；而对上层的嵌入式操作系统或应用软件，它提供了操作和控制硬件的规则与方法。嵌入式操作系统（操作系统层）是可选的，简单的嵌入式系统无须嵌入式操作系统的支持，由应用层软件通过驱动层直接控制硬件层完成所需功能，也称为"裸金属"（Bare-Metal）运行。对于复杂的嵌入式系统而言，应用层软件通常需要在嵌入式操作系统内核，以及文件系统、图形用户界面、通信协议栈等系统组件的支持下，完成复杂的数据管理、人机交互及网络通信等功能。

嵌入式处理器是一种在嵌入式系统中使用的微处理器。从体系结构来看，与通用 CPU 一样，嵌入式处理器也分为冯·诺依曼（Von Neumann）结构的嵌入式处理器和哈佛（Harvard）结构的嵌入式处理器。冯·诺依曼结构是一种将内部程序空间和数据空间合并在一起的结构，程序指令和数据的存储地址指向同一个存储器的不同物理位置，程序指令和数据的宽度相同，取指令和取操作数通过同一条总线分时进行。大部分通用处理器采用的是冯·诺依曼结构，也有不少嵌入式处理器采用冯·诺依曼结构，如 Intel 8086、ARM7、MIPS、PIC16 系列等。哈佛结构是一种将程序空间和数据空间分开在不同的存储器中的结构，每个空间的存储器独立编址、独立访问，设置了与两个空间存储器相对应的两套地址总线和数据总线，取指令和执行能够重叠进行，数据的吞吐率提高了一倍，同时指令和数据可以有不同的数据宽度。大多数嵌入式处理器采用的是哈佛结构或改进的哈佛结构，如 Intel 8051、Atmel AVR、ARM9、ARM10、ARM11、ARM Cortex-M3 等系列嵌入式处理器。

从指令集的角度看，嵌入式处理器也有复杂指令集（Complex Instruction Set Computer，CISC）和精简指令集（Reduced Instruction Set Computer，RISC）两种指令集架构。早期的处理器全部采用的是 CISC 架构，它的设计动机是要用最少的机器语言指令来完成所需的计算任务。为了提高程序的运行速度和软件编程的方便性，CISC 处理器不断增加可实现复杂功能的指令和多种灵活的寻址方式，使处理器所含的指令数目越来越多。然而指令数量越多，完成微操作所需的逻辑电路就越多，芯片的结构就越复杂，器件的成本也相应越高。相比之下，RISC 指令集是一套优化过的指令集架构，可以从根本上快速提高处理器的执行效率。在 RISC 处理器中，每一个机器周期都在执行指令，无论简单还是复杂的操作，均由简单指令的程序块完成。由于指令高度简约，RISC 处理器的晶体管规模普遍都很小而且性能强大。因此，继 IBM 公司推出 RISC 指令集架构和处理器产品后，众多厂商纷纷开发出自己的 RISC 指令系统，并推出自己的 RISC 架构处理器，如 DEC 公司的 Alpha、SUN 公司（已被 Oracle 收购）的 SPARC、HP 公司的 PA-RISC、MIPS 公司的 MIPS、ARM 公司的 ARM 等。RISC 处理器被广泛应用于消费电子产品、工业控制计算机和各类嵌入式设备中。RISC 处理器的热潮出现在 RISC-V 开源指令集架构推出后，涌现出了各种基于 RISC-V 架构的嵌入式处理器，如 SiFive 公司的 U54-MC Coreplex、GreenWaves Technologies 公司的 GAP8、Western Digital 公司的 SweRV EH1，国内的有睿思芯科（深圳）技术有限公司的 Pygmy、芯来科技（武汉有限公司）的 Hummingbird（蜂鸟）E203、晶心科技（武汉有限公司）的 AndeStar V5 和 AndesCore N22，以及平头哥半导体有限公司的玄铁 910 等。

1.3 嵌入式软件

嵌入式软件一般固化于嵌入式存储器中，是嵌入式系统的控制核心，控制着嵌入式系统的运行，实现嵌入式系统的功能。由此可见，嵌入式软件在很大程度上决定了整个嵌入式系统的价值。

从软件结构上划分，嵌入式系统的软件分为无操作系统和带操作系统两种。

1.3.1 无操作系统的嵌入式软件

对于通用计算机，操作系统是整个软件的核心，不可或缺；然而，对于嵌入式系统，由于其专用性，在某些情况下无需操作系统。尤其在嵌入式系统发展的初期，由于较低的硬件配置、单一的功能需求及有限的应用领域（主要集中在工业控制和国防军事领域），嵌入式软件的规模通常较小，没有专门的操作系统。

在组成结构上，无操作系统的嵌入式软件仅由引导程序和应用程序两部分组成，如图 1-2 所示。引导程序一般由汇编语言编写，在嵌入式系统上电后运行，完成自检、存储映射、时钟系统和外设接口配置等一系列硬件初始化操作。应用程序一般由 C 语言编写，直接架构在硬件之上，在引导程序之后运行，负责实现嵌入式系统的主要功能。

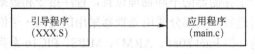

图 1-2 无操作系统嵌入式软件结构

1.3.2 带操作系统的嵌入式软件

随着嵌入式在各个领域的普及和深入应用，嵌入式系统也开始向多样化、智能化和网络化发展，其对功能、实时性、可靠性和可移植性等方面的要求越来越高，嵌入式软件日趋复杂，越来越多地采用嵌入式操作系统+应用软件的模式。相比无操作系统的嵌入式软件，带操作系统的嵌入式软件规模较大，其应用软件架构于嵌入式操作系统上，而非直接面对嵌入式硬件，可靠性高，开发周期短，易于移植和扩展，适用于功能复杂的嵌入式系统。

带操作系统的嵌入式软件的体系结构如图 1-3 所示，自下而上包括设备驱动层、操作系统层和应用软件层等。

图 1-3 带操作系统的嵌入式软件的体系结构

1.3.3 嵌入式操作系统的分类

按照嵌入式操作系统对任务响应的实时性来分类，嵌入式操作系统可以分为嵌入式非实时操作系统和嵌入式实时操作系统（RTOS）。这两类操作系统的主要区别在于任务调度处理方式不同。

1. 嵌入式非实时操作系统

嵌入式非实时操作系统主要面向消费类产品领域。大部分嵌入式非实时操作系统都支持多用户和多进程，负责管理众多的进程并为它们分配系统资源，属于不可抢占式操作系统。非实时操作系统尽量缩短系统的平均响应时间并提高系统的吞吐率，在单位时间内为尽可能多的用户请求提供服务，注重平均表现性能，不关心个体表现性能。例如，对于整个系统来说，注重所有任务的平均响应时间而不关心单个任务的响应时间；对于某个单个任务来说，注重每次执行的平均响应时间而不关心某次特定执行的响应时间。典型的非实时操作系统有 Linux、iOS 等。

2. 嵌入式实时操作系统

嵌入式实时操作系统主要面向控制、通信等领域。实时操作系统除了要满足应用的功能需求，还要满足应用提出的实时性要求，属于抢占式操作系统。嵌入式实时操作系统能及时响应外部事件的请求，并以足够快的速度予以处理，其处理结果能在规定的时间内控制、监控生产过程或对处理系统做出快速响应，并控制所有任务协调、一致地运行。因此，嵌入式实时操作系统采用各种算法和策略，始终保证系统行为的可预测性。这要求在系统运行的任何时刻、任何情况下，嵌入式实时操作系统的资源调配策略都能为争夺资源（包括 CPU、内存、网络带宽等）的多个实时任务合理地分配资源，使每个实时任务的实时性要求都能得到满足。嵌入式实时操作系统总是执行当前优先级最高的进程，直至结束，中间的时间通过 CPU 频率等可以推算出来。由于虚存技术访问时间的不可确定性，在嵌入式实时操作系统中一般不采用标准的虚存技术。典型的嵌入式实时操作系统有 VxWorks、μC/OS-III、QNX、FreeRTOS、eCOS、RTX 及 RT-Thread 等。

1.3.4 嵌入式实时操作系统的功能

嵌入式实时操作系统满足了实时控制和实时信息处理领域的需要，在嵌入式领域的应用十分广泛，一般有实时内核、内存管理、文件系统、图形用户界面、网络组件等。在不同的应用中，可对嵌入式实时操作系统进行剪裁和重新配置。一般来讲，嵌入式实时操作系统需要完成以下管理功能。

1. 任务管理

任务管理是嵌入式实时操作系统的核心和灵魂，决定了操作系统的实时性能。任务管理通常包含优先级设置、多任务调度机制和时间确定性等部分。

嵌入式实时操作系统支持多个任务，每个任务都具有优先级，任务越重要，被赋予的优先级就越高。优先级的设置分为静态优先级和动态优先级两种。静态优先级指的是每个任务在运行前都被赋予一个优先级，而且这个优先级在系统运行期间是不能改变的。动态优先级则是指每个任务的优先级（特别是应用程序的优先级）在系统运行时可以动态地改变。

任务调度主要是协调任务对计算机系统资源的争夺使用，任务调度直接影响系统的实时性能，一般采用基于优先级抢占式调度。系统中每个任务都有一个优先级，内核总是将 CPU 分配给处于就绪态的优先级最高的任务。如果系统发现就绪队列中有比当前运行任务更高的优先级任务，就会把当前运行任务置于就绪队列，调入高优先级任务运行。系统采用优先级抢占式调度，可以保证重要的突发事件得到及时处理。

嵌入式实时操作系统调用的任务与服务的执行时间应具有可确定性。系统服务的执行时间不依赖于应用程序任务的多少，因此，系统完成某个确定任务的时间是可预测的。

2. 任务同步与通信机制

实时操作系统的功能一般要通过若干任务和中断服务程序共同完成。任务与任务之间、任务与中断服务程序之间必须协调动作、互相配合，这就涉及任务间的同步与通信问题。嵌入式实时操作系统通常是通过信号量、互斥信号量、事件标志和异步信号来实现同步的，是通过消息邮箱、消息队列、流水线和共享内存来提供通信服务的。

3. 内存管理

通常在操作系统的内存中既有系统程序也有用户程序，为了使两者都能正常运行，避免程序间相互干扰，需要对内存中的程序和数据进行保护。存储保护通常需要硬件支持，很多系统都采用 MMU（Memory Management Unit，内存管理单元）结合软件实现这一功能；但由于嵌入式系统的成本限制，内核和用户程序通常都在相同的内存空间中。内存分配方式可分为静态分配和动态分配。静态分配是在程序运行前一次性分配给相应内存，并且在程序运行期间不允许再申请或在内存中移动；而动态分配则在程序运行的整个过程中进行内存分配。静态分配使系统失去了灵活性，但对实时性要求比较高的系统是必需的；而动态分配赋予了系统设计者更多的自主性，系统设计者可以灵活地调整系统的功能。

4. 中断管理

中断管理是实时系统中一个很重要的部分，系统经常通过中断与外部事件交互。评估系统的中断管理性能主要考虑其是否支持中断嵌套、中断处理、中断延时等。中断处理是整个运行系统中优先级最高的代码，它可以抢占任何优先级任务的运行。中断机制是多任务环境运行的基础，是系统实时性的保证。

1.3.5 典型的嵌入式操作系统

使用嵌入式操作系统主要是为了有效地对嵌入式系统的软/硬件资源进行分配、任务调度切换、中断处理，以及控制和协调资源与任务的并发活动。由于 C 语言可以更好地对硬件资源进行控制，嵌入式操作系统通常采用 C 语言来编写。当然，为了获得更快的响应速度，有时也需要采用汇编语言来编写一部分代码或模块，以达到优化的目的。嵌入式操作系统与通用操作系统相比在两个方面有很大的区别。一方面，通用操作系统为用户创建了一个操作环境，在这个环境中，用户可以和计算机相互交互，执行各种各样的任务；而嵌入式系统一般只是执行有限类型的特定任务，并且一般不需要用户干预。另一方面，在大多数嵌入式操作系统中，应用程序通常作为操作系统的一部分内置于操作系统中，随同操作系统启动时自动在 ROM 或 Flash 中运行；而在通用操作系统中，应用程序一般是由用户来选择加载到 RAM 中运行的。

随着嵌入式技术的快速发展，国内外先后问世了 150 多种嵌入式操作系统，较为常见的国外嵌入式操作系统有 μC/OS、FreeRTOS、Embedded Linux、VxWorks、QNX、RTX、Windows IoT Core 和 Android Things 等。虽然国产嵌入式操作系统发展相对滞后，但在物联网技术与应用的强劲推动下，国内厂商也纷纷推出了多种嵌入式操作系统，并得到了日益广泛的应用。目前较为常见的国产嵌入式操作系统有华为 LiteOS、华为 HarmonyOS、阿里 AliOS Things、翼辉 SylixOS 和睿赛德 RT-Thread 等。

1. 华为 LiteOS

LiteOS 是华为技术有限公司（简称华为）于 2015 年 5 月发布的轻量级开源物联网嵌入式操作系统，遵循 BSD-3 开源许可协议。其内核包括任务管理、内存管理、时间管理、通信机制、中断管理、队列管理、事件管理、定时器、异常管理等操作系统的基础组件。组件均可以单独运行。另外，它还提供了软件开发工具包 Lite OS SDK。目前，LiteOS 支持 ARM Cortex-M0/M3/M4/M7 等芯片架构，适配了包括 ST、NXP、GD、MindMotion、Silicon、Atmel 等主流开发商的开发板，具备零配置、自发现和自组网功能。

LiteOS 的特点主要包括：

1）高实时性、高稳定性。

2）超小内核，基础内核体积可以裁剪至不到 10KB。

3）低功耗，最低功耗可在 μW 级。

4）支持动态加载和分散加载。

5）支持功能静态裁剪。

6）开发门槛低，设备布置以及维护成本低，开发周期短，可广泛应用于智能家居、个人穿戴、车联网、城市公共服务、制造业等领域。

2. 华为 HarmonyOS（鸿蒙 OS）

HarmonyOS 是华为推出的基于微内核的全场景分布式嵌入式操作系统。2017 年推出 1.0 版本，2020 年 9 月迭代到 2.0 版本。HarmonyOS 采用了微内核设计，通过简化内核功能，使内核只提供多进程调度和多进程通信等最基础的服务，而让内核之外的用户态尽可能多地实现系统服务，同时添加了相互之间的安全保护，拥有更强的安全特性和更低的时延。HarmonyOS 使用确定时延引擎和高性能进程间通信（IPC）两大技术来解决现有系统性能不足的问题。其确定时延引擎可在任务执行前分配系统中任务执行优先级及时限，优先级高的任务资源将优先保障调度，同时微内核结构小巧的特性使 IPC 性能大大提高。HarmonyOS 的"分布式 OS 架构"和"分布式软总线技术"具备公共通信平台、分布式数据管理、分布式能力调度和虚拟外设四大功能，能够将分布式应用底层技术的实现难度对应用开发者进行屏蔽，使开发者能够聚焦自身业务逻辑，像开发同一终端应用那样开发跨终端分布式应用，实现跨终端的无缝协同。HarmonyOS 2.0 已在智慧屏、手表/手环和手机上获得应用，并将覆盖到音箱、耳机及 VR 眼镜等应用产品中。

3. 阿里 AliOS Things

AliOS Things 是阿里巴巴集团控股有限公司（简称阿里）面向物联网（IoT）领域推出的轻量级开源物联网嵌入式操作系统。2017 年 11 月发布 1.1.0 版本，2020 年 4 月迭代到 3.1.0 版本。除操作系统内核外，AliOS Things 包含了硬件抽象层、板级支持包、协议栈、中间件、AOS API 及应用示例等组件，支持各种主流的 CPU 架构，包括 ARM Cortex-M0+/M3/M4/M7/A7/A53/A72、RISC-V、C-SKY、MIPS-I 和 Renesas 等。AliOS Things 采用了阿里自主研发的高效实时嵌入式操作系统内核，该内核与应用在内存及硬件的使用上进行严格隔离，在保证系统安全性的同时，具备极致性能，如极简开发、云端一体、丰富组件、安全防护等关键功能。AliOS Things 支持终端设备到阿里云 Link 的连接，可广泛应用在智能家居、智慧城市、新出行等领域，正在成长为国产自主可控、云端一体化的新型物联网嵌入式操作系统。截至 2020 年，AliOS Things 已应用于互联网汽车、智能电视、智能手机、智能手表等不同终端，搭载设备的数量累计已超过 1 亿部，正在逐步形成强大的阿里云 IoT 生态。

4. 翼辉 SylixOS

SylixOS 是由北京翼辉信息技术有限公司推出的开源嵌入式实时操作系统。从 2006 年开始研发，经过多年的持续开发与改进，已成为一个功能全面、稳定可靠、易于开发的大型嵌入式实时操作系统平台。翼辉 SylixOS 采用小巧的硬实时内核，支持 256 个优先级抢占式调度和优先级继承，支持虚拟进程和无限多任务数，调度算法先进、高效、性能强劲。目前，它已支持 ARM、MIPS、PowerPC、x86、SPARC、DSP、RISC-V、C-SKY 等架构的处理器，包括主流国产的飞腾全系列、龙芯全系列、中天微 CK810、兆芯全系列等处理器，同时支持对称多处理器（SMP）平台，并针对不同的处理器提供优化的驱动程序，提高了系统的整体性能。SylixOS 支持 TPSFS（掉电安全）、FAT、YAFFS、ROOTFS、PROCFS、NFS、ROMFS 等多种常用文件系统，以及 Qt、MicroWindows、μC/GUI 等第三方图形库。SylixOS 还提供了完善的网络功能及丰富的网络工具。此外，SylixOS 的应用编程接口符合 GJB 7714—2012《军用嵌入式实时操作系统应用编程接口》和 IEEE、ISO、IEC 相关操作系统的编程接口规范，用户现有应用程序可以很方便地进行迁移。目前，SylixOS 的应用已覆盖网络设备、国防安全、工业自动化、轨道交通、电力、医疗、航空航天、汽车电子等诸多领域。

5. 睿赛德 RT-Thread

RT-Thread 的全称是 Real Time-Thread，是由上海睿赛德电子科技有限公司推出的一个开源嵌入式实时多线程操作系统。3.1.0 及以前的版本遵循 GPL V2+开源许可协议，从 3.1.0 以后的版本遵循 Apache License 2.0 开源许可协议。RT-Thread 主要由内核层、组件与服务层、软件包三个部分组成。其中，内核层包括 RT-Thread 内核和 Libcpu/BSP（芯片移植相关文件/板级支持包）。RT-Thread 内核是整个操作系统的核心部分，包括多线程及其调度、信号量、邮箱、消息队列、内存管理、定时器等内核系统对象的实现，而 Libcpu/BSP 与硬件密切相关，由外设驱动和 CPU 移植构成。组件与服务层是 RT-Thread 内核之上的上层软件，包括虚拟文件系统、FinSH 命令行界面、网络框架、设备框架等，采用模块化设计，实现组件内部高内聚、组件之间低耦合。软件包是运行在操作系统平台上且面向不同应用领域的通用软件组件，包括物联网相关的软件包、脚本语言相关的软件包、多媒体相关的软件包、工具类软件包、系统相关的软件包，以及外设库与驱动类软件包等。RT-Thread 支持所有主流的 MCU（Micro Controller Unit，微控制单元）架构，如 ARM Cortex-M/R/A、MIPS、x86、Xtensa、C-SKY、RISC-V，即支持市场上几乎所有主流的 MCU 和 WiFi 芯片。相较于 Linux 操作系统，RT-Thread 具有实时性高、占用资源少、体积小、功耗低、启动快速等特点,适用于各种资源受限的场合。经过多年的发展,RT-Thread 已经拥有一个国内较大的嵌入式开源社区,同时被广泛应用于能源、车载、医疗、消费电子等许多领域。

6. μC/OS-II

μC/OS-II(Micro-Controller Operating System II)是一种基于优先级的可抢占式的硬实时内核。它属于一个完整、可移植、可固化、可裁剪的抢占式多任务内核,具有任务调度、任务管理、时间管理、内存管理和任务间的通信和同步等基本功能。μC/OS-II 嵌入式系统可用于各类 8 位单片机、16 位和 32 位微控制器和数字信号处理器。

μC/OS-II 源于 Jean J. Labrosse 在 1992 年编写的一个嵌入式多任务实时操作系统(RTOS),1999 年重新命名为μC/OS-II,并在 2000 年被美国航空管理局认证。μC/OS-II 系统具有足够的安全性和稳定性,可以运行在诸如航天器等对安全要求极为苛刻的系统之上。

μC/OS-II 系统是专门为计算机的嵌入式应用而设计的。μC/OS-II 系统中 90%的代码是用 C 语言编写的,CPU 硬件相关部分是用汇编语言编写的,只有约 200 行,便于移植到任何一种其他的 CPU 上。用户只要有标准的 ANSI⊖C 交叉编译器,有汇编器、链接器等软件工具,就可以将μC/OS-II 系统嵌入所要开发的产品中。μC/OS-II 系统具有执行效率高、占用空间小、实时性能优良和可扩展性强等特点,目前几乎已经移植到了所有知名的 CPU 上。

μC/OS-II 系统的主要特点如下。

1)开源性。μC/OS-II 系统的源代码全部公开,用户可直接登录官方网站下载,网站上公布了针对不同微处理器的移植代码。用户也可以从有关出版物上找到详尽的源代码讲解和注释。这样系统变得透明,极大地方便了μC/OS-II 系统的开发,提高了开发效率。

2)可移植性。绝大部分μC/OS-II 系统的源码是用移植性很强的 ANSI C 语句编写的,而与微处理器硬件相关的部分则是用汇编语言写的。用汇编语言编写的部分已经压缩到最小限度,这样μC/OS-II 系统便于移植到其他微处理器上。

μC/OS-II 系统能够移植到多种微处理器上的条件是,只要该微处理器有堆栈指针,有 CPU 内部寄存器入栈、出栈指令。另外,使用的 C 编译器必须支持内嵌汇编(In-line Assembly)或者该 C 语言可扩展、可链接汇编模块,使得关中断、开中断能在 C 语言程序中实现。

3)可固化。μC/OS-II 系统是为嵌入式应用而设计的,只要具备合适的软、硬件工具,μC/OS-II 系统就可以嵌入产品中,成为产品的一部分。

4)可裁剪。用户可以根据自身需求只使用μC/OS-II 系统中应用程序需要的系统服务。这种可裁剪性是靠条件编译实现的。只要在应用程序中(用#define constants 语句)定义哪些μC/OS-II 系统中的功能是应用程序需要的就可以了。

5)抢占式。μC/OS-II 系统是完全抢占式的实时内核。μC/OS-II 系统总是运行就绪条件下优先级最高的任务。

6)多任务。μC/OS-II 系统 2.8.6 版本可以管理 256 个任务,目前预留 8 个给系统,因此应用程序最多可有 248 个任务。系统赋予每个任务的优先级是不同的,μC/OS-II 系统不支持时间片轮转调度法。

7)可确定性。μC/OS-II 系统全部的函数调用与服务的执行时间都具有可确定性。也就是说,μC/OS-II 系统的所有函数调用与服务的执行时间是可知的。进而言之,μC/OS-II 系统服务的执行时间不依赖于应用程序任务的多少。

⊖ ANSI: American National Standards Institute,美国国家标准学会。

8）任务栈。μC/OS-II 系统的每一个任务有自己单独的栈，μC/OS-II 系统允许每个任务有不同的栈空间，以便压低应用程序对 RAM 的需求。使用μC/OS-II 系统的栈空间校验函数，可以确定每个任务到底需要多少栈空间。

9）系统服务。μC/OS-II 系统提供很多系统服务，例如邮箱、消息队列、信号量、块大小固定的内存的申请与释放、时间相关函数等。

10）中断管理，支持嵌套。中断可以使正在执行的任务暂时挂起。如果优先级更高的任务被该中断唤醒，则高优先级的任务在中断嵌套全部退出后立即执行，中断嵌套层数最多可达 255 层。

7．嵌入式 Linux

Linux 诞生于 1991 年 10 月 5 日（这是第一次正式向外公布时间），是一套开源的、免费使用和自由传播的类 UNIX 的操作系统。Linux 是一个基于 POSIX 和 UNIX 的支持多用户、多任务、多线程和多 CPU 的操作系统。它能运行主要的 UNIX 工具软件、应用程序和网络协议，支持 32 位和 64 位硬件。Linux 继承了 UNIX 以网络为核心的设计思想。Linux 是一个性能稳定的多用户网络操作系统，存在许多不同的版本，但它们都使用了 Linux 内核。Linux 可安装在计算机硬件中，如手机、平板计算机、路由器、视频游戏控制台、台式计算机、大型计算机和超级计算机。

Linux 遵守 GPL （General Public License，通用公共许可证）协议，无须为每例应用交纳许可证费，并且拥有大量免费且优秀的开发工具和庞大的开发人员群体。Linux 有大量应用软件，源代码开放且免费，可以在稍加修改后应用于用户自己的系统，因此软件的开发和维护成本很低。Linux 完全使用 C 语言编写，入门简单，只要懂操作系统原理和 C 语言即可。Linux 运行所需资源少且稳定，并具备优秀的网络功能，十分适合嵌入式操作系统应用。

8．VxWorks

VxWorks 是美国 WindRiver 公司于 1983 年设计研发的一种嵌入式实时操作系统，具有良好的持续发展能力、可裁剪微内核结构、高效的任务管理、灵活的任务间通信、微秒级的中断处理、友好的开发环境等优点。由于其良好的可靠性和卓越的实时性，VxWorks 被广泛地应用在高精尖技术及对实时性要求极高的领域，如卫星通信、军事演习、弹道制导、飞机导航等。VxWorks 不提供源代码，只提供二进制代码和应用接口。

9．Android

Android（安卓）是一种基于 Linux 的自由及开放源代码的操作系统，主要应用于移动设备，如智能手机和平板计算机，由 Google 公司和开放手机联盟领导并开发。

Android 的应用逐渐扩展到平板计算机及其他领域，如电视、数码相机、游戏机、智能手表等。

10．Windows CE

Windows Embedded Compact（即 Windows CE）是微软公司嵌入式、移动计算平台的基础。它是一个抢先式、多任务、多线程并具有强大通信能力的 32 位嵌入式操作系统，是微软公司为移动应用、信息设备、消费电子和各种嵌入式应用而设计的实时系统，目标是实现移动办公、便携娱乐和智能通信。

Windows CE 是模块化的操作系统，主要包括 4 个模块，即内核（Kernel）、文件子系统、图形窗口事件子系统（GWES）和通信模块。其中，内核负责进程与线程调度、中断处理、虚拟内存管理等；文件子系统管理文件操作、注册表和数据库等；图形窗口事件子系统包括图形界面、图形设备驱动和图形显示 API 函数等；通信模块负责设备与计算机间的互联和网络通信等。目前，Windows CE 的最高版本为 7.0，作为 Windows10 操作系统的移动版。Windows CE 支持 4 种处理器架构，即 x86、MIPS、ARM 和 SH4，同时支持多媒体设备、图形设备、存储设备、打印设备和网络设备等多种外设。除了在智能手机领域得到广泛应用之外，Windows CE 也被应用于机器人、工业控制、导航仪、PDA 和示波器等设备上。

1.3.6 软件架构选择建议

从理论上讲，基于操作系统的开发模式具有快捷、高效的特点，开发的软件移植性、后期维护性、程序稳健性等都比较好。但不是所有系统都要基于操作系统，因为这种模式要求开发者对操作系统的原理有比较深入的理解，一般功能比较简单的系统，不建议使用操作系统，毕竟操作系统也占用系统资源；而且也不是所有系统都能使用操作系统，因为操作系统对系统的硬件有一定的要求。因此，在通常情况下，虽然 STM32 单片机是 32 位系统，但不主张嵌入操作系统。如果系统足够复杂、任务足够多，又或者有类似于网络通信、文件处理、图形接口需求加入时，不得不引入操作系统来管理软/硬件资源，也要选择轻量化的操作系统，如μC/OS-II，其相应的参考资源也比较多。建议不要选择 Linux、Android 和 Windows CE 这样的重量级的操作系统，因为 STM32F1 系列微控制器硬件系统在未进行扩展时，是不能满足此类操作系统的运行需求的。

1.4 嵌入式系统的分类

嵌入式系统应用非常广泛，其分类也可以有多种多样的方式。可以按嵌入式系统的应用对象进行分类，也可以按嵌入式系统的功能和性能进行分类，还可以按嵌入式系统的结构复杂度进行分类。

1．按应用对象分类

按应用对象进行分类，嵌入式系统主要分为军用嵌入式系统和民用嵌入式系统两大类。

军用嵌入式系统又可分为车载、舰载、机载、弹载、星载等，通常以机箱、插件，甚至芯片形式嵌入相应的设备和武器系统之中。军用嵌入式系统除了有体积小、重量轻、性能好等方面的要求之外，往往也对苛刻工作环境的适应性和可靠性提出了严格的要求。

民用嵌入式系统又可按其应用的领域，如商业、工业和汽车等来进行分类。对于民用嵌入式系统，主要考虑的是温度适应能力、抗干扰能力，以及价格等因素。

2．按功能和性能分类

按功能和性能进行分类，嵌入式系统主要分为独立嵌入式系统、实时嵌入式系统、网络嵌入式系统和移动嵌入式系统等。

独立嵌入式系统是指能够独立工作的嵌入式系统。它们从模拟或数字端口采集信号，经信号转换和计算处理后，通过所连接的驱动、显示或控制设备输出结果数据。常见的计算器、音/视频播放机、数码相机、视频游戏机、微波炉等都是独立嵌入式系统的典型实例。

实时嵌入式系统是指在一定的时间约束（截止时间）条件下完成任务执行过程的嵌入式系统。根据截止时间的不同，实时嵌入式系统又可分为硬实时嵌入式系统和软实时嵌入式系统。硬实时嵌入式系统是指必须在给定的时间期限内完成指定任务，否则就会造成灾难性后果的嵌入式系统，例如在军事、航空航天、核工业等一些关键领域中的嵌入式系统。软实时嵌入式系统是指偶尔不能在给定时间范围内完成指定的操作，或在给定时间范围外执行的操作仍然是有效和可接受的嵌入式系统，例如，人们日常生活中所使用的消费类电子产品、数据采集系统、监控系统等。

网络嵌入式系统是指连接着局域网、广域网或互联网的嵌入式系统。网络连接方式可以是有线的，也可以是无线的。嵌入式网络服务器就是一种典型的网络嵌入式系统，其中所有的嵌入式设备都连接到网络服务器，并通过 Web 浏览器进行访问和控制，如家庭安防系统、ATM、物联网设备等。这些系统中所有的传感器和执行器节点均通过某种协议来进行连接、通信与控制。网络嵌入式系统是目前嵌入式系统中发展最快的分支。

移动嵌入式系统是指具有便携性和移动性的嵌入式系统，如手机、手表、智能手环、数码相机、便携式播放器及智能可穿戴设备等。移动嵌入式系统是目前嵌入式系统中最受欢迎的分支。

3．按结构复杂度分类

按结构复杂度进行分类，嵌入式系统主要分为小型嵌入式系统、中型嵌入式系统和复杂嵌入式系统三大类。

小型嵌入式系统通常是指以 8 位或 16 位处理器为核心设计的嵌入式系统。其处理器的内存（RAM）、程序存储器（ROM）和处理速度等资源都相对有限，应用程序一般用汇编语言或者嵌入式 C 语言来编写，通过汇编器或/和编译器进行汇编或/和编译后生成可执行的机器码，并采用编程器将机器码烧写到处理器的程序存储器中。例如，电饭锅、洗衣机、微波炉、键盘等就是小型嵌入式系统的一些常见实例。

中型嵌入式系统通常是指以 16 位、32 位处理器或数字信号处理器为核心设计的嵌入式系统。这类嵌入式系统相较于小型嵌入式系统具有更高的硬件和软件复杂性，嵌入式应用要用 C、C++、Java、实时操作系统、调试器、模拟器和集成开发环境等工具进行开发，如 POS（Point of Sale，销售终端）机、不间断电源（UPS）、扫描仪、机顶盒等。

复杂嵌入式系统与小型和中型嵌入式系统相比具有极高的硬件和软件复杂性，执行更为复杂的功能，需要采用性能更高的 32 位或 64 位处理器、专用集成电路（ASIC）或现场可编程逻辑阵列（FPGA）器件来进行设计。这类嵌入式系统有着很高的性能要求，需要通过软、硬件协同设计的方式将图形用户界面、多种通信接口、网络协议、文件系统，甚至数据库等软、硬件组件进行有效封装。例如，网络交换机、无线路由器、IP 摄像头、嵌入式 Web 服务器等系统就属于复杂嵌入式系统。

1.5　嵌入式系统的应用领域

嵌入式系统主要应用在以下领域。

1）智能消费电子产品。嵌入式系统最为成功的是在智能设备中的应用，如智能手机、平板计算机、家庭音响、玩具等。

2）工业控制。目前已经有大量的 32 位嵌入式微控制器应用在工业设备中，如打印机、工业过程控制、数字机床、电网设备检测等。

3）医疗设备。嵌入式系统已经在医疗设备中取得广泛应用，如血糖仪、血氧计、人工耳蜗、心电监护仪等。

4）信息家电及家庭智能管理系统。信息家电及家庭智能管理系统领域将是嵌入式系统未来主要的应用领域之一。例如，冰箱、空调等的网络化和智能化将引领人们的生活步入一个崭新的空间，即使用户不在家，也可以通过电话线、网络进行远程控制。又如，水、电、煤气表的远程自动抄表，以及安全防水、防盗系统，其中嵌入式专用控制芯片将代替传统的人工检查，并实现更高效、更准确和更安全的性能。目前在餐饮服务领域，如远程点菜器等，已经体现了嵌入式系统的优势。

5）网络与通信系统。嵌入式系统将广泛用于网络与通信系统之中。例如，ARM 把针对移动互联网市场的产品分为两类：一类是智能手机，一类是平板计算机。平板计算机是介于笔记本计算机和智能手机中间的一类产品。ARM 过去在计算机上的业务很少，但现在市场对更低功耗的移动计算平台的需求带来了新的机会，因此，ARM 不断推出性能更高的 CPU 来拓展市场。ARM 新推出的 Cortex-A9、Cortex-A55、Cortex-A75 等处理器可以用于高端智能手机，也可用于平板计算机。现在已经有很多半导体芯片厂商采用 ARM 开发产品并应用于智能手机和平板计算机，如高通骁龙处理器、华为海思处理器均采用 ARM 架构。

6）环境工程。嵌入式系统在环境工程中的应用也很广泛，如水文资源实时监测、防洪体系及水土质量检测、堤坝安全、地震监测网、实时气象信息网、水源和空气污染监测等。在很多环境恶劣、地况复杂的地区，依靠嵌入式系统将能够实现无人监测。

7）机器人。嵌入式芯片的发展将使机器人在微型化、高智能方面的优势更加明显，同时会大幅度降低机器人的价格，使其在工业领域和服务领域获得更广泛的应用。

1.6 嵌入式系统的体系

嵌入式系统是一个专用计算机应用系统，是一个软件和硬件的集合体。图 1-4 描述了一个典型嵌入式系统的组成结构。

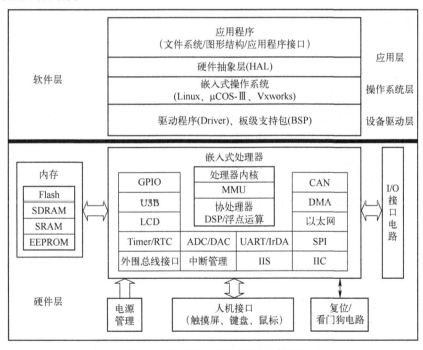

图 1-4 典型嵌入式系统的组成结构

嵌入式系统的硬件层一般由嵌入式处理器、内存、人机接口、复位/看门狗电路、I/O 接口电路等组成，它是整个系统运行的基础，通过人机接口和 I/O 接口实现和外部的通信。嵌入式系统的软件层主要由应用程序、硬件抽象层、嵌入式操作系统和驱动程序、板级支持包组成。嵌入式操作系统主要实现应用程序和硬件抽象层的管理。嵌入式系统软件运行在嵌入式处理器中。在嵌入式操作系统的管理下设备驱动层将硬件电路接收的控制指令和感知的外部信息传递给应用层，经过其处理后，将控制结果或数据再反馈给系统硬件层，完成存储、传输或执行等功能要求。

1.6.1 硬件架构

嵌入式系统的硬件架构以嵌入式处理器为核心，由存储器、外围设备、通信模块、电源及复位等必要的辅助接口组成。嵌入式系统是量身定做的专用计算机应用系统，不同于普通计算机系统，实际应用中的嵌入式系统硬件配置非常精简。除了微处理器和基本的外围设备，其余的电路都可根据需要和成本进行裁剪、定制，因此嵌入式系统硬件要非常经济、可靠。

随着计算机技术、微电子技术及纳米芯片加工工艺技术的发展，以微处理器为核心的集成多种功能的 SoC（System on a Chip，片上系统）芯片已成为嵌入式系统的核心。SoC 集成了大量的 USB、以太网、ADC/DAC、IIS 等功能模块。SOPC（System on a Programmable Chip，可编程片上系统）结合了 SoC 和 PLD 的技术优点，使系统具有可编程的功能，是可编程逻辑器件在嵌入式应用中的完美体现，极大地提高了系统在线升级和换代的能力。以 SoC/SOPC 为核心，用最少的外围设备和连接设备构成一个应用系统，以满足系统的功能需求，是嵌入式系统发展的一个方向。

综上，嵌入式系统设计是以嵌入式微处理器/SoC/SOPC 为核心，结合外围设备，包括存储设备、通信扩展设备、扩展设备接口和辅助设备（电源、传感、执行等），构成硬件系统，以完成系统设计的。

1.6.2 软件架构

嵌入式系统软件可以是直接面向硬件的裸机程序开发，也可以是基于操作系统的嵌入式程序开发。当嵌入式系统应用功能简单时，相应的硬件平台结构也相对简单，这时可以使用裸机程序开发方式。这样不仅能够降低系统的复杂度，还能够实现较好的系统实时性，但是，要求程序设计人员对硬件构造和原理比较熟悉。如果嵌入式系统应用较复杂，相应的硬件平台结构也相对复杂，这时可能就需要一个嵌入式操作系统来管理和调度内存、多任务、周边资源等。在进行基于操作系统的嵌入式程序设计开发时，操作系统通过对驱动程序的管理，将硬件各组成部分抽象成一系列 API 函数，这样在编写应用程序时，程序设计人员就可以减少对硬件细节的关注，专注于程序设计，从而减轻程序设计人员的工作负担。

嵌入式系统软件架构一般包含 3 个层面：设备驱动层、操作系统层、应用层（包括硬件抽象层和应用程序）。由于嵌入式系统应用的多样性，需要根据不同的硬件电路和嵌入式系统应用特点，对软件部分进行裁剪。现代高性能嵌入式系统的应用越来越广泛，嵌入式操作系统的使用成为必然发展趋势。

1. 设备驱动层

设备驱动层一般由驱动程序和板级支持包组成，是嵌入式系统中不可或缺的部分。设备驱动层的作用是为上层程序提供外围设备的操作接口，并且实现设备的驱动。上层程序可以不考虑设备内部的实现细节，只需调用设备驱动的操作接口即可。

（1）驱动程序

只有安装了驱动程序，嵌入式操作系统才能操作硬件平台。驱动程序控制着嵌入式操作系统和硬件之间的交互。驱动程序提供一组嵌入式操作系统可理解的抽象接口函数，例如，设备初始化、打开、关闭、发送、接收等。一般而言，驱动程序和设备的控制芯片有关。驱动程序运行在高特权级的处理器环境中，可以直接对硬件进行操作。但正因如此，任何一个设备驱动程序的错误都可能导致嵌入式操作系统的崩溃,好的驱动程序需要有完备的错误处理函数。

(2)板级支持包

板级支持包(Board Support Package,BSP)是介于主板硬件和嵌入式操作系统之间的一层。BSP 是所有与硬件相关的代码体的集合,为嵌入式操作系统的正常运行提供了最基本、最原始的硬件操作的软件模块。BSP 和嵌入式操作系统息息相关,为上层程序提供了访问硬件的寄存器的函数包,使之能够更好地运行于主板硬件。

BSP 可以具有以下三大功能。

1)系统上电时的硬件初始化。例如,对系统内存、寄存器及设备的中断进行设置。这是比较系统化的工作。硬件上电初始化要根据嵌入式开发所选的 CPU 类型、硬件及嵌入式操作系统的初始化等多方面决定 BSP 应实现什么功能。

2)为嵌入式操作系统访问硬件驱动程序提供支持。驱动程序经常需要访问硬件的寄存器,如果整个系统为统一编址,那么开发人员可直接在驱动程序中用 C 语言的函数访问硬件的寄存器。但是,如果系统为单独编址,那么用 C 语言将不能直接访问硬件的寄存器,只有用汇编语言编写的函数才能对硬件的寄存器进行访问。BSP 就是为上层程序提供访问硬件的寄存器的函数包。

3)集成硬件相关和硬件无关的嵌入式操作系统所需的软件模块。BSP 是相对于嵌入式操作系统而言的,不同的嵌入式操作系统对应不同定义形式的 BSP。例如,VxWorks 的 BSP 和 Linux 的 BSP 相对于某一 CPU 来说尽管实现的功能一样,但是写法和接口定义是完全不同的。所以,写 BSP 一定要按照该系统 BSP 的定义形式(BSP 的编程过程大多数是在某一个成型的 BSP 模板上进行修改的)。这样才能与上层嵌入式操作系统保持正确的接口,良好地支持上层嵌入式操作系统。

2. 操作系统层

嵌入式操作系统是一种支持嵌入式系统应用的操作系统软件,是嵌入式系统的重要组成部分。嵌入式操作系统通常包括与硬件相关的底层驱动软件、系统内核、设备驱动接口、通信协议、图形界面、标准化浏览器等。嵌入式操作系统具有通用操作系统的基本特点,能够有效管理复杂的系统资源,并且把硬件虚拟化。例如,能有效管理越来越复杂的系统资源;能把硬件虚拟化,使开发人员从繁忙的驱动程序移植和维护中解脱出来,能提供库函数、驱动程序、工具集及应用程序。与通用操作系统相比较,嵌入式操作系统在系统实时高效性、硬件的相关依赖性、软件固态化及应用的专用性等方面具有较为突出的特点。

在一般情况下,嵌入式开发操作系统可以分为两类:一类是面向控制、通信等领域的嵌入式实时操作系统(RTOS),如 VxWorks、PSOS、QNX、μC/OS-II、RT-Thread、FreeRTOS 等;另一类是面向消费电子产品的嵌入式非实时操作系统,如 Linux、Android、iOS 等。

3. 应用层

(1)硬件抽象层

硬件抽象层本质上就是一组对硬件进行操作的 API,是对硬件功能抽象的结果。硬件抽象层通过 API 为嵌入式操作系统和应用程序提供服务。但是,在 Windows 和 Linux 操作系统下,硬件抽象层的定义是不同的。

Windows 操作系统下的硬件抽象层的定义:位于嵌入式操作系统的最底层,直接操作硬件,隔离与硬件相关的信息,为上层的嵌入式操作系统和程序提供一个统一的接口,起到对硬件的抽象作用。HAL 简化了驱动程序的编写,使嵌入式操作系统具有更好的可移植性。

Linux 操作系统下的硬件抽象层的定义：位于嵌入式操作系统和驱动程序之上，是一个运行在用户空间中的服务程序。

Linux 和所有的 UNIX 一样，习惯用文件来抽象设备，任何设备都是一个文件，如/dev/mouse 是鼠标的设备文件名。这种方法看起来不错，每个设备都有统一的形式，但使用起来并没有那么容易，设备文件名没有什么规范，从一个简单的文件名，无法得知它是什么设备、具有什么特性。各种混乱的设备文件，让设备的管理和应用程序的开发变得很麻烦，所以应该有一个硬件抽象层，为上层应用程序提供一个统一的接口。Linux 的硬件抽象层就这样应运而生了。

（2）应用程序

应用程序是为完成某项或某几项特定任务而被开发运行于嵌入式操作系统之上的程序，如文件操作、图形操作等。在嵌入式操作系统上编写应用程序一般需要一些应用程序接口。应用程序接口（Application Programming Interface，API）又称为应用编程接口，是软件系统不同组部分衔接的约定。应用程序接口的设计十分重要，良好的接口设计可以降低系统各部分的相互依赖性，提高组成单元的内聚性，降低组成单元间的耦合程度，从而提高系统的可维护性和可扩展性。

根据嵌入式系统应用需求，应用程序通过调用嵌入式操作系统的 API 函数操作系统硬件，从而实现应用需求。一般来说，嵌入式应用程序建立在主任务基础之上，可以是多任务的，通过嵌入式操作系统管理工具（信号量、队列等）实现任务间的通信和管理，进而实现应用需要的特定功能。

1.7 嵌入式微处理器的分类

处理器分为通用处理器与嵌入式处理器两类。通用处理器以 x86 体系架构的产品为代表，基本被 Intel 和 AMD 两家公司垄断。通用处理器追求更快的计算速度、更大的数据吞吐率，有 8 位处理器、16 位处理器、32 位处理器和 64 位处理器。

在嵌入式应用领域中应用较多的还是各样嵌入式处理器。嵌入式处理器是嵌入式系统的核心，是控制、辅助系统运行的硬件单元。嵌入式处理器可以分为嵌入式微处理器、嵌入式微控制器、嵌入式 DSP 和嵌入式 SoC。因为嵌入式系统有应用针对性的特点，不同系统对处理器的要求千差万别，因此嵌入式处理器种类繁多。据不完全统计，全世界嵌入式处理器的种类已经超过 1000 种，流行的体系架构有 30 多个。现在几乎每个半导体制造商都生产嵌入式处理器，越来越多的公司有自己的处理器设计部门。

1. 嵌入式微处理器

嵌入式微处理器处理能力较强、可扩展性好、寻址范围大、支持各种灵活设计，且不限于某个具体的应用领域。嵌入式微处理器是 32 位以上的处理器，具有体积小、重量轻、成本低、可靠性高的优点，在功能、价格、功耗、芯片封装、温度适应性、电磁兼容等方面更符合嵌入式系统应用要求。嵌入式微处理器目前主要有 ARM、MIPS、PowerPC、xScale、ColdFire 系列等。

2. 嵌入式微控制器

嵌入式微控制器（Microcontroller Unit，MCU）又称单片机，在嵌入式设备中有着极其广泛的应用。嵌入式微控制器芯片内部集成了 ROM/EPROM、RAM、总线、总线逻辑、定时/计数器、看门狗、I/O、串行口、脉宽调制输出、A/D、D/A、Flash RAM、EEPROM 等各种必要功能和外设。和嵌入式微处理器相比，嵌入式微控制器最大的特点是单片化，体积大大减小，从而使功耗和成本下降、可靠性提高。嵌入式微控制器的片上外设资源丰富，适合于嵌入式系统在工业控制领域的应用。嵌入式微控制器从 20 世纪 70 年代末出现至今，出现了很多种类，比较有代表性的嵌入式微控制器产品有 Cortex-M 系列、8051、AVR、PIC、MSP430、C166、STM8 系列等。

3．嵌入式 DSP

嵌入式数字信号处理器（Embedded Digital Signal Processor，EDSP）又称嵌入式 DSP，是专门用于信号处理的嵌入式处理器，它在系统结构和指令算法方面经过特殊设计，具有很高的编译效率和指令执行速度。嵌入式 DSP 内部采用程序和数据分开的哈佛结构，具有专门的硬件乘法器，广泛采用流水线操作，提供特殊的数字信号处理指令，可以快速实现各种数字信号处理算法。在数字化时代，数字信号处理是一门应用广泛的技术，如数字滤波、FFT、谱分析、语音编码、视频编码、数据编码、雷达目标提取等。传统微处理器在进行这类计算操作时的性能较低，而嵌入式 DSP 的系统结构和指令系统针对数字信号处理进行了特殊设计，在执行相关操作时具有很高的效率。比较有代表性的嵌入式 DSP 产品有 Texas Instruments 公司的 TMS320 系列和 Analog Devices 公司的 ADSP 系列。

4．嵌入式 SoC

针对嵌入式系统的某一类特定的应用对嵌入式系统的性能、功能、接口有相似的要求的特点，用大规模集成电路技术将某一类应用需要的大多数模块集成在一个芯片上，从而在芯片上实现一个嵌入式系统大部分核心功能的处理器就是 SoC。

SoC 把微处理器和特定应用中常用的模块集成在一个芯片上，应用时往往只需要在 SoC 外部扩充内存、接口驱动、一些分立器件及供电电路就可以构成一套实用的系统，极大地简化了系统设计的难度，还有利于减小电路板面积、降低系统成本、提高系统可靠性。SoC 是嵌入式处理器的一个重要发展趋势。

1.8　ARM 嵌入式微处理器

1.8.1　ARM 概述

ARM 这个缩写包含两个意思：一是指 ARM 公司；二是指 ARM 公司设计的低功耗 CPU 及其架构，包括 ARM1～ARM11 与 Cortex。其中，获得广泛应用的是 ARM7、ARM9、ARM11 及 Cortex 系列。

ARM 是全球领先的 32 位嵌入式 RISC 芯片内核设计公司。RISC（Reduced Instruction Set Computer，精简指令集计算机）的特点是所有指令的格式都是一致的，所有指令的指令周期也是相同的，并且采用流水线技术。

ARM 的设计具有典型的精简指令系统（RISC）风格。ARM 的体系架构已经经历了 6 个版本，版本号分别是 v1～v6。每个版本各有特色，定位也各有不同，彼此之间不能简单地相互替代。其中，ARM9、ARM10 对应的是 v5 架构，ARM11 对应的是发表于 2001 年的 v6 架构，时钟频率为 350～500MHz，最高可达 1GHz。

Cortex 是 ARM 全新一代处理器内核，它在本质上是 ARM V7 架构的实现，完全有别于 ARM 的其他内核，是全新开发的。按照 3 类典型的嵌入式系统应用，即高性能、微控制器、实时类，它又分成 3 个系列，即 Cortex-A、Cortex-M 和 Cortex-R。STM32 就属于 Cortex-M 系列。

Cortex-M 旨在提供一种高性能、低成本的微处理器平台，以满足最小存储器、小引脚数和低功耗的需求，同时兼顾卓越的计算性能和出色的中断管理能力。目前典型的、使用较广泛的是

Cortex-M0、Cortex-M3、Cortex-M4。

与 MCS-51 微控制器采用的哈佛结构不同，Cortex-M 采用的是冯·诺依曼结构，即程序存储器和数据存储器不分开、统一编址。

ARM 在 1990 年成立，最初的名字是 Advanced RISC Machines Ltd.，由三家公司——苹果电脑公司、Acorn 电脑公司及 VLSI 技术（公司）合资成立。1991 年，ARM 推出了 ARM6 处理器家族，VLSI 则是第一个制造 ARM 芯片的公司。后来，TI、NEC、Sharp、ST 等陆续都获取了 ARM 授权，ARM 处理器广泛应用在手机、硬盘控制器、PDA、家庭娱乐系统及其他消费电子产品中。

ARM 公司是一家出售 IP（技术知识产权）的公司。所谓的技术知识产权，就好比房屋的结构设计图，至于要怎样修改，哪边开窗户，以及要怎样加盖其他部分，如花园，就由买了设计图的厂商自己决定。而有了设计图，当然还要有把设计图实现的厂商，而这些就是 ARM 架构的授权客户群。ARM 公司本身并不靠自有的设计来制造或出售 CPU，而是将处理器架构授权给有兴趣的厂家。许多半导体公司持有 ARM 授权，如 Intel、TI、Qualcomm、华为、中兴、Atmel、Broadcom、Cirrus Logic、恩智浦半导体（于 2006 年从飞利浦独立出来）、富士通、IBM、NVIDIA、新唐科技（Nuvoton Technology）、英飞凌、任天堂、OKI 电气工业、三星电子、Sharp、STMicroelectronics 和 VLSI 等公司均拥有各个不同形式的 ARM 授权。ARM 公司与获得授权的半导体公司的关系如图 1-5 所示。

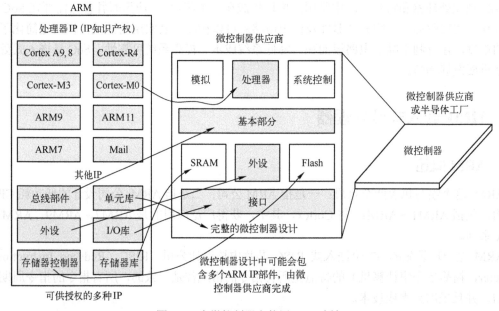

图 1-5　在微控制器中使用 ARM 授权

1.8.2　CISC 和 RISC

ARM 公司对经典处理器 ARM11 以后的产品都改用 Cortex 命名，主要分成 A、R 和 M 三类，旨在为不同的市场提供服务。A 系列处理器面向尖端的基于虚拟内存的操作系统和用户应用，R 系列处理器针对实时系统，M 系列处理器针对微控制器。

指令的强弱是 CPU 的重要指标，指令集是提高处理器效率的有效工具之一。从现阶段的主流体系架构来看，指令集可分为复杂指令集（CISC）和精简指令集（RISC）两部分。

CISC 是一种为了便于编程和提高存储器访问效率的芯片设计体系。在 20 世纪 90 年代中期之前，大多数的处理器都采用 CISC 体系，包括 Intel 的 80x86 和 Motorola 的 68K 系列等，通常所说的 x86 架构就是属于 CISC 体系的。随着 CISC 处理器的发展和编译器的流行，一方面指令集越来越复杂，另一方面编译器却很少使用这么多复杂的指令集。而且如此多的复杂指令，CPU 难以对每一条指令都做出优化，甚至部分复杂指令本身耗费的时间反而更多，这就是著名的"8020"定律，即在所有指令集中，只有 20%的指令常用，而 80%的指令基本上很少用。

20 世纪 80 年代，RISC 开始出现，它的优势在于将计算机中最常用的 20%的指令集中优化，而剩下的不常用的 80%的指令，则采用拆分为常用指令集的组合等方式运行。RISC 的关键技术在于流水线操作，在一个时钟周期里完成多条指令，而超流水线及超标量技术在芯片设计中已普遍使用。RISC 体系多用于非 x86 阵营高性能处理器 CPU。例如，ARM、MIPS、PowerPC、RISC-V 等。

1. CISC

CISC 体系的指令特征为使用微代码，计算机性能的提高往往是通过增加硬件的复杂性来获得的。随着集成电路技术，特别是 VLSI（超大规模集成电路）技术的迅速发展，为了软件编程方便和提高程序的运行速度，硬件工程师采用的办法是不断增加可实现复杂功能的指令和多种灵活的编址方式，甚至某些指令可支持高级语言语句归类后的复杂操作，因此硬件越来越复杂，造价也越来越提高。为实现复杂操作，CISC 处理器除了向程序员提供类似各种寄存器和机器指令功能，还通过存于 ROM 中的微代码来实现其极强的功能，指令集直接在微代码存储器（比主存储器的速度快很多）中执行。庞大的指令集可以减少编程所需的代码行数，减轻程序员的负担。

优点：指令丰富，功能强大，寻址方式灵活，能够有效缩短新指令的微代码设计时间，允许实现 CISC 体系机器的向上相容。

缺点：指令集及芯片的设计比上一代产品更复杂，不同的指令需要不同的时钟周期来完成，执行较慢的指令将影响整台机器的执行效率。

2. RISC

RISC 包含简单、基本的指令，这些简单、基本的指令可以组合成复杂指令。每条指令的长度都是相同的，可以在一个单独操作里完成。大多数指令都可以在一个机器周期里完成，并且允许处理器在同一时间内执行一系列的指令。

优点：在使用相同的芯片技术和相同运行时钟下，RISC 系统的运行速度是 CISC 系统的 2～4 倍。由于 RISC 处理器的指令集是精简的，它的存储管理单元、浮点单元等都能设计在同一块芯片上。RISC 处理器比对应的 CISC 处理器设计更简单，所需要的时间也变得更短，并可以比 CISC 处理器应用更多先进的技术，开发更快的下一代处理器。

缺点：多指令的操作使得程序开发者必须小心地选用合适的编译器，而且编写的代码量会变得非常大。另外就是 RISC 处理器需要更快的存储器，并将其集成于处理器内部，如一级缓存(L1 Cache)。

3. RISC 和 CISC 的比较

综合 RISC 和 CISC 的特点，可以由以下几方面来分析两者之间的区别。

1）指令系统：RISC 设计者把主要精力放在那些经常使用的指令上，尽量使它们具有简单、高效的特点。对不常用的功能，常通过组合指令来完成。因此，在 RISC 机器上实现特殊功能时，效率可能较低。但可以利用流水技术和超标量技术加以改进和弥补。而 CISC 机器的指令系统比较丰富，有专用指令来完成特定的功能，因此，处理特殊任务效率较高。

2）存储器操作：RISC 对存储器的操作有限制，使控制简单化；而 CISC 机器的存储器操作指令多，且操作直接。

3）程序：RISC 汇编语言程序一般需要较大的内存空间，实现特殊功能时程序复杂，不易设计；而 CISC 汇编语言程序编程相对简单，科学计算及复杂操作的程序设计相对容易，效率较高。

4）CPU：RISC CPU 包含较少的单元电路，因而体积小、功耗少；CISC CPU 包含丰富的电路单元，因而功能强、体积大、功耗多。

5）设计周期：RISC 处理器结构简单、布局紧凑、设计周期短，且易于采用最新技术；CISC 处理器结构复杂、设计周期长。

6）用户使用：RISC 处理器结构简单、指令规整、性能容易把握、易学易用；CISC 处理器结构复杂、功能强大、实现特殊功能容易。

7）应用范围：由于 RISC 指令系统的确定与特定的应用领域有关，故 RISC 更适合于专用机，而 CISC 更适合于通用机。

1.8.3 ARM 架构的演变

1985 年以来，陆续发布了多个 ARM 内核架构版本，从 ARM v4 架构开始的 ARM 架构发展历程如图 1-6 所示。

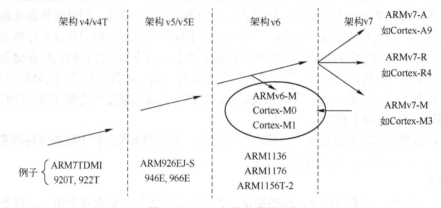

图 1-6 ARM 架构的发展历程

目前，ARM 体系结构已经经历了 6 个版本。从 v6 版本开始，各个版本中还有一些变种，如支持 Thumb 指令集的 T 变种、长乘法指令（M）变种、ARM 媒体功能扩展（SIMI）变种、支持 Java 的 J 变种和增强功能的 E 变种等。例如，ARM7TDMI 处理器支持 Thumb 指令集（T）、片上 Debug（D）、内嵌硬件乘法器（M）、嵌入式 ICE（I）。

在 ARM 公司发出的 Cortex 内核授权中，Cortex-M3 内核发出的授权数量最多。在诸多获得 Cortex-M3 内核授权的公司中，意法半导体公司是较早在市场上推出基于 Cortex-M3 内核微控制器的厂商，STM32F1 系列是其典型的产品系列。本书后面介绍的 ARM Cortex-M3 是诸多 ARM 内核架构中的一种，并以基于该内核的意法半导体公司的 STM32F103ZT6 微控制器为背景进行原理介绍和应用实例讲解。

1.8.4 ARM 体系结构与特点

要从多方面理解微处理器。从宏观角度看，它是一个有着丰富引脚的芯片，个头一般比较大，比较方正。再进一步看其组成结构，就是计算单元+存储单元+总线+外部接口的架构。再细化些，计算单元中会有 ALU 和寄存器组。再细些，ALU 是由组合逻辑构成的，有与门有非门；寄存器是由时序电路构成的，有逻辑有时钟。再细，与门就是一个逻辑单元。

任何微处理器都至少由内核、存储器、总线、I/O 构成。ARM 公司的芯片特点是内核部分都是统一的，由 ARM 设计，但是其他部分各个芯片制造商可以有自己的设计，有的甚至包含一些外设在里面。微处理器的一般组成如图 1-7 所示。

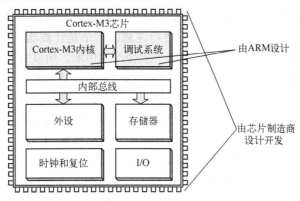

图 1-7 微处理器的一般组成

Cortex-M3 处理器内核是微处理器的中央处理单元（CPU）。完整的基于 Cortex-M3 的 MCU 还需要很多其他组件。在芯片制造商得到 Cortex-M3 处理器内核的使用授权后，他们就可以把 Cortex-M3 内核用在自己的 MCU 设计中，添加存储器、外设、I/O 及其他功能块。不同厂家设计的微处理器会有不同的配置，包括存储器容量、类型、外设等都各具特色。本书主要介绍处理器内核本身。如果想要了解某个具体型号的处理器，请自行查阅相关厂家提供的文档。

图 1-8 所示为微处理器内核的内部组成，包含中断控制器（NVIC）、取指单元、指令解码器、寄存器组、算术逻辑单元（ALU）、存储器接口及跟踪接口等。如果对总线进行细分，总线可以分成指令总线和数据总线，并且这两种总线之间有存储器保护单元。这两种总线从内核的存储器接口接到总线网络上，再与指令存储器、存储器系统和外设等连接在一起。存储器也可细分为指令存储器和其他存储器。外设可以分为私有外设和其他外设等。

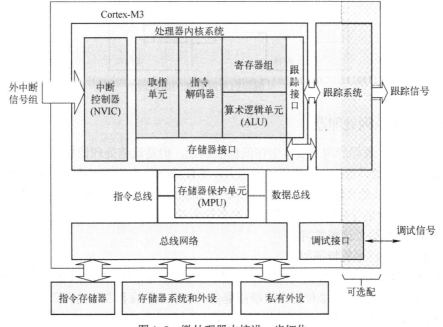

图 1-8 微处理器内核进一步细化

如果从编程的角度来看微处理器，它主要就是一些寄存器和地址，如图 1-9 所示。对于 CPU 来说，编程就是使用指令对寄存器进行设置和操作；对内存来说，编程就是对地址中的内容进行操作；对总线和 I/O 接口等来说，主要的操作包括初始化和读/写操作，这些操作都是针对不同的寄存器进行设计和操作的。另外有两个部分值得注意：一个是计数器，另一个是"看门狗"。在编程里计数器是需要特别关注的，因为计数器一般会产生中断，所以对于计数器的操作除了初始化以外，还要编写相应的中断处理程序。"看门狗"是为了防止程序"跑飞"，可以是硬件的也可以是软件的。对于硬件"看门狗"，需要设置初始状态和阈值；对于软件"看门狗"，则需要用软件来实现具体功能，并通过软中断机制来产生异常，改变 CPU 的模式。如果是专门的数模转换接口，那么编程也是针对其寄存器进行操作，从而完成数模转换的。对于串口编程，也就是对于它的寄存器进行编程，其中还会包含具体的串口协议。

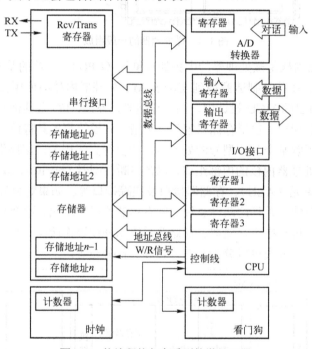

图 1-9　从编程的角度看到的微处理器

1.8.5　Cortex-M 系列处理器

Cortex-M 系列处理器应用主要集中在低性能领域，但是这些处理器相比于传统处理器（如 8051 处理器、AVR 处理器等）性能仍然很强大，不仅具备强大的控制功能、丰富的片上外设、灵活的调试手段，一些处理器还具备一定的 DSP 运算能力（如 Cortex-M4 处理器和 Cortex-M7 处理器），这使其在综合信号处理和控制领域也具备较大的竞争力。

1. Cortex-M 系列处理器的特征

Cortex-M 系列处理器的特征如下。

1）RISC 处理器内核：高性能 32 位 CPU，低延迟 3 级流水线，可达 1.25DMIPS/MHz。

2）Thumb-2 指令集：16/32 位指令的最佳混合，小于 8 位设备 3 倍的代码大小，对性能没有负面影响，提供最佳的代码密度。

3）低功耗模式：集成的睡眠状态支持，多电源域，基于架构的软件控制。

4）嵌套向量中断控制器（NVIC）：低延迟，低抖动中断响应，不需要汇编编程，以纯 C 语言编写中断服务例程，能完成出色的中断处理。

5）工具和 RTOS 支持：广泛的第三方工具支持，Cortex 微控制器软件接口标准（CMSIS），最大限度地增加软件成果重用。

6）CoreSight 调试和跟踪：JTAG 或 2 针串行线调试（SWD）连接，支持多处理器，支持实时跟踪。此外，Cortex-M 系列处理器还提供了一个可选的内存保护单元（MPU），提供低成本的调试/追踪功能和集成的休眠状态，以增加灵活性。

Cortex-M0 处理器、Cortex-M0+处理器、Cortex-M3 处理器、Cortex-M4 处理器、Cortex-M7 处理器之间有很多相似之处，例如

① 基本编程模型；
② NVIC 的中断响应管理；
③ 架构设计的休眠模式，包括睡眠模式和深度睡眠模式；
④ 操作系统支持特性；
⑤ 调试功能。

2. Cortex-M3 指令集

Cortex-M3 处理器是基于 ARMv7-M 架构的处理器，支持更丰富的指令集，包括许多 32 位指令，这些指令可以高效地使用高位寄存器。另外，Cortex-M3 处理器还支持

① 查表跳转指令和条件执行（使用 IT 指令）；
② 硬件除法指令；
③ 乘加指令（MAC 指令）；
④ 各种位操作指令。

更丰富的指令集通过以下几种途径来增强性能：如 32 位 Thumb 指令支持了更大范围的立即数、跳转偏移和内存数据范围的地址偏移；支持基本的 DSP 操作（如支持若干条需要多个时钟周期执行的 MAC 指令，还有饱和运算指令）；这些 32 位指令允许用单个指令对多个数据一起做桶形移位操作。但是，支持更丰富的指令会导致更高的成本和功耗。

3. Cortex-M4 指令集

Cortex-M4 处理器在很多地方和 Cortex M3 处理器相同，如流水线、编程模型等。Cortex-M4 处理器支持 Cortex-M3 处理器的所有功能，并额外支持各种面向 DSP 应用的指令，如 SIMD 指令、饱和运算指令、一系列单周期 MAC 指令（Cortex-M3 处理器只支持有限条数的 MAC 指令，并且是多周期执行的）和可选的单精度浮点运算指令。

Cortex-M4 处理器的 SIMD 操作可以并行处理 2 个 16 位数据和 4 个 8 位数据。在某些 DSP 运算中，使用 SIMD 指令可以加速计算 16 位和 8 位数据，因为这些运算可以并行处理。但是，在一般的编程中，C 编译器并不能充分利用 SIMD 运算能力，这是 Cortex-M3 处理器和 Cortex-M4 处理器典型 benchmark 的分数差不多的原因。然而，Cortex-M4 处理器的内部数据通路和 Cortex-M3 处理器的内部数据通路不同，在某些情况下 Cortex-M4 处理器可以处理得更快（如单周期 MAC 指令可以在一个周期中写回到两个寄存器）。

1.8.6 Cortex-M3 处理器的主要特性

Cortex-M3 是 ARM 公司在 ARM 7 架构基础上设计出来的一款新型的芯片内核。相对于其他 ARM 系列的微控制器，Cortex-M3 内核拥有以下优势和特点。

1．三级流水线和分支预测

在现代处理器中，大多数都采用了指令预存及流水线技术，来提高处理器的指令运行速度。在执行指令的过程中，如果遇到了分支指令，由于执行的顺序也许会发生改变，指令预取队列和流水线中的一些指令就可能作废，需要重新取相应的地址，这样会使流水线出现"断流现象"，处理器的性能会受到影响。尤其在 C 语言程序中，分支指令的比例能达到 10%～20%，这对于处理器来说无疑是一件很恐怖的事情。因此，现代高性能的流水线处理器都会有一些分支预测的部件，在处理器从存储器预取指令的过程中，当遇到分支指令时，处理器能自动预测跳转是否会发生，然后才从预测的方向进行相应的取值，从而让流水线能连续地执行指令，保证它的性能。

2．哈佛结构

哈佛结构的处理器采用独立的数据总线和指令总线，处理器可以同时进行对指令和数据的读/写操作，从而使处理器的运行速度得以提高。

3．内置嵌套向量中断控制器

Cortex-M3 首次在内核部分采用了嵌套向量中断控制器（NVIC）。也正是采用了中断嵌套的方式，Cortex-M3 能将中断延迟减小到 12 个时钟周期（一般，ARM7 需要 24～42 个时钟周期）。Cortex-M3 不仅采用了 NVIC 技术，还采用了尾链技术，从而使中断响应时间减小到 6 个时钟周期。

4．支持位绑定操作

在 Cortex-M3 内核出现之前，ARM 内核是不支持位操作的，而是要用逻辑与、或的操作方式来屏蔽对其他位的影响。这导致指令的增加和处理时间的增加。Cortex-M3 采用了位绑定的方式让位操作成为可能。

5．支持串行调试（SWD）

一般的 ARM 处理器采用的都是 JTAG 调试接口，但是 JTAG 接口占用的芯片 I/O 接口过多，这对于一些引脚少的处理器来说很浪费资源。Cortex-M3 在原来的 JTAG 接口的基础上增加了 SWD 模式，只需要 2 个 I/O 端口即可完成仿真，节约了调试占用的引脚。

6．支持低功耗模式

Cortex-M3 内核在原来只有运行/停止模式的基础上增加了休眠模式，这使得 Cortex-M3 的运行功耗很低。

7．拥有高效的 Thumb2 16/32 位混合指令集

原有的 ARM7、ARM9 等内核使用的都是不同的指令，例如 32 位的 ARM 指令和 16 位的 Thumb 指令。Cortex-M3 使用了更高效的 Thumb2 指令来实现接近 Thumb 指令的代码尺寸，达到 ARM 编码的运行性能。Thumb2 是一种高效的、紧凑的新一代指令集。

8．32 位硬件除法和单周期乘法

Cortex-M3 内核加入了 32 位的除法指令，弥补了一些除法密集型应用中性能不好的问题。同时，Cortex-M3 内核也改进了乘法运算部件，使 32 位乘 32 位乘法的运行时间减少到 1 个时钟周期。

9．支持存储器非对齐模式访问

Cortex-M3 内核的 MCU 一般用的内部寄存器都是 32 位编址。如果处理器只能采用对齐的访问模式，那么有些数据就必须被分配占用一个 32 位的存储单元，这是一种浪费。为了解决这个问题，Cortex-M3 内核采用了支持非对齐模式的访问方式，从而提高了存储器的利用率。

10. 内部定义了统一的存储器映射

在 ARM7、ARM9 等内核中没有定义存储器的映射，不同的芯片厂商需要自己定义存储器的映射，这使得芯片厂商之间存在不统一的现象，给程序的移植带来了麻烦。Cortex-M3 则采用了统一的存储器映射的分配，使得存储器映射得到了统一。

11. 极高的性价比

Cortex-M3 内核的 MCU 相对于其他 ARM 系列的 MCU 性价比高许多。

1.8.7 Cortex-M3 处理器的结构

ARM Cortex-M3 处理器是新一代的 32 位处理器，是一个高性能、低成本的开发平台，适用于微控制器、工业控制系统及无线网络传感器等应用场合。

Cortex-M3 处理器的结构如图 1-10 所示。

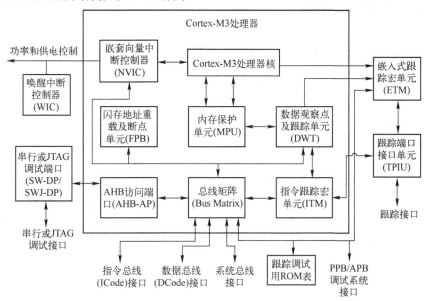

图 1-10 Cortex-M3 处理器的结构

其中各个部分的功能如下。

1）嵌套向量中断控制器（NVIC）：负责中断控制。该控制器和内核是紧耦合的，提供可屏蔽、可嵌套、动态优先级的中断管理。

2）Cortex-M3 处理器核（Cortex-M3 Processor Core）：Cortex-M3 处理器核是处理器的核心。

3）闪存地址重载及断点单元（FPB）：实现硬件断点及代码空间到系统空间的映射。

4）内存保护单元（MPU）：实施存储器的保护，它能够在系统或程序出现异常而访问不应该访问的存储空间时，通过触发异常中断而达到提高系统可靠性的目的。STM32 系统并没有使用该单元。

5）数据观察点及跟踪单元（DWT）：调试中用于观察数据。

6）AHB 访问端口（AHB-AP）：将 SW/SWJ 端口的命令转换为 AHB 的命令进行传送。

7）总线矩阵（Bus Matrix）：CPU 内部的总线通过总线矩阵连接到外部的指令总线（ICode）、数据总线（DCode）及系统总线。

8）指令跟踪宏单元（ITM）：可以产生时间戳数据包并插入跟踪数据流中，用于帮助调试器求出各事件的发生时间。

9）唤醒中断控制器（WIC）：使处理器和 NVIC 处于低功耗睡眠的模式。

10）嵌入式跟踪宏单元（ETM）：调试中用于处理指令跟踪。

11）串行或 JTAG 调试端口（SW-DP/SWJ-DP）：串行调试的端口。

12）跟踪端口接口单元（TPIU）：跟踪端口的接口单元。用于向外部跟踪捕获硬件发送调试停息的接口单元，作为来自 ITM 和 ETM 的 Cortex-M3 内核跟踪数据与片外跟踪端口之间的桥接。

Cortex-M3 是 32 位处理器核，所以地址线、数据线都是 32 位的，采用了哈佛结构，将程序指令和数据分开进行存储，其优点是在一个机器周期内处理器可以并行获得执行字和操作数，提高了执行速度。简单理解就是，指令存储器和其他数据存储器采用不同的总线（ICode 和 DCode），可并行取得指令和数据。

1.8.8 Cortex-M3 存储器系统

1. 存储器系统的功能

Cortex-M3 存储器系统的功能与传统的 ARM 架构相比，有了明显的改变。

1）存储器映射是预定义的，并且还规定了哪个位置使用哪条总线。

2）Cortex-M3 存储器系统支持"位带"（bit-band）操作。通过它，实现了对单一位的操作。

3）Cortex-M3 存储器系统支持非对齐访问和互斥访问。

4）Cortex-M3 存储器系统支持大端配置和小端配置。

2. 存储器映射

Cortex-M3 只有一个单一固定的存储器映射，极大地方便了软件在各种 Cortex-M3 单片机间的移植。举个简单的例子，各款 Cortex-M3 单片机的 NVIC 和 MPU 都在相同的位置布设寄存器，使它们变得与具体器件无关。存储空间的一些位置用于调试组件等私有外设，这个地址段被称为私有外设区。私有外设区的组件包括以下几种。

1）闪存地址重载及断点单元（FPB）。

2）数据观察点及跟踪单元（DWT）。

3）指令跟踪宏单元（ITM）。

4）嵌入式跟踪宏单元（ETM）。

5）跟踪端口接口单元（TPIU）。

6）ROM 表。

Cortex-M3 的地址空间是 4GB，程序可以在代码区、内部 SRAM 区及 RAM 区执行。但是，因为指令总线与数据总线是分开的，最理想的是把程序放到代码区，这样取指和数据访问各自独立进行。

内部 SRAM 区的大小是 512MB，用于芯片制造商连接片上的 SRAM。这个区通过系统总线来访问。在这个区的下部，有一个 1MB 的区间，称为位带区。该位带区还有一个对应的 32MB 的位带别名区，容纳了 8M 个"位变量"。位带区对应的是最低的 1MB 地址范围，而位带别名区里面的每个字对应位带区的 1bit。位带操作只适用于数据访问，不适用于取指。

地址空间的另一个 512MB 范围由片上外设的寄存器使用。这个区中也有一条 32MB 的位带别名区，以便快捷地访问外设寄存器。其用法与内部 SRAM 区中的位带相同。例如，可以方便地访问各种控制位和状态位。需要注意的是，外设区内不允许执行指令。

还有两个 1GB 的范围，分别用于连接外部 RAM 和外设，它们之中没有位带。两者的区别在于，外部 RAM 区允许执行指令，而外设区则不允许。

最后还剩下 0.5GB 的隐秘地带，Cortex-M3 内核的核心就在这里面，包括系统级组件、内部私有外设总线、外部私有外设总线，以及由提供者定义的系统外设。

其中，私有外设总线有以下两条。

1）AHB 私有外设总线：只用于 Cortex-M3 内部的 AHB 外设，它们是 NVIC、FPB、DWT 和 ITM。

2）APB 私有外设总线：既用于 Cortex-M3 内部的 APB 设备，也用于外设（这里的"外"是相对内核而言）。Cortex-M3 允许器件制造商再添加一些片上 APB 外设到 APB 私有总线上，它们通过 APB 接口来访问。

NVIC 所处的区域叫作系统控制空间（SCS）。在 SCS 中，除了有 NVIC 外，还有 SysTick、MPU，以及代码调试控制所用的寄存器。

3．存储器的各种访问属性

Cortex-M3 除了为存储器做映射，还为存储器的访问规定了 4 种属性：可否缓冲（Bufferable）、可否缓存（Cacheable）、可否执行（Executable）、可否共享（Shareable）。

如果配备了 MPU，则可以通过它配置不同的存储区，并且覆盖默认的访问属性。Cortex-M3 片内没有配备缓存，也没有缓存控制器，但是允许在外部添加缓存。通常，如果提供了另外 RAM，芯片制造商还要附加一个缓存控制器。它可以根据可否缓存的设置，来管理对片内和片外 RAM 的访问操作。地址空用可以通过另一种方式分为 8 个 512MB 等份。

1）代码区（0m0000 0000～1FFP-FFFF）。该区是可以执行指令的，缓存属性为 WT（White Through，写通），即不可以缓存。此区也允许布设数据存储器，在此区上的数据操作是通过数据总线接口来完成的（读数据使用 DCode，写数据使用 System）。且在此区上的写操作是缓冲的。

2）SRAM 区（0x2000 0000～0m3FFF FFFF）。该区用于片内 SRAM，写操作是缓冲的，并且可以选择 WB-WA（Write Back-Write Allocate）缓存属性。此区也可以执行指令，允许把代码复制到内存中执行，常用于固件升级等维护工作。

3）片上外设区（0x4000 0000～05FFF FFFF）。该区用于片上外设，因此是不可缓存的，也不可以在此区执行指令（这也称为 eXecute Never，XN。ARM 的参考手册大量使用此术语）。

4）外部 RAM 区的前半段（0x0000 0000～07VVV FFFF）。该区可用于布设片上 RAM 或片外 RAM。可缓存（缓存属性为 WB-WA），并且可以执行指令。

5）外部 RAM 区的后半段（0A8000 0000～0x9FFF FFFF）。除了不可缓存（WT）外，与前半段相同。

6）外部外设区的前半段（0KA000_0000～0ABFFF_FFFF）。该区用于片外外设的部行器，它用于多核系统中的共享内存（需要严格按顺序操作，即不可缓冲）。该区也是不可执行区。

7）外部外设区的后半段（0A00000000～0ADFFF_FFFF）。目前与前半段的功能完全一致。

8）系统区（0xE000 0000～0AFFFF_FFFF）。该区是私有外设和供应商指定功能区。此区不可执行代码。系统区涉及很多关键部位，因此访问都是严格序列化的（不可缓存、不可缓冲）。而供应商指定功能区则是可以缓存和缓冲的。

4．存储器的默认访问许可

Cortex-M3 有一个默认的存储访问许可，它能防止用户代码访问系统控制存储空间，保护 NVIC 和 MPU 等关键部件。默认访问许可在下列条件时生效。

1）没有配备 MPU。

2）配备了 MPU，但是 MPU 被禁止。

如果启用了 MPU，则 MPU 可以在地址空间中划出若干个区，并为不同的区规定不同的访问许可权。

5．位带操作

支持了位带操作后，可以使用普通的加载/存储指令来对单一的比特进行读/写。在 Cortex-M3 中，有两个区中实现了位带：一个是 SRAM 区的最低 1MB（0x2000 0000～0x200F FFFF），另一个则是片内外设区的最低 1MB（0x4000 0000～0x400F FFFF）。这两个位带中的地址除了可以像普通 RAM 一样使用外，还都有自己的位带别名区，位带别名区把每比特膨胀成一个 32 位的字。当通过位带别名区访问这些字时，就可以达到访问原始比特的目的。

在位带区中每比特都映射到别名地址区的一个字，这是只有 LSB 有效的字。当一个别名地址被访问时，会先把该地址变换成位带地址。

1）对于读操作，读取位带地址中的一个字，再把需要的位右移到 LSB，并将 LSB 返回。

2）对于写操作，把需要写的位左移到对应的位序号处，然后执行一个原子（不可分割）"读改写"过程。

1.9 ARM Cortex-M3 的调试

Cortex-M3 在内核水平上搭载了若干种调试相关的特性，最主要的就是程序执行控制，包括停机（Halting）、单步执行（Stepping）、指令断点、数据观测点、寄存器和存储器访问、性能速写（Profiling），以及各种跟踪机制。

Cortex-M3 的调试系统基于 ARM 最新的 CoreSight 架构，不同于以往的 ARM 处理器，内核本身不再含有 JTAG 接口，取而代之的是 CPU 提供的称为调试访问接口（DAP）的总线接口。通过这个总线接口，可以访问芯片的寄存器，也可以访问系统存储器，甚至是在内核运行的时候访问。对该总线接口的使用，是由一个调试接口（DP）设备完成的。DP 不属于 Cortex-M3 内核，但它们是在芯片内部实现的。目前可用的 DP 有 SWJ-DP，它既支持传统的 JTAG 调试，也支持新的中行线调试协议；还有 SW-DP，它去掉了对 JTAG 的支持；另外，也可以使用 ARM CoreSignt 产品家族的 JTAG-DP 模块。这样就有 3 个 DP 可选了。芯片制造商可以从中选择 1 个，以提供具体的调试接口。通常，芯片制造商偏向于选用 SWJ-DP。

此外，Cortex-M3 还能挂载一个所谓的嵌入式跟踪宏单元（ETM）。ETM 可以不断地发出跟踪信息，这些信息通过一个称为跟踪端口接口单元（TPIU）的模块，被送到内核的外部，再在芯片外面使用一个跟踪信息分析仪，就可以把 TIPU 输出的"已执行指令信息"捕捉到，并且传送给调试主机。

在 Cortex-M3 中，调试动作能由一系列事件触发，包括断点、数据观察点、fault 条件，以及外部调试请求输入信号。当调试事件发生时，Cortex-M3 可能会停机，也可能进入调试监视器异常 Handler 状态。具体如何反应，取决于与调试相关的寄存器的配置。

另外，要介绍的是指令跟踪宏单元（ITM）。它也有自己的办法把数据送往调试器。通过把数据写到 ITM 的寄存器中，调试器能够通过跟踪接口来收集这些数据，并且显示或者处理它。此法不但容易使用，而且比 JTAG 的输出速度更快。

所有这些调试组件都可以由 DAP 总线接口来控制。此外，运行中的程序也能控制它们。所有的跟踪信息都能通过 TPIU 来访问。

1.10 嵌入式系统的设计方法

在不同的应用场合，嵌入式系统呈现的外观和形式各不相同，但通过对其内部结构进行分析，可以发现，一个嵌入式系统一般都由嵌入式微处理器系统和被控对象组成。其中，嵌入式微处理器系统是整个系统的核心，由硬件层、中间层、软件层和功能层组成；被控对象可以是各种传感器、电机、输入/输出设备等，可以接收嵌入式微处理器系统发出的控制命令，执行所规定的操作或任务。

1.10.1 嵌入式系统的设计流程

嵌入式系统的应用开发是按照一定的流程进行的，一般由 5 个阶段构成：需求分析、体系结构设计、软/硬件设计、系统集成和代码固化。各个阶段之间往往要求不断地重复和修改直至最终完成设计目标。

嵌入式系统开发已经逐步规范化，在遵循一般工程开发流程的基础上，必须将硬件、软件、人力等各方面资源综合起来。嵌入式系统发都是软、硬件的结合体和协同开发过程，这是其最大的特点。嵌入式系统的设计流程如图 1-11 所示。

1. 需求分析

嵌入式系统的特点决定了系统在开发初期的需求分析阶段就要搞清楚需要完成的任务。在此阶段需要分析系统的需求，系统的需求一般分为功能需求和非功能需求两方面。功能需求是系统的基本功能，如输入/输出信号、操作方式等；非功能需求包括系统性能、成本、功耗、体积、重量等。

根据系统的需求确定设计任务和设计目标，并提炼出设计规格说明书，作为正式指导设计和验收的标准。

2. 体系结构设计

需求分析完成后，根据提炼出的设计规格说明书进行体系结构的设计，包括对硬件、软件的功能划分，以及系统的软件、硬件和操作系统等的选择等。

3. 软/硬件设计

基于体系结构对系统的软/硬件进行详细设计。为了缩短产品开发周期，软/硬件设计往往是并行的。每一个处理器的硬件平台都是通用的、固定的、成熟的，在开发过程中减少了硬件系统错误的引入机会。同时，嵌入式操作系统屏蔽了底层硬件的很多复杂信息，开发者利用操作系统提供的 API 函数可以完成大部分功能。对于一个完整的嵌入式系统的开发，程序设计是嵌入式系统设计一个非常重要的方面，程序的质量直接影响整个系统功能的实现，好的程序设计可以克服系统硬件设计的不足，提高嵌入式系统的性能；反之，会使整个嵌入式系统无法正常工作。

不同于基于 PC 平台的程序开发，嵌入式系统的程序设计具有其自身的特点，程序设计的方法也会因系统或人而异。

4. 系统集成和代码固化

把系统中的软件和硬件集成在一起，进行调试，发现并改进单元设计过程中的错误。

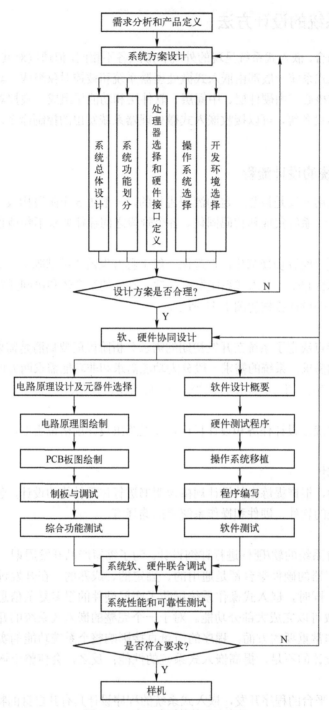

图 1-11 嵌入式系统的设计流程

嵌入式软件开发完成以后，大多数程序在目标环境的非易失性存储器中运行，要写入 Flash 固化，保证每次运行后下一次运行无误，所以嵌入式系统开发与普通系统开发相比，增加了固化阶段。嵌入式系统调试完成以后，编译器要对源代码重新编译一次，以产生固化到环境的可执行代码，再烧写到 Flash。可执行代码烧写到目标环境中固化后，整个嵌入式系统的开发就基本完成了，剩下的就是对产品的维护和更新了。

1.10.2 嵌入式系统的软/硬件协同设计技术

传统的嵌入式系统设计方法，硬件和软件是两个独立的部分，由硬件工程师和软件工程师按照拟定的设计流程分别完成。这种设计方法只能改善硬件和软件各自的性能，而有限的设计空间不可能对系统做出较好的性能综合优化。从理论上来说，每一个应用系统，都存在一个适合该系统的硬件、软件功能的最佳组合。如何从应用系统需求出发，依据一定的指导原则和分配算法对硬件和软件功能进行分析及合理的划分，从而使系统的整体性能、运行时间、能量耗损、存储能量达到最佳状态，已成为软/硬件协同设计的重要研究内容之一。

软/硬件协同设计与传统设计相比有两个显著的区别。

1）描述硬件和软件使用统一的表示形式。

2）软、硬件划分可以选择多种方案，直到满足要求。

显然，软/硬件协同设计方法对于具体的应用系统而言，容易获得满足综合性能指标的最佳解决方案。传统方法虽然也可改进软/硬件性能，但由于这种改进是各自独立进行的，不一定能使系统综合性能达到最佳。

传统的嵌入式系统开发采用的是软件开发与硬件开发分离的方式，其过程如下。

① 需求分析；

② 软件和硬件分别设计、开发、调试、测试；

③ 系统集成；

④ 集成测试；

⑤ 若系统正确，则结束，否则继续进行；

⑥ 若出现错误，需要对软/硬件分别验证和修改，再返回④，再继续进行集成测试。

虽然在系统设计的初始阶段考虑了软/硬件的接口问题，但由于软件和硬件分别开发，各自部分的修改和缺陷很容易导致系统集成出现错误。由于设计方法的限制，这些错误不但难以定位，而且更重要的是，对它们的修改往往会涉及整个软件结构或硬件配置的改动。显然，这是灾难性的。

为避免上述问题，一种新的开发方法应运而生——软/硬件协同设计方法。首先，应用独立于任何硬件和软件的功能性规格方法对系统进行描述，采用的方法包括有限态自动机（FSM）、统一化的规格语言（CSP、VHDL）或其他基于图形的表示工具，其作用是对软/硬件统一表示，便于功能的划分和综合。然后，在此基础上对软/硬件进行划分，即对软/硬件的功能模块进行分配。但是，这种功能分配不是随意的，而是从系统功能要求和限制条件出发，依据算法进行的。完成软/硬件功能划分之后，需要对划分结果做出评估：一种方法是性能评估；另一种方法是对硬件和软件综合之后的系统依据指令级评价参数做出评估。如果评估结果不满足要求，说明划分方案不合理，需重新划分软/硬件模块，以上过程重复，直至系统获得一个满意的软/硬件实现为止。

软/硬件协同设计过程可归纳为

① 需求分析；

② 软/硬件协同设计；

③ 软/硬件实现；

④ 软/硬件协同测试和验证。

这种方法的特点是在协同设计、协同测试和协同验证上，充分考虑了软件和硬件的关系，并在设计的每个层次上给予测试验证，尽早发现和解决问题，避免灾难性错误的出现。

1.11 嵌入式系统的发展

1.11.1 嵌入式系统的发展历程

从 20 世纪 70 年代单片机的出现到今天，嵌入式系统已经历了约 50 年的发展。一般认为，嵌入式系统的发展主要经历了以下四个阶段。

1. 以单板机为核心的嵌入式系统阶段

早期的嵌入式系统起源于 20 世纪 70 年代的微型计算机，然而微型计算机的体积、价格、可靠性都难以满足特定的嵌入式应用要求。到了 20 世纪 80 年代，集成电路技术的出现，极大地缩小了计算机的体积，使其向微型化方向发展。整个微型计算机系统中的 CPU、内存、存储器和串行/并行端口等可以放在单个电路板上，用印制电路将各个功能部件连接起来，构成一台单板计算机，简称"单板机"（Single Board Computer，SBC）。这一阶段的嵌入式系统虽然较微型计算机体积有所缩小，但依然难以嵌入普通家用电器产品中，同时价格相对较高，主要还是应用于工业控制领域。

2. 以单片机为核心的嵌入式系统阶段

到了 20 世纪 80 年代，随着微电子工艺水平的提高，Intel 和 Philips 等集成电路制造商开始寻求单片形态嵌入式系统的最佳体系结构。把嵌入式应用中所需要的微处理器、I/O 接口、A/D 转换器、D/A 转换器、串行接口，以及 RAM、ROM 等部件统统集成到一个大规模集成电路（VLSI）中，制造出了面向 I/O 设计的微控制器，也就是单片计算机，简称"单片机"。单片机成为当时嵌入式计算机系统一支异军突起的新秀，奠定了单片机与通用计算机完全不同的发展道路，结合随后出现的 DSP 进一步提升了嵌入式计算机系统的技术水平。在单片机出现后的一段时期，嵌入式系统通常采用汇编语言编写，对系统进行直接控制，之后开始出现了一些简单的嵌入式操作系统。这些嵌入式操作系统虽然比较简单，但已经初步具有了一定的兼容性和扩展性。这一阶段的嵌入式系统已从工业控制领域迅速渗透到仪器仪表、通信电子、医用电子、交通运输、家用电器等诸多领域。

3. 以多类嵌入式处理器和嵌入式操作系统为核心的嵌入式系统阶段

到了 20 世纪 90 年代，在分布式控制、柔性制造、数字化通信和消费电子等巨大需求的牵引下，嵌入式系统进一步加速发展，以 PowerPC、ARM、MIPS 等为代表的 8 位、16 位、32 位各种类型的高性能、低功耗的嵌入式处理器不断涌现。随着嵌入式应用对实时性要求的提高，嵌入式系统的软件也伴随硬件实时性的提高不断扩展其功能，逐渐形成了多任务的实时操作系统（RTOS）。这些操作系统不但能够运行在各种类型的嵌入式微处理器上，而且具备了文件管理、设备管理、多任务、网络、图形用户界面（GUI）等功能，还提供了大量的应用程序接口（API），具有实时性好、模块化程度高、可裁剪和可扩展等特点，从而使应用软件的开发变得更加简单和高效。在应用方面，除在工业领域的应用外，掌上电脑、便携式计算机、机顶盒等民用产品也相继出现并快速发展，推动了嵌入式系统应用在广度和深度上的极大进步。

4．面向互联网的嵌入式系统阶段

21 世纪以来，人类真正进入了互联网时代。在硬件上，随着微电子技术、通信技术、IC 设计技术、EDA 技术的迅猛发展，相继出现了品类繁多的 32 位、64 位嵌入式处理器，特别是在 ARM Cortex 系列内核架构发布以后，各种各样以 ARM Cortex 内核设计生产的 MPU、MCU、SoC 如雨后春笋般不断涌现。这些嵌入式处理器内存容量足够大，I/O 功能足够丰富；其扩展方式从并行总线接口发展出了各种串行总线接口，形成了一系列的工业标准，如 IC 总线接口、SPI 总线接口、USB 接口、以太网接口、CAN 接口等；甚至将网络协议的低两层或低三层都集成到了嵌入式处理器中，促使各种各样的嵌入式设备具备了接入互联网的能力，不但具有 Ethernet/CAN/USB 有线网络和 ZigBee/NFC/RFID/WiFi/Bluetooth/Lora 等近场无线通信功能，而且具有 GPRS/3G/4G/NB-IoT 的公共网络无线通信功能。在软件方面，嵌入式实时操作系统也添加了支持各种网络通信的协议栈，提供支持各种通信功能的 API，转型为物联网实时操作系统。目前，越来越多的嵌入式系统产品和设备接入了互联网，在云计算技术的支持下，嵌入式系统通过云平台不但可以实现与人的交互，也可实现与其他嵌入式系统的交互，开启了嵌入式系统的万物互联时代。随着 Internet 技术与智能家电、工业控制、航空航天等技术的结合日益密切，嵌入式设备与 Internet 的融合也更加深入。

1.11.2 嵌入式系统的发展趋势

嵌入式系统自诞生以来已经走过了漫长的道路，如今世界上约 99%的计算机系统都被认为是嵌入式系统。随着物联网技术、人工智能技术及 5G 等新技术的快速发展及各种创新应用形态的不断出现，嵌入式系统已成为智能和互联的物联网生态快速发展的推动者。那么，接下来嵌入式系统会朝着哪些方向发展呢？以下是对嵌入式系统今后一段时期发展趋势的一些思考。

1．更智能——嵌入式人工智能

现在，人们生活中随处可见多种多样的嵌入式智能设备，如智能手机、智能音箱、机器人、城市天眼系统、智能家居等。这些智能设备一般都可以通过语音识别、图像识别、生物特征识别、自然语言合成等技术实现与人的交互。但从现实体验看，目前的智能水平还不够高，还有发展空间。例如，对于自动驾驶汽车，高等级（L4、L5）自动驾驶是车辆能够完全实现自主驾驶，驾驶员能够在任何行驶环境下得到完全解放。但现阶段大多数量产智能汽车还处于 L2 级别，只有极少数可以达到 L3 级别。目前，无论 L2 还是 L3 级别的智能汽车，都还处于人机共驾的阶段，驾驶员和系统共享对车辆的控制权，所以不能算是高等级的自动驾驶。因此在自动驾驶技术方面，嵌入式系统还有漫长的路要走。另外，嵌入式人工智能是一种让 AI 算法可以在嵌入式终端设备上运行的技术概念，目前 AI 的算力主要集中在大数据中心和云端平台，但在诸多应用场景中，嵌入式系统可能无法可靠地采用云端算力进行 AI 计算，因此在边缘嵌入式设备上部署人工智能（边缘人工智能）成为嵌入式系统发展的一个趋势，也推动了边缘计算的兴起。

2．更实时的连接——嵌入式系统与 5G 技术的融合

4G 通信的时延无法满足严苛的物联网应用中的实时性和安全性要求，成为物联网应用的技术瓶颈。5G 是低时延、高可靠和低功耗的信息传输技术，能够有效突破上述技术瓶颈。例如，在工业生产中，利用 5G 网络建立前端嵌入式系统设备与后端监控系统之间的低时延、高可靠通信连接，这对有效监控生产流程和提高生产效率具有重大意义。又如，日常生活中的智能穿戴产品、智能家居、智能医疗、智能安防及智能汽车等，通过 5G 连接，可以使每个嵌入式终端设备都能够自由连通，数据实时共享，孕育出更加丰富和更加灵活的应用模式。同时，5G 也将有助于产生一个由嵌入式 SoC 架构支持的全新生态系统，推动嵌入式处理器和嵌入式操作系统的技术升级。在 5G 时代，设备无论大小、功能强弱，都需要具有联网功能，因此现在正在使用的产品可能需要大批量进行更新换代，这样便会触发嵌入式产品的新一波巨大需求。因此，嵌入式系统与 5G 技术的融合正在成为嵌入式系统发展的一个趋势。

3. 更安全——嵌入式系统安全

随着嵌入式系统应用日益广泛，连接互联网的嵌入式设备越来越多，嵌入式系统的安全性和隐私保护问题也变得越发重要。2010 年 7 月发生了"震网"（Stuxnet）蠕虫攻击西门子公司 SIMATIC WinCC 监控与数据采集系统的事件，引发了国际工业界和主流安全厂商的全面关注。嵌入式系统设备旨在执行一个或一组指定的任务，这些设备通常设计为最小化处理周期并减少存储器的使用。由于资源有限，为通用计算机开发的安全解决方案无法在嵌入式设备中使用。因此，在嵌入式系统的设计过程中如何考虑设备安全性、数据安全性和通信安全性，成为一个新的挑战，需要思考诸多问题。在开发阶段，如何确保代码的真实性和不可更改性；在设备部署阶段，如何建立一种信任机制，既要防止不受信任的二进制文件运行，又要确保正确的软件在正确的硬件上运行；在设备运行期间，如何防止未授权的控制访问，以及保证数据在网络传输时不被窃取；当设备处于停机状态时，如何防止设备上的数据不被非法访问等。这些都是保证嵌入式系统安全性必须解决的关键问题。目前，包括区块链技术的多种安全新技术融入嵌入式系统应用中，这将促使嵌入式系统在其整个生命周期中更加安全。

4. 更丰富的形态——嵌入式系统虚拟化

虚拟化起源于大型计算机，随后在服务器中得到了极大的发展和应用。如今，虚拟化也正在进入嵌入式系统设备中。嵌入式应用需求推动着嵌入式系统变得更大、更复杂，这与嵌入式系统的设计初衷相矛盾，因此人们越来越希望对系统进行高度整合，以减少系统的体积、重量、功耗及系统的整体成本。将虚拟化技术引入嵌入式系统就成为一种新的选择。许多嵌入式应用期待能够在单个硬件上运行多个应用程序的操作环境，这就需要一个像虚拟机管理程序这样的支持层。它可以虚拟多个嵌入式操作系统，并依靠使用公共的嵌入式硬件资源高效地运行这些操作系统，同时还要确保各个操作系统之间不会相互干扰。与传统的虚拟机管理程序不同，嵌入式虚拟机管理程序实现了一种不同的抽象。它需要具有极高的内存使用效率、更灵活的通信方法，还需要针对不同嵌入式软件实现既共存又相互隔离的环境，同时还需要具备实时调度的能力。嵌入式系统虚拟化增加了系统的灵活性，提供了更多和更高级别的功能，使嵌入式设备变成了一种新的嵌入式系统类别。目前，已经出现了一些用于嵌入式系统虚拟化的工具，如 VMware Mobile Virtualization Platform、PikeOS、OKL4、NOVA、Codezero 等。2020 年 9 月，华为公司发布了全球首个基于 ARM 芯片的"云手机"，成为"华为云+5G 网+显示屏"三位一体的全新嵌入式设备，也预示着嵌入式系统与虚拟化的融合将向更深层次发展。

习　题

1. 嵌入式系统处理器有哪几种？如何选择？
2. 简述冯·诺依曼结构和哈佛结构的区别。
3. 嵌入式系统与通用计算机系统有什么区别？
4. 什么是嵌入式系统？
5. 嵌入式系统的特点主要有哪些？

6．嵌入式系统的软件分为哪两种体系结构?

7．常见的嵌入式操作系统有哪几种?

8．ARM 处理器有什么特点?

9．简述 ARM 处理器的应用领域。

10．简述嵌入式微处理器的分类。

11．Cortex-M 系列处理器有哪些特征?

12．简述 Cortex-M3 处理器的特点。

第2章 STM32 嵌入式微控制器与最小系统设计

本章将对 STM32 微控制器进行概要叙述，介绍 STM32F1 系列产品的系统构架，以及 STM32F103ZET6 的内部结构、存储器映射、时钟结构，还有 STM32F103VET6 的引脚和最小系统设计，最后介绍学习 STM32 的方法。

2.1 STM32 微控制器概述

STM32 是意法半导体（STMicroelectronics）较早推向市场的基于 Cortex-M 内核的微处理器系列产品。该系列产品具有成本低、功耗优、性能高、功能多等优势，并且以系列化方式推出，方便用户选型，在市场上获得了广泛好评。

STM32 目前常用的有 STM32F103～107 系列，简称"1 系列"，以及高端系列 STM32F4xx 系列，简称"4 系列"。前者基于 Cortex-M3 内核，后者基于 Cortex-M4 内核。STM32F4xx 系列在以下诸多方面做了优化。

1）增加了浮点运算。

2）DSP 处理。

3）存储空间更大，高达 1MB 以上。

4）运算速度更高，以 168MHz 高速运行时可达到 210DMIPS 的处理能力。

5）更高级的外设，新增外设，提高性能，例如，照相机接口、加密处理器、USB 高速 OTG 接口等。具有更快的通信接口，更高的采样率，如带 FIFO 的 DMA 控制器。

STM32 系列单片机具有以下优点。

（1）先进的内核结构

1）哈佛结构使其在处理器整数性能测试上有着出色的表现，可以达到 1.25DMIPS/MHz，而功耗仅为 0.19mW/MHz。

2）Thumb-2 指令集以 16 位的代码密度带来了 32 位的性能。

3）内置了快速的中断控制器，提供了优越的实时特性，中断的延迟时间降到只需 6 个 CPU 周期，从低功耗模式唤醒的时间也只需 6 个 CPU 周期。

4）实现单周期乘法指令和硬件除法指令。

（2）三种功耗控制

STM32 经过特殊处理，针对应用中三种主要的能耗要求进行了优化。这三种能耗需求分别是运行模式下高效率的动态耗电机制、待机状态时极低的电能消耗机制和电池供电时的低电压工作机制。为此，STM32 提供了三种低功耗模式和灵活的时钟控制机制，用户可以根据自己所需要的耗电/性能要求进行合理的优化。

（3）最大程度的集成整合

1）STM32 内嵌电源监控器，包括上电复位、低电压检测、掉电检测和自带时钟的看门狗定时器，减少对外部器件的需求。

2）使用一个主晶振可以驱动整个系统。低成本的 4～16MHz 晶振即可驱动 CPU、USB 及所有外设，使用内嵌锁相环（Phase Locked Loop，PLL）产生多种频率，可以为内部实时时钟选择 32kHz 的晶振。

3）内嵌出厂前调校好的 8MHz RC 振荡电路，可以作为主时钟源。

4）针对 RTC（Real Time Clock，实时时钟）或看门狗的低频率 RC 电路。

5）LQPF100 封装芯片的最小系统只需要 7 个外部无源器件。

因此，使用 STM32 可以很轻松地完成产品的开发。ST 提供了完整、高效的开发工具和库函数，帮助开发者缩短系统开发时间。

（4）出众及创新的外设

STM32 的优势来源于两路高级外设总线，连接到该总线上的外设能以更高的速度运行。

1）USB 接口速度可达 12Mbit/s。

2）USART 接口速度高达 4.5Mbit/s。

3）SPI 接口速度可达 18Mbit/s。

4）I2C 接口速度可达 400kHz。

5）GPIO 的最大翻转频率为 18MHz。

6）PWM（Pulse Width Modulation，脉冲宽度调制）定时器最高可使用 72MHz 时钟输入。

2.1.1　STM32 微控制器产品线

目前，市场上常见的基于 Cortex-M3 的 MCU 有意法半导体（ST Microelectronics）有限公司的 STM32F103 微控制器、德州仪器公司（TI）的 LM3S8000 微控制器和恩智浦公司（NXP）的 LPC1788 微控制器等，其应用涉及工业控制、消费电子、仪器仪表、智能家居等领域。

意法半导体集团于 1987 年 6 月成立，是由意大利的 SGS 微电子公司和法国 THOMSON 半导体公司合并而成。1998 年 5 月，改名为意法半导体有限公司（ST），是世界著名半导体公司之一。从成立至今，意法半导体的增长速度超过了半导体工业的整体增长速度。自 1999 年起，意法半导体始终是世界十大半导体公司之一。据最新的工业统计数据显示，意法半导体是全球第五大半导体厂商，在很多市场居世界领先水平。

在诸多半导体制造商中，意法半导体是较早在市场上推出基于 Cortex-M 内核的 MCU 产品的公司，其根据 Cortex-M 内核设计生产的 STM32 微控制器充分发挥了低成本、低功耗、高性价比的优势，以系列化的方式推出方便用户选型，受到了广泛的好评。

STM32 系列微控制器适合的应用：替代绝大部分 8 位和 16 位 MCU 的应用，替代目前常用的 32 位 MCU（特别是 ARM7）的应用，小型操作系统相关的应用，以及简单图形和语音相关的应用等。

STM32 系列微控制器不适合的应用：程序代码大于 1MB 的应用，基于 Linux 或 Android 系统的应用，基于高清或超高清的视频应用等。

STM32 系列微控制器的产品线包括高性能类型、主流类型和超低功耗类型三大类，分别面向不同的应用。其具体产品线如图 2-1 所示。

1. STM32F1 系列（主流类型）

STM32F1 系列微控制器基于 Cortex-M3 内核，利用一流的外设和低功耗、低压操作实现了高性能，同时以可接受的价格，利用简单的架构和简便易用的工具实现了高集成度，能够满足工业、医疗和消费类市场的各种应用需求。凭借该产品系列，ST 公司在全球基于 ARM Cortex-M3 的微控制器领域处于领先地位。本书后续章节就是基于 STM32F1 系列中的典型微控制器 STM32F103 进行讲述的。

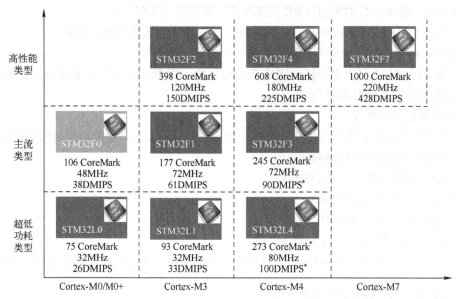

图 2-1　STM32 产品线

STM32F1 系列微控制器包含以下 5 个产品线，它们的引脚、外设和软件均兼容。

1）STM32F100，超值型，24MHz 的 CPU，具有电机控制功能。

2）STM32F101，基本型，36MHz 的 CPU，具有高达 1MB 的闪存（Flash）。

3）STM32F102，USB 基本型，48MHz 的 CPU，具备 USBFS。

4）STM32F103，增强型，72MHz 的 CPU，具有高达 1MB 的 Flash、电机控制、USB 和 CAN。

5）STM32F105/107，互联型，72MHz 的 CPU，具有以太网 MAC（Media Access Control，介质访问控制）、CAN 和 USB 2.0 OTG。

2．STM32F4 系列（高性能类型）

STM32F4 系列微控制器基于 Cortex-M4 内核，采用了意法半导体有限公司的 90nmNVM 工艺和 ART 加速器，在高达 180MHz 的工作频率下通过闪存执行时，其处理性能可达 225 DMIPS/608CoreMark。由于采用了动态功耗调整功能，通过闪存执行时的电流消耗范围为 STM32F401 的 128μA/MHz 到 STM32F439 的 260μA/MHz。

STM32F4 系列包括 9 条互相兼容的数字信号控制器（Digital Signal Controller，DSC）产品线，是 MCU 实时控制功能与 DSP 信号处理功能的完美结合体。

1）STM32F401，84MHz CPU/105DMIPS，尺寸较小、成本较低的解决方案，具有卓越的功耗效率（动态效率系列）。

2）STM32F410，100MHz CPU/125DMIPS，采用新型智能 DMA，优化了数据批处理的功耗（采用批采集模式的动态效率系列），配备随机数发生器、低功耗定时器和 DAC，为卓越的功耗效率性能设立了新的里程碑（停机模式下 89μA/MHz）。

3）STM32F411，100MHz CPU/125DMIPS，具有卓越的功耗效率、更大的 SRAM（Static Random Access Memory，静态随机存取存储器）和新型智能 DMA（Media Access Control，介质访问控制），优化了数据批处理的功耗（采用批采集模式的动态效率系列）。

4）STM32F405/415，168MHz CPU/210DMIPS，高达 1MB 的 Flash，具有先进连接功能和加密功能。

5）STM32F407/417，168MHz CPU/210DMIPS，高达 1MB 的 Flash，增加了以太网 MAC 和照相机接口。

6）STM32F446，180MHz CPU/225DMIPS，高达 512KB 的 Flash，具有 Dual Quad SPI 和 SDRAM 接口。

7）STM32F429/439，180MHz CPU/225DMIPS，高达 2MB 的双区闪存，带 SDRAM 接口、Chrom-ART 加速器和 LCD-TFT 控制器。

8）STM32F427/437，180MHz CPU/225DMIPS，高达 2MB 的双区闪存，具有 SDRAM 接口、Chrom-ART 加速器、串行音频接口，性能更高、静态功耗更低。

9）SM32F469/479，180MHz CPU/225DMIPS，高达 2MB 的双区闪存，带 SDRAM 和 QSPI 接口、Chrom-ART 加速器、LCD-TFT 控制器及 MPI-DSI 接口。

3．STM32F7 系列（高性能类型）

STM32F7 是一款基于 Cortex-M7 内核的微控制器。它采用 6 级超标量流水线和浮点单元，并利用 ST 的 ART 加速器和 L1 缓存，实现了 Cortex-M7 的最大理论性能——无论是从嵌入式闪存还是外部存储器来执行代码，都能在 216MHz 处理器频率下使性能达到 462DMIPS/1082CoreMark。由此可见，相对于意法半导体以前推出的高性能微控制器，如 STM32F2、STM32F4 系列，STM32F7 的优势就在于其强大的运算性能，适用于对高性能计算有巨大需求的应用，对于可穿戴设备和健身应用来说，将会带来革命性的颠覆，起到巨大的推动作用。

4．STM32L1 系列（超低功耗类型）

STM32L1 系列微控制器基于 Cortex-M3 内核，采用意法半导体专有的超低泄漏制程，具有创新型自主动态电压调节功能和 5 种低功耗模式，为各种应用提供了无与伦比的平台灵活性。STM32L1 扩展了超低功耗的理念，并且不会牺牲性能。与 STM32L0 一样，STM32L1 提供了动态电压调节、超低功耗时钟振荡器、LCD 接口、比较器、DAC 及硬件加密等部件。

STM32L1 系列微控制器可以实现在 1.65～3.6V 范围内以 32MHz 的频率全速运行，其功耗参考值如下。

1）动态运行模式，低至 177μA/MHz。

2）低功耗运行模式，低至 9μA。

3）超低功耗模式+备份寄存器+RTC，900nA（3 个唤醒引脚）。

4）超低功耗模式+备份寄存器，280nA（3 个唤醒引脚）。

除了超低功耗 MCU 以外，STM32L1 还提供了多种特性、存储容量和封装引脚数选项，如 32～512KB Flash、高达 80KB 的 SDRAM、16KB 真正的嵌入式 EEPROM、48～144 个引脚。为了简化移植步骤并为工程师提供所需的灵活性，STM32L1 系统与 STM32F 系列均引脚兼容。

2.1.2　STM32 微控制器的命名规则

ST 公司在推出一系列基于 Cortex-M 内核的 STM32 微控制器产品线的同时，也制定了它们的命名规则。通过名称，用户能直观、迅速地了解某款具体型号的 STM32 微控制器产品。STM32 系列微控制器的名称主要由以下几部分组成。

（1）产品系列名

STM32 系列微控制器名称通常以 STM32 开头，表示产品系列，代表意法半导体基于 ARM Cortex-M 系列内核的 32 位 MCU。

（2）产品类型名

产品类型名是 STM32 系列微控制器名称的第 2 部分，通常有 F（Flash Memory，通用快速闪存）、W（无线系统芯片）、L（低功耗低电压，1.65～3.6V）等类型。

（3）产品子系列名

产品子系列名是 STM32 系列微控制器名称的第 3 部分。常见的 STM32F 产品子系列有 050（ARM Cortex-M0 内核）、051（ARM Cortex-M0 内核）、100（ARM Cortex-M3 内核，超值型）、101（ARM Cortex-M3 内核，基本型）、102（ARM Cortex-M3 内核，USB 基本型）、103（ARM Corlex-M3 内核，增强型）、105（ARM Cortex-M3 内核，USB 互联网型）、107（ARM Cortex-M3 内核，USB 互联网型和以太网型）、108（ARM Cortex-M3 内核，IEEE 802.15.4 标准）、151（ARM Cortex-M3 内核，不带 LCD）、152/162（ARM Cortex-M3 内核，带 LCD）、205/207（ARM Cortex-M3 内核，摄像头）、215/217（ARM Cortex-M3 内核，摄像头和加密模块）、405/407（ARMCortex-M4 内核，MCU+FPU，摄像头）、415/417（ARM Cortex-M4 内核，MCU+FPU，加密模块和摄像头）等。

（4）引脚数

引脚数是 STM32 系列微控制器名称的第 4 部分，通常有：F（20 pin）、G（28pin）、K（32 pin）、T（36 pin）、H（40 pin）、C（48 pin）、U（63 pin）、R（64 pin）、O（90 pin）、V（100 pin）、Q（132 pin）、Z（144 pin）和 I（176 pin）等。

（5）闪存存储器容量

闪存存储器容量是 STM32 系列微控制器名称的第 5 部分，通常有：4（16KB Flash，小容量）、6（32KB Flash，小容量）、8（64KB Flash，中容量）、B（128KB Flash，中容量）、C（256KB Flash，大容量）、D（384KB Flash，大容量）、E（512KB Flash，大容量）、F（768KB Flash，大容量）、G（1MB Flash，大容量）。

（6）封装方式

封装方式是 STM32 系列微控制器名称的第 6 部分，通常有：T（Low- profile Quad Flat Package，LQFP，薄型四侧引脚扁平封装）、H（Ball Grid Array，BGA，球栅阵列封装）、U（Very Thin fine Pitch Quad Flat Pack No-lead Package，VFQFPN，超薄细间距四方扁平无铅封装）、Y（Wafer Level Chip Scale Package，WLCSP，晶圆片级芯片规模封装）。

（7）温度范围

温度范围是 STM32 系列微控制器名称的第 7 部分，通常有以下两种：6（-40～85℃，工业级）；7（-40～105℃，工业级）。

STM32F103 微控制器的命名规则如图 2-2 所示。

通过命名规则，用户能直观、迅速地了解某款具体型号的微控制器产品。例如，本书后续部分主要介绍的微控制器 STM32F103ZET6。其中，STM32 代表意法半导体公司基于 ARM Cortex-M 系列内核的 32 位 MCU；F 代表通用快速闪存型；103 代表基于 ARM Cortex-M3 内核的增强型子系列；Z 代表 144 个引脚；E 代表大容量 512KB 闪存存储器；T 代表 LQFP 封装方式；6 代表-40～85℃的工业级温度范围。

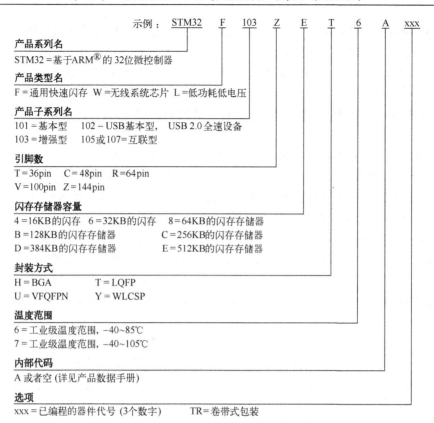

图 2-2　STM32F103 微控制器命名规则

STM32F103xx 闪存容量、封装及型号对应关系如图 2-3 所示。

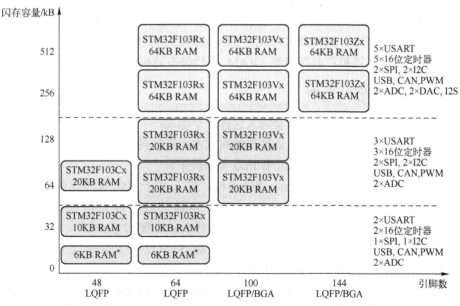

图 2-3　STM32F103xx 闪存容量、封装及型号对应关系

对 STM32 单片机内部资源介绍如下。

1）内核：ARM 32 位 Cortex-M3 CPU，最高工作频率为 72 MHz，执行速度为 1.25DMIPS/MHz，

完成 32 位×32 位乘法计算只需 1 个周期，并且硬件支持除法（有的芯片不支持硬件除法）。

2）存储器：片上集成 32～512KB 的闪存，6～64 KB 的静态随机存取存储器（SRAM）。

3）电源和时钟复位电路：2.0～3.6V 的供电电源（提供 I/O 端口的驱动电压）；上电/断电复位（POR/PDR）端口和可编程电压探测器（PVD）；内嵌 4～16 MHz 的晶振；内嵌出厂前调校 8MHz 的 RC 振荡电路、40kHz 的 RC 振荡电路；供 CPU 时钟的 PLL 锁相环；带校准功能供 RTC 的 32kHz 晶振。

4）调试端口：有 SWD 串行调试端口和 JTAG 端口可供调试用。

5）I/O 端口：根据型号的不同，双向快速 I/O 端口数目可为 26、37、51、80 或 112。翻转速度为 18MHz，所有的端口都可以映射到 16 个外部中断向量。除了模拟输入端口，其他所有的端口都可以接收 5V 以内的电压输入。

6）DMA（直接内存存取）端口：支持定时器、ADC、SPI、I2C 和 USART 等外设。

7）ADC：带有 2 个 12 位的微秒级逐次逼近型 ADC，每个 ADC 最多有 16 个外部通道和 2 个内部通道。2 个内部通道一个接内部温度传感器，另一个接内部参考电压。ADC 供电要求为 2.4～3.6V，测量范围为 V_{REF-}～V_{REF+}，V_{REF-} 通常为 0V，V_{REF+} 通常与供电电压一样。ADC 具有双采样和保持能力。

8）DAC：STM32F103xC、STM32F103xD、STM32F103xE 具有 2 通道 12 位 DAC。

9）定时器：最多可有 11 个定时器。包括：4 个 16 位定时器，每个定时器有 4 个 PWM 定时器或者脉冲计数器；2 个 16 位的 6 通道高级控制定时器（最多 6 个通道可用于 PWM 输出）；2 个看门狗定时器，包括独立看门狗（IWDG）定时器和窗口看门狗（WWDG）定时器；1 个系统滴答定时器 SysTick（24 位倒计数器）；2 个 16 位基本定时器，用于驱动 DAC。

10）通信端口：最多可有 13 个通信端口。包括：2 个 I2C 接口；5 个通用异步收发传输器（UART）接口（兼容 IrDA 标准，调试控制）；3 个 SPI 接口（18 Mbit/s），其中 I2S 接口最多只能有 2 个；CAN 接口、USB 2.0 全速端口、安全数字输入/输出（SDIO）接口最多都只能有 1 个。

11）FSMC：FSMC 嵌在 STM32F103xC、STM32F103xD、STM32F103xE 单片机中，带有 4 个片选端口，支持闪存、随机存取存储器（RAM）、伪静态随机存储器（PSRAM）等。

2.1.3 STM32 微控制器的选型

在微控制器选型过程中，工程师常会陷入这样一个困局：一方面抱怨 8 位、16 位微控制器有限的指令和性能，另一方面抱怨 32 位处理器的高成本和高功耗。能否有效地解决这个问题，让工程师不必在性能、成本、功耗等因素中做出取舍和折中？

基于 ARM 公司 2006 年推出的 Cortex-M3 内核，ST 公司于 2007 年推出的 STM32 系列微控制器就很好地解决了上述问题。因为 Cortex-M3 内核的计算能力是 1.25DMIPS/MHz，而 ARM7TDMI 只有 0.95DMIPS/MHz。而且 STM32 拥有 1μs 的双 12 位 ADC、4Mbit/s 的 UART、18Mbit/s 的 SPI 和 18MHz 的 I/O 翻转速度，更重要的是，STM32 在 72MHz 工作时功耗只有 36mA（所有外设处于工作状态），而待机时功耗只有 2μA。

通过前面的介绍，我们已经大致了解了 STM32 微控制器的分类和命名规则。在此基础上，根据实际需求，可以大致确定所要选用的 STM32 微控制器的内核型号和产品系列。例如，一般的工程应用的数据运算量不是特别大，基于 Cortex-M3 内核的 STM32F1 系列微控制器即可满足要求；如果需要进行大量的数据运算，且对实时控制和数字信号处理能力要求很高，或者需要外接 RGB 大屏幕，则推荐选择基于 Cortex-M4 内核的 STM32F4 系列微控制器。

在明确了产品系列之后,可以进一步选择产品线。以基于 Cortex-M3 内核的 STM32F1 系列微控制器为例,如果仅需要用到电动机控制或消费类电子控制功能,则选择 STM32F100 或 STM32F101 系列微控制器即可;如果还需要用到 USB 通信、CAN 总线等模块,则推荐选用 STM32F103 系列微控制器;如果对网络通信要求较高,则可以选用 STM32F105 或 STM32F107 系列微控制器。对于同一个产品系列,不同的产品线采用的内核是相同的,但核外的片上外设存在差异。具体选型情况要视实际的应用场合而定。

确定好产品线之后,即可选择具体的型号。参照 STM32 微控制器的命名规则,可以先确定微控制器的引脚数目。引脚多的微控制器的功能相对多一些,当然价格也贵一些。具体要根据实际应用中的功能需求进行选择,一般够用就好。确定好了引脚数目之后再选择 Flash 存储器容量的大小。对于 STM32 微控制器而言,具有相同引脚数目的微控制器会有不同的 Flash 存储器容量可供选择。这也要根据实际需要进行选择,程序大就选择容量大的 Flash 存储器,一般也是够用即可。到这里,根据实际的应用需求,确定了所需的微控制器的具体型号,下一步的工作就是开发相应的应用。

微控制器除可以选择 STM32 外,还可以选择国产芯片。ARM 技术发源于国外,但通过我国研究人员十几年的研究和开发,我国的 ARM 微控制器技术已经取得了很大的进步,国产品牌已获得了较高的市场占有率,相关的产业也在逐步发展壮大之中。

1)兆易创新于 2005 年在北京成立,是一家领先的无晶圆厂半导体公司,致力于开发先进的存储器技术和 IC 解决方案。公司的核心产品线为 Flash、32 位通用型 MCU 及智能人机交互传感器芯片和整体解决方案。公司产品以"高性能、低功耗"著称,为工业、汽车、计算、消费类电子、物联网、移动应用及网络和电信行业的客户提供全方位服务。与 STM32F103 兼容的产品为 GD32VF103。

2)华大半导体是中国电子信息产业集团有限公司(CEC)旗下专业的集成电路发展平台公司,围绕汽车电子、工业控制、物联网三大应用领域,重点布局控制芯片、功率半导体、高端模拟芯片和安全芯片等,形成整体芯片解决方案,形成了竞争力强劲的产品矩阵及全面的解决方案。可以选择的 ARM 微控制器有 HC32F0、HC32F1 和 HC32F4 系列。

学习嵌入式微控制器的知识,掌握其核心技术,了解这些技术的发展趋势,有助于为我国培养该领域的后备人才,促进我国微控制器技术的长远发展,为国产品牌的发展注入新的活力。在学习中,我们应注意知识学习、能力提升、价值观塑造的有机结合,培养自力更生、追求卓越的奋斗精神和精益求精的工匠精神,树立民族自信心,为实现中华民族的伟大复兴贡献力量。

2.2 STM32F1 系列产品系统架构和 STM32F103ZET6 内部架构

STM32 与其他单片机一样,是一个单片计算机或单片微控制器。所谓单片,就是在一个芯片上集成了计算机或微控制器该有的基本功能部件。这些功能部件通过总线连接在一起。就 STM32 而言,这些功能部件主要包括:Cortex-M 内核、总线、系统时钟发生器、复位电路、程序存储器、数据存储器、中断控制、调试接口,以及各种功能部件(外设)。不同的芯片系列和型号,外设的数量和种类也不一样,常有的基本功能部件(外设)是:输入/输出接口(GPIO)、定时/计数器(TIMER/COUNTER)、通用同步异步收发器(Universal Synchronous Asynchronous Receiver Transmitter,USART)、串行总线(I2C 和 SPI 或 I2S)、SD 卡接口(SDIO)、USB 接口等。

STM32F10x 系列单片机基于 ARM Cortex-M3 内核,主要分为 STM32F100xx、STM32F101xx、STM32F102xx、STM32F103xx、STM32F105xx 和 STM32F107xx。STM32F100xx、 STM32F101xx

和 STM32F102xx 为基本型系列，分别工作在 24MHz、36MHz 和 48MHz 主频下。STM32F103xx 为增强型系列，STM32F105xx 和 STM32F107xx 为互联型系列，均工作在 72MHz 主频下。其结构特点如下。

1）一个主晶振可以驱动整个系统，低成本的 4～16MHz 晶振即可驱动 CPU、USB 和其他所有外设。

2）内嵌出厂前调校好的 8MHz RC 振荡器，可以作为低成本主时钟源。

3）内嵌电源监视器，减少对外部器件的要求，提供上电复位、低电压检测和掉电检测。

4）GPIO：最大翻转频率为 18MHz。

5）PWM 定时器：可以接收最大 72MHz 时钟输入。

6）USART：传输速率可达 4.5Mbit/s。

7）ADC：12 位，转换时间最快为 1μs。

8）DAC：提供 2 个通道，12 位。

9）SPI：传输速率可达 18Mbit/s，支持主模式和从模式。

10）I2C：工作频率可达 400kHz。

11）I2S：采样频率可选范围为 8～48kHz。

12）自带时钟的看门狗定时器。

13）USB：传输速率可达 12Mbit/s。

14）SDIO：工作频率为 48MHz。

2.2.1 STM32F1 系列产品系统架构

STM32F1 系列产品系统架构如图 2-4 所示。

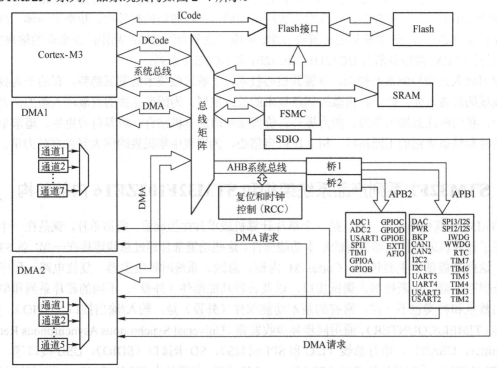

图 2-4　STM32F1 系列产品系统架构

STM32F1 系列产品主要由以下部分构成。

1) Cortex-M3 内核、DCode 总线（D-bus）和系统总线（S-bus）。

2) 通用 DMA1 和通用 DMA2。

3) 内部 SRAM。

4) 内部闪存存储器（Flash）。

5) FSMC（Flexible Static Memory Controller，可变静态存储控制器）。

6) AHB 到 APB 的桥（AHB2APBx），它连接所有的 APB 设备。上述部件都是通过一个多级的 AHB 总线构架相互连接的。

ICode 总线：该总线将 Cortex-M3 内核的指令总线与 Flash 指令接口相连。指令预取在此总线上完成。

DCode 总线：该总线将 Cortex-M3 内核的 DCode 总线与 Flash 数据接口相连（常量加载和调试访问）。

系统总线：此总线连接 Cortex-M3 内核的系统总线（外设总线）到总线矩阵。总线矩阵协调着内核和 DMA 间的访问。

DMA 总线：此总线将 DMA 的 AHB 主控接口与总线矩阵相连。总线矩阵协调着 CPU 的 DCode 总线和 DMA 总线到 SRAM、Flash 和外设的访问。

总线矩阵：总线矩阵协调内核系统总线和 DMA 总线之间的访问仲裁，仲裁采用轮换算法。总线矩阵包含 4 个主动部件（CPU 的 DCode、系统总线、DMA1 总线和 DMA2 总线）和 4 个被动部件（Flash 接口、SRAM、FSMC 和 AHB/APB 桥）。

AHB 外设通过总线矩阵与系统总线相连，允许 DMA 访问。

AHB/APB 桥（APB）：两个 AHB/APB 桥在 AHB 和两个 APB 总线间提供同步连接。APB1 的操作速度限于 36MHz，APB2 操作于全速（最高 72MHz）。

上述模块由 AMBA（Advanced Microcontroller Bus Architecture）总线连接到一起。AMBA 总线是 ARM 公司定义的片上总线，已成为一种流行的工业片上总线标准。它包括 AHB（Advanced High Performance Bus）和 APB（Advanced Peripheral Bus），前者作为系统总线，后者作为外设总线。

为更加简明地理解 STM32F1 单片机的内部结构，对图 2-4 进行抽象简化后得到图 2-5，这样对初学者的学习会更加方便。

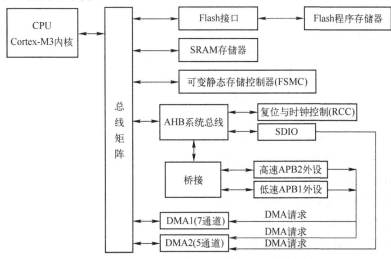

图 2-5　STM32F1 系列产品抽象简化系统架构

现结合图 2-5 对 STM32F1 的基本原理做一下简单分析。

1）程序存储器、静态数据存储器、所有的外设都统一编址。地址空间为 4GB，但各自都有固定的存储空间区域，使用不同的总线进行访问。这一点与 51 单片机完全不一样。具体的地址空间请参阅 ST 官方手册。如果采用固件库开发程序，则不必关注具体的地址问题。

2）可将 Cortex-M3 内核视为 STM32 的"CPU"，程序存储器、静态数据存储器及所有的外设均通过相应的总线再经总线矩阵与之相接。Cortex-M3 内核控制程序存储器、静态数据存储器、所有外设的读/写访问。

3）STM32 的功能外设较多，分为高速外设和低速外设两类，各自通过桥接再通过 AHB 系统总线连接至总线矩阵，从而实现与 Cortex-M3 内核的连接。两类外设的时钟可各自配置，速度不一样。具体某个外设属于高速还是低速，已经被 ST 明确规定。所有外设均有两种访问操作方式：一是传统的方式，通过相应总线由 CPU 发出读/写指令进行访问，这种方式适用于读/写数据较小、速度相对较低的场合；二是 DMA 方式，即直接存储器存取，在这种方式下，外设可发出 DMA 请求，不再通过 CPU 而直接与指定的存储区发生数据交换，因此可大大提高数据访问操作的速度。

4）STM32 的系统时钟均由复位与时钟控制器（RCC）产生，它有一整套的时钟管理设备，由它为系统和各种外设提供所需的时钟以确定各自的工作速度。

2.2.2 STM32F103ZET6 的内部架构

根据程序存储容量，ST 芯片分为三大类：LD（小于 64KB）、MD（小于 256KB）和 HD（大于 256KB）。而 STM32F103ZET6 属于第三类，它是 STM32 系列中的一个典型型号。

STM32F103ZET6 的内部架构如图 2-6 所示。

STM32F103ZET6 包含以下特性。

（1）内核

1）ARM 32 位的 Cortex-M3 CPU，最高 72MHz 的工作频率，在存储器的 0 等待周期访问时可达 1.25DMIPS/MHz（Dhrystone 2.1）。

2）单周期乘法和硬件除法。

（2）存储器

1）512KB 的 Flash 程序存储器。

2）64KB 的 SRAM。

3）带有 4 个片选信号的可变静态存储控制器（FSMC），支持 Compact Flash、SRAM、PSRAM、NOR 和 NAND 存储器。

（3）LCD 并行接口，支持 8080/6800 模式

（4）时钟、复位和电源管理

1）芯片和 I/O 引脚的供电电压为 2.0～3.6V。

2）上电/断电复位（POR/PDR）、可编程电压监测器（PVD）。

3）4～16MHz 晶体振荡器。

4）内嵌经出厂调校的 8MHz 的 RC 振荡器。

5）内嵌带校准的 40kHz 的 RC 振荡器。

6）带校准功能的 32kHz RTC 振荡器。

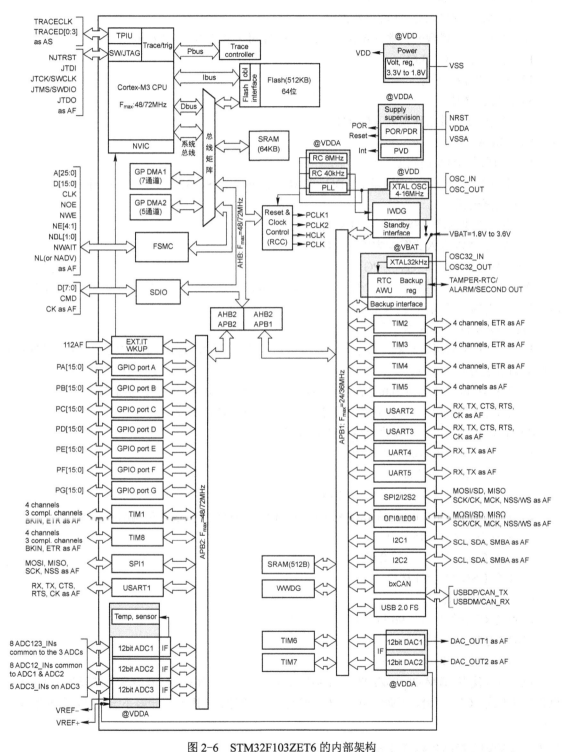

图 2-6　STM32F103ZET6 的内部架构

（5）低功耗

1）支持睡眠、停机和待机模式。

2）VBAT 为 RTC 和后备寄存器供电。

（6）3 个 12 位模数转换器（ADC），1μs 转换时间（多达 16 个输入通道）

1）转换范围：0～3.6V。

2）采样和保持功能。

3）温度传感器。

（7）2 个 12 位数模转换器（DAC）

（8）DMA

1）12 通道 DMA 控制器。

2）支持的外设包括：定时器、ADC、DAC、SDIO、I2S、SPI、I2C 和 USART。

（9）调试模式

1）串行单线调试（SWD）和 JTAG 接口。

2）Cortex-M3 嵌入式跟踪宏单元（ETM）。

（10）快速 I/O 接口（PA～PG）

多达 7 个快速 I/O 接口，每个接口包含 16 根 I/O 口线，所有 I/O 口可以映像到 16 个外部中断；几乎所有接口均可承受 5V 信号。

（11）多达 11 个定时器

1）4 个 16 位通用定时器，每个定时器有多达 4 个用于输入捕获/输出比较/PWM 或脉冲计数的通道和增量编码器输入。

2）2 个 16 位带死区控制和紧急刹车，用于电机控制的 PWM 高级控制定时器。

3）2 个看门狗定时器（独立看门狗定时器和窗口看门狗定时器）。

4）系统滴答定时器：24 位自减型计数器。

5）2 个 16 位基本定时器用于驱动 DAC。

（12）多达 13 个通信接口

1）2 个 IC 接口（支持 SMBus/PMBus）。

2）5 个 USART 接口（支持 ISO7816 接口、LIN、IrDA 兼容接口和调制解调控制）。

3）3 个 SPI 接口（18Mbit/s），2 个带有 PS 切换接口。

4）1 个 CAN 接口（支持 2.0B 协议）。

5）1 个 USB 2.0 全速接口。

6）1 个 SDIO 接口。

（13）CRC 计算单元，96 位的芯片唯一代码

（14）LQFP144 封装形式

（15）工作温度为-40～105℃

以上特性使得 STM32F103ZET6 非常适用于电机驱动、应用控制、医疗和手持设备、个人计算机和游戏外设、GPS 平台、工业应用、PLC、逆变器、打印机、扫描仪、报警系统、空调系统等领域。

2.3 STM32F103ZET6 的存储器映射

STM32F103ZET6 的存储器映射如图 2-7 所示。

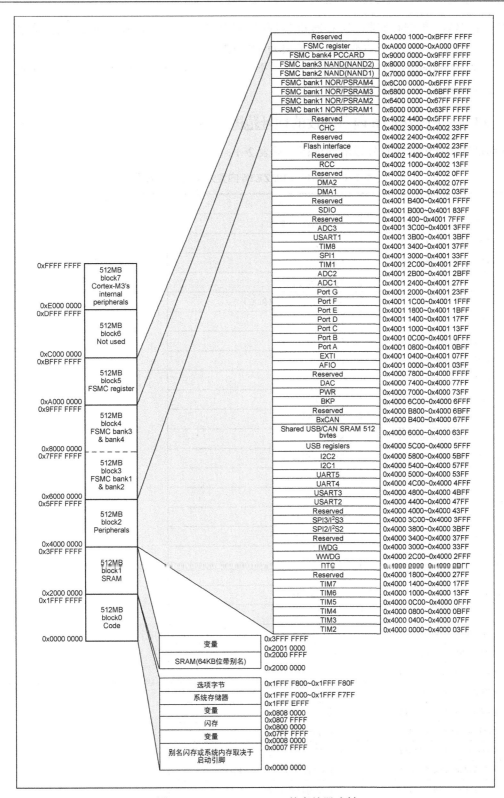

图 2-7　STM32F103ZET6 的存储器映射

　　程序存储器、数据存储器、寄存器和 I/O 接口被组织在同一个 4GB 的线性地址空间内。可访问的存储器空间被分成 8 个主要的块，每块为 512MB。

　　数据字节以小端格式存放在存储器中。一个字中的最低地址字节被认为是该字的最低有效字节，而最高地址字节是最高有效字节。

2.3.1　STM32F103ZET6 内置外设的地址范围

　　STM32F103ZET6 内置外设的地址范围见表 2-1。

表 2-1　STM32F103ZET6 内置外设的地址范围

地址范围	外　　设	所在总线
0x5000 0000~0x5003 FFFF	USB OTG 全速接口	AHB
0x4002 8000~0x4002 9FFF	以太网	
0x4002 3000~0x4002 33FF	CRC	AHB
0x4002 2000~0x4002 23FF	闪存存储器接口	
0x4002 1000~0x4002 13FF	复位和时钟控制（RCC）	
0x4002 0400~0x4002 07FF	DMA2	
0x4002 0000~0x4002 03FF	DMA1	
0x4001 8000~0x4001 83FF	SDIO	
0x4001 3C00~0x4001 3FFF	ADC3	APB2
0x4001 3800~0x4001 3BFF	USART1	
0x4001 3400~0x4001 37FF	TIM8 定时器	
0x4001 3000~0x4001 33FF	SPI1	
0x4001 2C00~0x4001 2FFF	TIM1 定时器	
0x4001 2800~0x4001 2BFF	ADC2	
0x4001 2400~0x4001 27FF	ADC1	
0x4001 2000~0x4001 23FF	GPIO 端口 G	
0x4001 1C00~0x4001 1FFF	GPIO 端口 F	
0x4001 1800~0x4001 1BFF	GPIO 端口 E	
0x4001 1400~0x4001 17FF	GPIO 端口 D	
0x4001 1000~0x4001 13FF	GPIO 端口 C	
0x4001 0C00~0x4001 0FFF	GPIO 端口 B	
0x4001 0800~0x4001 0BFF	GPIO 端口 A	
0x4001 0400~0x4001 07FF	EXTI	
0x4001 0000~0x4001 03FF	AFIO	
0x4000 7400~0x4000 77FF	DAC	APB1
0x4000 7000~0x4000 73FF	电源控制（PWR）	
0x4000 6C00~0x4000 6FFF	后备寄存器（BKR）	
0x4000 6400~0x4000 67FF	bxCAN	
0x4000 6000~0x4000 63FF	USB/CAN 共享的 512B SRAM	
0x4000 5C00~0x4000 5FFF	USB 全速设备寄存器	
0x4000 5800~0x4000 5BFF	I2C2	
0x4000 5400~0x4000 57FF	I2C1	

（续）

地址范围	外　设	所在总线
0x4000 5000~0x4000 53FF	UART5	APB1
0x4000 4C00~0x4000 4FFF	UART4	
0x4000 4800~0x4000 4BFF	USART3	
0x4000 4400~0x4000 47FF	USART2	
0x4000 3C00~0x4000 3FFF	SPI3/I2S3	
0x4000 3800~0x4000 3BFF	SPI2/I2S2	
0x4000 3000~0x4000 33FF	独立看门狗（IWDG）	
0x4000 2C00~0x4000 2FFF	窗口看门狗（WWDG）	
0x4000 2800~0x4000 2BFF	RTC	
0x4000 1400~0x4000 17FF	TIM7 定时器	
0x4000 1000~0x4000 13FF	TIM6 定时器	
0x4000 0C00~0x4000 0FFF	TIM5 定时器	
0x4000 0800~0x4000 0BFF	TIM4 定时器	
0x4000 0400~0x4000 07FF	TIM3 定时器	
0x4000 0000~0x4000 03FF	TIM2 定时器	

以下没有分配给片上存储器和外设的存储器空间都是保留的地址空间：0x4000 1800~0x4000 27FF、0x4000 3400~0x4000 37FF、0x4000 4000~0x4000 3FFF、x4000 7800~0x4000FFFF、0x4001 4000~0x4001 7FFF、0x4001 8400~0x4001 7FFF、0x4002800~0x4002 0FFF、0x4002 1400~0x4002 1FFF、0x4002 3400~0x4002 3FFF、0x4003 0000~ 0x4FFF FFFF。

其中，每个地址范围的第一个地址为对应外设的首地址，该外设的相关寄存器地址都可以用"首地址+偏移量"的方式找到其绝对地址。

2.3.2　嵌入式 SRAM

STM32F103ZET6 内置 64KB 的静态 SRAM。它可以以字节（8 位）、半字（16 位）或字（32 位）访问。SRAM 的起始地址是 0x2000 0000。

Cortex-M3 存储器映像包括两个位带区。这两个位带区将别名存储器区中的每个字映射到位带存储器区的一个位，在别名存储区写入一个字具有对位带区的目标位执行读－改写操作的相同效果。

在 STM32F103ZET6 中，外设寄存器和 SRAM 都被映射到位带区里，允许执行位带的写和读操作。

下面的映射公式给出了别名区中的每个字如何对应位带区的相应位。

$$bit\_word\_addr=bit\_band\_base+(byte\_offset×32)+(bit\_number×4)$$

其中，

bit_word_addr 是别名存储器区中字的地址，它映射到某个目标位；

bit_band_base 是别名区的起始地址；

byte_offset 是包含目标位的字节在位带中的序号；

bit_number 是目标位所在位置（0~31）。

2.3.3　嵌入式闪存

高达 512KB 的闪存存储器由主存储块和信息块组成：主存储块容量为 64K×64bit，每个存储块划分为 256 个 2KB 的页。信息块容量为 258×64bit。

闪存模块的组织见表 2-2。

表 2-2　闪存模块的组织

模块	名称	地址	大小/B
主存储块	页 0	0x0800 0000~0x0800 07FF	2K
	页 1	0x0800 0800~0x0800 0FFF	2K
	页 2	0x0800 1000~0x0800 17FF	2K
	页 3	0x0800 1800~0x0800 1FFF	2K
	…	…	…
	页 255	0x0807 F800~0x0807 FFFF	2K
信息块	系统存储器	0x1FFF F000~0x1FFF F7FF	2K
	选择字节	0x1FFF F800~0x1FFF F80F	16
闪存存储器接口寄存器	FLASH_ACR	0x4002 2000~0x4002 2003	4
	FLASH_KEYR	0x4002 2004~0x4002 2007	4
	FLASH_OPTKEYR	0x4002 2008~0x4002 200B	4
	FLASH_SR	0x4002 200C~0x4002 200F	4
	FLASH_CR	0x4002 2010~0x4002 2013	4
	FLASH_AR	0x4002 2014~0x4002 2017	4
	保留	0x4002 2018~0x4002 201B	4
	FLASH_OBR	0x4002 201C~0x4002 201F	4
	FLASH_WRPR	0x4002 2020~0x4002 2023	4

闪存存储器接口有以下一些特性。

1）带预取缓冲区的读接口（每字为 2×64bit）。

2）选择字节加载器。

3）闪存编程/擦除操作。

4）访问/写保护。

闪存的指令和数据访问是通过 AHB 总线完成的。预取模块通过 ICode 总线读取指令。仲裁作用在闪存接口，并且 DCode 总线上的数据访问优先。读访问可以有以下配置选项。

1）等待时间：可以随时更改的用于读取操作的等待状态的数量。

2）预取缓冲区（2 个 64bit）：在每一次复位以后被自动打开，由于每个缓冲区的大小（64bit）与闪存的带宽相同，因此只通过需一次读闪存的操作即可更新整个级中的内容。由于预取缓冲区的存在，CPU 可以工作在更高的主频。CPU 每次取指最多为 32bit 的字，取一条指令时，下一条指令已经在缓冲区中等待。

2.4　STM32F103ZET6 的时钟结构

在 STM32 系列微控制器中，有 5 个时钟源，分别是高速内部（High Speed Internal，HSI）时钟、高速外部（High Speed External，HSE）时钟、低速内部（Low Speed Internal，LSI）时钟、低速外部（Low Speed External，LSE）时钟、锁相环倍频输出（Phase Locked Loop，PLL）。STM32F103ZET6 的时钟系统呈树状结构，因此也称为时钟树。

STM32F103ZET6 具有多个时钟频率，分别供给内核和不同外设模块使用。高速时钟供中央处理器等高速设备使用，低速时钟供外设等低速设备使用。HSI、HSE 或 PLL 可被用来驱动系统时钟（SYSCLK）。

LSI 和 LSE 作为二级时钟源。40kHz 低速内部 RC 时钟可以用于驱动独立看门狗和通过程序选择驱动 RTC。RTC 用于从停机/待机模式下自动唤醒系统。

32.768kHz 低速外部晶体也可用来通过程序选择驱动 RTC（RTCCLK）。

当某个部件不被使用时，任一个时钟源都可被独立地启动或关闭，由此优化系统功耗。

用户可通过多个预分频器配置 AHB、高速 APB（APB2）和低速 APB（APB1）的频率。AHB 和 APB2 的最大频率是 72MHz。APB1 的最大允许频率是 36MHz。SDIO 接口的时钟频率固定为 HCLK/2。

RCC 通过 AHB 时钟（HCLK）8 分频后作为 Cortex 系统定时器（SysTick）的外部时钟。通过对 SysTick 的控制与状态寄存器的设置，可选择上述时钟或 Cortex（HCLK）时钟作为 SysTick 时钟。ADC 时钟由高速 APB2 时钟经 2、4、6 或 8 分频后获得。

定时器时钟频率分配由硬件按以下两种情况自动设置。

1）如果相应的 APB 预分频系数是 1，定时器的时钟频率与所在 APB 总线频率一致。

2）否则，定时器的时钟频率被设为与其相连的 APB 总线频率的 2 倍。

FCLK 是 Cortex-M3 处理器的自由运行时钟。

STM32 处理器因为低功耗的需要，各模块需要分别独立开启时钟。因此，当需要使用某个外设模块时，务必先使能对应的时钟。否则，这个外设不能工作。STM32 的时钟树如图 2-8 所示。

1. HSE 时钟

HSE 时钟信号可以由外部晶体/陶瓷谐振器产生，也可以由用户外部产生。一般采用外部晶体/陶瓷谐振器产生 HSE 时钟。在 OSC_IN 和 OSC_OUT 引脚之间连接 4～16MHz 外部振荡器为系统提供精确的主时钟。

为了减少时钟输出的失真和缩短启动稳定时间，外部晶体/陶瓷谐振器和负载电容器必须尽可能地靠近振荡器引脚。负载电容值必须根据所选择的振荡器来调整。

2. HSI 时钟

HSI 时钟信号由内部 8MHz 的 RC 振荡器产生，可直接作为系统时钟或在 2 分频后作为 PLL 输入。

HSI RC 振荡器能够在不需要任何外部器件的条件下提供系统时钟。它的启动时间比 HSE 晶体振荡器短。然而，即使在校准之后它的时钟频率精度仍较差。如果 HSE 晶体振荡器失效，HSI 时钟会被作为备用时钟源。

3. PLL

内部 PLL 可以用来倍频 HSI RC 的输出时钟或 HSE 晶体输出时钟。PLL 的设置（选择 HSI 振荡器除 2 或 HSE 振荡器为 PLL 的输入时钟，和选择倍频因子）必须在其被激活前完成。一旦 PLL 被激活，这些参数就不能改动。

如果需要在应用中使用 USB 接口，PLL 必须被设置为输出 48MHz 或 72MHz 时钟，用于提供 48MHz 的 USBCLK 时钟。

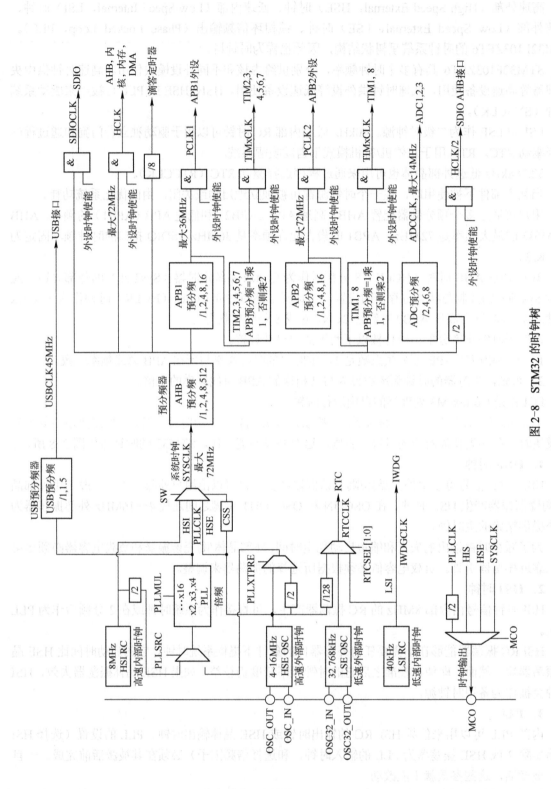

图 2-8　STM32 的时钟树

4．LSE 时钟

LSE 晶体是一个 32.768kHz 的低速外部晶体或陶瓷谐振器。它为实时时钟或者其他定时功能提供一个低功耗且精确的时钟源。

5．LSI 时钟

LSI RC 担当着低功耗时钟源的角色，它可以在停机和待机模式下保持运行，为独立看门狗和自动唤醒单元提供时钟。LSI 时钟频率大约为 40kHz（30kHz～60kHz）。

6．系统时钟（SYSCLK）选择

系统复位后，HSI 振荡器被选为系统时钟。当时钟源被直接或通过 PLL 间接作为系统时钟时，它将不能被停止。只有当目标时钟源准备就绪了（经过启动稳定阶段的延迟或 PLL 稳定），从一个时钟源到另一个时钟源的切换才会发生。在被选择时钟源没有就绪时，系统时钟的切换不会发生。直至目标时钟源就绪，才发生切换。

7．RTC 时钟

通过设置备份域控制寄存器（RCC_BDCR）里的 RTCSEL［1:0］位，RTCCLK 时钟源可以由 HSE/128、LSE 或 LSI 时钟提供。除非备份域复位，此选择不能被改变。LSE 时钟在备份域里，但 HSE 和 LSI 时钟不是。因此

1）如果 LSE 被选为 RTC 时钟，只要 VBAT 维持供电，尽管 VDD 供电被切断，RTC 仍可继续工作。

2）LSI 被选为自动唤醒单元（AWU）时钟时，如果切断 VDD 供电，不能保证 AWU 的状态。

3）如果 HSE 时钟 128 分频后作为 RTC 时钟，VDD 供电被切断或内部电压调压器被关闭（1.8V 域的供电被切断）时，RTC 状态不确定。必须设置电源控制寄存器的 DPB 位（取消后备区域的写保护）为 1。

8．看门狗时钟

如果独立看门狗已经由硬件选项或软件启动，LSI 振荡器将被强制在打开状态，并且不能被关闭。

9．时钟输出

微控制器允许输出时钟信号到外部 MCO（Master Clock Output，主时钟输出）引脚。相应的 GPIO 端口寄存器必须被配置为相应功能。可被选作 MCO 时钟的时钟信号有 SYSCLK、HIS、HSE、PLL 时钟/2。

2.5　STM32F103VET6 的引脚

STM32F103VET6 比 STM32F103ZET6 少了两个引脚——PF 和 PG，其他引脚一样。

为了简化描述，后续的内容以 STM32F103VET6 为例进行介绍。STM32F103VET6 采用 LQFP100 封装，引脚图如图 2-9 所示。

1．引脚定义

STM32F103VET6 的引脚定义见表 2-3。

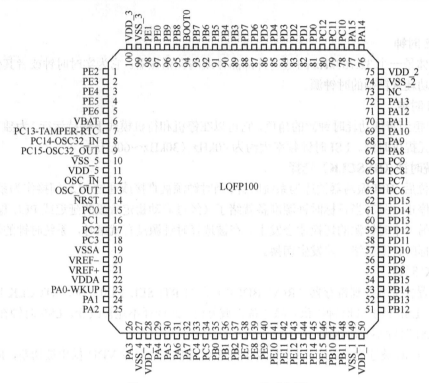

图 2-9　STM32F103VET6 的引脚图

表 2-3　STM32F103VET6 的引脚定义

引脚编号	引脚名称	类型	I/O 电平	复位后的主要功能	复用功能	
					默认情况	重映射后
1	PE2	I/O	FT	PE2	TRACECK/FSMC_A23	
2	PE3	I/O	FT	PE3	TRACED0/FSMC_A19	
3	PE4	I/O	FT	PE4	TRACED1/FSMC_A20	
4	PE5	I/O	FT	PE5	TRACED2/FSMC_A21	
5	PE6	I/O	FT	PE6	TRACED3/FSMC_A22	
6	VBAT	S		V_{BAT}		
7	PC13-TAMPER-RTC	I/O		PC13	TAMPER-RTC	
8	PC14-OSC32_IN	I/O		PC14	OSC32_IN	
9	PC15-OSC32_OUT	I/O		PC15	OSC32_OUT	
10	VSS_5	S		VSS_5		
11	VDD_5	S		VDD_5		
12	OSC_IN	I		OSC_IN		
13	OSC_OUT	O		OSC_OUT		
14	NRST	I/O		NRST		
15	PC0	I/O		PC0	ADC123_IN10	

（续）

引脚编号	引脚名称	类型	I/O电平	复位后的主要功能	复用功能	
					默认情况	重映射后
16	PC1	I/O		PC1	ADC123_IN11	
17	PC2	I/O		PC2	ADC123_IN12	
18	PC3	I/O		PC3	ADC123_IN13	
19	VSSA	S		VSSA		
20	VREF−	S		VREF−		
21	VREF+	S		VREF+		
22	VDDA	S		VDDA		
23	PA0-WKUP	I/O		PA0	WKUP/USART2_CTS/ADC123_IN0/TIM2_CH1_ETR/TIM5_CH1/TIM8_ETR	
24	PA1	I/O		PA1	USART2_RTS/ADC123_IN1/TIM5_CH2/TIM2_CH2	
25	PA2	I/O		PA2	USART2_TX/TIM5_CH3/ADC123_IN2/TIM2_CH3	
26	PA3	I/O		PA3	USART2_RX/TIM5_CH4/ADC123_IN3/TIM2_CH4	
27	VSS_4	S		VSS_4		
28	VDD_4	S		VDD_4		
29	PA4	I/O		PA4	SPI1_NSS/USART2_CK/DAC_OUT1/ADC12_IN4	
30	PA5	I/O		PA5	SPI1_SCK/DAC_OUT2/ADC12_IN5	TIM1_BKIN
31	PA6	I/O		PA6	SPI1_MISO/TIM8_BKIN/ADC12_IN6/TIM3_CH1	TIM1_CH1N
32	PA7	I/O		PA7	SPI1_MOSI/TIM8_CH1N/ADC12_IN7/TIM3_CH2	
33	PC4	I/O		PC4	ADC12_IN14	
34	PC5	I/O		PC5	ADC12_IN15	
35	PB0	I/O		PB0	ADC12_IN0/TIM3_CH3/TIM8_CH2N	TIM1_CH2N
36	PB1	I/O		PB1	ADC12_IN9/TIM3_CH4/TIM8_CH3N	TIM1_CH3N
37	PB2	I/O	FT	PB2/BOOT1		
38	PE7	I/O	FT	PE7	FSMC_D4	TIM1_ETR
39	PE8	I/O	FT	PE8	FSMC_D5	TIM1_CH1N
40	PE9	I/O	FT	PE9	FSMC_D6	TIM1_CH1
41	PE10	I/O	FT	PE10	FSMC_D7	TIM1_CH2N
42	PE11	I/O	FT	PE11	FSMC_D8	TIM1_CH2
43	PE12	I/O	FT	PE12	FSMC_D9	TIM1_CH3N
44	PE13	I/O	FT	PE13	FSMC_D10	TIM1_CH3
45	PE14	I/O	FT	PE14	FSMC_D11	TIM1_CH4
46	PE15	I/O	FT	PE15	FSMC_D12	TIM1_BKIN

（续）

引脚编号	引脚名称	类型	I/O 电平	复位后的主要功能	复用功能	
					默认情况	重映射后
47	PB10	I/O	FT	PB10	I2C2_SCL/USART3_TX	TIM2_CH3
48	PB11	I/O	FT	PB11	I2C2_SDA/USART3_RX	TIM2_CH4
49	VSS_1	S		VSS_1		
50	VDD_1	S		VDD_1		
51	PB12	I/O	FT	PB12	SPI2_NSS/I2S2_WS/I2C2_SMBA/USART3_CK/TIM1_BKIN	
52	PB13	I/O	FT	PB13	SPI2_SCK/I2S2_CK/USART3_CTS/TIM1_CH1N	
53	PB14	I/O	FT	PB14	SPI2_MISO/TIM1_CH2N/USART3_RTS	
54	PB15	I/O	FT	PB15	SPI2_MOSI/I2S2_SD/TIMI_CH3N	
55	PD8	I/O	FT	PD8	FSMC_D13	USART3_TX
56	PD9	I/O	FT	PD9	FSMC_D14	USART3_RX
57	PD10	I/O	FT	PD10	FSMC_D15	USART3_CK
58	PD11	I/O	FT	PD11	FSMC_A16	USART3_CTS
59	PD12	I/O	FT	PD12	FSMC_A17	TIM4_CH1/USART3_RTS
60	PD13	I/O	FT	PD13	FSMC_A18	TIM4_CH2
61	PD14	I/O	FT	PD14	FSMC_D0	TIM4_CH3
62	PD15	I/O	FT	PD15	FSMC_D1	TIM4_CH4
63	PC6	I/O	FT	PC6	I2S2_MCK/TIM8_CH1/SDIO_D6	TIM3_CH1
64	PC7	I/O	FT	PC7	I2S3_MCK/TIM8_CH2/SDIO_D7	TIM3_CH2
65	PC8	I/O	FT	PC8	TIM8_CH3/SDIO_D0	TIM3_CH3
66	PC9	I/O	FT	PC9	TIM8_CH4/SDIO_D1	TIM3_CH4
67	PA8	I/O	FT	PA8	USART1_CK/TIM1_CH1/MCO	
68	PA9	I/O	FT	PA9	USART1_TX/TIM1_CH2	
69	PA10	I/O	FT	PA10	USART1_RX/TIM1_CH3	
70	PA11	I/O	FT	PA11	USARTI_CTS/USBDM/CAN_RX/TIM1_CH4	
71	PA12	I/O	FT	PA12	USART1_RTS/USBDP/CAN_TX/TIM1_ETR	
72	PA13	I/O	FT	JTMS-WDIO		PA13
73	NC(Not Connected)					
74	VSS_2	S		VSS_2		
75	VDD_2	S		VDD_2		
76	PA14	I/O	FT	JTCK-SWCLK		PA14
77	PA15	I/O	FT	JTDI	SPI3_NSS/I2S3_WS	TIM2_CH1_ETR PA15/SPI1_NSS

（续）

引脚编号	引脚名称	类型	I/O电平	复位后的主要功能	复用功能	
					默认情况	重映射后
78	PC10	I/O	FT	PC10	UART4_TX/SDIO_D2	USART3_TX
79	PC11	I/O	FT	PC11	UART4_RX/SDIO_D3	USART3_RX
80	PC12	I/O	FT	PC12	UART5_TX/SDIO_CK	USART3_CK
81	PD0	I/O	FT	OSC_IN	FSMC_D2	CAN_RX
82	PD1	I/O	FT	OSC_OUT	FSMC_D3	CAN_TX
83	PD2	I/O	FT	PD2	TIM3_ETR/UART5_RX/SDIO_CMD	
84	PD3	I/O	FT	PD3	FSMC_CLK	USART2_CTS
85	PD4	I/O	FT	PD4	FSMC_NOE	USART2_RTS
86	PD5	I/O	FT	PD5	FSMC_NWE	USART2_TX
87	PD6	I/O	FT	PD6	FSMC_NWAIT	USART2_RX
88	PD7	I/O	FT	PD7	FSMC_NE1/FSMC_NCE2	USART2_CK
89	PB3	I/O	FT	JTDO	SPI3_SCK/I2S3_CK	PB3/TRACESWO TIM2_CH2/SPI1_SCK
90	PB4	I/O	FT	NJTRST	SPI3_MISO	PB4/TIM3_CH1 SPI1_MISO
91	PB5	I/O		PB5	I2C1_SMBA/SPI3_MOSI/I2S3_SD	TIM3_CH2/SPI1_MOSI
92	PB6	I/O	FT	PB6	I2C1_SCL/TIM4_CH1	USART1_TX
93	PB7	I/O	FT	PB7	I2C1_SDA/FSMC_NADV/TIM4_CH2	USART1_RX
94	BOOT0	I		BOOT0		
95	PB8	I/O	FT	PB8	TIM4_CH3/SDIO_D4	I2C1_SCL/CAN_RX
96	PB9	I/O	FT	PB9	TIM4_CH4/SDIO_D5	I2C1_SCA/CAN_TX
97	PE0	I/O	FT	PE0	TIM4_ETR/FSMC_NBL0	
98	PE1	I/O	FT	PE1	FSMC_NBL1	
99	VSS_3	S		VSS_3		
100	VDD_3	S		VDD_3		

注：1. I=输入（Input），O=输出（Output），S=电源（Supply）。

2. FT=可承受 5V 电压。

2. 启动配置引脚

在 STM32F103VET6 中，可以通过 BOOT[1:0]引脚选择 3 种不同的启动模式。STM32F103VET6 的启动配置见表 2-4。

表 2-4　STM32F103VET6 的启动配置

启动模式选择引脚		启动模式	说　　明
BOOT1	BOOT0		
X	0	主闪存存储器	主闪存存储器被选为启动区域
0	1	系统存储器	系统存储器被选为启动区域
1	1	内置 SRAM	内置 SRAM 被选为启动区域

系统复位后，在 SYSCLK 的第 4 个上升沿，BOOT 引脚的值将被锁存。用户可以通过设置 BOOT1 和 BOOT0 引脚的状态，来选择在复位后的启动模式。

在从待机模式退出时，BOOT 引脚的值将被重新锁存。因此，在待机模式下 BOOT 引脚应保持为需要的启动配置。在启动延迟之后，CPU 从地址 0x0000 0000 获取堆栈顶的地址，并从启动存储器的 0x00000004 指示的地址开始执行代码。

因为固定的存储器映像，代码区始终从地址 0x0000 0000 开始（通过 ICode 和 DCode 总线访问），而数据区（SRAM）始终从地址 0x2000 0000 开始（通过系统总线访问）。Cortex-M3 的 CPU 始终从 ICode 总线获取复位向量，即启动仅适合于从代码区开始（一般从 Flash 启动）。STM32F103VET6 微控制器实现了一个特殊的机制，系统不仅可以从 Flash 存储器或系统存储器启动，还可以从内置 SRAM 启动。

根据选定的启动模式，主闪存存储器、系统存储器或 SRAM 可以按照以下方式访问。

1）从主闪存存储器启动：主闪存存储器被映射到启动空间（0x0000 0000），但仍然能够在它原有的地址（0x0800 0000）访问它，即闪存存储器的内容可以在两个地址区域访问，0x0000 0000 或 0x0800 0000。

2）从系统存储器启动：系统存储器被映射到启动空间（0x0000 0000），但仍然能够在它原有的地址（互联型产品原有地址为 0x1FFF B000，其他产品原有地址为 0x1FFF F000）访问它。

3）从内置 SRAM 启动：只能在 0x2000 0000 开始的地址区访问 SRAM。从内置 SRAM 启动时，在应用程序的初始化代码中，必须使用 NVIC 的异常表和偏移寄存器，重新映射向量表到 SRAM 中。

2.6　STM32F103VET6 最小系统设计

STM32F103VET6 最小系统是指能够让 STM32F103VET6 正常工作的包含最少元器件的系统。STM32F103VET6 片内集成了电源管理模块（包括滤波复位输入、集成的上电复位/掉电复位电路、可编程电压检测电路）、8MHz HSI RC 振荡器、40kHz LSI RC 振荡器等部件，外部只需 7 个无源器件就可以让 STM32F103VET6 工作。然而，为了使用方便，在最小系统中加入了 USB 转 TTL 串口、发光二极管等功能模块。

STM32F103VET6 的最小系统核心电路原理图如图 2-10 所示。其中包括了复位电路、晶体振荡电路和启动设置电路。

1. 复位电路

STM32F103VET6 的 NRST 引脚输入中使用了 CMOS 工艺，它连接了一个不能断开的上拉电阻 Rpu，其典型值为 40kΩ，外部连接了一个上拉电阻 R4、按键 RST 及电容 C5。当 RST 按键按下时 NRST 引脚电位变为 0，通过这个方式实现手动复位。

2. 晶体振荡电路

STM32F103VET6 一共外接了两个高振：一个 8MHz 的晶振 X1 提供给 HSE 时钟；一个 32.768kHz 的晶振 X2 提供给 LSE 时钟。

3. 启动设置电路

启动设置电路由启动设置引脚 BOOT1 和 BOOT0 组成。二者均通过 10kΩ的电阻接地。从用户 Flash 启动。

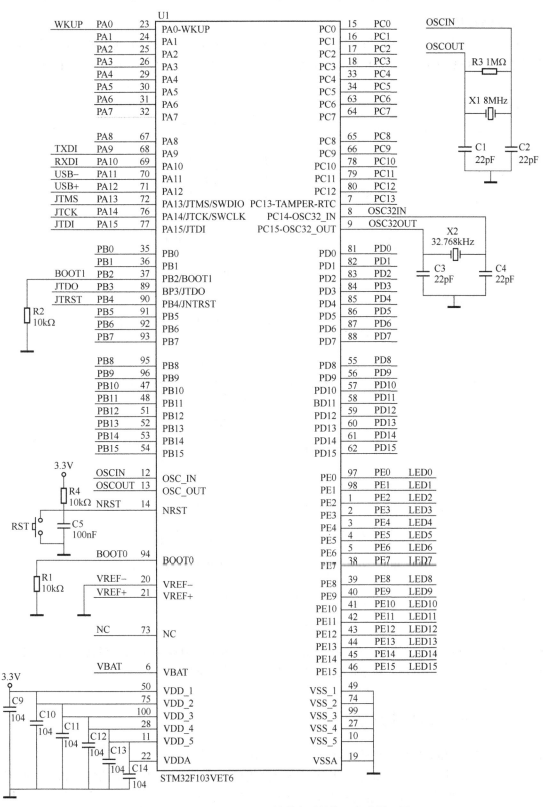

图 2-10　STM32F103VET6 的最小系统核心电路原理图

4. JTAG 接口电路

为了方便系统采用 JLINK 仿真器进行下载和在线仿真，在最小系统中预留了 JTAG 接口电路，用来实现 STM32F103VET6 与 JLINK 仿真器的连接。JTAG 接口电路原理图如图 2-11 所示。

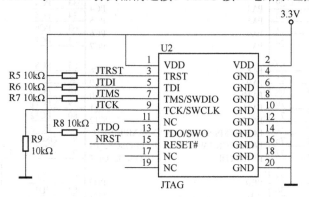

图 2-11　JTAG 接口电路原理图

5. 流水灯电路

最小系统板载 16 个 LED 流水灯，对应 STM32F103VET6 的 PE0～PE15 引脚。流水灯电路原理图如图 2-12 所示。

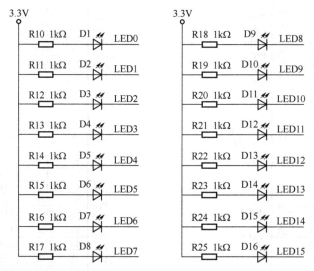

图 2-12　流水灯电路原理图

另外，最小系统还设计有 USB 转 TTL 串口电路（采用 CH340G）、独立按键电路、ADC 采集电路（采用 10kΩ电位器）和 5V 转 3.3V 电源电路（采用 AMS1117-3.3V）。具体电路从略。

2.7　学习 STM32 的方法

学习 STM32 和其他单片机的最好方法是"学中做、做中学"。

首先，大致阅读一下 STM32 单片机的英文或者中文手册，对该单片机的特点和工作原理有个大概的了解。通过这一步，达到基本了解或理解 STM32 最小系统原理、程序烧写和运行机制的目的。

其次，从一个最简单的项目开始，例如发光二极管的控制，熟悉 STM32 应用系统开发的全过程，找到 STM32 开发的感觉。

再次，继续对上述最简单的项目进行深化和变通，以进一步熟悉和巩固开发过程，熟悉开发的基本特点。例如，两个发光二极管的控制、发光时间的调整，还可以进一步推广到通过定时器、中断等控制发光二极管。

一个好的建议是，在学的过程中，需要使用什么功能部件，就去重点学习这一部分的相关知识，慢慢积累，这样，就能慢慢入门了。也就是说，使用蚂蚁搬家式的学习方法，把难度分解，这样困难就变小了。

学习 STM32 的最好方法是动手做，什么时候你开始动手做了，什么时候你就在进入和掌握 STM32 开发的路上了。

习　题

1. 采用 Cortex-M3 内核的 STM32F1 系列微控制器具有哪些特点？

2. STM32F103x 系列微控制器的系统结构的主要部分包括哪些？

3. 在 STM32F103x 中，有哪几种启动方式？说明启动过程。

4. STM32F103x 的低功耗工作模式有几种？

5. 哪几种事件发生时会产生一个系统复位？

6. STM32F103x 系列微控制器支持几种时钟源？

7. 简要说明 HSE 时钟的启动过程。

8. 如果 HSE 晶体振荡器失效，哪个时钟被作为备用时钟源？

9. 简要说明 LSI 校准的过程。

10. 当 STM32F103x 系列处理器采用 8MHz 的高速外部时钟源时，通过 PLL 倍频后能够得到的最高系统频率是多少？此时，AHB、APB1、APB2 总线的最高频率分别是多少？

11. 简要说明在 STM32F103x 上不使用外部晶振时 OSC_IN 和 OSC_OUT 的接法。

12. 简要说明在使用 HSE 时钟时程序设置时钟参数的流程。

第3章 STM32CubeMX 的应用

本章讲述 STM32CubeMX 的应用，包括安装 STM32CubeMX、安装 MCU 固件包、软件的功能与基本使用方法及 HAL 库。

3.1 安装 STM32CubeMX

STM32CubeMx 软件是 ST 公司为 STM32 系列微控制器快速建立工程，并快速初始化用到的外设、GPIO 等而设计的，大大缩短了开发时间。同时，该软件不仅能配置 STM32 外设，还能进行第三方软件系统的配置，例如 FreeRTOS、FAT 32、LWIP 等；另外，还有一个功能，就是可以用它进行功耗预估。此外，这款软件可以输出 PDF、TXT 文档，显示所开发工程中的 GPIO 等外设的配置信息，供开发者进行原理图设计等。

STM32CubeMX 是一款针对 ST 的 MCU/MPU 跨平台的图形化工具，支持在 Linux、MacOS、Windows 系统下开发，支持 ST 的全系列产品目前包括 STM32L0、STM32L1、STM32L4、STM32L5、STM32F0、STM32F1、STM32F2、STM32F3、STM32F4、STM32F7、STM32G0、STM32G4、STM32H7、STM32WB、STM32WL、STM32MP1。其对接的底层接口是 HAL 库。STM32CubeMx 除了集成 MCU/MPU 的硬件抽象层外，还集成了像 RTOS、文件系统、USB、网络、显示、嵌入式 AI 等中间件，这样开发者就能够很轻松地完成 MCU/MPU 的底层驱动的配置，留出更多精力开发上层功能逻辑，更进一步提高了开发效率。

STM32CubeMX 具有以下特点。

1）集成了 ST 公司的每一款型号的 MCU/MPU 的可配置的图形界面，能够自动提示 I/O 冲突并且对于复用 I/O 可自动分配。

2）具有动态验证的时钟树。

3）能够很方便地使用所集成的中间件。

4）能够估算 MCU/MPU 在不同主频运行下的功耗。

5）能够输出不同编译器的工程，如能够直接生成 MDK、EWARM、STM32CubeIDE、MakeFile 等工程。

为了使开发人员能够更加快捷、有效地进行 STM32 的开发，ST 公司推出了一套完整的 STM32Cube 开发组件，主要包括两部分：一是 STM32CubeMX 图形化配置工具，它是直接在图形界面简单配置下，生成初始化代码，并对外设做进一步的抽象，让开发人员更专注于应用的开发；二是基于 STM32 微控制器的固件及 STM32Cube 软件资料包。

从 ST 公司官网可下载 STM32CubeMX 最新版本的安装包，本书使用的版本是 6.6.1。安装包经解压后，运行其中的安装程序，按照安装向导的提示进行安装。安装过程中会出现图 3-1 所示的界面，需要选中第一个复选框后才可以继续安装。第二个复选框可以不用选中。

在安装过程中，用户要设置软件安装的目录。因为 STM32CubeMX 对中文的支持不太好，所以安装目录不能带有汉字、空格和非下划线的符号。STM32Cube 开发方式还需要安装器件的 MCU 固件包，所以最好将它们安装在同一个目录下。例如，有一个目录 C:/Program Files/

STMicroelectronics/STM32Cube/，然后将 STM32CubeMX 的安装目录设置为 C:/Program Files/STMicroelectronics/STM32Cube/STM32CubeMX。

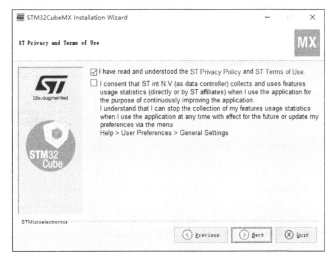

图 3-1　需要同意 ST 的隐私政策和使用条款才可以继续安装

3.2　安装 MCU 固件包

下面讲述 MCU 固件包的安装过程。

3.2.1　软件库文件夹的设置

在安装完 STM32CubeMX 后，若要进行后续的各种操作，必须在 STM32CubeMX 中设置一个软件库文件夹（Repository Folder）。在 STM32CubeMX 中安装 MCU 固件包和 STM32Cube 扩展包时都要将其安装到此目录下。

双击桌面上的 STM32CubeMX 图标运行该软件。软件启动后的界面如图 3-2 所示。

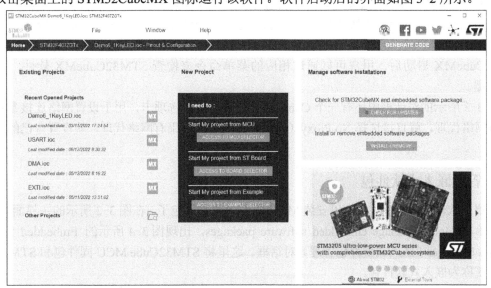

图 3-2　软件启动后的界面

在图 3-2 界面的最上方有 3 个主菜单项，单击菜单项 Help→Updater Settings，会出现图 3-3 所示的对话框。首次启动 STM32CubeMX 后，立刻单击这个菜单项可能提示软件更新已经在后台运行，需要稍微等待一段时间后再单击此菜单项。

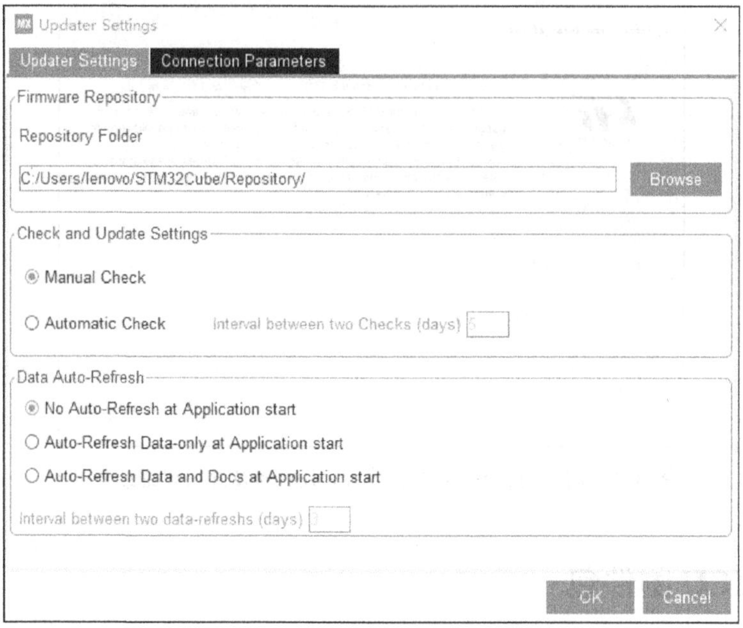

图 3-3 Updater Settings 对话框

在图 3-3 中，Repository Folder 就是需要设置的软件库文件夹，所有 MCU 固件包和扩展包都要安装到此目录下。这个文件夹一经设置并且安装了一个固件包之后就不能再更改了。不要使用默认的软件库文件夹，因为默认的是用户工作目录下的文件夹，可能带有汉字或空格，安装后会导致使用出错。设置软件库文件夹为 C:/Users/lenovo/STM32Cube/Repository/。

对话框中的 Check and Update Settings 单选按钮区用于设置 STM32CubeMX 软件的更新方式，Data Auto-Refresh 单选按钮区用于设置在 STM32CubeMX 启动时是否自动刷新已安装软件库的数据和文档。为了加快软件启动速度，可以将两者分别设置为 Manual Check（手动检查更新软件）和 No Auto-Refresh at Application start（不在 STM32CubeMX 启动时自动刷新）。STM32CubeMX 启动后，用户可以通过相应的菜单命令来检查 STM32CubeMX 软件，更新或刷新数据。

图 3-3 所示的对话框中还有一个 Connection Parameters 选项卡，用于设置网络连接参数。如果没有网络代理，就直接选择 No Proxy（无代理）即可；如果有网络代理，就设置自己的网络代理参数。

3.2.2 管理嵌入式软件包

设置了软件库文件夹，就可以安装 MCU 固件包和扩展包了。在图 3-2 所示的主界面中，单击主菜单项 Help→Manage embedded software packages，出现图 3-4 所示的 Embedded Software Packages Manager（嵌入式软件包管理）对话框。这里将 STM32Cube MCU 固件包和 STM32Cube 扩展包统称为嵌入式软件包。

图 3-4　Embedded Software Packages Manager 对话框

　　图 3-4 所示的对话框有多个选项卡，STM32Cube MCU Packages 选项卡管理着 STM32 所有系列 MCU 的固件包。每个系列对应一个节点，节点展开后是这个系列 MCU 不同版本的固件包。固件包经常更新，在 STM32CubeMX 里最好只保留一个最新版本的固件包。如果在 STM32CubeMX 里打开一个用旧的固件包设计的项目，会有对话框提示将项目迁移到新的固件包版本，一般都能成功自动迁移。

　　在图 3-4 所示的对话框的下方有几个按钮，它们可用于完成不同的操作。

　　1）From Local 按钮，用于从本地文件安装 MCU 固件包。如果从 ST 官网下载了固件包的压缩文件，如 en.stm32cubef1_vl-8-4.zip，它是 1.8.4 版本的 STM32CubeF1 固件包压缩文件，那么单击 From Local 按钮后，选择这个压缩文件（无须解压）就可以安装这个固件包。但是需要注意的是，这个压缩文件不能放置在软件库根目录下。

　　2）From Url 按钮，需要输入一个 URL 网址，从指定网站上下载并安装固件包。一般不使用这种方式，因为不知道 URL。

　　3）Refresh 按钮，用于刷新目录树，以显示是否有新版本的固件包。应该偶尔刷新一下，以保持更新到最新版本。

　　4）Install 按钮，用于安装固件包。在目录树里选择一个版本的固件包，如果这个版本的固件包还没有安装，这个按钮就可用。单击这个按钮，将自动从 ST 官网下载相应版本的固件包并安装。

　　5）Remove 按钮，用于删除固件包。在目录树里选择一个版本的固件包，如果已经安装了这个版本的固件包，这个按钮就可用。单击这个按钮，将删除这个版本的固件包。

　　本书示例都是基于 STM32F103ZET6 开发的，所以需要安装 STM32CubeF1 固件包。在图 3-4 所示的对话框中选择最新版本的 STM32Cube MCU Package for STM32F1 Series，然后单击 Install 按钮，将会联网自动下载并安装 STM32CubeF1 固件包。固件包自动安装到所设置的软件库目录下，并建立一个子目录。将固件包安装后目录下的所有程序称为固件库，例如，1.8.4 版本的 STM32CubeF1 固件包安装后的固件库目录为 C:/Users/lenovo/Repository/STM32Cube_FW_F1_V1.8.4。

STMicroelectronics 选项卡的管理内容如图 3-5 所示。这个选项卡中是 ST 公司提供的一些 STM32Cube 扩展包，包括人工智能库 X-CUBE-AI、图形用户界面库 X-CUBE-TOUCHGFX 等，以及一些芯片的驱动程序，如 MEMS、BLE、NFC 芯片的驱动库。用户可以根据设计需要安装相应的扩展包，例如，安装 4.20.0 版本的 TouchGFX 后，TouchGFX 库保存在目录 C:/Users/lenovo/Repository/Packs/STMicroelectronics/X-CUBE-TOUCHGFX/4.20.0 之下。

图 3-5　STMicroelectronics 选项卡界面

3.3　软件的功能与基本使用方法

在设置了软件库文件夹并安装了 STM32CubeF1 固件包之后，就可以开始用 STM32CubeMX 创建项目并进行操作了。在开始针对开发板开发实际项目之前，需要先熟悉 STM32CubeMX 的一些界面功能和操作。

3.3.1　软件界面

1. 初始主界面

启动 STM32CubeMX 之后的初始界面如图 3-2 所示。STM32CubeMX 从 5.0 版本开始使用了一种比较新颖的用户界面，与一般的 Windows 应用软件界面不太相同，也与 4.x 版本的 STM32CubeMX 界面相差很大。

图 3-2 所示的初始界面主要分为 3 个功能区。

1）主菜单栏。窗口最上方是主菜单栏，有 3 个主菜单项，分别是 File、Window 和 Help。这 3 个菜单项有下拉菜单，可供用户通过下拉菜单项进行一些操作。主菜单栏右端是一些快捷按钮，单击这些按钮就会用浏览器打开相应的网站，如 ST 社区、ST 官网等。

2）标签导航栏。主菜单栏下方是标签导航栏。在新建或打开项目后，标签导航栏可以在 STM32CubeMX 的 3 个主要视图之间快速切换。

① Home（主页）视图，即图 3-2 所示的界面。

② 新建项目视图，新建项目时显示的一个界面，用于选择具体型号的 MCU 或开发板创建项目。

③ 项目管理视图，用于对创建或打开的项目进行 MCU 图形化配置、中间件配置、项目管理等操作。

3）工作区。标签导航栏下的区域都是工作区。STM32CubeMX 使用的是单文档界面，工作区会根据当前操作的内容显示不同的界面。

图 3-2 所示的工作区显示的是 Home 视图。Home 视图的工作区可以分为如下 3 个功能区域。

① Existing Projects 区域，显示最近打开过的项目，单击某个项目就可以打开此项目。

② New Project 区域，有 3 个按钮用于新建项目，即选择 MCU 创建项目、选择开发板创建项目，以及交叉选择创建项目。

③ Manage software installations 区域，有 2 个按钮：CHECK FOR UPDATES 按钮用于检查 STM32CubeMX 和嵌入式软件包的更新信息；INSTALL/REMOVE 按钮用于打开图 3-4 所示的对话框。

Home 视图中的这些按钮的功能都可以通过主菜单里的命令实现。

2．主菜单功能

STM32CubeMX 有 3 个主菜单项，软件的很多功能操作都是通过这些菜单命令实现的。

（1）File 菜单　该菜单主要包括如下菜单项。

① New Project（新建项目），打开选择 MCU 新建项目对话框，用于创建新的项目。STM32CubeMX 项目文件的扩展名是.ioc，一个项目只有一个文件。新建项目对话框是软件的 3 个视图之一，界面功能比较多，在后面具体介绍。

② Load Project（加载项目），通过打开文件对话框选择一个已经存在的.ioc 项目文件并载入项目。

③ Import Project（导入项目），选择一个.ioc 项目文件并导入其中的 MCU 设置到当前项目。注意：只有新项目与导入项目的 MCU 型号一致且新项目没有做任何设置，才可以导入其他项目的设置。

④ Save Project（保存项目），保存当前项目。如果新建的项目第一次保存，会提示选择项目名称，需要选择一个文件夹，项目会自动以最后一级文件夹的名称作为项目名称。

⑤ Save Project As（项目另存为），将当前项目保存为另一个项目文件。

⑥ Close Project（关闭项目），关闭当前项目。

⑦ Generate Report（生成报告），为当前项目的设置内容生成一个 PDF 报告文件。PDF 报告文件名与项目名相同，并自动保存在项目文件所在的文件夹里。

⑧ Recent Projects（最近的项目），显示最近打开过的项目列表，用于快速打开项目。

⑨ Exit（退出），退出 STM32CubeMX。

（2）Window 菜单　该菜单主要包括如下菜单项。

① Outputs（输出），一个复选菜单项，被选中时，在工作区的最下方出现一个输出子窗口，显示一些输出信息。

② Font size（字体大小），有 3 个菜单项，用于设置软件界面字体大小，需重启 STM32CubeMX 后才生效。

（3）Help 菜单　该菜单主要包括如下菜单项。

① Help（帮助），显示 STM32CubeMX 的英文版用户手册 PDF 文档。文档有 300 多页，是

个很齐全的使用手册。

② About（关于），显示关于本软件的信息。

③ Docs&Resources（文档和资源），只有在打开或新建一个项目后此菜单项才有效。选择此项会打开一个对话框，显示与项目所用 MCU 型号相关的技术文档列表，包括数据手册、参考手册、编程手册、应用笔记等。这些都是 ST 公司官方的资料文档，单击即可打开相应的 PDF 文档。首次单击一个文档时会自动从 ST 官网下载文档并保存到软件库根目录下，例如目录 D:/STM32Dev/Repository。这样就避免了每次查看文档都要上 ST 公司官网搜索的麻烦，也便于管理。

④ Refresh Data（刷新数据），会显示图 3-6 所示的 Data Refresh 对话框，用于刷新 MCU 和开发板的数据，或下载所有官方文档。

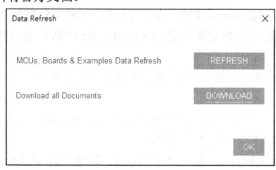

图 3-6　Data Refresh 对话框

⑤ User Preferences（用户选项），会打开一个对话框，用于设置用户选项。只有一个需要设置的选项，即是否允许软件收集用户的使用习惯。

⑥ Check for Updates（检查更新），会打开一个对话框，用于检查 STM32CubeMX 软件、各系列 MCU 固件包及 STM32Cube 扩展包是否有新版本需要更新。

⑦ Manage embedded software packages（管理嵌入式软件包），会打开图 3-4 所示的对话框，对嵌入式软件包进行管理。

⑧ Updater Settings（更新设置），会打开图 3-3 所示的对话框，用于设置软件库文件夹，设置软件检查更新方式和数据刷新方式。

3.3.2　新建项目

1. 选择 MCU 创建项目

选择主菜单项 File→New Project，或单击 Home 选项卡中的 ACCESS TO MCU SELECTOR 按钮，都可以打开图 3-7 所示的 New Project 对话框。该对话框用于新建项目，是 STM32CubeMX 的 3 个主要视图之一，用于选择 MCU 或开发板以新建项目。

STM32CubeMX 界面上一些地方使用了"MCU/MPU"，是为了表示 STM32 系列 MCU 和 MPU。因为 STM32MP 系列推出较晚、型号较少，STM32 系列一般就是指 MCU。除非特殊说明或为了与界面上的表示一致，为了表达的简洁，本书后面一般用 MCU 统一表示 MCU 和 MPU。

New Project 对话框有 4 个选项卡：MCU/MPU Selector 选项卡用于选择具体型号的 MCU 创建项目；Board Selector 选项卡用于选择一个开发板创建项目；Cross Selector 界面用于对比某个 STM32 MCU 或其他厂家的 MCU，选择一个合适的 STM32 MCU 创建项目；Example Selector 选项卡与 MCU 项目创建的关系不大，这里不做详细介绍。

图 3-7 所示的是 MCU/MPU Selector 选项卡，用于选择 MCU。

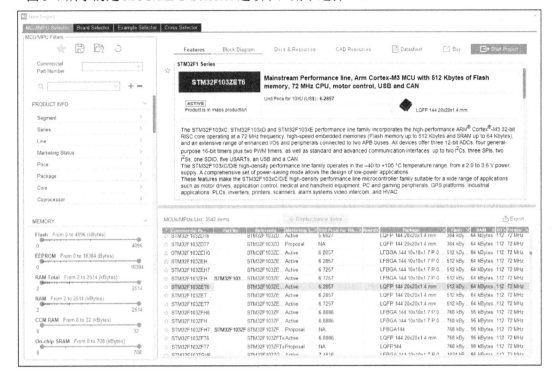

图 3-7　New Project 对话框

MCU/MPU Selector 选项卡有如下几个功能区域。

1）MCU/MPU Filters 区域，用于设置筛选条件，缩小 MCU 的选择范围。有一个工具栏、一个型号搜索框，以及各组筛选条件，如 Core、Series、Package 等，单击某个条件可以展开其选项。

MCU/MPU Filters 区域上方的工具栏有 4 个按钮。

① Show Favorites 按钮，显示收藏的 MCU 列表。单击 MCU 列表条目前面的星星图标，可以收藏或取消收藏某个 MCU。

② Save Search 按钮，保存当前搜索条件为某个搜索名称。在设置了某种筛选条件后可以保存为一个搜索名称，然后在单击 Load Searches 按钮时选择此搜索名称，就可以快速使用以前用过的搜索条件。

③ Load Searches 按钮，会弹出一个菜单，列出所有保存的搜索名称，单击某一项就可以快速载入以前设置的搜索条件。

④ Reset All Filters 按钮，复位所有筛选条件。

在此工具栏的下方有一个 Commercial Part Number 搜索框，用于设置器件型号进行搜索。可以在其中输入 MCU 的型号，例如 STM32F103，就会在 MCU 列表里看到所有 STM32F103xx 型号的 MCU。

MCU 的筛选主要通过下方的几组条件进行设置。

① Core（内核），筛选内核，选项中列出了 STM32 支持的所有 Cortex 内核，如图 3-8 所示。

② Series（系列），选择内核后会自动更新可选的 STM32 系列列表。图 3-9 只显示了列表的一部分。

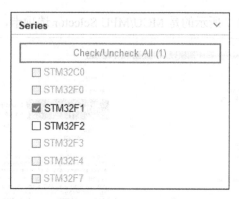

图 3-8　选择 Cortex 内核　　　　　　　　　图 3-9　选择 STM32 系列

③ Line（产品线），选择某个 STM32 系列后会自动更新产品线列表中的可选范围。例如，选择了 STM32F1 系列之后，产品线列表中只有 STM32F1xx 的器件可选。图 3-10 是产品线列表的一部分。

④ Package（封装），根据封装选择器件。用户可以根据已设置的其他条件缩小封装的选择范围。图 3-11 是封装列表的一部分。

⑤ Other（其他），还可以设置价格、I/O 引脚数、Flash 容量、RAM 容量、主频等筛选条件。

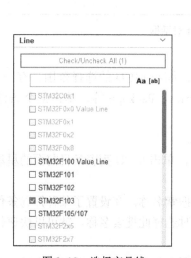

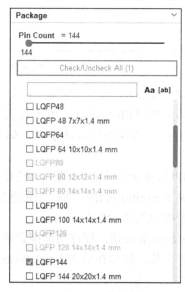

图 3-10　选择产品线　　　　　　　　　　图 3-11　选择封装

MCU 筛选的操作非常灵活，并不需要按照条件顺序依次设置，可以根据自己的需要进行设置。例如，如果已知 MCU 的具体型号，可以直接在器件型号搜索框里输入型号；如果是根据外设选择 MCU，可以直接在外设里进行设置筛选，如果得到的 MCU 型号比较多，再根据封装、Flash 容量等进一步筛选。设置好的筛选条件可以保存为一个搜索名，以后通过单击 Load Searches 按钮选择保存的搜索名，可重复执行搜索。

2）MCUs/MPUs List 区域，通过筛选或搜索的 MCU 列表，列出了器件的具体型号、封装、Flash 容量、RAM 容量等参数。在这个区域可以进行如下的一些操作。

① 单击列表项左端的星星图标，可以收藏条目（★）或取消收藏（☆）。

② 单击列表上方的 Display similar items 按钮，可以将相似的 MCU 添加到列表中显示，然后

按钮切换为 Hide similar items，再单击就隐藏相似条目。

③ 单击右端的 Export 按钮，可以将列表内容导出为一个 Excel 文件。

④ 在列表上双击一个条目，就以所选的 MCU 新建一个项目，关闭此对话框进入项目管理界面。

⑤ 在列表上单击一个条目时，将在其上方的资料显示区域里显示该 MCU 的资料。

3）MCU 资料显示区域，在 MCU 列表里单击一个条目时，就在此区域显示这个具体型号 MCU 的资料，其中有多个选项卡和按钮。

① Features 选项卡，显示选中型号 MCU 的基本特性参数，左侧的星星图标表示是否收藏此 MCU。

② Block Diagram 选项卡，显示 MCU 的功能模块图。如果是第一次显示某 MCU 的模块图，会自动从网上下载模块图片并保存到软件库根目录下。

③ Docs&Resources 选项卡，显示 MCU 相关的文档和资源列表，包括数据手册、参考手册、编程手册、应用笔记等。单击某个文档时，如果没有下载，就会自动下载并保存到软件库根目录下；如果已经下载，就会用 PDF 阅读器打开文档。

④ Datasheet 按钮，如果数据手册未下载，会自动下载数据手册然后显示，否则会用 PDF 阅读器打开数据手册。数据手册自动保存在软件库根目录下。

⑤ Buy 按钮，用浏览器打开 ST 官网的购买界面。

⑥ Start Project 按钮，用选择的 MCU 创建项目。

2. 选择开发板新建项目

用户还可以在 New Project 对话框中选择 Board Selector 选项卡，选择开发板新建项目，其界面如图 3-12 所示。STM32CubeMX 目前仅支持 ST 官方的开发板。

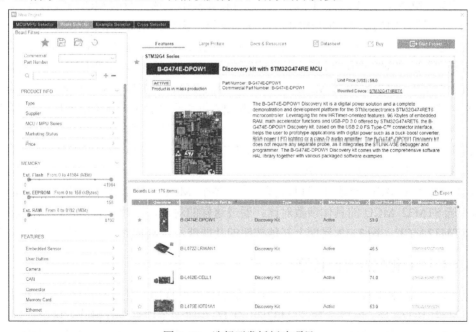

图 3-12　选择开发板新建项目

3. 交叉选择 MCU 新建项目

New Project 对话框的第三个选项卡是 Cross Selector，用于交叉选择 MCU 新建项目，界面如图 3-13 所示。

图 3-13　交叉选择 MCU 新建项目

交叉选择就是针对其他厂家的一个 MCU 或一个 STM32 具体型号的 MCU，选择一个性能和外设资源相似的 MCU。交叉选择对于在一个已有设计基础上选择新的 MCU 重新设计非常有用。例如，原有一个设计用的是 TI 的 MSP4305529 单片机，需要换用 STM32 MCU 重新设计，就可以通过交叉选择找到一个性能、功耗、外设资源与 MSP4305529 相似的 STM32 MCU。再如，一个原有的设计是用 STM32F103 做的，但是发现 STM32F103 的 SRAM 和处理速度不够，需要选择一个性能更高的，而引脚和 STM32F103 完全兼容的 STM32 MCU，就可以使用交叉选择。

在图 3-13 中，左上方的 Part Number Search 搜索框用于选择原有 MCU 的厂家和型号，厂家有 NXP、Microchip、ST、TI 等，选择厂家后会在第二个下拉列表框中列出厂家的 MCU 型号。选择厂家和 MCU 型号后，会在下方的 Matching ST candidates（500）列表框中显示可选的 STM32 MCU，并且有一个匹配百分比表示匹配程度。

在候选 STM32 MCU 列表上可以选择一个或多个 MCU，然后在右边的区域会显示原来的 MCU 与候选 STM32 MCU 的具体参数对比。通过这样的对比，用户可以快速地找到能替换原来 MCU 的 STM32 MCU。图 3-13 界面上其他按钮的功能就不做具体介绍了，请读者自行尝试。

3.3.3　MCU 图形化配置界面总览

选择一个 MCU 创建项目后，界面上显示的是项目操作视图。因为本书所用开发板上的 MCU 型号是 STM32F103ZET6，所以选择 STM32F10ZET6 新建一个项目进行操作。这个项目只是用于熟悉 STM32CubeMX 软件的基本操作，并不需要下载到开发板上，所以可以随意操作。读者选择其他型号的 MCU 创建项目也是可以的。

新建项目后的工作界面如图 3-14 所示，界面主要由主菜单栏、标签导航栏和工作区 3 部分组成。

图 3-14　MCU 引脚与配置界面

窗口最上方的主菜单栏一直保持不变，标签导航栏现在有 3 个层级，最后一个层级显示了当前工作界面的名称。导航栏的最右侧有一个 GENERATE CODE 按钮，用于图形化配置 MCU 后生成 C 语言代码。工作区有 4 个选项卡。

1）Pinout&Configuration（引脚与配置）选项卡，在该选项卡中，对 MCU 的系统内核、外设、中间件和引脚进行配置，是主要的工作界面。

2）Clock Configuration（时钟配置）选项卡，在该选项卡中，通过图形化的时钟树对 MCU 的各个时钟信号频率进行配置。

3）Project Manager（项目管理）选项卡，在该选项卡中，对项目进行各种设置。

4）Tools（工具）选项卡，在该选项卡中，进行功耗计算、DDR SDRAM 适用性分析（仅用于 STM32MP1 系列）等操作。

3.3.4　MCU 的配置

引脚与配置选项卡是 MCU 图形化配置的主要工作界面，如图 3-14 所示。这个界面包括 Component List（组件列表）、Mode &Configuration（模式与配置）、Pinout view（引脚视图）、System view（系统视图）和一个工具栏。

1. 组件列表

位于工作区左侧的是 MCU 可以配置的系统内核、外设和中间件列表，每一项称为一个组件（Component）。组件列表有两种显示方式：分组显示和按字母顺序显示。单击 Categories 或 A->Z 标签就可以在这两种显示方式之间切换。

在列表上方的搜索框内输入文字，按〈Enter〉键就可以根据输入的文字快速定位某个组件。例如，搜索 RTC。搜索框右侧的图标按钮可弹出两个菜单项，分别是 Expand All 和 Collapse All，分别表示在分组显示时展开全部分组或收起全部分组。

在分组显示状态下，主要有如下的一些分组（每个分组的具体条目与 MCU 型号有关，这里选择的 MCU 是 STM32F103ZE）。

① System Core（系统内核），有 DMA、GPIO、IWDG、NVIC、RCC、SYS 和 WWDG。

② Analog（模拟），片上的 ADC 和 DAC。

③ Timers（定时器），包括 RTC 和所有定时器。

④ Connectivity（通信连接），各种外设接口，包括 CAN、ETH、FSMC、I2C、SDIO、SPI、UART、USART、USB_OTG_FS、USB_OTG_HS 等接口。

⑤ Multimedia（多媒体），各种多媒体接口，包括数字摄像头接口 DCMI 和数字音频接口 12S。

⑥ Security（安全），只有一个 RNG（随机数发生器）。

⑦ Computing（计算），计算相关的资源，只有一个 CRC（循环冗余校验）。

⑧ Middleware（中间件），MCU 固件库里的各种中间件，主要有 FatFS、FreeRTOS、LibJPEG、LwIP、PDM2PCM、USB_Device、USB_Host 等。

⑨ Additional Software（其他软件），组件列表里默认是没有这个分组的。如果在嵌入式软件管理中安装了 STM32Cube 扩展包，例如在第 3.2.2 小节演示安装了 TouchGFX，那么就可以通过图 3-14 中 Pinout &Configuration 选项卡下菜单栏上的 Additional Software 按钮打开一个对话框，将 TouchGFX 安装到组件面板的 Additional Software 分组里。

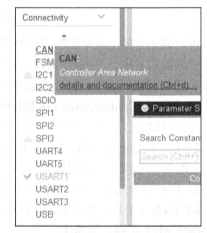

当鼠标指针在组件列表的某个组件上面停留时，会显示出这个组件的上下文帮助（Contextual help），如图 3-15 所示。上下文帮助显示了组件的简单信息，如果需要知道更详细的信息，可以单击上下文帮助里的 details and documentation（细节和文档）菜单项，显示其数据手册、参考手册、应用笔记等文档的连接。单击就可以下载并显示 PDF 文档，而且会自动定位文档中的相应界面。

在初始状态下，组件列表的各个项前面没有任何图标，在对 MCU 的各个组件做一些设置后，组件列表的各个项前面会出现一些图标（见图 3-15），表示组件的可用性信息。因为 MCU 引脚基本都有复用功能，设置某个组件可用后，其他一些组件的可用标记

图 3-15 组件的上下文帮助功能和可用标记

件可能就无法使用了。组件列表条目前图标的意义见表 3-1。

表 3-1 组件列表条目前图标的意义

图标示例	意 义
CAN1	组件前面没有任何图标，黑色字体，表示这个组件还没有被配置，其可用引脚也没有被占用
√ SPI1	表示这个组件的模式和参数已经配置好了
⊘ UART1	表示这个组件的可用引脚已经被其他组件占用，不能再配置这个组件了
⚠ ADC1	表示这个组件的某些可用引脚或资源被其他组件占用，不能完全随意配置，但还是可以配置的。例如，ADC2 有 16 个可用输入引脚，当部分引脚被占用后不能再被配置为 ADC2 的输入引脚，就会显示这样的图标
USB_HOST	灰色斜体字体，表示这个组件因为一些限制不能使用。例如，需要启用 USB_OTG 接口并配置为 Host 后，才可以使用中间件 USB_HOST

2. 组件的模式与配置

在图 3-14 的组件列表中单击一个组件后，就会在其右侧显示模式（Mode）与配置（Configuration）。这两个区域的显示内容与选择的具体组件有关。

（1）Mode 区域

例如，图 3-14 显示的是 System Core 分组里 RCC 组件的模式与配置。RCC 用于设置 MCU 的两个外部时钟源。Mode 区域中高速外部（High Speed External，HSE）时钟源的下拉列表框有如下 3 个选项。

1）Disable，禁用外部时钟源。

2）BYPASS Clock Source，使用外部有源时钟信号源。

3）Crystal/Ceramic Resonator，使用外部晶体/振荡器作为时钟源。

当 HSE 的模式选择为 Disable 时，MCU 使用内部高速 RC 振荡器产生的 16MHz 信号作为时钟源。其他的两项要根据实际的电路进行选择。例如，正点原子 STM32F103 开发板上使用了 8MHz 的无源晶体振荡电路产生 HSE 时钟信号，就可以选择 Crystal/Ceramic Resonator。

低速外部（Low Speed External，LSE）时钟可用作 RTC 的时钟源，其下拉列表框中的选项与 HSE 的相同。若 LSE 模式设置为 Disable，RTC 就使用内部低速 RC 振荡器产生的 32kHz 时钟信号。开发板上有外接的 32.768kHz 晶体振荡电路，所以可以将 LSE 设置为 Crystal/Ceramic Resonator。如果设计中不需要使用 RTC，不需要提供 LSE 时钟，就可以将 LSE 设置为 Disable。

在 Mode 区域中，当某些设置不能使用时，其底色会显示为紫红色。

（2）Configuration 区域

Configuration 区域用于对组件的一些参数进行配置，分为多个选项卡，选项卡的内容与选择的组件有关。一般有如下的一些选项卡。

1）Parameter Settings（参数设置），对组件的参数进行设置。例如，对于 USART1，参数设置包括波特率、数据位数（8 位或 9 位）、是否有奇偶校验位等。

2）NVIC Settings（中断设置），能设置是否启用中断，但不能设置中断的优先级，只能显示中断优先级设置结果。中断的优先级需要在 System Core 分组的 NVIC 组件里设置。

3）DMA Settings（DMA 设置），对是否使用 DMA，以及 DMA 的具体设置。DMA 流的中断优先级需要到 System Core 分组的 NVIC 组件里设置。

4）GPIO Settings（GPIO 设置），显示组件的 GPIO 引脚设置结果，不能在此修改 GPIO 设置。外设的 GPIO 引脚是自动设置的，GPIO 引脚的具体参数，如上拉或下拉、引脚速率等需要在 System Core 分组的 GPIO 组件里设置。

5）User Constants（用户常量），用户自定义的一些常量，这些自定义常量可以在 STM32CubeMX 中使用，生成代码时，这些自定义常量会被定义为宏，放入 main.h 文件中。

每一种组件的模式和参数设置界面都不一样，在后续章节介绍各种系统功能和外设时会具体介绍它们的模式和参数设置。

3. MCU 引脚视图

图 3-14 工作区的右侧显示了 MCU 的引脚图，直观地表示了各引脚的设置情况。通过组件列表对某个组件进行模式和参数设置后，系统会自动在引脚图上标识出使用的引脚。例如，设置 RCC 组件的 HSE 使用外部晶振后，系统会自动将 Pin23 和 Pin24 引脚设置为 RCC_OSC_IN 和 RCC_OSC_OUT，这两个名称就是引脚的信号（Signal）。

在 MCU 的引脚视图中，亮黄色的引脚是电源或接地引脚；黄绿色的引脚是只有一种功能的系统引脚，包括系统复位引脚 NRST、BOOT0 引脚和 PDR_ON 引脚，这些引脚不能进行配置；其他未配置功能的引脚是灰色；已经配置功能的引脚为绿色。

引脚视图下方有一个工具栏，通过工具栏按钮可以进行放大、缩小、旋转等操作。通过鼠标滚轮也可以缩放,按住鼠标左键可以拖动 MCU 引脚图。

对引脚功能的分配一般通过组件的模式设置进行,STM32CubeMX 会根据 MCU 的引脚使用情况自动为组件分配引脚。例如,USART1 可以定义在 PA9 和 PA10 上,也可以定义在 PB6 和 PB7 上。如果 PA9 和 PA10 未被占用,定义 USART1 的模式为 Asynchronous(异步)时,就自动定义在 PA9 和 PA10 上。如果这两个引脚被其他功能占用了,例如,定义为 GPIO 输出引脚用于驱动 LED,那么定义 USART1 为异步模式时就会自动使用 PB6 和 PB7 引脚。

所以,如果是在电路的初始设计阶段,可以根据电路的外设需求在组件里设置模式,让软件自动分配引脚,这样可以减少工作量,而且更准确。当然,用户也可以直接在引脚图上定义某个引脚的功能。

在 MCU 的引脚图上,当鼠标指针移动到某个引脚上时会显示这个引脚的上下文帮助信息,主要显示的是引脚编号和名称。在引脚上单击,会出现一个引脚功能选择菜单。图 3-16 所示是单击引脚 PA9 时出现的引脚功能选择菜单。这个菜单里列出了引脚 PA9 所有可用的功能,其中的几个解释如下。

1)Reset_State,恢复为复位后的初始状态。

2)TIM1_CH2,作为定时器 TIM1 的输入通道 2。

3)USART1_TX,作为 USART1 的 TX 引脚。

4)GPIO_Input,作为 GPIO 输入引脚。

5)GPIO_Output,作为 GPIO 输出引脚。

6)GPIO_EXTI9,作为外部中断 EXTI9 的输入引脚。

引脚功能选择菜单中的菜单项由具体的引脚决定,手动选择了功能的引脚上会出现一个图钉图标,表示这是绑定了信号的引脚。无论是软件自动设置的引脚还是手动设置的引脚,都可以重新为引脚手动设置信号。例如,通过设置组件 USART1 为 Asynchronous 模式,软件会自动设置引脚 PA9 为 USART1_TX,引脚 PA10 为 USART1_RX。但是如果电路设计需要将 USART1_RX 改用引脚 PB7,就可以手动将 PB7 设置为 USART1_RX,这时 PA10 会自动复位初始状态。

手动设置引脚功能时,容易引起引脚功能冲突或设置不全的错误,出现这类错误的引脚会自动用橘黄色显示。例如,直接手动设置 PA9 和 PA10 为 USART1 的两个引脚,但是引脚会显示为橘黄色。这是因为在组件里没有启用 USART1 并为其选择模式。在组件列表里选择 USART1 并设置其模式为 Asynchronous 之后,PA9 和 PA10 引脚就变为绿色了。

用户还可以在一个引脚上右击,弹出一个快捷菜单,如图 3-17 所示。不过,只有设置了功能的引脚,才有右键快捷菜单。

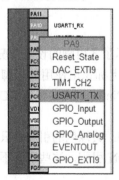

图 3-16　引脚 PA9 的引脚功能选择菜单

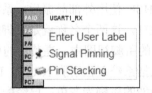

图 3-17　引脚的右键快捷菜单

图 3-17 所示的引脚右键快捷菜单有 3 个菜单项。

1）Enter User Label（输入用户标签），用于输入一个用户定义的标签，这个标签将取代原来的引脚信号名称显示在引脚旁边。例如，在将 PA10 设置为 USART1_RX 引脚后，可以再为其定义标签 GPS_RX，这样在实际的电路中更容易看出引脚的功能。

2）Signal Pinning（信号绑定），选择此菜单项后，引脚上将会出现一个图钉图标，表示将这个引脚与功能信号（如 USART1_TX）绑定了，这个信号就不会再自动改变引脚，只可以手动改变引脚。对于已经绑定信号的引脚，此菜单项会变为 Signal Unpinning（信号解除绑定）。对于未绑定信号的引脚，软件在自动分配引脚时可能会重新为此信号分配引脚。

3）Pin Stacking/Pin Unstacking（引脚叠加/引脚解除叠加），这个菜单项的功能不明确，手册里没有任何说明，ST 官网上也没有明确解答。不要选择此菜单项，否则影响生成的 C 语言代码。

4．Pinout 工具栏

在引脚视图的上方还有一个工具栏，上面有一个 Pinout 按钮。单击 Pinout 按钮会出现一个下拉菜单，如图 3-18 所示。

Pinout 下拉菜单中的各菜单项的功能描述如下。

1）Undo Mode and pinout，撤销上一次的模式设置和引脚分配操作。

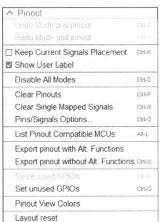

2）Redo Mode and pinout，重做上一次的撤销操作。

3）Keep Current Signals Placement（保持当前信号的配置）。如果选中此项，将保持当前设置的各个信号的引脚配置，也就是在后续自动配置引脚时，前面配置的引脚不会再改动。这样有时会引起引脚配置困难。如果是在设计电路阶段，可以取消此选项，让软件自动分配各外设的引脚。

4）Show User Label（显示用户标签）。如果选中此项，将显示引脚的用户定义标签，否则显示其已设置的信号名称。

图 3-18　Pinout 下拉菜单

5）Disable All Modes（禁用所有模式），取消所有外设和中间件的模式设置，复位全部相关引脚，但是不会改变设置的普通 GPIO 输入或输出引脚，例如，不会复位用于 LED 的 GPIO 输出引脚。

6）Clear Pinouts（清除引脚分配），可以让所有引脚变成复位初始状态。

7）Clear Single Mapped Signals（清除单边映射的信号），清除那些定义了引脚的信号，但是没有关联外设的引脚，也就是橘黄色底色标识的引脚。必须先解除信号的绑定后才可以清除，也就是去除引脚上的图钉图标。

8）Pins/Signals Options（引脚/信号选项），单击该菜单项会打开一个图 3-19 所示的对话框，显示 MCU 已经设置的所有引脚名称、关联的信号名称和用户定义标签。可以按住〈Shift〉键或〈Ctrl〉键选中多个行，然后右击弹出快捷菜单，通过菜单项进行引脚与信号的批量绑定或解除绑定。

9）List Pinout Compatible MCUs（列出引脚分配兼容的 MCU），单击该菜单项会打开一个对话框，显示与当前项目的引脚配置兼容的 MCU 列表。此功能可用于电路设计阶段选择与电路兼容的不同型号的 MCU，例如，可以选择一个与电路完全兼容，但是 Flash 更大或主频更高的 MCU。

10）Export pinout with Alt. Functions，将具有复用功能的引脚的定义导出为一个 .csv 文件。

11）Export pinout without Alt. Functions，将没有复用功能的引脚的定义导出为一个 .csv 文件。

12）Reset used GPIOs（复位已用的 GPIO 引脚），单击该菜单项打开一个对话框，复位那些通过 Set unused GPIOs 对话框设置的 GPIO 引脚，可以选择复位的引脚个数。

13）Set unused GPIOs（设置未使用的 GPIO 引脚），单击该菜单项打开一个图 3-20 所示的对话框，对 MCU 未使用的 GPIO 引脚进行设置，可设置为 Input、Output 或 Analog 模式。一般设置为 Analog 模式，以降低功耗。注意，要进行此项设置，必须在 SYS 组件中设置了调试引脚，例如，设置为 5 线 JTAG。

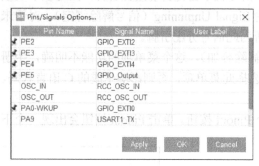

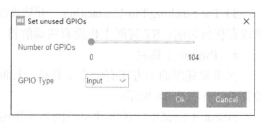

图 3-19　Pins/Signals Options 对话框　　　　　图 3-20　设置未使用 GPIO 引脚的对话框

14）Layout reset（布局复位），将 Pinout&Configuration 选项卡的布局恢复为默认状态。

5．系统视图

在图 3-14 所示的引脚图上方有两个按钮：Pinout view（引脚视图）和 System view（系统视图）。单击这两个按钮可以在引脚视图和系统视图之间切换显示。图 3-21 所示是系统视图界面，显示了 MCU 已经设置的各种组件，便于对 MCU 已经设置的系统资源和外设有一个总体了解。

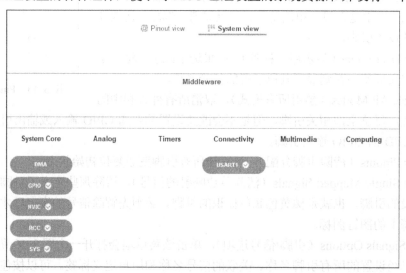

图 3-21　系统视图界面

在系统视图中单击某个组件时，在工作区的组件列表里就会显示此组件，在模式与配置区域就会显示此组件的设置内容，以便进行查看和修改。

3.3.5　时钟的配置

MCU 图形化设置的第二个工作界面是时钟配置选项卡。为了充分演示时钟配置功能，先来设置 RCC 的模式，将 HSE 设置为 Crystal/Ceramic Resonator、LSE 设置为 Disable，并且启用 Master

Clock Output，如图 3-22 所示。

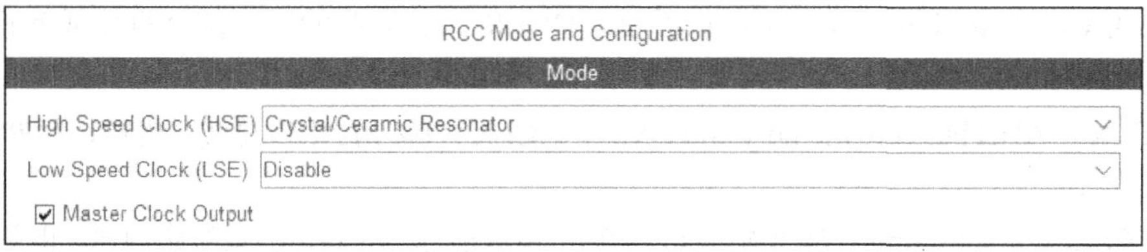

图 3-22　RCC 模式设置

MCO（Master Clock Output）是 MCU 向外部提供时钟信号的引脚，其中 MCO2 与音频时钟输入（Audio Clock Input, I2S_CKIN）共用引脚 PC9，所以使用 MCO2 之后就不能再使用 I2S_CKIN了。此外，还需要启用 RTC，以便演示设置 RTC 的时钟源。

在 STM32CubeMX 的工作区切换到 Clock Configuration 选项卡，它非常直观地显示了STM32F103MCU 的时钟树，使得各种时钟信号的配置变得非常简单。

时钟源、时钟信号或选择器的作用如下。

1）HSE（高速外部）时钟源。当设置 RCC 的 HSE 模式为 Crystal/Ceramic Resonator 时，用户可以设置外部振荡电路的晶振频率。例如开发板上使用的是 8MHz 晶振，在其中输入 8 之后按〈Enter〉键，软件就会根据 HSE 的频率自动计算所有相关时钟频率并刷新显示。注意，HSE 的频率设置范围是 4~16MHz。

2）HSI（高速内部）RC 振荡器。MCU 内部的高速 RC 振荡器可产生频率为 8MHz 的时钟信号。

3）PLL 时钟源选择器和主锁相环。锁相环（Phase Locked Loop，PLL）时钟源选择器可以选择 HSE 或 HSI 作为锁相环的时钟信号源。PLL 的作用是通过倍频和分频产生高频的时钟信号。在 Clock Configuration 选项卡中带有除号（/）的下拉列表框是分频器，用于将一个频率除以一个系数，产生分频的时钟信号；带有乘号（×）的下拉列表框是倍频器，用于将一个频率乘以一个系数，产生倍频的时钟信号。

主锁相环（Main PLL）输出两路时钟信号：一路是 PLLCLK，进入系统时钟选择器；另一路输出 72MHz 时钟信号。USB-OTG FS、USB-OTG HS、SDIO、RNG 都需要使用这个 72MHz 时钟信号。

4）系统时钟选择器。系统时钟 SYSCLK 是直接或间接地为 MCU 上的绝大部分组件提供时钟信号的时钟源。系统时钟选择器可以从 HSI、HSE、PLLCLK 这三个信号中选择一个作为SYSCLK。

系统时钟选择器的下方有一个 Enable CSS 按钮，CSS（Clock Security System）是时钟安全系统，只有直接或间接使用 HSE 作为 SYSCLK 时，此按钮才有效。如果开启了 CSS，MCU 内部会对 HSE 时钟信号进行监测，当 HSE 时钟信号出现故障时，会发出一个 CSSI（Clock Security System Interrupt）中断信号，并自动切换到使用 HSI 作为系统时钟源。

5）系统时钟 SYSCLK。STM32F103 的 SYSCLK 最高频率是 72MHz，但是在 Clock Configuration 选项卡的 SYSCLK 文本框中不能直接修改 SYSCLK 的值。从 Clock Configuration 选项卡可以看出，SYSCLK 直接作为 Ethernet 精确时间协议（Precision Time Protocol，PTP）的时钟信号，经过 AHB Prescaler（AHB 预分频器）后生成 HCLK 时钟信号。

6）HCLK 时钟。SYSCLK 经过 AHB 分频器后生成 HCLK 时钟信号。HCLK 就是 CPU 的时钟信号，CPU 的频率就由 HCLK 的频率决定。HCLK 还为 APB1 总线和 APB2 总线等提供时钟信号。HCLK 最高频率为 72MHz。用户可以在 HCLK 文本框中直接输入需要设置的 HCLK 频率，按〈Enter〉键后软件将自动配置计算。

在 Clock Configuration 选项卡中可以看到，HCLK 为其右侧的多个部分直接或间接提供时钟信号。

① HCLK to AHB bus,core,memory and DMA。HCLK 直接为 AHB 总线、内核、存储器和 DMA 提供时钟信号。

② To Cortex System timer。HCLK 经过一个分频器后作为 Cortex 系统定时器（也就是 Systick 定时器）的时钟信号。

③ FCLK Cortex clock。直接作为 Cortex 的 FCLK（Free-running Clock）时钟信号。

④ APB1 peripheral clocks。HCLK 经过 APB1 分频器后生成外设时钟信号 PCLK1，为外设总线 APB1 上的外设提供时钟信号。

⑤ APB1 Timer clocks。PCLK1 经过 2 倍频后生成 APB1 定时器时钟信号，为 APB1 总线上的定时器提供时钟信号。

⑥ APB2 peripheral clocks。HCLK 经过 APB2 分频器后生成外设时钟信号 PCLK2，为外设总线 APB2 上的外设提供时钟信号。

⑦ APB2 timer clocks。PCLK2 经过 2 倍频后生成 APB2 定时器时钟信号，为 APB2 总线上的定时器提供时钟信号。

7）音频时钟输入。如果在 Clock Configuration 选项卡中的 RCC 模式设置中选中了 Audio Clock Input（I2S_CKIN）复选框，就可以在此输入一个外部的时钟源，作为 I2S 接口的时钟信号。

8）MCO 时钟输出和选择器。MCO 是 MCU 为外设提供的时钟源，当选中 Master Clock Output 复选框后，就可以在相应引脚输出时钟信号。

在 Clock Configuration 选项卡中，显示了 MCO2 的时钟源选择器和输出分频器，另一个 MCO1 的选择器和输出通道也与此类似，由于幅面限制没有显示出来。MCO2 的输出可以从 4 个时钟信号源中选择，还可以再分频后输出。

9）LSE（低速外部）时钟源。如果在 RCC 模式设置中启用 LSE，就可以选择 LSE 作为 RTC 的时钟源。LSE 固定为 32.768kHz，因为经过多次分频后，可以得到精确的 1Hz 信号。

10）LSI（低速内部）RC 振荡器。MCU 内部的 LSI RC 振荡器产生频率为 32kHz 的时钟信号，它可以作为 RTC 的时钟信号，也直接作为 IWDG（独立看门狗）的时钟信号。

11）RTC 时钟选择器。如果启用 RTC，就可以通过 RTC 时钟选择器为 RTC 设置一个时钟源。RTC 时钟选择器有 3 个可选的时钟源：LSI、LSE 和 HSE 经分频后的时钟信号 HSE_RTC。要使 RTC 精确度高，应该使用 32.768kHz 的 LSE 作为时钟源，因为 LSE 经过多次分频后可以产生 1Hz 的精确时钟信号。

知道 Clock Configuration 选项卡中的这些时钟源和时钟信号的作用后，进行 MCU 上的各种时钟信号的配置就轻而易举了。因为都是图形化界面的操作，不用像传统编程那样知道相关寄存器并计算寄存器的值，这些底层的寄存器设置将由 STM32CubeMX 自动完成，并生成代码。

在 Clock Configuration 的选项卡中，可以进行如下一些操作。

1）直接在某个时钟信号的编辑框中输入数值，按〈Enter〉键后由软件自动配置各个选择器、分频器、倍频器的设置。例如，如果希望设置 HCLK 为 50MHz，在 HCLK 的编辑框中输入 50 后按〈Enter〉键即可。

2）可以手动修改选择器、分频器、倍频器的设置，以便手动调节某个时钟信号的频率。

3）当某个时钟的频率设置错误时，其所在的编辑框会以紫色底色显示。

4）在某个时钟信号编辑框上右击，会弹出一个快捷菜单，其中包含 Lock 和 Unlock 两个菜单项，用于对时钟频率进行锁定和解锁。如果一个时钟频率被锁定，其编辑框会以灰色底色显示。在软件自动计算频率时，系统会尽量不改变已锁定时钟信号的频率，如果必须改动，会出现一个对话框提示需要解锁。

5）单击工具栏上的 Reset Clock Configuration 按钮，会将整个时钟树复位到初始状态。

6）工具栏上的其他一些按钮可以进行撤销、重复、缩放等操作。

用户所做的这些时钟配置都涉及寄存器的底层操作，STM32CubeMX 在生成代码时会自动生成时钟初始化配置的程序。

3.3.6　项目管理

1．功能概述

对 MCU 系统功能和各种外设的图形化配置，主要是在引脚配置和时钟配置两个选项卡中完成的，完成这些工作后，一个 MCU 的配置就完成了。STM32CubeMX 的重要作用就是将这些图形化的配置结果导出为 C 语言代码。

STM32CubeMX 工作区的第 3 个选项卡是 Project Manager，如图 3-23 所示。这个界面是一个多页界面，有如下 3 个工作子选项卡。

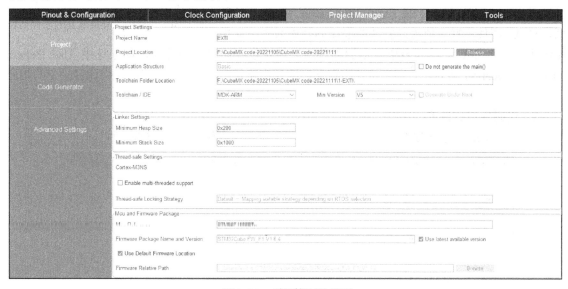

图 3-23　项目管理器界面

1）Project 子选项卡，用于设置项目名称、保存路径、导出代码的 IDE 软件等。

2）Code Generator 子选项卡，用于设置生成 C 语言代码的一些选项。

3）Advanced Settings 子选项卡，生成 C 语言代码的一些高级设置，例如，外设初始化代码是使用 HAL 库还是 LL 库。

2．项目基本信息设置

新建的 STM32CubeMX 项目首次保存时会出现一个选择文件夹的对话框，用户选择一个文件夹后，项目会被保存到该文件夹下，并且项目名称与最后一级文件夹的名称相同。

例如，保存项目时选择的文件夹是 D:/Demo/MDK/1-LED/，那么，项目会被保存到此目录下，并且项目文件名是 LED.ioc。

对于保存过的项目，就不能再修改 Project Name 和 Project Location 两个文本框中的内容了。下面介绍一下 Project Manager—Project 选项卡中的其他一些设置项。

1）Application Structure（应用程序结构），有 Basic 和 Advanced 两个选项。

① Basic：建议用于只使用一个中间件，或者不使用中间件的项目。在这种结构里，IDE 配置文件夹与源代码文件夹同级，用子目录组织代码。

② Advanced：当项目里使用多个中间件时，建议使用这种结构，这样对于中间件的管理容易一些。

2）Do not generate the main()复选框，如果选中此复选框，导出的代码将不生成 main()函数。但是 C 语言的程序肯定是需要一个 main()函数的，所以不选中此复选框。

3）Toolchain Folder Location，也就是导出的 IDE 项目所在的文件夹，默认与 STM32CubeMX 项目文件在同一个文件夹。

4）Toolchain/IDE，从一个下拉列表框里选择导出 C 语言程序的工具链或 IDE 软件，下拉列表如图 3-24 所示。本书使用的 IDE 软件是 Keil MDK，所以 Toolchain/IDE 选择 MDK-ARM。

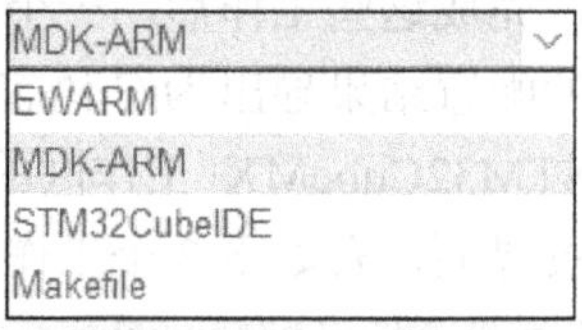

5）Linker Settings（链接器设置）选项区域，用于设置应用程序的堆（Heap）的最小大小，默认值是 0x200 和 0x400。

6）Mcu and Firmware Package（MCU 和固件包）选项区域，MCU 固件库默认使用已安装的最新固件库版本。如果系统中有一个 MCU 系列多个版本的固件库，就可以在此重选固件库。如果选中 Use Default Firmware Location 复选框，则表示使用默认的固件库路径，也就是所设置的软件库目录下的相应固件库目录。

图 3-24 可选的工具链或 IDE 软件列表

3. 代码生成器设置

Code Generator 子选项卡如图 3-25 所示，用于设置生成代码时的一些特性。

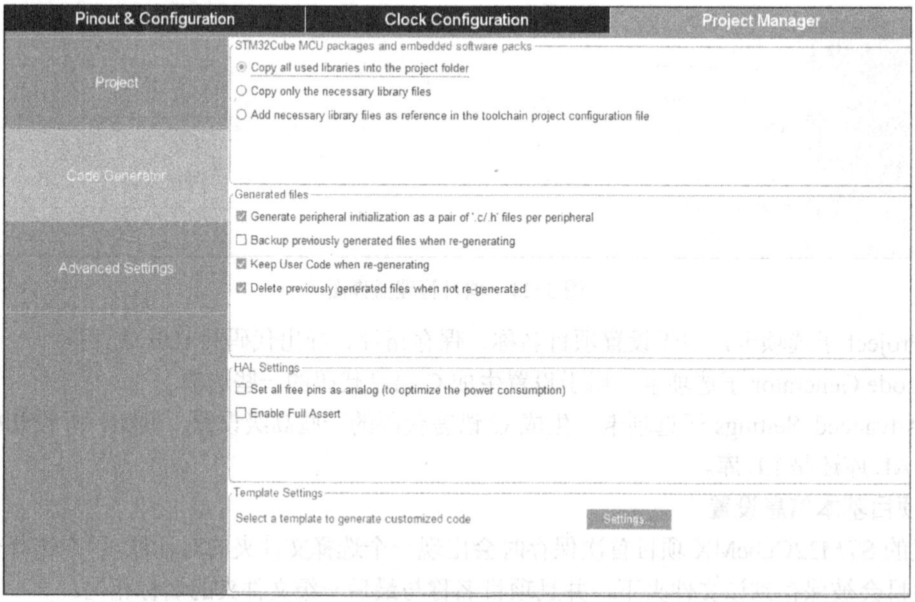

图 3-25 Code Generator 子选项卡

1）STM32Cube MCU packages and embedded software packs 选项区域，用于设置固件库和嵌

入式软件库复制到 IDE 项目里的方式。有如下 3 种方式可选。

① Copy all used libraries into the project folder，将所有用到的库都复制到项目文件夹下。

② Copy only the necessary library files，只复制必要的库文件，即只复制与用户配置相关的库文件。默认选择这种方式。

③ Add necessary library files as reference in the toolchain project configuration file，将必要的库文件以引用的方式添加到项目的配置文件中。

2）Generated files 选项区域，含有生成 C 语言代码文件的一些选项。

① Generate peripheral initialization as a pair of '.c/.h' files per peripheral，选中此复选框后，为每一种外设生成的初始化代码将会有.c 和.h 两个文件。例如，对于 GPIO 引脚的初始化程序将有 gpio.h 和 gpio.c 两个文件，否则所有外设初始化代码在 main.c 文件里。虽然默认是不选中此复选框的，但推荐选中此复选框，特别是当项目用到的外设比较多时，而且使用.c 和.h 文件更方便，也是更好的编程习惯。

② Backup previously generated files when re-generating，如果选中此复选框，STM32CubeMX 在重新生成代码时，就会将前面生成的文件备份到一个名为 Backup 的子文件夹里，并在.c 和.h 文件名后面再增加一个.bak 扩展名。

③ Keep User Code when re-generating，重新生成代码时保留用户代码。这个选项只应用于 STM32CubeMX 自动生成的文件中代码沙箱段（在后面会具体介绍此概念）的代码，不会影响用户自己创建的文件。

④ Delete previously generated files when not re-generated，删除那些以前生成的不需要再重新生成的文件。例如，前一次配置中用到了 SDIO，前次生成的代码中有文件 sdio.h 和 sdio.c，而重新配置时取消了 SDIO，如果选中了此复选框，重新生成代码时就会删除前面生成的文件 sdio.h 和 sdio.c。

3）HAL Settings 选项区域，用于设置 HAL。

① Set all free pins as analog（to optimize the power consumption），设置所有自由引脚的类型为 Analog，这样可以优化功耗。

② Enable Full Assert，启用或禁用 Full Assert 功能。在生成的文件 stm32f1xx_hal_conf.h 中有一个宏定义 USE_FULL_ASSERT，如果禁用 Full Assert 功能，这行宏定义代码就会被注释掉：

```
#define  USE_FULL_ASSERT  1U
```

如果启用 Full Assert 功能，那么 HAL 库中每个函数都会对函数的输入参数进行检查，如果检查出错，会返回出错代码的文件名和所在行。

4）Template Settings 选项区域，用于设置自定义代码模板。一般不用此功能，直接使用 STM32CubeMX 自己的代码模板即可。

4. 高级设置

Advanced Settings 子选项卡如图 3-26 所示，分为上下两个列表。

1）Driver Selector 列表，用于选择每个组件的驱动库类型。该列表列出了所有已配置的组件，如 USART、RCC 等。第 2 列是组件驱动库类型，有 HAL 和 LL 两种库可选。

① HAL 是高级别的驱动程序，MCU 上所有的组件都有 HAL 驱动程序。HAL 的代码与具体硬件的关联度低，易于在不同系列的器件之间移植。

② LL 是进行寄存器级别操作的驱动程序，它的性能更加优化，但是需要对 MCU 的底层和外设比较熟悉，与具体硬件的关联度高，在不同系列之间进行移植时工作量大。并不是 MCU 上

所有的组件都有 LL 驱动程序，软件复杂度高的外设没有 LL 驱动程序，如 SDIO、USB-OTG 等。

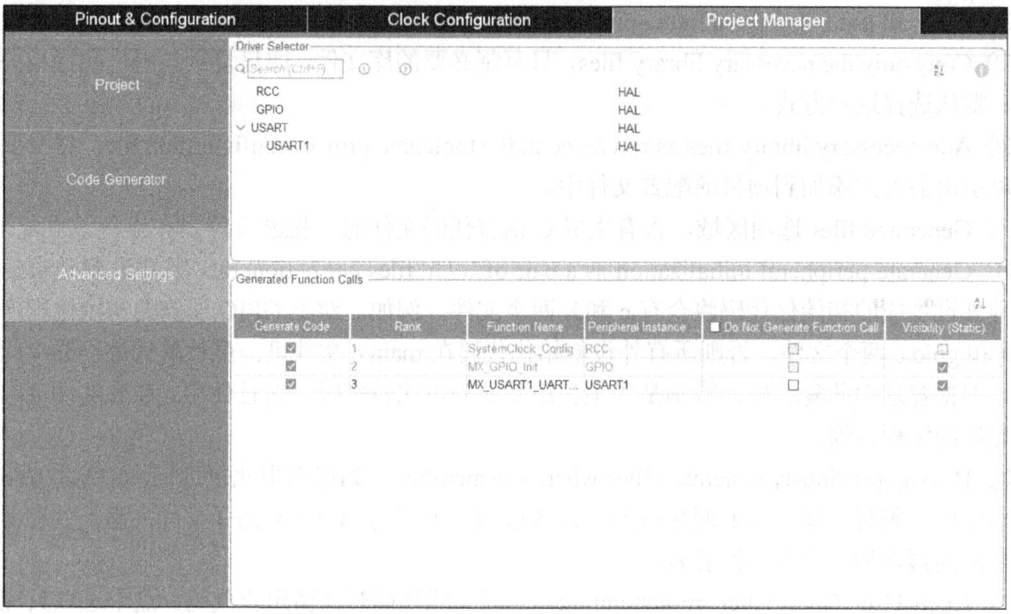

图 3-26　Advanced Settings 界面的设置内容

为了保持总体的统一，本书完全使用 HAL 库进行示例程序设计，不会混合使用 LL 库。

2）Generated Function Calls 列表，对生成函数的调用方法进行设置。表格列出了 MCU 配置的系统功能和外设的初始化函数。列表中的各列含义如下。

① Function Name 列，是生成代码时将要生成的函数名称，这些函数名称是自动确定的，不能修改。

② Peripherall Instance Name 列，是函数所属 IP 名称，即系统功能、外设或中间件名称。

③ Do Not Generate Function Call 列，如果选中了此复选框，在 main()函数的外设初始化部分不会调用这个函数，但是函数的完整代码还是会生成的，如何调用由编程者自己处理。

④ Visibility（Static）列，用于指定是否在函数原型前面加上关键字 static，使函数变为文件内的私有函数。如果在图 3-25 中选中了 Generate peripheral initialization as a pair of '. c/.h' files perperipheral 复选框，则无论是否选中 Visibility（Static）复选框，外设的初始化函数原型前面都不会加 static 关键字，因为在.h 文件里声明的函数原型对外界就是可见的。

3.3.7　生成报告和代码

在对 MCU 进行各种配置并对项目进行设置后，就可以生成报告和代码了。

选择主菜单项 File→Generate Report，会在 STM32CubeMX 项目文件目录下生成一个同名的 PDF 文件。这个 PDF 文件里有对项目的基本描述、MCU 型号描述、引脚配置图、引脚定义表格、时钟树、各种外设的配置信息等，是对 STM32CubeMX 项目的一个很好的总结报告。

保存 STM32CubeMX 项目并在项目管理视图做好生成代码的设置后，用户随时可以单击导航栏右端的 GENERATE CODE 按钮，为选定的 MDK-ARM 软件生成代码。如果是首次生成代码，将自动生成 MDK-ARM 项目框架，生成项目所需的所有文件；如果 MDK-ARM 项目已经存在，再次生成代码时只会重新生成初始化代码，不会覆盖用户在沙箱段内编写的代码，也不会删除用户在项目中创建的程序文件。

STM32CubeMX 软件的工作区还有一个 Tools 选项卡，用于进行 MCU 的功耗计算，这会涉及 MCU 的低功耗模式。

3.4　HAL 库

最近兴起的 HAL 库就是 ST 公司目前主推的，其更新速度比较快，可以通过官方推出的 STM32CubeMX 工具直接一键生成代码，大大缩短了开发周期。使用 HAL 库的优势主要就是不需要开发工程师再设计所用的 MCU 的型号，只需要专注于所需要的功能的软件开发工作即可。

3.4.1　HAL 库简介

HAL 是 Hardware Abstraction Layer 的缩写，中文名称是硬件抽象层。HAL 库是 ST 公司 TM32 的 MCU 最新推出的抽象层嵌入式软件，更方便地实现跨 STM32 产品的最大可移植性。和标准外设库（也称标准库）进行对比，STM32 的 HAL 库更加抽象，ST 公司最终的目的是要实现对 STM32 系列 MCU 之间无缝移植，甚至对其他 MCU 也能实现快速移植。

ST 公司为开发者提供了非常方便的开发库：有标准外设库（SPL 库）、HAL 库、LL（Low-Layer，底层）库三种。SPL 库是 ST 的老库，已经停止更新了，后两者是 ST 现在主推的开发库。

相比标准外设库，STM32Cube HAL 库表现出更高的抽象整合水平，HAL API 集中关注各外设的公共函数功能，这样便于定义一套通用的、用户友好的 API 函数接口，从而可以轻松实现从一个 STM32 产品移植到另一个不同的 STM32 系列产品。HAL 库是 ST 公司主推的库，ST 公司新出的芯片已经没有标准外设库了，比如 F7 系列。目前，HAL 库已经支持 STM32 全线产品。

通过文字描述可以知道 HAL 库有如下一些特点。

1）最大可移植性。

2）提供了一整套的中间件组件，如 RTOS、USB、TCP/IP 和图形等。

3）通用的、用户友好的 API 函数接口。

4）ST 公司新出的芯片已经没有标准外设库。

5）HAL 库已经支持 STM32 全线产品。

通常新手在入门 STM32 的时候，都要先选择一种开发方式，不同的开发方式会导致编程的架构完全不一样。一般都会选用标准外设库和 HAL 库，而极少部分人会通过直接配置寄存器进行开发。

1．直接配置寄存器

不少之前学过 MCS-51 单片机的读者可能会知道，能够通过汇编语言直接操作寄存器实现功能，这种方法到了 STM32 就不太行得通了，因为 STM32 的寄存器数量是 MCS-51 单片机的数十倍，如此多的寄存器根本无法全部记忆，开发时需要经常翻查芯片的数据手册，直接操作寄存器就变得非常费力了。但还是会有很小一部分人，喜欢直接操作寄存器，因为这样做，知其然也知其所以然。

2．标准外设库

STM32 有非常多的寄存器，从而导致开发困难。为此，ST 公司就为每款芯片都编写了一份库文件，也就是工程文件里 stm32F1xx…之类的。在这些.c 和.h 文件中，包括一些常用量的宏定义，把一些外设也通过结构体变量封装起来，如 GPIO 口等。所以，只需要配置结构体变量成员就可以修改外设的配置寄存器，从而选择不同的功能。这也是目前最多人使用的方式，也是学习

STM32 接触最多的一种开发方式。

3. HAL 库

HAL 库是 ST 公司目前主推的开发方式。库如其名，很抽象，一眼看上去不太容易知道它的作用是什么。它的出现比标准外设库要晚，但其实和标准外设库一样，都是为了节省程序开发时期，而且 HAL 库尤其有效，如果说标准外设库把实现功能需要配置的寄存器集成了，那么 HAL 库的一些函数甚至可以做到某些特定功能的集成。也就是说，同样的功能，标准库外设可能要用几条语句，HAL 库只需用一条语句就够了。并且 HAL 库也很好地解决了程序移植的问题，不同型号的 STM32 芯片的标准外设库是不一样的，例如在 STM32F4 上开发的程序在 STM32F1 上是不通用的，而使用 HAL 库，只要使用的是相同的外设，程序基本可以完全复制粘贴。注意，是相同外设，也就是说，不能无中生有，例如 STM32F7 比 STM32F1 要多几个定时器，不能明明没有这个定时器却非要配置。其实这种情况不多，绝大多数都可以直接复制粘贴。使用 ST 公司研发的 STMcube 软件，可以通过图形化的配置功能，直接生成整个使用 HAL 库的工程文件。

4. HAL 库和标准外设库的区别

在 STM32 的开发中，可以这样操作寄存器：

```
GPIOF->BSRR=0x00000001;//这里是针对 STM32F1 系列
```

这种方法当然可以，但是这种方法的劣势是需要掌握每个寄存器的用法，才能正确使用 STM32，而对于 STM32 这种级别的 MCU，数百个寄存器记起来又谈何容易。于是 ST 公司推出了官方标准外设库，标准外设库将这些寄存器底层操作都封装起来，提供一整套接口（API）供开发者调用。在大多数场合下，不需要知道操作的是哪个寄存器，只需要知道调用哪些函数即可。

例如上面的例子，控制 BRR 寄存器实现电平控制，官方库封装了一个函数：

```
void GPIO_ResetBits(GPIO_TypeDef* GPIOx,uint_t GPIO_Pin)
{
GPIOx->BRR=GPIO_Pin;
}
```

这时就不需要再直接操作 BRR 寄存器了，只需要知道怎么使用 GPIO_ResetBits()函数就可以了。在对外设的工作原理有一定的了解之后，再看标准库函数，基本上函数名称能说明这个函数的功能是什么、该怎么使用。这样开发就方便很多。

标准外设库自推出以来受到广大工程师的推崇，现在很多工程师和公司还在使用标准库函数开发。不过，ST 官方已经不再更新 STM32 标准外设库了，而是力推新的外设库——HAL 库。

例如上面的例子，控制 BSR 寄存器实现电平控制，官方 HAL 库封装了一个函数：

```
void HAL_GPIO_WritePin(GPIO_TypeDef* GPIOx,uint16_t GPIO_Pin,GPIO_PinState PinState)
{
    /* Check the parameters */
        assert_param(IS_GPIO_PIN(GPIO_Pin));
        assert_param(IS_GPIO_PIN_ACTION(PinState));
        if (PinState != GPIO_PIN_RESET)
        {
         GPIOx->BSRR = GPIO_Pin;
        }
        else
        {
         GPIOx->BSRR = (uint32_t)GPIO_Pin << 16u;
```

```
          }
      }
```

此时不需要再直接操作 BSR 寄存器了，只需要知道怎么使用 HAL_GPIO_WritePin 这个函数即可。

　　HAL 库和标准外设库一样都是外设库函数，由 ST 官方硬件抽象层而设计的软件函数包，由程序、数据结构和宏组成，包括了 STM32 所有外设的性能特征。这些固件库为开发底层硬件提供了中间 API，通过使用外设库，无须掌握底层细节，开发者就可以轻松应用每一个外设。

　　HAL 库和标准外设库本质上是一样的，都是提供底层硬件操作 API，而且在使用上也是大同小异。有过标准外设库基础的读者对 HAL 库的使用也会很容易入手。ST 官方这几年之所以大力推广 HAL 库，是因为 HAL 的结构更加容易整合 STM32Cube，而 STM32CubeMX 是 ST 公司这几年极力推荐的程序生成开发工具。所以，对于这几年新出的 STM32 芯片，ST 公司只提供 HAL 库。

　　在 ST 公司的官方声明中，HAL 库是大势所趋。ST 公司最新开发的芯片中，只有 HAL 库没有标准外设库。标准外设库和 HAL 库虽然都是对外设进行操作的函数，但标准外设库官方已经停止更新，而且标准外设库在 STM32 创建工程和初始化时，不能由 STM32CubeMX 软件代码生成使用。也就是说，STM32CubeMX 软件在生产代码时，工程项目和初始化代码就自动生成，这个工程项目和初始化代码里面使用的库都是基于 HAL 库的。STM32CubeMX 是一个图形化的工具，也是配置和初始化 C 语言代码生成器，与 STM32CubeMX 配合使用的是 HAL 库。

　　1）外设句柄定义。用户代码的第一大部分：对于外设句柄的处理。HAL 库在结构上，将每个外设抽象成一个称为 ppp_HandleTypeDef 的结构体，其中 ppp 就是每个外设的名字。所有函数都工作在 ppp_HandleTypeDef 指针之下。

　　① 多实例支持：每个外设/模块实例都有自己的句柄。因此，实例资源是独立的。

　　② 外围进程相互通信：该句柄用于管理进程例程之间的共享数据资源。

　　2）三种编程方式。HAL 库对所有的函数模型也进行了统一。在 HAL 库中，支持三种编程模式：轮询模式、中断模式、DMA 模式（如果外设支持）。其分别对应如下三种类型的函数（以 ADC 为例）。

```
HAL_Status TypeDef HAL_ADC_Start(ADC_HandleTypeDef* hadc);
HAL_Status TypeDef HAL_ADC_Stop(ADC_Handle TypeDef* hadc);
HAL_Status TypeDef HAL_ADC_Start_IT(ADC_Handle TypeDef* hadc);
HAL_Status TypeDef HAL_ADC_Stop_IT(ADC_Handle TypeDef* hadc);
HAL_StatusTypeDef HAL_ADC_Start_DMA(ADC_HandleTypeDef* hadc,uint32_t* pData, uint32_t Length);
HAL_StatusTypeDef HAL_ADC_Stop_DMA(ADC_Handle TypeDef* hadc);
```

其中，带 _IT 的表示工作在中断模式下；带 _DMA 的表示工作在 DMA 模式下（注意：DMA 模式下也是开中断的）；什么都没带的就是轮询模式（没有开启中断的）。至于使用者使用何种方式，就按需选择即可。此外，新的 HAL 库架构下统一采用宏的形式对各种中断等进行配置（原来标准外设库一般都是各种函数）。针对每种外设主要有以下宏。

```
__HAL_PPP_ENABLE_IT(HANDLE, INTERRUPT)：使能一个指定的外设中断。
__HAL_PPP_DISABLE_IT(HANDLE, INTERRUPT)：失能一个指定的外设中断。
__HAL_PPP_GET_IT (HANDLE, _INTERRUPT_)：获得一个指定的外设中断状态。
__HAL_PPP_CLEAR_IT (HANDLE, _INTERRUPT_)：清除一个指定的外设的中断状态。
```

__HAL_PPP_GET_FLAG (HANDLE, FLAG)：获取一个指定的外设的标志状态。

__HAL_PPP_CLEAR_FLAG (HANDLE, FLAG)：清除一个指定的外设的标志状态。

__HAL_PPP_ENABLE(HANDLE)：使能外设。

__HAL_PPP_DISABLE(HANDLE)：失能外设。

__HAL_PPP_XXXX (HANDLE, PARAM)：指定外设的宏定义。

__HAL_PPP_GET IT_SOURCE (HANDLE, __ INTERRUPT __)：检查中断源。

3）三大回调函数。在 HAL 库的源代码中，有很多以 __weak 开头的函数。这些函数，有些已经被实现了，例如

```
__weak HAL_Status TypeDef HAL_InitTick(uint32_t TickPriority)
{
    /*Configure the SysTick to have interrupt in 1ms time basis*/
    HAL_SYSTICK_Config(SystemCoreClock/1000U); /*Configure the SysTick IRQ priority */
    HAL_NVIC_SetPriority(SysTick_IRQn, TickPriority ,OU);
    /* Return function status*/
    return HAL_OK;
}
```

有些则没有实现，例如

```
__weak void HAL_SPI_TxCpltCallback(SPI_Handle TypeDef*hspi)
{
    /* Prevent unused argument(s) compilation warning */
    UNUSED(hspi);
    /* NOTE:This function should not be modified, when the callback is
    needed,the HAL_SPI_TxCpltCallback should be implemented in the
    user file */
}
```

weak 顾名思义是"弱"的意思，所以如果函数名称前面加上 __weak 修饰符，一般称这个函数为"弱函数"。加上了 __weak 修饰符的函数，用户可以在用户文件中重新定义一个同名函数，最终编译器编译的时候，会选择用户定义的函数，如果用户没有重新定义这个函数，那么编译器就会执行 __weak 声明的函数，并且编译器不会报错。

所有带有 __weak 修饰符的函数表示，可以由用户自己来实现。如果出现了同名函数，且不带 __weak 修饰符，那么链接器就会采用外部实现的同名函数。通常来说，HAL 库负责整个处理和 MCU 外设的处理逻辑，并将必要部分以回调函数的形式返给用户，用户只需要在对应的回调函数中做修改即可。

HAL 库包含如下三种用户级别的回调函数（PPP 为外设名）。

1）外设系统级初始化/解除初始化回调函数：HAL_PPP_MspInit()和 HAL_PPP_MspDeInit()。

例如 __weak void HAL_SPI_MspInit(SPI_HandleTypeDef *hspi)，在 HAL_PPP_Init() 函数中被调用，用来初始化底层相关的设备，如 GPIOs、Clock、DMA 和 Interrupt 等。

2）处理完成回调函数：HAL_PPP_ProcessCpltCallback()。其中，Process 指具体某种处理，如 UART 的 Rx。

例如 __weak void HAL_SPI_RxCpltCallback(SPI_HandleTypeDef*hspi)，当外设或者 DMA 工作完成时，触发中断，该回调函数会在外设中断处理函数或者 DMA 的中断处理函数中被调用。

3）错误处理回调函数：HAL_PPP_ErrorCallback()。

例如 __weak void HAL_SPI_ErrorCallback(SPI_HandleTypeDef *hspi)，当外设或者 DMA 出现

错误时，触发中断，该回调函数会在外设中断处理函数或者 DMA 的中断处理函数中被调用。

绝大多数用户代码均在以上三大回调函数中实现。

HAL 库结构中，在每次初始化前（尤其是在多次调用初始化前），先调用对应的反初始化（DeInit）函数是非常有必要的。某些外设多次初始化时不调用返回会导致初始化失败。完成回调函数有多种，例如串口的完成回调函数有 HAL_UART_TxCpltCallback 和 HAL_UART_TxHalfCpltCallback 等。

5．HAL 库移植使用的基本步骤

HAL 库移植使用的基本步骤如下。

1）复制 stm32f1xx_hal_msp_template.c，参照该模板，依次实现用到的外设的 HAL_PPP_MspInit()和 HAL_PPP_MspDeInit()。

2）复制 stm32f1xx_hal_conf_template.h，用户可以在此文件中自由裁剪，配置 HAL 库。

3）在使用 HAL 库时，必须先调用函数 HAL_StatusTypeDef HAL_Init(void)。该函数在 stm32f1xx_hal.c 中定义，这也就意味着在第 1）中，必须首先实现 HAL_MspInit(void)和 HAL_MspDeInit(void)。

4）HAL 库与标准外设库不同，HAL 库使用 RCC 中的函数来配置系统时钟，用户需要单独写时钟配置函数（标准外设库默认在 system_stm32f1xx.c 中）。

5）关于中断，HAL 提供了中断处理函数，只需要调用 HAL 提供的中断处理函数即可。对于用户自己的代码，不建议先写到中断中，而应该写到 HAL 提供的回调函数中。

6）对于每一个外设，HAL 都提供了回调函数。回调函数用来实现用户自己的代码。整个调用结构由 HAL 库自动完成。

例如在 UART 中，HAL 库提供了 void HAL_UART_IRQHandler(UART_HandleTypeDef *huart); 函数，用户在要触发中断后，只需要调用该函数即可，同时，用户自己的代码写在对应的回调函数中，即可使用了哪种就用哪个回调函数。

```
void HAL_UART_TxCpltCallback(UART_HandleTypeDef* huart);
void HAL_UART_TxHalfCpltCallback(UART_HandleTypeDef* huart);
void HAL_UART_RxCpltCallback(UART_Handle TypeDef* huart);
void HAL_UART_RxHalfCpltCallback(UART_HandleTypeDef* huart);
void HAL_UART_ErrorCallback(UART_HandleTypeDef* huart);
```

综上所述，使用 HAL 库编写程序（针对某个外设）的基本结构（以串口为例）如下。

（1）配置外设句柄

例如，建立 UartConfig.c，在其中定义串口句柄 UART_HandleTypeDef huart;，接着使用初始化句柄 HAL_StatusTypeDef HAL_UART_Init(UART_HandleTypeDcf huart)。

（2）编写 MSP 函数

例如，建立 UartMsp.c，在其中实现

```
void HAL_UART_MspInit(UART_HandleTypeDef huart)
```

和

```
void HAL_UART_MspDeInit(UART_HandleTypeDef* huart)
```

（3）实现对应的回调函数

例如，建立 UartCallBack.c，在其中实现上述三大回调函数中的完成回调函数和错误回调函数。

3.4.2 回调函数

1．回调函数的概念

回调函数就是一个被作为参数传递的函数。在C语言中，回调函数只能使用函数指针实现；在 C++、Python、ECMAScript 等更现代的编程语言中，还可以使用仿函数（functor，就是一个类，它的使用看上去像一个函数）或匿名函数实现。回调函数的使用可以大大提升编程的效率，这使得它在现代编程中被频繁使用。同时，有一些需求必须要使用回调函数来实现。

如果把函数的指针（地址）作为参数传递给另一个函数，当这个指针被用来调用其所指向的函数时，就说这是回调函数。

也就是说，把一段可执行的代码像参数传递那样传给其他代码，而这段代码会在某个时刻被调用执行，这就叫作回调。如果代码立即被执行就称为同步回调，如果在之后晚些的某个时间再执行，则称为异步回调。

例如去餐馆点餐，好多人排队正在等餐，一个人吃完了另一个才能进去吃，等待的人就在那儿一直等着。后来变为有人过来要吃饭，先给他一个电子排队牌，厨师先做给其他顾客吃，他去干他自己的事（如逛附近商场），等餐好了，再把他叫回来（并把他要的饭菜给他），这就是回调。

2．使用回调函数的原因

回调函数的作用是"解耦"。普通函数代替不了回调函数的这个特点。这是回调函数最大的特点。

回调函数的使用格式如下：

```
#include<stdio.h>
#include<freeLib.h>
 // 回调函数
int Callback()
{
    // TODO
    func();
    return 0;
}

// 主程序
int main()
{
    // TODO
    Library(Callback);
    return 0;
}
```

3．回调函数和普通函数调用的区别

1）在主入口程序中，把回调函数像参数一样传入库函数。这样一来，只要改变传进库函数的参数，就可以实现不同的功能，且不需要修改库函数的实现，这就是解耦。

2）主函数和回调函数是在同一层的，而库函数在另外一层。

使用回调函数会有间接调用，因此会有一些额外的传参与访存开销，所以 MCU 代码中对时间要求较高的代码要慎用。

回调函数的使用是对函数指针的应用，函数指针的概念本身很简单，但是把函数指针应用于回调函数就体现了一种解决问题的策略、一种设计系统的思想。

回调函数也有一些缺点。

1）回调函数固然能解决一部分系统架构问题，但是绝不能在系统内到处使用。如果发现系统内到处都是回调函数，那么一定要重构系统。

2）回调函数本身是一种破坏系统结构的设计思路，回调函数会绝对地改变系统的运行轨迹、执行顺序、调用顺序。

3.4.3　MSP 的作用

MSP 的英文全称为 MCU support package，中文名称是 MCU 支持包，其函数名称中带有 MspInit 字样。它们的作用是进行 MCU 级别硬件初始化设置，并且它们通常会被上一层的初始化函数所调用。这样做的目的是为了把 MCU 相关的硬件初始化剥离出来，方便用户代码在不同型号的 MCU 上移植。stm32f1xx_hal_msp.c 文件定义了两个函数：HAL_MspInit 和 HAL_MspDeInit。这两个函数分别被文件 stm32f1xx_hal.c 中的 HAL_Init 和 HAL_DeInit 所调用。HAL_MspInit 函数的主要作用是进行 MCU 相关的硬件初始化操作。例如要初始化某些硬件，可以将硬件相关的初始化配置写在 HAL_MspDeinit 函数中。这样，在系统启动后调用了 HAL_Init 之后，会自动调用硬件初始化函数。

实际上，在工程模板中直接删掉 stm32f1xx_hal_msp.c 文件也不会对程序运行产生任何影响。

3.4.4　HAL 库的基本数据类型和通用定义

1. 基本数据类型

对 STM32 系列 MCU 编程使用的是 C 语言或 C++语言。C 语言中整数类型的定义比较多，STM32 编程中一般使用简化的定义符号，见表 3-2 所示。

表 3-2　STM32 编程中的数据类型简化定义符号

数据类型	C 语言等效定义	数据长度/B
int8_t	signed char	1
uint8_t	unsigned char	1
int16_t	signed short	2
uint16_t	unsigned short	2
int32_t	signed int	4
uint32_t	unsigned int	4
int64_t	long long int	8
uint64_t	unsigned long long int	8

2. 一些通用定义

在 HAL 库中，有一些类型或常量是经常用到的。

1）文件 stm32f1xx_hal_def.h 中定义的表示函数返回值类型的枚举类型 HAL_StatusTypeDef。其定义为

```
typedef enum
{
    HAL_OK=0x000,
    HAL_ERROR=0x010,
    HAL_BUSY=0x02U,
```

```
    HAL_TIMEOUT=0x03U
  }HAL_StatusTypeDef;
```

很多函数返回值的类型是 HAL_StatusTypeDef，以表示函数运行是否成功或其他状态。

2）文件 stm32f1xx.h 中定义的几个通用的枚举类型和常量。它们的定义为

```
typedef enum
  {
    RESET=0U,
    RESET=0U
    SET=!RESET
}FlagStatus,ITStatus;//一般用于判断标志位是否置位
typedef enum
  {
    DISABLE=OU,
    ENABLE=! DISABLE
  }FunctionalState;//一般用于设置某个逻辑型参数的值
typedef enum
  {
    SUCCESS=0U,
    ERROR=!SUCCESS
  } ErrorStatus;//一般用于函数返回值，表示成功或失败两种状态
```

习　题

1. STM 32 Cube MX 软件是什么？
2. STM 32 Cube MX 软件的特点是什么？
3. STM 32 Cube MX 软件有哪 3 个主要视图？

第4章　嵌入式开发环境的搭建

本章介绍嵌入式开发环境的搭建,包括 Keil MDK5 的安装配置、Keil MDK 下新工程的创建、J-Link 及其驱动安装、Keil MDK5 的调试方法、Cortex-M3 微控制器软件接口标准 CMSIS、STM32F103 开发板的选择和 STM32 仿真器的选择。

4.1　Keil MDK5 的安装配置

4.1.1　Keil MDK 简介

Keil 是一家业界领先的微控制器(MCU)软件开发工具的独立供应商,由两家私人公司联合运营,分别是德国慕尼黑的 Keil Elektronik GmbH 和美国得克萨斯的 Keil Software Inc。Keil 公司制造和销售种类广泛的开发工具,包括 ANSI C 编译器、宏汇编程序、调试器、链接器、库管理器、固件和实时操作系统核心(Real-time Kernel)。

MDK 即 RealView MDK 或 MDK-ARM,是 ARM 公司收购 Keil 公司以后,基于 μVision 界面推出的针对 ARM7、ARM9、Cortex-M 系列、Cortex-R4 等 ARM 处理器的嵌入式软件开发工具。

Keil MDK 的英文全称是 Keil Microcontroller Development Kit,中文名称为 Keil 微控制器开发套件。经常能看到的 Keil ARM-MDK、Keil MDK、RealView MDK、I-MDK、μVision5(老版本为 μVision4 和 μVision3)这几个名称都是指同一个产品。Keil MDK 由 Keil 公司(2005 年被 ARM 收购)推出。它支持 40 多个厂商超过 5000 种基于 ARM 的微控制器器件和多种仿真器,集成了行业领先的 ARMC/C++编译工具链,符合 ARM Cortex 微控制器软件接口标准(Cortex Microcontroller Software Interface Standard,CMSIS)。Keil MDK 提供了软件包管理器和多种实时操作系统(如 RTX、Micrium RTOS、RT-Thread 等)、IPv4/IPv6、USB Device 和 OTG 协议栈、IoT 安全连接及 GUI 库等中间件组件;还提供了性能分析器,可以评估代码覆盖、运行时间及函数调用次数等,指导开发者进行代码优化;同时提供了大量的项目例程,帮助开发者快速掌握 Keil MDK 的强大功能。Keil MDK 是一个适用于 ARM7、ARM9、Cortex-M、Cortex-R 等系列微控制器的完整软件开发环境,具有强大的功能,且方便易用,深得广大开发者认可,成为目前常用的嵌入式集成开发环境之一,能够满足大多数苛刻的嵌入式应用开发的需要。

Keil MDK 主要包含以下四个核心组成部分。

1)μVision IDE:一个集项目管理器、源代码编辑器、调试器于一体的强大集成开发环境。

2)RVCT:ARM 公司提供的编译工具链,包含编译器、汇编器、链接器和相关工具。

3)RL-ARM:实时库,可将其作为工程的库来使用。

4)ULINK/JLINK USB-JTAG 仿真器:用于连接目标系统的调试接口(JTAG 或 SWD 方式),帮助用户在目标硬件上调试程序。

μVision IDE 是一个基于 Windows 操作系统的嵌入式软件开发平台,集编译器、调试器、项目管理器和一些 Make 工具于一体。它具有如下主要部件与特征。

1)项目管理器,用于产生和维护项目。

2）处理器数据库，集成了一个能自动配置选项的工具。

3）带有用于汇编、编译和链接的 Make 工具。

4）全功能的源码编辑器。

5）模板编辑器，可用于在源码中插入通用文本序列和头部块。

6）源码浏览器，用于快速寻找、定位和分析应用程序中的代码和数据。

7）函数浏览器，用于在程序中对函数进行快速导航。

8）函数略图（Function Sketch），可形成某个源文件的函数视图。

9）带有一些内置工具，例如 Find in Files 等。

10）集模拟调试和目标硬件调试于一体。

11）配置向导，可实现图形化快速生成启动文件和配置文件。

12）可与多种第三方工具和软件版本控制系统接口。

13）Flash 编程工具交互界面。

14）丰富的工具设置。

15）完善的在线帮助和用户指南。

Keil MDK 支持如下 ARM 处理器。

1）Cortex-M0/M0+/M3/M4/M7。

2）Cortex-M23/M33 non-secure。

3）ICortex-M23/M33 secure/non-secure。

4）ARM7、ARM9、Cortex-R4、SecurCore SC000 和 SC300。

5）ARMv8-M architecture。

使用 Keil MDK 作为嵌入式开发工具，其开发流程与其他开发工具基本一样，一般可以分为以下几步。

1）新建一个工程，从处理器库中选择目标芯片。

2）自动生成启动文件或使用芯片厂商提供的基于 CMSIS 标准的启动文件及固件库。

3）配置编译器环境。

4）用 C 语言或汇编语言编写源文件。

5）编译目标应用程序。

6）修改源程序中的错误。

7）调试应用程序。

Keil MDK 集成了业内的先进技术，包括 μVision5 集成开发环境与 RealView 编译器 RVCT（RealView Compilation Tools），支持 ARM7、ARM9 和最新的 Cortex-M 核处理器，自动配置启动代码，集成 Flash 烧写模块，有强大的 Simulation 设备模拟和性能分析等功能。

Keil MDK 支持 ARM7、ARM9 和最新的 Cortex-M 系列内核微控制器，支持自动配置启动代码，集成 Flash 编程模块，具有强大的 Simulation 设备模拟和性能分析等单元。出众的性价比使 Keil MDK 开发工具迅速成为 ARM 软件开发工具的标准。目前，Keil MDK 在我国 ARM 开发工具市场的占有率在 90% 以上。Keil MDK 主要能够为开发者提供以下开发优势。

1）启动代码生成向导。启动代码和系统硬件结合紧密，只有使用汇编语言才能编写启动代码，因此成为许多开发者难以跨越的门槛。Keil MDK 的 μVision5 工具可以自动生成完善的启动代码，并提供图形化窗口，方便修改。无论是对于初学者还是对于有经验的开发者而言，都能大大节省开发时间，提高系统设计效率。

2）设备模拟器。Keil MDK 的设备模拟器可以仿真整个目标硬件，如快速指令集仿真、外部信号和 I/O 端口仿真、中断过程仿真、片内外围设备仿真等。这使开发者在没有硬件的情况下也能进行完整的软件设计开发与调试工作，软/硬件开发可以同步进行，大大缩短了开发周期。

3）性能分析器。Keil MDK 的性能分析器具有辅助开发者查看代码覆盖情况、程序运行时间、函数调用次数等高端控制功能，帮助开发者轻松地进行代码优化，提高嵌入式系统设计开发的质量。

4）Real View 编译器。Keil MDK 的 Real View 编译器与 ARM 公司以前的工具包 ADS 相比，其代码尺寸比 ADS 1.2 编译器的代码尺寸小 1/10，其代码性能比 ADS 1.2 编译器的代码性能提高了至少 20%。

5）ULINK2/Pro 仿真器和 Flash 编程模块。Keil MDK 无须寻求第三方编程软件的支持，通过配套的 ULINK2 仿真器与 Flash 编程工具，可以轻松地实现 CPU 片内 Flash 和外扩 Flash 的烧写；并支持用户自行添加 Plash 编程算法；而且支持 Flash 的整片删除、扇区删除、编程前自动删除和编程后自动校验等功能。

6）Cortex 系列内核。Cortex 系列内核具备高性能和低成本等优点。是 ARM 公司最新推出的微控制器内核，是单片机应用的热点和主流。而 Keil MDK 是第一款支持 Cortex 系列内核并发的开发工具，并为开发者提供了完善的工具集。因此，可以用它设计并开发基于 Cortex-M3 内核的 STM32 嵌入式系统。

7）专业的本地化技术支持和服务。国内 Keil MDK 用户可以享受专业的本地化技术支持和服务，如电话、E-mail、论坛和中文技术文档等。这将为开发者设计出更有竞争力的产品提供更多的助力。

此外，Keil MDK 还具有自己的实时操作系统（RTOS），即 RTX。传统的 8 位或 16 位单片机往往不适合使用实时操作系统，但 Cortex-M3 内核除了为用户提供更强劲的性能、更高的性价比，还具备对小型操作系统的良好支持，因此在设计和开发 STM32 嵌入式系统时，开发者可以在 Keil MDK 上使用 RTOS。使用 RTOS 可以为工程组织提供良好的结构，并提高代码的重用率，使程序调试更加容易、项目管理更加简单。

4.1.2　Keil MDK 的下载

MDK 的官方下载地址为 http://www2.keil.com/mdk5，具体下载步骤如下。

1）打开官方网站，进入 MDK 下载界面（见图 4-1），单击 Download MDK 按钮下载 MDK。

图 4-1　MDK 下载界面

2）在信息填写界面（图 4-2）按照要求填写信息，最后单击 Submit 按钮。

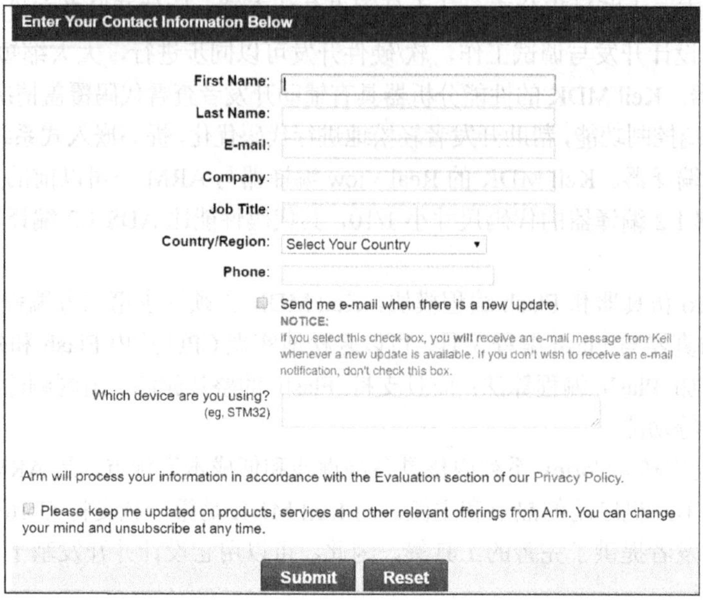

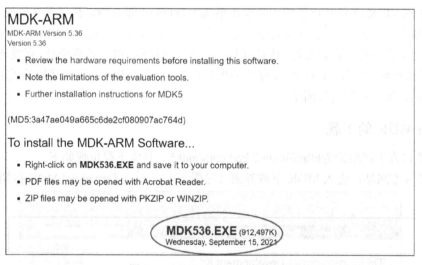

图 4-2　信息填写界面

3）进入 MDKxxx.EXE 下载界面，如图 4-3 所示。这里下载的是 MDK536.EXE，等待下载完成即可。

图 4-3　MDKxxx.EXE 下载界面

4.1.3　Keil MDK 的安装

1）双击 MDK 安装程序。MDK 安装程序图标如图 4-4 所示。

图 4-4　MDK 安装程序图标

2）进入安装向导。安装欢迎界面，如图 4-5 所示。

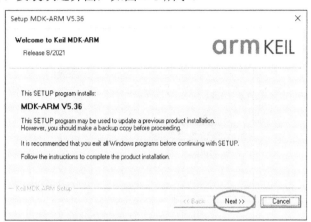

图 4-5　MDK 安装欢迎界面

3）选中同意协议复选框，单击 Next 按钮；选择安装路径，建议保持默认设置，单击 Next 按钮；填写用户信息，单击 Next 按钮；等待安装。MDK 安装进程如图 4-6 所示。

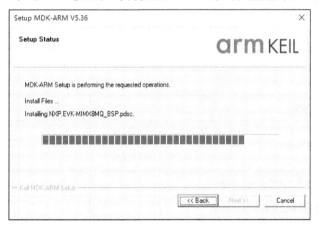

图 4-6　MDK 安装进程

4）最后显示版本信息，单击 Finish 按钮，完成安装。

5）安装完成后，弹出 Pack Installer 欢迎界面。

6）MDK 安装成功后，桌面会有 Keil μVision5 的快捷启动图标（以下简称 Keil5），如图 4-7 所示。

图 4-7　Keil μVision5 的快捷启动图标

7）以管理员身份运行 Keil μVision5。打开后选择主菜单项 File→License Management，安装 License，如图 4-8 所示。

至此，就可以使用 Keil μVision5 了。

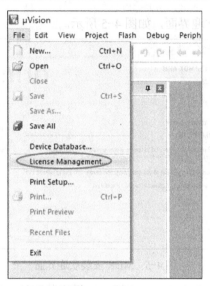

图 4-8　安装 License

Keil μVision5 功能限制见表 4-1。

表 4-1　Keil μVision5 功能限制

特　性	Lite （轻量版）	Essential （基本版）	Plus （升级版）	Professional （专业版）
带有包安装器的 μVision IDE	√	√	√	√
带源代码的 CMSIS RTX5 RTOS	√	√	√	√
调试器	32KB	√	√	√
C/C++ ARM 编译器	32KB	√	√	√
中间件：IPv4 网络、USB 设备、文件系统、图形			√	√
TÜV SÜD 认证的 ARM 编译器和功能安全认证套件				√
中间件：IPv6 网络、USB 主设备、IoT 连接				√
固定虚拟平台模型				√
快速模型连接				√
ARM 处理器支持				
Cortex-M0/MO+/M3/M4/M7	√	√	√	√
Cortex-M23/M33 非安全		√	√	√
Cortex-M23/M33 安全/非安全			√	√
ARM7、ARM9、Cortex-R4、SecurCoreR SC000 和 SC300			√	√
ARMv8-M 架构				√

4.1.4　安装库文件

1）在 Keil5 界面，单击图 4-9 中圆圈标注的 Pack Installer 按钮。

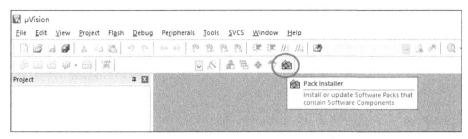

图 4-9　Pack Installer 按钮

2）弹出之前安装时关闭的 Pack Installer 窗口，如图 4-10 所示。

图 4-10　Pack Installer 窗口

3）在窗口左侧选择所使用的芯片 STM32F103 系列，在窗口右侧单击 Device Specific→Keil::STM32F1xx_DFP 的 Install 按钮安装库文件。在下方 Output 区域可看到库文件的下载进度。

4）等待库文件下载完成。

窗口右侧 Keil::STM32F1xx_DFP 的 Action 状态变为 Up to date，表示该库下载完成。

打开一个工程，测试编译是否成功。

4.2　Keil MDK 下新工程的创建

创建一个新工程，对 STM32 的 GPIO 功能进行简单测试。

1. 建立文件夹

建立文件夹 GPIO_TEST，用来存放整个工程项目。在 GPIO_TEST 工程目录下，建立 4 个文件夹用来存放不同类别的文件。工程目录如图 4-11 所示。

图 4-11 中 4 个文件夹存放的文件类型如下：lib 用于存放库文件；obj 用于存放工程文件；out 用于存放编译输出文件；user 用于存放用户源代码文件。

2. 打开 Keil μVision

打开 Keil μVision 后，将显示上一次使用的工程，如图 4-12 所示。

图 4-11　工程目录

图 4-12　打开 Keil μVision

3. 新建工程

1）选择菜单项 Project→New μVision Project，如图 4-13 所示。

2）把该工程存放在刚刚建立的 obj 文件夹下，并输入工程文件名称，如图 4-14 和图 4-15 所示。

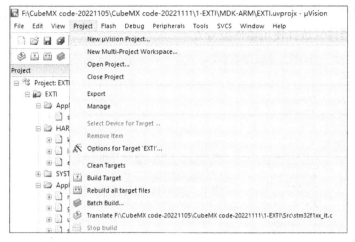

图 4-13　新建工程菜单项

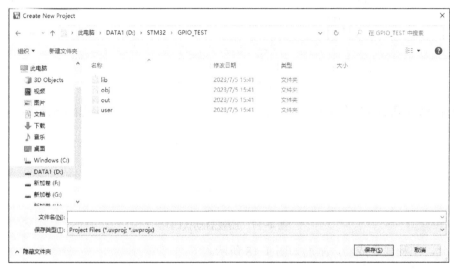

图 4-14　选择工程文件的存放目录

图 4-15　给工程文件命名

3）单击"保存"按钮后弹出选择器件对话框，如图 4-16 所示。选择 STMicroelectronics 下的 STM32F103VB 器件（选择使用器件型号）。

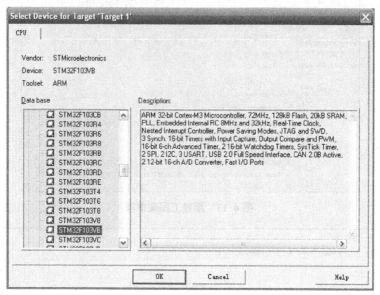

图 4-16　选择芯片型号

4）单击 OK 按钮后弹出图 4-17 所示的提示对话框，单击"是"按钮，以加载 STM32 的启动代码。

图 4-17　加载启动代码

5）至此，工程建立成功，画面如图 4-18 所示。

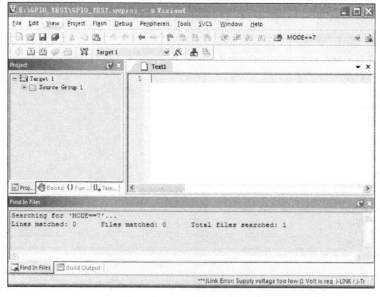

图 4-18　工程建立成功画面

4.3　J-Link 及其驱动的安装

为了 Keil5 和 J-Scope 能够使用 J-Link，需要安装 J-Link 驱动。

4.3.1　J-Link 简介

J-Link 是 SEGGER 公司为了支持仿真 ARM 内核芯片而推出的 JTAG 仿真器。它与众多诸如 IAR EWAR、ADS、Keil、WinARM、RealView 等集成开发环境配合，可支持所有 ARM7/ARM9/ARM11、Cortex M0/M1/M3/M4、Cortex A5/A8/A9 等内核芯片的仿真。它与 IAR、Keil 等编译环境可无缝连接，因此操作方便、连接方便、简单易学，是学习开发 ARM 最好、最实用的开发工具。

J-Link 具有 J-Link Plus、J-Link Ultra、J-Link Ultra+、J-Link Pro、J-Link EDU、J-Trace 等多个版本，可以根据不同的需求选择不同的产品。

J-Link 主要用于在线调试，它集程序下载器和控制器为一体，使得计算机上的集成开发软件能够对 ARM 的运行进行控制，比如单步运行、设置断点、查看寄存器等。一般调试信息用串口"打印"出来，就如 VC 用 printf 语句在屏幕上显示信息一样，通过串口 ARM 就可以将需要的信息输出到计算机的串口界面。由于笔记本计算机一般都没有串口，所以常用 USB 转串口电缆或转接头实现。

J-Link 采用 USB 2.0 全速、高速主机接口，以及 20 针标准 JTAG/SWD 目标机连接器，可选配 14 针/10 针 JTAG/SWD 适配器。J-Link 还具有以下主要特点。

1）自动识别器件内核。

2）JTAG 时钟频率高达 15/50MHz，SWD 时钟频率高达 30/100MHz。

3）RAM 下载速度最高达 3MB/s。

4）监测所有 JTAG 信号和目标板电压。

5）自动速度识别。

6）USB 供电，无须外接电源。

7）目标板电压范围为 1.2～5V。

8）支持多 JTAG 器件串行连接。

9）完全即插即用。

4.3.2　J-Link 驱动的安装

1）登录官方下载地址https://www.segger.com/downloads/J-Link/。J-Link 驱动下载界面如图 4-19 所示。

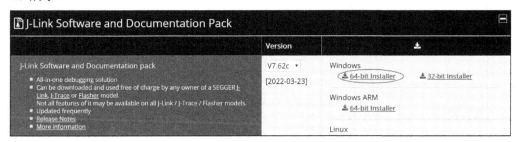

图 4-19　J-Link 驱动下载界面

2）下载后双击 J-Link 驱动程序。J-Link 驱动程序图标如图 4-20 所示。

JLink_Windows_
V634h.exe

图 4-20　J-Link 驱动程序图标

3）打开 J-Link 安装向导。J-Link 的安装步骤简单，按默认配置即可。J-Link 驱动安装向导欢迎界面如图 4-21 所示。

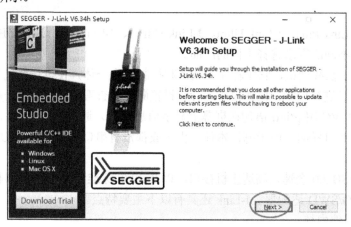

图 4-21　J-Link 驱动安装向导欢迎界面

4）安装完成后，连接 J-Link 到计算机，打开 Keil5，单击 Options for Target 按钮。

5）切换到 Debug 选项卡，选择调试工具 J-LINK/J-TRACE Cortex，如图 4-22 所示。

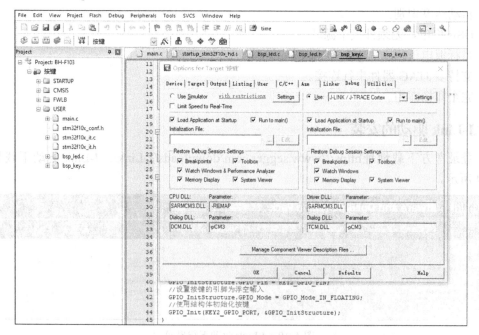

图 4-22　选择调试工具

6）打开 Settings，可以看到 J-Link 的 SN、版本等信息，表示 J-Link 驱动安装成功，当前 J-Link 可正常使用。

4.4　Keil MDK5 的调试方法

1．进入调试模式

进入调试模式的步骤如下。

1）连接 J-Link 到开发板 STM32 调试口，此时 J-Link 的 USB 线不要连接计算机。

2）开发板上电。

3）连接 J-Link 的 USB 线到计算机，J-Link 指示灯应为绿色。

4）使用 Keil5 打开一个程序。

5）单击图 4-23 中圆圈标注的按钮进入调试模式。

图 4-23　进入调试模式界面

2．调试界面简介

（1）当前执行语句

图 4-24 中的圆圈标注的黄色箭头处为执行语句。

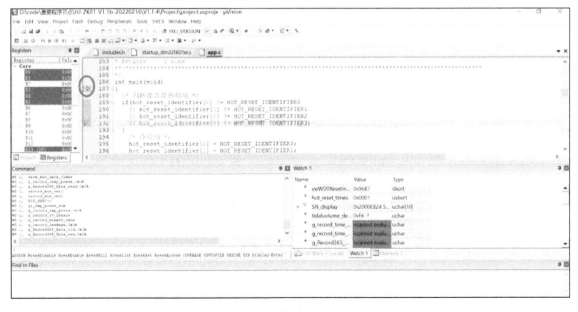

图 4-24　当前执行语句

（2）调整界面布局

拖动各窗口，调整界面布局，如图 4-25 所示。保存当前布局，下次进入调试模式不必重新设置。

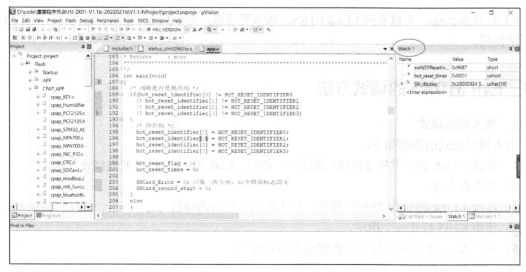

图 4-25　调试界面布局

（3）Debug 菜单和工具栏

调试时主要使用 Debug 菜单和工具栏，分别如图 4-26 和图 4-27 所示。

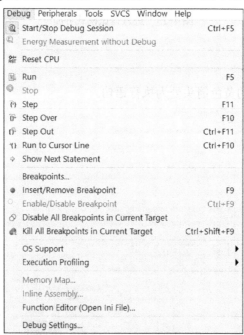

图 4-26　Debug 菜单

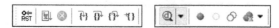

图 4-27　Debug 工具栏

Debug 菜单中各菜单项的功能及对应的工具栏中的按钮如下。

1）Start/Stop Debug Session：开始/停止调试 🔍 。

2）Reset CPU：复位 CPU 💱 。

3）Run：全速运行 🔳 。

4）Stop：停止运行 🔵 。

5）Step：单步调试（进入函数）🔽 。

6）Step Over：逐步调试（跳过函数）🔽 。

7）Step Out：跳出调试（跳出函数）🔽 。

8）Run to Cursor Line：运行到光标处 🔽 。

9）Show Next Statement：显示正在执行的代码行。

10）Breakpoints：查看工程中所有的断点。

11）Insert/Remove Breakpoint：插入/移除断点 🔴 。

12）Enable/Disable Breakpoint：使能/失能断点 ⚪ 。

13）Disable All Breakpoints in Current Target：失能所有断点 ⊘ 。

14）Kill All Breakpoints in Current Target：取消所有断点 🔵 。

15）OS Support：系统支持（打开子菜单访问事件查看器和 RTX 任务和系统信息）。

16）Execution Profiling：执行分析。

17）Memory Map：内存映射。

18）Inline Assembly：内联汇编。

19）Function Editor：函数编辑器。

20）Debug Settings：调试设置。

3．变量查询功能

方法 1：双击选中变量，如 hot_reset_times，将其拖至 Watch 1 区域，即可查看该变量的值，如图 4-28 所示。

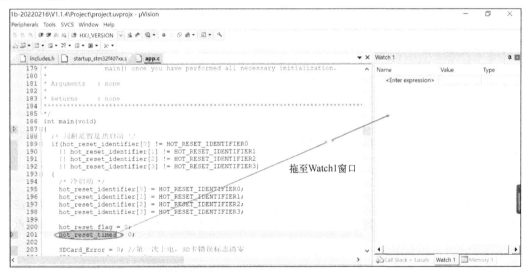

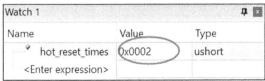

图 4-28　变量查询方法 1

方法 2：在 Watch 1 区域直接输入要查询的变量，如图 4-29 所示。

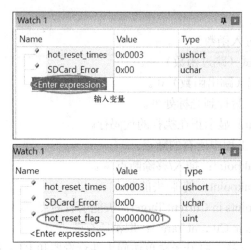

图 4-29　变量查询方法 2

4．断点功能

当需要程序执行到某处停下时，可以使用断点功能。下面举例说明。

1）确定添加断点处代码为 GetSNdisplay(SN_display);。

在图 4-30 所示的位置添加断点。

图 4-30　添加断点

2）单击代码左侧阴影处（有阴影表示程序可以执行到此处，无阴影一般为未编译或注释语句，不可设置断点），可以设置或取消该语句的断点。添加断点成功后会有一个红色圆点，如图 4-31 所示。

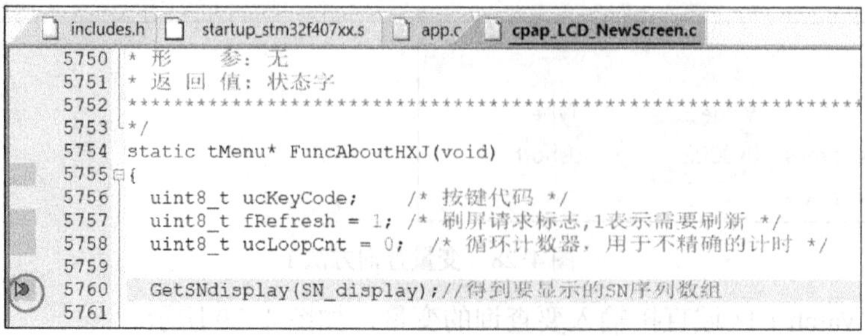

图 4-31　添加断点成功

3）全速运行程序。此时，程序会运行至断点设置处，黄色运行指示箭头指向断点语句，如图 4-32 所示。

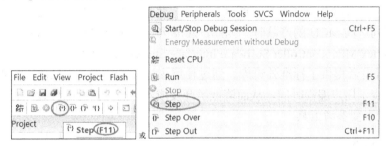

图 4-32　指向断点语句

4）可根据调试需求，选择 Step（单步调试，进入函数）、Step Over（逐步调试，跳过函数）、Step Out（跳出调试，跳出函数）、Run to Cursor Line（运行到光标处）调试方法。

这里以选择 Step 调试为例，进入 GetSNdisplay 函数，如图 4-33 所示。

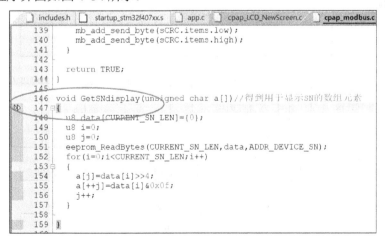

图 4-33　选择 Step 单步调试

单步调试程序界面如图 4-34 所示。

图 4-34　单步调试程序界面

5）调试完成后，可进入全速运行模式。

在全速运行模式时，可正常操作所开发设备及监视变量。全速运行菜单项如图 4-35 所示。

5. 结束调试模式

要结束调试模式，选择 Start/Stop Debug Session 菜单项，如图 4-36 所示。

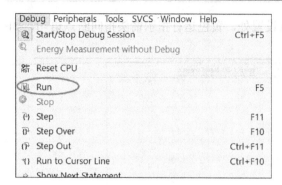

图 4-35　全速运行菜单项

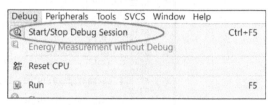

图 4-36　结束调试模式

4.5　Cortex-M3 微控制器软件接口标准

目前，软件开发已经是嵌入式系统行业公认的主要开发成本，通过将所有 Cortex-M 芯片供应商产品的软件接口标准化，能有效降低这一成本，尤其是进行新产品开发或者将现有项目或软件移植到基于不同厂商 MCU 的产品时。为此，2008 年 ARM 公司发布了 ARM Cortex 单片机软件接口标准（Cortex Microcontroller Software Interface Standard，CMSIS）。

ST 公司为开发者提供了标准外设库，通过使用该标准外设库，无须深入掌握细节便可开发每一个外设，减少了用户编程时间，从而降低了开发成本。同时，标准外设库也是学习者深入学习 STM32 原理的重要参考工具。

4.5.1　CMSIS 简介

CMSIS 软件架构由 4 层构成，即用户应用层、操作系统及中间件接口层、CMSIS 层和硬件层，如图 4-37 所示。

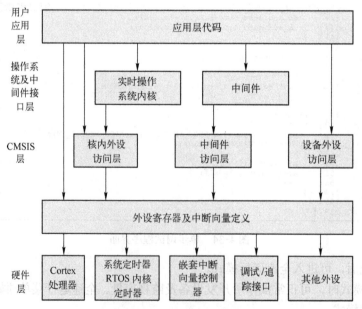

图 4-37　CMSIS 软件架构

其中，CMSIS 层起着承上启下的作用：一方面对硬件层进行统一实现，屏蔽不同厂商对

Cortex-M 系列微处理器核内/外设寄存器的不同定义；另一方面又向上层的操作系统及中间件接口层和用户应用层提供接口，简化应用程序的开发，使开发人员能够在完全透明的情况下进行应用程序的开发。

CMSIS 层主要由以下 3 部分组成。

1）核内外设访问层（Core Peripheral Access Layer，CPAL）：由 ARM 公司实现，包括了命名定义、地址定义、存取内核寄存器和外设的协助函数，同时定义了一个与设备无关的 RTOS 内核接口函数。

2）中间件访问层（Middleware Access Layer，MWAL）：由 ARM 公司实现，芯片厂商提供更新，主要负责定义中间件访问的应用程序编程接口（Application Programming Interface，API）函数，如 TCP/IP 协议栈、SD/MMC、USB 等协议。

3）设备外设访问层（Device Peripheral Access Layer，DPAL）：由芯片厂商实现，负责对硬件寄存器地址及外设接口进行定义。另外，芯片厂商会对异常向量进行扩展，以处理相应异常。

4.5.2　STM32F10x 标准外设库

STM32 标准外设库也称为固件库，它是 ST 公司为嵌入式系统开发者访问 STM32 底层硬件而提供的一个中间函数接口（API），由程序、数据结构和宏组成，还包括微控制器所有外设的性能特征、驱动描述和应用实例。在 STM32 标准函数库中，每个外设驱动都由一组函数组成，这组函数覆盖了外设驱动的所有功能。可以将 STM32 标准外设库中的函数视为对寄存器复杂配置过程高度封装后所形成的函数接口，通过调用这些函数接口即可实现对 STM32 寄存器的配置，从而达到控制的目的。

STM32 标准外设库覆盖了从 GPIO 端口到定时器，再到 CAN、I2C、SPI、UART 和 ADC 等所有的标准外设，对应的函数源代码只使用了基本的 C 语言编程，非常易于理解和使用，并且方便进行二次开发和应用。实际上，STM32 标准外设库中的函数只是建立在寄存器与应用程序之间的程序代码，向下对相关的寄存器进行配置，向上为应用程序提供配置寄存器的标准函数接口。STM32 标准外设库中函数的构建已由 ST 公司完成，这里不再详述。在使用库函数开发应用程序时，只要调用相应的函数接口即可实现对寄存器的配置，不需要探求底层硬件细节即可灵活、规范地使用每个外设。

在传统 8 位单片机的开发过程中，通常通过直接配置芯片的寄存器来控制芯片的工作方式。在配置过程中，常需要查阅寄存器表，由此确定所需要使用的寄存器配置位，以及是置 0 还是置 1。虽然这些都是很琐碎、机械的工作，但是因为 8 位单片机的资源比较有限，寄存器相对来说比较简单，所以可以用直接配置寄存器的方式进行开发。而且采用这种方式进行开发，参数设置更加直观，程序运行时对 CPU 资源的占用也会相对少一些。

STM32 的外设资源丰富，与传统 8 位单片机相比，STM32 的寄存器无论是在数量上还是在复杂度上都有大幅度增长。如果 STM32 采用直接配置寄存器的开发方式，则查阅寄存器表会相当困难，而且面对众多的寄存器位，在配置过程中也很容易出错，这会造成编程速度慢、程序维护复杂等问题，并且程序的维护成本也会很高。库函数开发方式提供了完备的寄存器配置标准函数接口，使开发者仅通过调用相关函数接口就能实现烦琐的寄存器配置，简单易学、编程速度快、程序可读性高，并降低了程序的维护成本，很好地解决了上述问题。

虽然采用寄存器开发方式能够让参数配置更加直观，而且相对于库函数开发方式，通过直接配置寄存器所生成的代码量会相对少一些，资源占用也会更少一些，但因为 STM32 较传统 8 位单片机而言有充足的 CPU 资源，权衡库函数开发的优势与不足，在一般情况下，可以牺牲一点 CPU 资源，选择更加便捷的库函数开发方式。一般只有对代码运行时间要求极为苛刻的项目，如需要频繁调用中断服务函数等，才会选用直接配置寄存器的方式进行系统的开发工作。

自从库函数出现以来，STM32 标准外设库中各种标准函数的构建也在不断完善，开发者对 STM32 标准外设库的认识也在不断加深，越来越多的开发者倾向于用库函数进行开发。虽然目前 STM32F1 系列和 STM32F4 系列各有一套自己的外设库，但是它们大部分是相互兼容的，在采用库函数进行开发时，STM32F1 系列和 STM32F4 系列之间进行程序移植，只需要进行小修改即可。如果采用直接配置寄存器的方式进行开发，则二者之间的程序移植是非常困难的。

当然，采用库函数开发并不是完全不涉及寄存器，前面也提到过，虽然库函数开发简单易学、编程速度快、程序可读性高，但是它是在寄存器开发的基础上发展而来的，因此想要学好库函数开发，必须先对 STM32 的寄存器配置有一个基本的认识和了解。二者是相辅相成的，通过认识寄存器可以更好地掌握库函数开发，通过学习库函数开发也可以进一步了解寄存器。

STM32F10x 标准外设库包括微控制器所有外设的性能特征，而且包括每一个外设的驱动描述和应用实例。通过使用该外设库无须深入掌握细节便可开发每一个外设，减少了编程时间，从而降低了开发成本。

每一个外设驱动都由一组函数组成，这组函数覆盖了该外设的所有功能。每个器件的开发都由一个通用 API 驱动，API 对该程序的结构、函数和参数名都进行了标准化。因此，对于多数应用程序来说，用户可以直接使用。对于那些在代码大小和执行速度方面有严格要求的应用程序，可以参考标准外设库，根据实际情况进行调整。因此，在掌握了微控制器细节之后结合标准外设库进行开发将达到事半功倍的效果。

系统相关的源程序文件和头文件名都以"stm32f10x"开头，如 stm32f10x.h。外设函数的命名以该外设的缩写加下划线开头，下划线用以分隔外设缩写和函数名，函数名的每个单词的第一个字母大写，如 GPIO_ReadInputDataBit。

1．Libraries 文件夹下的标准外设库的源代码及启动文件

Libraries 文件夹由 CMSIS 和 STM32F10x_StdPeriph_Driver 组成，如图 4-38 所示。

1）core_cm3.c 和 core_cm3.h 分别是核内外设访问层（CPAL）的源文件和头文件，作用是为采用 Cortex-M3 内核的芯片外设提供进入 M3 内核的接口。这两个文件对于其他公司的 M3 系列芯片也是相同的。

2）stm32f10x.h 是设备外设访问层（DPAL）的头文件，包含了 STM32F10x 全系列所有外设寄存器的定义（寄存器的基地址和布局）、位定义、中断向量表、存储空间的地址映射等。

3）system_stm32f10x.c 和 system_stm32f10x.h 分别是设备外设访问层（DPAL）的源文件和头文件，包含了两个函数和一个全局变量。函数 SystemInit()用来初始化系统时钟（系统时钟源、PLL 倍频因子、AHB/APBx 的预分频及其 Flash），启动文件在完成复位后跳转到 main()函数之前调用该函数。函数 SystemCoreClockUpdate()用来更新系统时钟，系统内核时钟变化后必须执行该函数进行更新。全局变量 SystemCoreClock 包含了内核时钟（HCLK），方便用户在程序中设置 SysTick 定时器和其他参数。

4）startup_stm32f10x_x.s 是用汇编写的系统启动文件。其中，X 代表不同的芯片型号，使用时要与芯片对应。

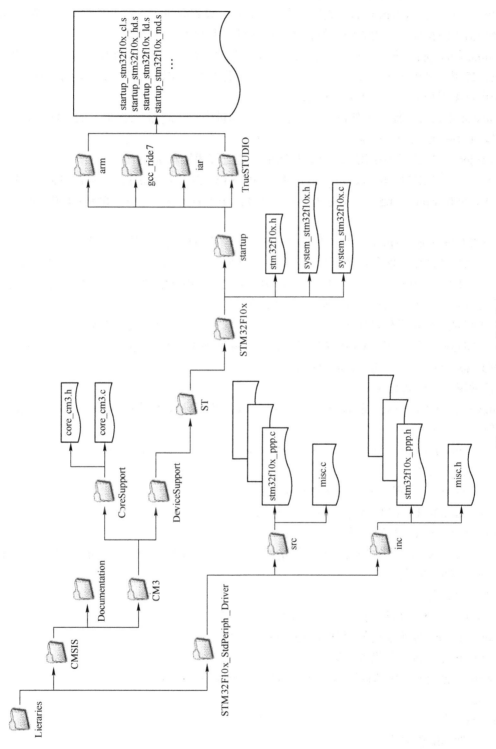

图 4-38　Libraries 文件结构

启动文件是任何处理器上电复位后首先运行的一段汇编程序，为 C 语言的运行搭建合适的环境。其主要作用为：设置初始堆栈指针（SP）；设置初始程序计数器（PC）为复位向量，并在执行 main()函数前调用 SystemInit()函数初始化系统时钟；设置向量表入口为异常事件的入口地址；复位后处理器为线程模式，优先级为特权级，堆栈设置为 MSP 主堆栈。

5）stm32f10x_ppp.c 和 stm32f10x_ppp.h 分别为外设驱动源文件和头文件。其中，ppp 代表不同的外设，使用时将相应文件加入工程。其包含了相关外设的初始化配置和部分功能应用函数，这部分是进行编程功能实现的重要组成部分。

6）misc.c 和 misc.h 提供了外设对内核中的嵌套向量中断控制器（NVIC）的访问函数，在配置中断时，必须把这两个文件加到工程中。

2．Project 文件夹下是采用标准外设库写的一些工程模板和例子

Project 由 STM32F10x_StdPeriphTemplate 和 STM32F10x_StdPeriph_Examples 组成。在 STM32F10x_StdPeriph_Template 中有 3 个重要文件：stm32f10x_it.c、stm32f10x_it.h 和 stm32f10x_conf.h。

1）stm32f10x_it.c 和 stm32f10x_it.h 是用来编写中断服务函数的。其中已经定义了一些系统异常的接口，其他普通中断服务函数要自己添加。中断服务函数的接口在启动文件中已经写好。

2）stm32f10x_conf.h 文件被包含进 stm32f10x.h 文件，用来配置使用了哪些外设的头文件，用这个头文件可以方便地增加和删除外设驱动函数。

为了更好地使用标准外设库进行程序设计，除了掌握标准外设库的文件结构，还必须掌握其体系结构，将这些文件对应到 CMSIS 标准架构上。标准外设库的体系结构如图 4-39 所示。

STM32 标准外设库文件的具体内容如下。

1）汇编编写的启动文件。

startup_stm32f10x_hd.s：设置堆栈指针、设置 PC 指针、初始化中断向量表、配置系统时钟。

2）时钟配置文件。

system_stm32f10x.c：把外部时钟 HSE=8MHz，经过 PLL 倍频为 72MHz。

3）外设相关的文件。

- stm32f10x.h：实现了内核之外的外设的寄存器映射。
- xxx：GPIO、USRAT、I2C、SPI、FSMC。
- stm32f10x_xx.c：外设的驱动函数库文件。
- stm32f10x_xx.h：存放外设的初始化结构体，外设初始化结构体成员的参数列表，外设固件库函数的声明。

4）内核相关文件。

- CMSIS - Cortex 微控制器软件接口标准。
- core_cm4.h：实现了内核里面外设的寄存器映射。
- core_cm4.c：内核外设的驱动固件库。
- NVIC（嵌套向量中断控制器）、SysTick（系统滴答定时器）。
- misc.h。
- misc.c。

5）头文件的配置文件。

- stm32f10x_conf.h：头文件的头文件。
- //stm32f10x_usart.h。

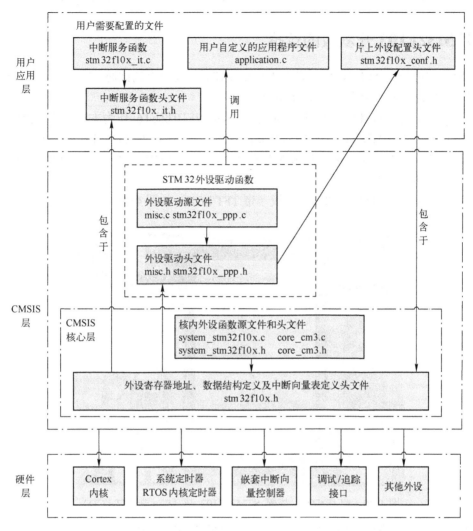

图 4-39 标准外设库体系结构

- //stm32f10x_i2c.h。
- //stm32f10x_spi.h。
- //stm32f10x_adc.h。
- //stm32f10x_fsmc.h。

6) 专门存放中断服务函数的 C 文件。

- stm32f10x_it.c。
- stm32f10x_it.h。

中断服务函数可以随意放在其他地方,并不是一定要放在 stm32f10x_it.c 中。

```c
#include "stm32f10x.h"    //相当于 51 单片机中的   #include <reg51.h>
int main()
{
    // 主程序
}
```

4.6 STM32F103 开发板的选择

本书应用实例是在 ALIENTEK 战舰 STM32F103 开发板上调试通过的。该开发板的价格因模块配置的不同而不同，价格在 300～800 元。

ALIENTEK 战舰 STM32F103 开发板使用 STM32F103ZET6 作为主控芯片，使用 4.3 寸液晶屏进行交互。可通过 WiFi 的形式接入互联网，支持使用串口（TTL）、RS-485、CAN、MSB 协议与其他设备通信，板载 Flash、EEPROM 存储器、全彩 RGB LED 灯，还提供了各式通用接口，能满足各种学习需求。

ALIENTEK 战舰 STM32F103 开发板（带 TFT LCD）如图 4-40 所示。

图 4-40　ALIENTEK 战舰 STM32F103 开发板（带 TFT LCD）

ALIENTEK 战舰 STM32F103 开发板（不带 TFT LCD）如图 4-41 所示。

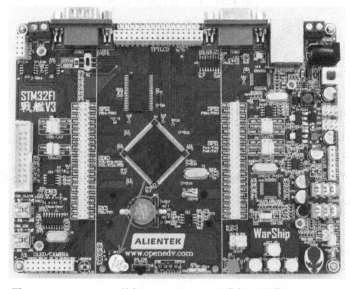

图 4-41　ALIENTEK 战舰 STM32F103 开发板（不带 TFT LCD）

ALIENTEK 战舰 STM32F103 开发板硬件资源描述如图 4-42 所示。

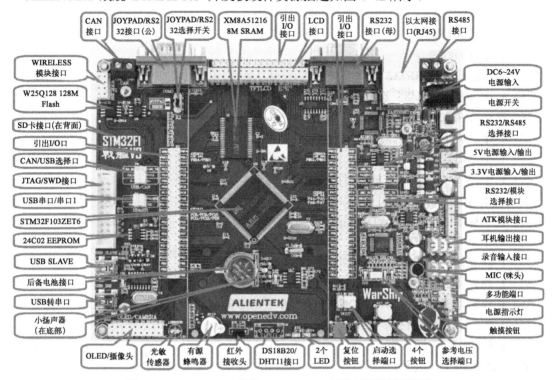

图 4-42 ALIENTEK 战舰 STM32F103 开发板硬件资源描述

ALIENTEK 战舰 STM32F103 板载资源如下。

1）CPU：STM32F103ZET6，LQFP144，Flash 为 512KB，SRAM 为 64KB。

2）外扩 SRAM：XM8A51216，1MB。

3）外扩 SPI Flash：W25Q128，16MB。

4）1 个电源指示灯（蓝色）。

5）2 个状态指示灯（DS0 为红色，DS1 为绿色）。

6）1 个红外接收头，并配备一款小巧的红外遥控器。

7）1 个 EEPROM 芯片，24C02，容量为 256B。

8）1 个板载扬声器（在底面，用于音频输出）。

9）1 个光电传感器。

10）1 个高性能音频编解码芯片，VS1053。

11）1 个无线模块接口（可接 NRF24L01/RFID 模块等）。

12）1 路 CAN 接口，采用 TJA1050 芯片。

13）1 路 485 接口，采用 SP3485 芯片。

14）2 路 RS232 串口接口，采用 SP3232 芯片。

15）1 个游戏手柄接口（与公头串口共用 DB9 口），可接插 FC（红白机）游戏手柄。

16）1 路数字温湿度传感器接口，支持 DS18B20、DHT11 等。

17）1 个 ATK 模块接口，支持 ALIENTEK 蓝牙、GPS 模块、MPM6050 模块等。

18）1 个标准的 2.4/2.8/4.5 寸 LCD 接口，支持触摸屏。

19）1 个摄像头模块接口。

20）1 个 OLED 模块接口（与摄像头接口共用）。

21）1 个 USB 串口，可用于程序下载和代码调试。

22）1 个 USB SLAVE 接口，用于 USB 通信。

23）1 个有源蜂鸣器。

24）1 个游戏手柄/RS232 选择开关。

25）1 个 RS232/RS485 选择接口。

26）1 个 RS232/模块选择接口。

27）1 个 CANUSB 选择接口。

28）1 个串口选择接口。

29）1 个 SD 卡接口（在板子背面，SDIO 接口）。

30）1 个 10M/100M 以太网接口（RJ45）。

31）1 个标准的 JTAG/SWD 调试下载口。

32）1 个录音头（MIC/咪头）。

33）1 路立体声音频输出接口。

34）1 路立体声录音输入接口。

35）1 组多功能端口（DAC/ADC/PWM DAC/AMDIO IN/TPAD）。

36）1 组 5V 电源供应/接入口。

37）1 组 3.3V 电源供应/接入口。

38）1 个参考电压设置接口。

39）1 个直流电源输入接口（输入电压范围为 6~24V）。

40）1 个启动模式选择配置接口。

41）1 个 RTC 后备电池座，并带电池。

42）1 个复位按钮，可用于复位 MCM 和 LCD。

43）4 个功能按钮，其中 WK_MP 兼具唤醒功能。

44）1 个电容触摸按键。

45）1 个电源开关，控制整个板的电源。

46）独创的一键下载功能。

47）除晶振占用的 I/O 接口外，其余所有 I/O 接口全部引出。

ALIENTEK 战舰 STM32F103 开发板有以下特点。

1）接口丰富。它提供十来种标准接口，可以方便地进行各种外设的实验和开发。

2）设计灵活。板上很多资源都可以灵活配置，以满足不同条件下的使用。引出除晶振占用的 I/O 接口外的所有 I/O 接口，可以方便扩展及使用。另外，板载一键下载功能，可避免频繁设置 B0、B1 的麻烦，仅通过 1 根 USB 线即可实现 STM32 的开发。

3）资源充足。主芯片采用自带 512KB Flash 的 STM32F103ZET6，并外扩 1MB SRAM 和 16MB Flash，满足大内存需求和大数据存储。板载高性能音频编解码芯片、双 RS232 串口、百兆网卡、光敏传感器以及各种接口芯片，能满足各种应用需求。

4）人性化设计。各个接口都有丝印标注，且用方框框出，使用起来一目了然；部分常用外设用大丝印标出，方便查找；接口位置设计安排合理，使用方便；资源搭配合理，物尽其用。

4.7　STM32 仿真器的选择

开发板可以采用 ST-Link、J-Link 或 fireDAP 下载器（符合 CMSIS-DAP Debugger 规范）下载程序。ST-Link、J-Link 仿真器需要安装驱动程序，CMSIS-DAP 仿真器不需要安装驱动程序。

1. CMSIS-DAP 仿真器

CMSIS-DAP 是支持访问 CoreSight 调试访问端口（DAP）的固件规范和实现，为各种 Cortex 处理器提供 CoreSight 调试和跟踪。

如今众多 Cortex-M 处理器能这么方便调试，在于有一项基于 Arm Cortex-M 处理器设备的 CoreSight 技术，该技术引入了强大的调试（Debug）和跟踪（Trace）功能。

CoreSight 的两个主要功能就是调试和跟踪。

（1）调试功能

1）运行处理器的控制，允许启动和停止程序。

2）单步调试源码和汇编代码。

3）在处理器运行时设置断点。

4）即时读取/写入存储器内容和外设寄存器。

5）编程内部和外部 Flash 存储器。

（2）跟踪功能

1）串行线查看器（SWV）提供程序计数器（PC）采样、数据跟踪、事件跟踪和仪器跟踪信息。

2）指令（ETM）跟踪直接流式传输到 PC，从而实现历史序列的调试、软件性能分析和代码覆盖率分析。

正点原子 DAP 高速仿真器是一种 CMSIS-DAP 仿真器，如图 4-43 所示。

2. J-Link

J-Link 前面做过详细介绍，这里不再赘述。

J-Link 仿真器如图 4-44 所示。

图 4-43　正点原子 DAP 高速仿真器

图 4-44　J-Link 仿真器

3. ST-Link

ST-Link 是 ST 公司为 STM8 系列和 STM32 系列微控制器设计的仿真器。ST-Link V2 仿真器如图 4-45 所示。

图 4-45 ST-Link V2 仿真器

ST-Link 仿真器具有如下特点。

1) 编程功能：可烧写 Flash ROM、EEPROM 等。需要安装驱动程序才能使用。

2) 仿真功能：支持全速运行、单步调试、断点调试等调试方法。

3) 可查看 I/O 状态、变量数据等。

4) 仿真性能：采用 USB 2.0 接口进行仿真调试、单步调试、断点调试，反应速度快。

5) 编程性能：采用 USB 2.0 接口进行 SWIM/JTAG/SWD 下载，下载速度快。

4. 微控制器调试接口

STM32 系列微控制器调试接口引脚如图 4-46 所示。为了减少 PCB 占用的空间，JTAG 调试接口可用双排 10 引脚接口，SWD 调试接口只需要 SWDIO、SWCLK、RESET 和 GND 4 个引脚。

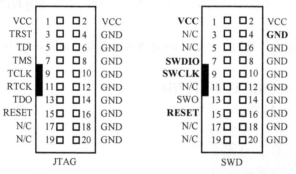

图 4-46 STM32 系列微控制器调试接口引脚

嵌入式开发环境除 Keil MDK 外，还有 IAR 等开发环境，但均为国外公司的产品，我国目前还没有自主知识产权的 ARM 开发环境。我国的大学生必须关心国家建设，自力更生，提升自身科技水平，发扬"航天精神"，为我国的科研建设出一份力，开发出如 Keil MDK 的开发环境。

习　题

1. 什么是 MDK？MDK 支持的 ARM 处理器有哪些？

2. Keil MDK 主要包含哪四个核心组成部分？

3. 使用 Keil MDK 作为嵌入式开发工具，其开发的流程一般可以分哪几步？

4. J-Link 的作用是什么？

5. 说明 Keil MDK5 进入调试模式的步骤。

6．CMSIS 软件架构由哪 4 层构成？

7．STM32F10x 标准外设库是什么？

8．什么是 CMSIS-DAP？

9．CoreSight 的两个主要功能是什么？

10．当使用 Keil MDK 作为嵌入式开发工具时，说明其开发流程。

11．标准外设库的第一部分 libraries 包含哪些文件?

12．简要说明 CMSIS 层各部分的作用。

第 5 章　STM32 通用输入/输出接口

本章介绍 STM32 通用输入/输出接口 GPIO，包括通用输入/输出接口概述、GPIO 的功能、GPIO 的 HAL 库函数、GPIO 的使用流程、采用 STM32CubeMX 和 HAL 库的 GPIO 输出和输入应用实例。

5.1　STM32 通用输入/输出接口概述

GPIO（General Purpose Input/Output，通用输入/输出口）的功能是让嵌入式处理器能够通过软件灵活地读出或控制单个物理引脚上的高、低电平，实现内核和外部系统之间的信息交换。GPIO 是嵌入式处理器使用最多的外设，能够充分利用其通用性和灵活性是嵌入式开发者必须掌握的重要技能。作为输入时，GPIO 可以接收来自外部的开关量信号、脉冲信号等，如来自键盘、拨码开关的信号；作为输出时，GPIO 可以将内部的数据送给外设或模块，如输出到 LED、数码管、控制继电器等。另外，从理论上讲，当嵌入式处理器上没有足够的外设时，可以通过软件控制 GPIO 来模仿 UART、SPI、PC、FSMC 等各种外设的功能。

正是因为 GPIO 作为外设具有无与伦比的重要性，STM32 上除特殊功能的引脚外，所有的引脚都可以作为 GPIO 使用。以常见的 LQFP144 封装的 STM32F103ZET6 为例，它有 112 个引脚可以作为双向 I/O 使用。为便于使用和记忆，STM32 将它们分配到不同的"组"中，在每个组中再对其进行编号。具体来讲，每个组称为一个接口，接口号通常以大写字母命名，从 A 开始依次简写为 PA、PB 或 PC 等。每个接口中最多有 16 个 GPIO，软件既可以读/写单个 GPIO，也可以通过指令一次读/写接口中全部 16 个 GPIO。每个接口内部的 16 个 GPIO 又被分别标以 0～15 的编号，从而可以通过 PA0、PB5 或 PC10 等方式来指代单个的 GPIO。以 STM32F103ZET6 为例，它共有 7 个接口（PA、PB、PC、PD、PE、PF 和 PG），每个接口有 16 个 GPIO，共 7×16＝112 个 GPIO。

几乎所有的嵌入式系统应用都涉及开关量的输入和输出功能，例如状态指示、报警输出、继电器闭合和断开、按钮状态读入、开关量报警信息的输入等。这些开关量的输入和控制输出都可以通过 GPIO 接口实现。

GPIO 接口的每个位都可以由软件分别配置成以下模式。

1）输入浮空：浮空（Floating）就是逻辑器件的输入引脚既不接高电平，也不接低电平。由于逻辑器件的内部结构，当它输入引脚悬空时，相当于该引脚接了高电平。一般实际运用时，引脚不建议悬空，易受干扰。

2）输入上拉：上拉就是把电压拉高，比如拉到 V_{CC}。上拉就是将不确定的信号通过一个电阻嵌位在高电平，电阻同时起限流作用。弱强只是上拉电阻的阻值不同，没有什么严格区分。

3）输入下拉：就是把电压拉低，拉到 GND，与上拉原理相似。

4）模拟输入：模拟输入是指传统方式的模拟量输入。数字输入是输入数字信号，即 0 和 1 的二进制数字信号。

5）开漏输出：输出端相当于晶体管的集电极。要得到高电平状态需要上拉电阻才行。适合用作电流型的驱动，其吸收电流的能力相对较强（一般在 20mA 以内）。

6）推挽式输出：可以输出高低电平，连接数字器件；推挽结构一般是指两个晶体管分别受两个互补信号的控制，总是在一个晶体管导通的时候另一个截止。

7）推挽式复用输出：可以理解为 GPIO 接口被用作第二功能时的配置情况（并非作为通用 I/O 接口使用）。STM32 GPIO 的推挽复用模式，复用功能模式中输出使能、输出速度可配置。这种复用模式可工作在开漏及推挽模式，但是输出信号是源于其他外设的，这时的输出数据寄存器 GPIOx_ODR 是无效的；而且输入可用，通过输入数据寄存器可获取 I/O 实际状态，但一般直接用外设的寄存器来获取该数据信号。

8）开漏复用输出：复用功能可以理解为 GPIO 接口被用作第二功能时的配置情况（即并非作为通用 I/O 接口使用）。每个 I/O 可以自由编程，而 I/O 接口寄存器必须按 32 位字访问（不允许按半字或字节访问）。GPIOx_BSRR 和 GPIOxBRR 寄存器允许对任何 GPIO 寄存器的读/更改的独立访问，这样，在读和更改访问之间产生中断（IRQ）时不会发生危险。一个 I/O 接口位的基本结构如图 5-1 所示。

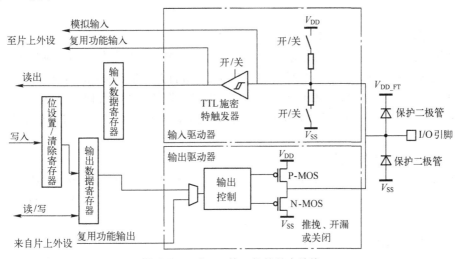

图 5-1 一个 I/O 接口位的基本结构

下面来详细介绍 I/O 接口位的基本结构中的几部分。

1. 输入通道

输入通道包括输入数据寄存器和输入驱动器（带虚框部分）。在接近 I/O 引脚处连接了两只保护二极管，假设保护二极管的导通电压降为 V_D，则输入到输入驱动器的信号电压范围被钳位在

$$V_{SS} - V_D < V_{IN} < V_{DD} + V_D$$

由于 V_D 的导通压降不会超过 0.7V，若电源电压 V_{DD} 为 3.3V，则输入到输入驱动器的信号最低不会低于-0.7V，最高不会高于 4V，起到了保护作用。在实际工程设计中，一般将输入信号尽可能调整到 0～3.3V。也就是说，一般情况下，两只保护二极管都不会导通，输入驱动器中包括了两只电阻，分别通过开关接电源 V_{DD}（该电阻称为上拉电阻）和地 V_{SS}（该电阻称为下拉电阻）。开关受软件的控制，用来设置当 I/O 接口位用作输入时，选择使用上拉电阻或者下拉电阻。

输入驱动器中的另外一个部件是 TTL 施密特触发器，当 I/O 接口位用于开关量输入或者复用功能输入时，TTL 施密特触发器用于对输入波形进行整形。

2．输出通道

输出通道包括位设置/清除寄存器、输出数据寄存器、输出驱动器。

要输出的开关量数据首先写入位设置/清除存器，通过读/写命令进入输出数据寄存器，然后进入输出驱动的输出控制模块。输出控制模块可以接收开关量的输出和复用功能输出。输出的信号由 P-MOS 和 N-MOS 场效应管电路输出到引脚。通过软件设置，由 P-MOS 和 N-MOS 场效应管电路可以构成推挽方式、开漏方式或者关闭。

5.2　STM32 的 GPIO 功能

1．普通 I/O 功能

复位期间和刚复位后，复用功能未开启，I/O 接口被配置成浮空输入模式。

复位后，JTAG 引脚被置于输入上拉或下拉模式。

1）PA13：JTMS 置于上拉模式。

2）PA14：JTCK 置于下拉模式。

3）PA15：JTDI 置于上拉模式。

4）PB4：JNTRST 置于上拉模式。

当作为输出配置时，写到输出数据寄存器（GPIOx_ODR）上的值输出到相应的 I/O 引脚。可以以推挽模式或开漏模式（当输出 0 时，只有 N-MOS 被打开）使用输出驱动器。

输入数据寄存器（GPIOx_IDR）在每个 APB2 时钟周期捕捉 I/O 引脚上的数据。

所有 GPIO 引脚有一个内部弱上拉和弱下拉，当配置为输入时，它们可以被激活也可以被断开。

2．单独的位设置或位清除

当对 GPIOx_ODR 的个别位编程时，软件不需要禁止中断：在单次 APB2 写操作中，可以只更改一个或多个位。这是通过对"置位/复位寄存器"（GPIOx_BSRR，复位是 GPIOx_BRR）中想要更改的位写 1 来实现的。没被选择的位将不被更改。

3．外部中断/唤醒线

所有端口都有外部中断能力。为了使用外部中断线，接口必须配置成输入模式。

4．复用功能（AF）

使用默认复用功能前必须对接口位配置寄存器编程。

1）对于复用输入功能，接口位必须配置成输入模式（浮空、上拉或下拉）且输入引脚必须由外部驱动。

2）对于复用输出功能，接口位必须配置成复用功能输出模式（推挽或开漏）。

3）对于双向复用功能，接口位必须配置复用功能输出模式（推挽或开漏）。此时，输入驱动器被配置成浮空输入模式。

如果把接口位配置成复用输出功能，则引脚和输出寄存器断开，并和片上外设的输出信号连接。

如果软件把一个 GPIO 脚配置成复用输出功能，但是外设没有被激活，那么它的输出将不确定。

5．软件重新映射 I/O 复用功能

STM32F103 微控制器的 I/O 引脚除了通用功能外，还可以设置为一些片上外设的复用功能。

而且，一个 I/O 引脚除了可以作为某个默认外设的复用引脚外，还可以作为其他多个不同外设的复用引脚。类似地，一个片上外设，除了默认的复用引脚，还可以有多个备用的复用引脚。在基于 STM32 微控制器的应用开发中，用户根据实际需要可以把某些外设的复用功能从默认引脚转移到备用引脚上，这就是外设复用功能的 I/O 引脚重映射。

为了使不同封装器件的外设 I/O 功能的数量达到最优，可以把一些复用功能重新映射到其他一些引脚上。这可以通过软件配置 AFIO 寄存器来完成，这时，复用功能就不再映射到它们的原始引脚上了。

6. GPIO 锁定机制

锁定机制允许冻结 I/O 配置。当在一个接口位上执行了锁定（LOCK）程序，在下一次复位之前，将不能再更改接口位的配置。这个功能主要用于一些关键引脚的配置，防止程序跑飞引起灾难性后果。

7. 输入配置

当 I/O 接口位配置为输入时：

1）输出缓冲器被禁止。

2）施密特触发输入被激活。

3）根据输入配置（上拉、下拉或浮动）的不同，弱上拉和下拉电阻被连接。

4）出现在 I/O 引脚上的数据在每个 APB2 时钟被采样到输入数据寄存器。

5）对输入数据寄存器的读访问可得到 I/O 状态。

I/O 接口位的输入配置如图 5-2 所示。

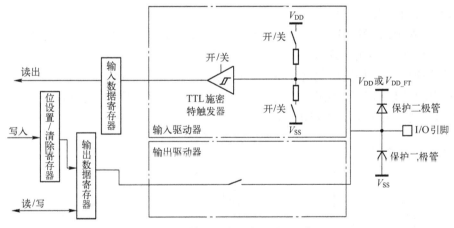

图 5-2　输入浮空/上拉/下拉配置

8. 输出配置

当 I/O 接口位被配置为输出时：

1）输出缓冲器被激活。

① 开漏模式：输出寄存器上的值 0 激活 N-MOS，而输出寄存器上的值 1 将接口置于高阻状态（P-MOS 从不被激活）。

② 推挽模式：输出寄存器上的值 0 激活 N-MOS，而输出寄存器上的值 1 将激活 P-MOS。

2）施密特触发输入被激活。

3）弱上拉和下拉电阻被禁止。

4）出现在 I/O 引脚上的数据在每个 APB2 时钟被采样到输入数据寄存器。

5）在开漏模式时，对输入数据寄存器的读访问可得到 I/O 状态。

6）在推挽式模式时，对输出数据寄存器的读访问得到最后一次写的值。

I/O 接口位的输出配置如图 5-3 所示。

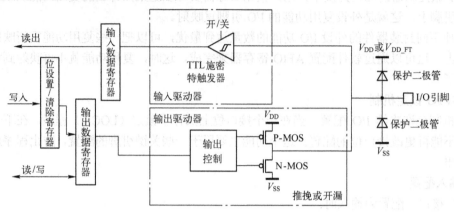

图 5-3　输出配置

9．复用功能配置

当 I/O 接口位被配置为复用功能时：

1）在开漏或推挽式配置中，输出缓冲器被打开。

2）内置外设的信号驱动输出缓冲器（复用功能输出）。

3）施密特触发输入被激活。

4）弱上拉和下拉电阻被禁止。

5）在每个 APB2 时钟周期，出现在 I/O 引脚上的数据被采样到输入数据寄存器。

6）开漏模式时，读输入数据寄存器时可得到 I/O 状态。

7）在推挽模式时，读输出数据寄存器时可得到最后一次写的值。

一组复用功能 I/O 寄存器允许用户把一些复用功能重新映像到不同的引脚。

I/O 接口位的复用功能配置如图 5-4 所示。

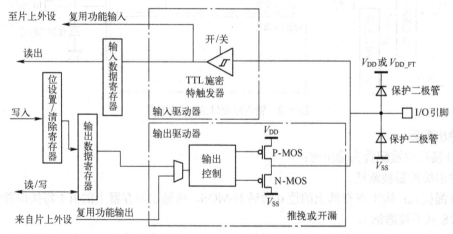

图 5-4　复用功能配置

10．模拟输入配置

当 I/O 接口位被配置为模拟输入配置时：

1）输出缓冲器被禁止。

2）禁止施密特触发输入，实现了每个模拟 I/O 引脚上的零消耗。施密特触发输出值被强置为 0。

3）弱上拉和下拉电阻被禁止。

4）读取输入数据寄存器时数值为 0。

I/O 接口位的高阻抗模拟输入配置如图 5-5 所示。

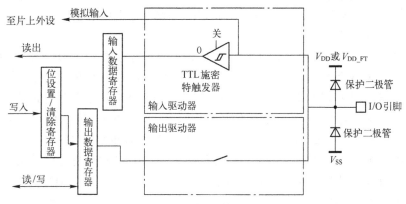

图 5-5　高阻抗的模拟输入配置

11．STM32 的 GPIO 操作

（1）复位后的 GPIO

为防止复位后 GPIO 引脚与片外电路的输出冲突，复位期间和刚复位后，所有 GPIO 引脚复用功能都不开启，被配置成浮空输入模式。

为了节约电能，只有被开启的 GPIO 接口才会给提供时钟。因此复位后所有 GPIO 接口的时钟都是关断的，使用之前必须逐一开启。

（2）GPIO 工作模式的配置

每个 GPIO 引脚都拥有自己的接口配置位 CNFy[1:0]（其中 y 代表 GPIO 引脚在接口中的编号），用于选择该引脚是处于输入模式中的浮空输入模式、上位/下拉输入模式或者模拟输入模式，还是输出模式中的输出推挽模式、开漏输出模式或者复用功能推挽/开漏输出模式。每个 GPIO 引脚还拥有自己的接口模式位 MODEy（1:0），用于选择该引脚是处于输入模式，或是输出模式中的输出带宽（2MHz、10MHz、50MHz）。

每个接口拥有 16 个引脚，而每个引脚又拥有上述 4 个控制位，因此需要 64 位才能实现对一个接口所有引脚的配置。它们被分置在 2 个字中，称为接口配置高寄存器（GPIOx_CRH）和接口配置低寄存器（GPIOx_CRL）。各种工作模式下的硬件配置总结如下。

1）输入模式的硬件配置：输出缓冲器被禁止；施密特触发器输入被激活；根据输入配置（上拉、下拉或浮空）的不同，弱上拉和下拉电阻被连接；出现在 I/O 引脚上的数据在每个 APB2 时钟被采样到输入数据寄存器；对输入数据寄存器的读访问可得到 I/O 状态。

2）输出模式的硬件配置：输出缓冲器被激活；施密特触发器输入被激活；弱上拉和下拉电阻被禁止；出现在 I/O 引脚上的数据在每个 APB2 时钟被采样到输入数据寄存器；对输入数据寄存器的读访问可得到 I/O 状态；对输出数据寄存器的读访问得到最后一次写的值；在推挽模式时，互补 MOS 管对都能被打开；在开漏模式时，只有 NMOS 管可以被打开。

3）复用功能的硬件配置：在开漏或推挽式配置中，输出缓冲器被打开；片上外设的信号驱动输出缓冲器；施密特触发器输入被激活；弱上拉和下拉电阻被禁止；在每个 APB2 时钟周期，出现在 I/O 引脚上的数据被采样到输入数据寄存器；对输出数据寄存器的读访问得到最后一次写的值；在推挽模式时，互补 MOS 管对都能被打开；在开漏模式时，只有 NMOS 管可以被打开。

（3）GPIO 输入的读取

每个接口都有自己对应的输入数据寄存器 GPIOx_IDR（其中 x 代表接口号，如 GPIOA_IDR），它在每个 APB2 时钟周期捕捉 I/O 引脚上的数据。软件可以通过对 GPIOx_IDR 寄存器某个位的直接读取，或对位带别名区中对应字的读取得到 GPIO 引脚状态对应的值。

（4）GPIO 输出的控制

STM32 为每组 16 引脚的接口提供了 3 个 32 位的控制寄存器：GPIOx_ODR、GPIOx_BSRR 和 GPIOx_BRR（其中 x 指代 A、B、C 等接口号）。其中，GPIOx_ODR 的功能比较容易理解，它的低 16 位直接对应了本接口的 16 个引脚。软件可以通过直接对这个寄存器的置位或清零，让对应引脚输出高电平或低电平；也可以利用位带操作原理，对 GPIOx_ODR 中某个位对应的位带别名区字地址执行写入操作以实现对单个位的简化操作。利用 GPIOx_ODR 的位带操作功能可以有效地避免接口中其他引脚的"读—修改—写"问题。位带操作的缺点是每次只能操作 1 位，对于某些需要同时操作多个引脚的应用，位带操作就显得力不从心了。STM32 的解决方案是使用 GPIOx_BSRR 和 GPIOx_BRR 两个寄存器解决多个引脚同时改变电平的问题。

5.3 GPIO 的 HAL 库函数

GPIO 引脚的操作主要包括初始化、读取引脚输入和设置引脚输出。相关的 HAL 驱动程序定义在文件 stm32f1xx_hal_gpio.h 中。GPIO 操作相关函数见表 5-1（表中只列出了函数名，省略了函数参数）。

表 5-1 GPIO 操作相关函数

函数名	函数功能描述
HAL_GPIO_Init ()	GPIO 引脚初始化
HAL_GPIO_DeInit ()	GPIO 引脚反初始化，恢复为复位后的状态
HAL_GPIO_WritePin ()	使引脚输出 0 或 1
HAL_GPIO_ReadPin ()	读取引脚的输入电平
HAL_GPIO_TogglePin ()	翻转引脚的输出
HAL_GPIO_LockPin ()	锁定引脚配置，而不是锁定引脚的输入或输出状态

使用 STM32CubeMX 生成代码时，GPIO 引脚初始化的代码会自动生成。常用的 GPIO 操作函数是进行引脚状态读/写的函数。

1. 初始化函数 HAL_GPIO_Init()

函数 HAL_GPIO_Init()用于对一个接口的一个或多个相同功能的引脚进行初始化设置，包括输入/输出模式、上拉或下拉等。其原型定义为

```
void   HAL_GPIO_Init(GPIO_TypeDef *GPIOx,GPIO_InitTypeDef *GPIO_Init);
```

其中，第 1 个参数 GPIOx 是 GPIO_TypeDef 类型的结构体指针，它定义了接口的各个寄存器的偏移地址，实际调用函数 HAL_GPIO_Init()时使用接口的基地址作为参数 GPIOx 的值。在文件 stm32f103xx.h 中定义了各个接口的基地址。

```
#define    GPIOA    ((GPIO_TypeDef *GPIOA_BASE)
#define    GPIOB    ((GPIO_TypeDef *GPIOB_BASE)
#define    GPIOC    ((GPIO_TypeDef *GPIOC_BASE)
#define    GPIOD    ((GPIO_TypeDef *GPIOD_BASE)
```

第 2 个参数 GPIO_Init 是一个 GPIO_InitTypeDef 类型的结构体指针，它定义了 GPIO 引脚的属性。这个结构体的定义为

```
typedef    struct
{
uint32_t   Pin;          //要配置的引脚，可以是多个引脚
uint32_t   Mode;         //引脚功能模式
uint32_t   Pull;         //上拉或下拉
uint32_t   Speed;        //引脚最高输出频率
uint32_t   Alternate;    //复用功能选择
}GPIO_InitTypeDef;
```

这个结构体的各个成员变量的意义及取值如下。

1）Pin 是需要配置的 GPIO 引脚。在文件 stm32f1xx_hal_gpio.h 中定义了 16 个引脚的宏。如果需要同时定义多个引脚的功能，就用这些宏或运算进行组合。

```
#define    GPIO_PIN_0     ((uint16_t)0x0001)    /*  Pin  0   selected  */
#define    GPIO_PIN_1     ((uint16_t)0x0002)    /*  Pin  1   selected  */
#define    GPIO_PIN_2     ((uint16_t)0x0004)    /*  Pin  2   selected  */
#define    GPIO_PIN_3     ((uint16_t)0x0008)    /*  Pin  3   selected  */
#define    GPIO_PIN_4     ((uint16_t)0x0010)    /*  Pin  4   selected  */
#define    GPIO_PIN_5     ((uint16_t)0x0020)    /*  Pin  5   selected  */
#define    GPIO_PIN_6     ((uint16_t)0x0040)    /*  Pin  6   selected  */
#define    GPIO_PIN_7     ((uint16_t)0x0080)    /*  Pin  7   selected  */
#define    GPIO_PIN_8     ((uint16_t)0x0100)    /*  Pin  8   selected  */
#define    GPIO_PIN_9     ((uint16_t)0x0200)    /*  Pin  9   selected  */
#define    GPIO_PIN_10    ((uint16_t)0x0400)    /*  Pin  10  selected  */
#define    GPIO_PIN_11    ((uint16_t)0x0800)    /*  Pin  11  selected  */
#define    GPIO_PIN_12    ((uint16_t)0x1000)    /*  Pin  12  selected  */
#define    GPIO_PIN_13    ((uint16_t)0x2000)    /*  Pin  13  selected  */
#define    GPIO_PIN_14    ((uint16_t)0x4000)    /*  Pin  14  selected  */
#define    GPIO_PIN_15    ((uint16_t)0x8000)    /*  Pin  15  selected  */
#define    GPIO_PIN_All   ((uint16_t)0xFFFF)    /*  All  pins  selected  */
```

2）Mode 是引脚功能模式设置。其可用常量定义为

```
#define   GPIO_MODE_INPUT              0x00000000U          //输入浮空模式
#define   GPIO_MODE_OUTPUT_PP          0x00000001U          //推挽输出模式
#define   GPIO_MODE_OUTPUT_OD          0x000000110          //开漏输出模式
#define   GPIO_MODE_AF_PP              0x00000002U          //复用功能推挽模式
#define   GPIO_MODE_AF_OD              0x00000012U          //复用功能开漏模式
#define   GPIO_MODE_ANALOG             0x000000030          //模拟信号模式
#define   GPIO_MODE_IT_RISING          0x10110000U          //外部中断，上跳沿触发
#define   GPIO_MODE_IT_FALLING         0x10210000U          //外部中断，下跳沿触发
#define   GPIO_MODE_IT_RISING_FALLING  0x10310000U          //上、下跳沿触发
```

3）Pull 定义是否使用内部上拉或下拉电阻。其可用常量定义为

```
#define   GPIO_NOPULL                 0x00000000U          //无上拉或下拉
```

```
#define   GPIO_PULLUP        0x00000001U        //上拉
#define   GPIO_PULLDOWN      0x00000002U        //下拉
```

4）Speed 定义输出模式引脚的最高输出频率。其可用常量定义为

```
#define   GPIO_SPEED_FREQ_LOW        0x00000000U        //2MHz
#define   GPIO_SPEED_FREQ_MEDIUM     0x00000001U        //12.5～50MHz
#define   GPIO_SPEED_FREQ_HIGH       0x00000002U        //25～100MHz
#define   GPIO_SPEED_FREQ_VERY_HIGH  0x000000030        //50～200MHz
```

5）Alternate 定义引脚的复用功能。在文件 stm32f1xx hal gpio_ex.h 中定义了这个参数的可用宏定义，这些复用功能的宏定义与具体的 MCU 型号有关。下面是其中部分定义示例。

```
#define   GPIO_AF1_TIM1    ((uint8_t)0x01)    // TIM1 复用功能映射
#define   GPIO_AF1_TIM2    ((uint8_t)0x01)    // TIM2 复用功能映射
#define   GPIO_AF5_SPI1    ((uint8_t)0x05)    // SPI1 复用功能映射
#define   GPIO_AF5_SPI2    ((uint8_t)0x05)    // SPI2/I2S2 复用功能映射
#define   GPIO_AF7_USART1  ((uint8_t)0x07)    // USART1 复用功能映射
#define   GPIO_AF7_USART2  ((uint8_t)0x07)    // USART2 复用功能映射
#define   GPIO_AF7_USART3  ((uint8_t)0x07)    // USART3 复用功能映射
```

2. 设置引脚输出的函数 HAL_GPIO_WritePin()

函数 HAL_GPIO_WritePin()用于向一个或多个引脚输出高电平或低电平。其原型定义为

```
void HAL_GPIO_WritePin(GPIO_TypeDef *GPIOx,uint16_t GPIO_Pin,GPIO_PinState PinState);
```

其中，参数 GPIOx 是具体的接口基地址；GPIO_Pin 是引脚号；PinState 是引脚输出电平，是枚举类型。GPIO_PinState 在 stm32f1xx_hal_gpio.h 文件中的定义为

```
typedef enum
{
GPIO_PIN_RESET =0,
GPIO_PIN_SET
}GPIO_PinState;
```

其中，枚举常量 GPIO_PIN_RESET 表示低电平；GPIO_PIN_SET 表示高电平。例如，要使 PF9 和 PF10 输出低电平，可使用如下代码：

```
HAL_GPIO_WritePin (GPIOF，GPIO_PIN_9|GPIO_PIN_10, GPIO_PIN_RESET);
```

若要输出高电平，只需修改代码为

```
HAL_GPIO_WritePin(GPIOF, GPIO_PIN_9|GPIO_PIN_10,GPIO_PIN_SET);
```

3. 读取引脚输入的函数 HAL_GPIO_ReadPin()

函数 HAL_GPIO_ReadPin()用于读取一个引脚的输入状态。其原型定义为

```
GPIO_PinState HAL_GPIO_ReadPin(GPIO_TypeDef *GPIOx,uint16_t   GPIO_Pin);
```

该函数的返回值是枚举类型 GPIO_PinState。常量 GPIO_PIN_RESET 表示输入为 0（低电平），常量 GPIO_PIN SET 表示输入为 1（高电平）。

4. 翻转引脚输出的函数 HAL_GPIO_TogglePin()

函数 HAL_GPIO_TogglePin()用于翻转引脚的输出状态。例如，引脚当前输出为高电平，执行此函数后，引脚输出为低电平。其原型定义为

```
void   HAL_GPIO_TogglePin (GPIO_TypeDef *GPIOx,uint16_t   GPIO_Pin)    //只需传递接口号和引脚号
```

5.4　STM32 的 GPIO 使用流程

根据 I/O 接口的特定硬件特征，I/O 接口的每个引脚都可以由软件配置成多种工作模式。
在运行程序之前必须对每个用到的引脚功能进行配置。

1）如果某些引脚的复用功能没有使用，可以先配置为 GPIO。

2）如果某些引脚的复用功能被使用，需要对复用的 I/O 接口进行配置。

3）I/O 具有锁定机制，允许冻结 I/O。当在一个接口位上执行了锁定（LOCK）程序后，在下一次复位之前，将不能再更改接口位的配置。

1. 普通 GPIO 配置

GPIO 是最基本的应用，其基本配置方法如下。

1）配置 GPIO 时钟，完成初始化。

2）利用函数 HAL_GPIO_Init()配置引脚，包括引脚名称、引脚传输速率、引脚工作模式。

3）完成 HAL_GPIO_Init 的设置。

2. I/O 复用（AFIO）配置

AFIO 常对应外设的输入/输出功能。使用时，需要先配置 I/O 为复用功能，打开 AFIO 时钟，再根据不同的复用功能进行配置。对应外设的输入/输出功能有下述 3 种情况。

1）外设对应的引脚为输出：需要根据外围电路的配置选择对应的引脚为复用功能的推挽输出或复用功能的开漏输出。

2）外设对应的引脚为输入：根据外围电路的配置可以选择浮空输入、带上拉输入或带下拉输入。

3）ADC 对应的引脚：配置引脚为模拟输入。

5.5　采用 STM32CubeMX 和 HAL 库的 GPIO 输出应用实例

本 GPIO 输出应用实例是使用固件库点亮 LED。

5.5.1　GPIO 输出应用的硬件设计

STM32F103 与 LED 的连接如图 5-6 所示。

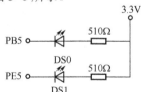

图 5-6　STM32F103 与 LED 的连接

LED 的阴极都连接到 STM32F103 的 GPIO 引脚，只要控制 GPIO 引脚的电平输出状态，即可控制 LED 的亮灭。如果使用的开发板中 LED 的连接方式或引脚不一样，只需修改程序的相关引脚即可，程序的控制原理相同。

5.5.2　GPIO 输出应用的软件设计

1. 通过 STM32CubeMX 新建工程

（1）新建文件夹

在 D:盘根目录下新建文件夹 Demo，这是保存所有工程的地方。在该目录下新建文件夹 LED，这是保存本节新建工程的文件夹。

（2）新建 STM32CubeMX 工程

如图 5-7 所示，在 STM32CubeMX 开发环境中通过菜单项 File→New Project，或通过 STM32CubeMX 开始界面中的 New Project（新建工程）提示界面来新建工程。

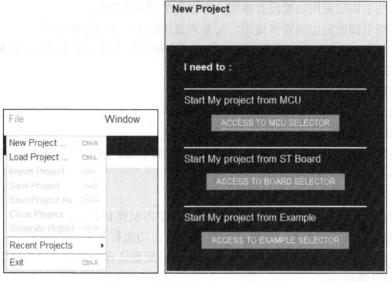

图 5-7 新建 STM32CubeMX 工程

（3）选择 MCU 或开发板

此处以 MCU 为例，在窗口左上，Commercial Part Number 选择 STM32F103ZET6，如图 5-8 所示。

图 5-8 选择 Commercial Part Number

在窗口右下，MCUs/MPUs List 选择 STM32F103ZET6。

在窗口右上角，单击 Start Project 按钮，启动工程，如图 5-9 所示。

图 5-9　单击 Start Project 按钮启动工程

启动工程后的界面如图 5-10 所示。

图 5-10　启动工程后的界面

（4）保存 STM32Cube MX 工程

选择菜单项 File→Save Project，保存工程到 LED 文件夹，如图 5-11 所示。

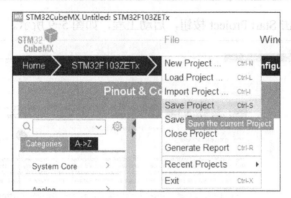

图 5-11 保存工程

生成的 STM32CubeMX 文件如图 5-12 所示。

图 5-12 生成的 STM32CubeMX 文件

此处直接配置工程名和保存位置，后续生成的工程 Application Structure 为 Advanced 模式，也就是说将 Inc、Src 存放于 Core 文件夹下，如图 5-13 所示。

图 5-13 Advanced 模式下 Inc、Src 存放于 Core 文件夹下

（5）生成报告

选择菜单项 File→Generate Report，如图 5-14 所示生成当前工程的报告文件 LED.pdf。

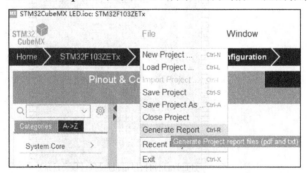

图 5-14 生成报告

（6）配置 MCU 时钟树

在 STM32CubeMX 的 Pinout & Configuration 选项卡下，在左侧 System Core 列表下选择 RCC，窗口右侧的 High Speed Clock（HSE）根据开发板实际情况，选择 Crystal/Ceramic Resonator（晶体/陶瓷晶振），如图 5-15 所示。

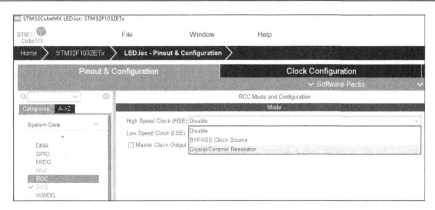

图 5-15　HSE 选择 Crystal/Ceramic Resonator

切换到 Clock Configuration 选项卡。根据开发板外设情况配置总线时钟。此处配置 PLL Source Mux 为 HSE、PLLMul 为 9 倍频 72MHz、System Clock Mux 为 PLLCLK、APB1 Prescaler 为 x2，其余按默认设置即可。

配置完成的时钟树如图 5-16 所示。

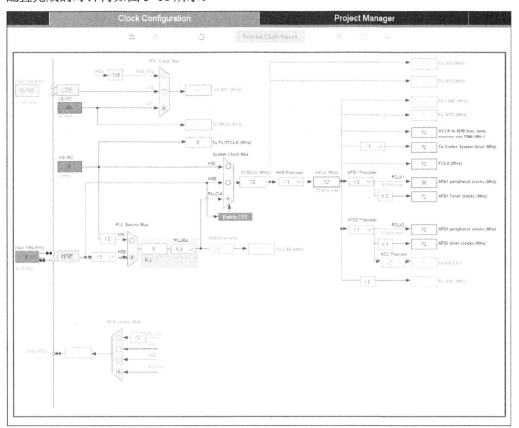

图 5-16　配置完成的时钟树

（7）配置 MCU 外设

本工程仅对使用的两个 GPIO 接口进行设置。在 Pinout & Configuration 选项卡下，选择 System Core 列表中的 GPIO，此时可以看到与 RCC 相关的两个 GPIO 接口已自动配置完成，如图 5-17 所示。

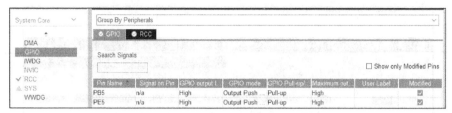

图 5-17　与 RCC 相关的 GPIO 接口

在 Pinout View 视图下选择 PB5 接口，配置为 GPIO_Output，如图 5-18 所示。

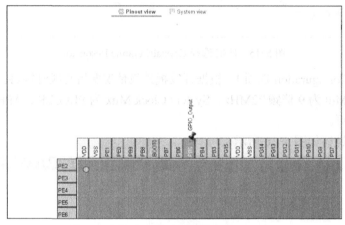

图 5-18　将 PB5 接口配置为 GPIO_Output

在 Configuration 区域中配置 PB5 接口属性，设置 GPIO output level 为 High、GPIO mode 为 Output Push Pull、GPIO Pull-up/Pull-down 为 Pull-up、Maximum output speed 为 High、User Label 为 DS0，如图 5-19 所示。

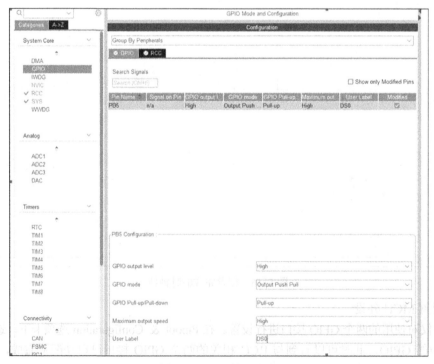

图 5-19　PB5 接口配置

用同样方法配置 GPIO 接口 PE5。

配置完成后的 GPIO 接口界面如图 5-20 所示。

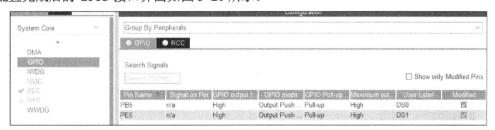

图 5-20　配置完成后的 GPIO 接口界面

（8）配置工程

切换到 Project Manager 选项卡，在 Project 子选项卡中，设置 Toolchain/IDE 为 MDK-ARM、Min Version 为 V5，可生成 MDK-ARM 工程。其余保持默认配置即可，如图 5-21 所示。

图 5-21　Project Manager 子界面 Project 栏配置

若前面已经保存过工程，生成的工程 Application Structure 默认为 Advanced 模式，此处不可再次修改；若前面未保存过工程，此处可修改工程名、存放位置等信息，生成的工程 Application Structure 为 Basic 模式，即 Inc、Src 为单独的文件夹，不存放于 Core 文件夹下，如图 5-22 所示。

名称	修改日期	类型	大小
Drivers	2022/11/7 11:41	文件夹	
Inc	2022/11/8 7:55	文件夹	
MDK-ARM	2022/11/8 7:55	文件夹	
Src	2022/11/8 7:55	文件夹	
STM32CubeIDE	2022/11/8 7:55	文件夹	
.mxproject	2022/11/7 13:23	MXPROJECT 文件	9 KB
LED.ioc	2022/11/7 13:23	STM32CubeMX	5 KB

图 5-22　Basic 模式下 Inc、Src 为单独的文件夹

在 Project Manager 选项卡中，切换到 Code Generator 子选项卡，Generated files 选项区域中复选框的选中状态，如图 5-23 所示。

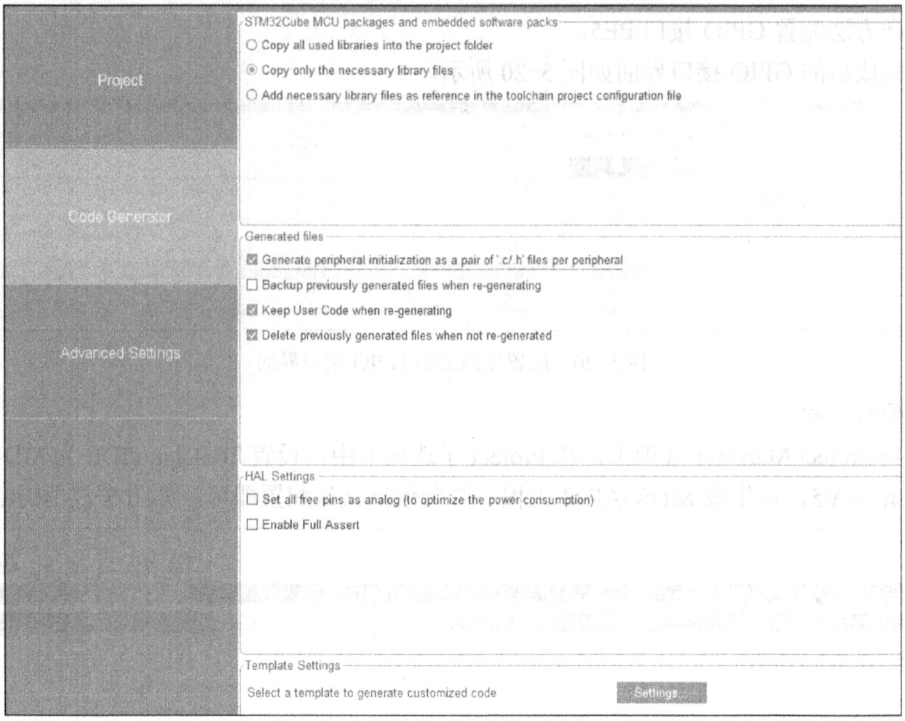

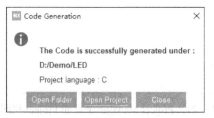

图 5-23　Generated files 的配置

（9）生成 C 代码工程

返回 STM32CubeMX 主界面，单击 GENERATE CODE 按钮生成 C 代码工程。

生成代码后，系统会弹出提示打开工程窗口，如图 5-24 所示，生成 Keil MDK 工程。

图 5-24　提示打开工程窗口

2. 通过 Keil MDK 实现工程

（1）打开工程

打开 LED/MDK-ARM 文件夹下的工程文件 LED.uvprojx，如图 5-25 所示。

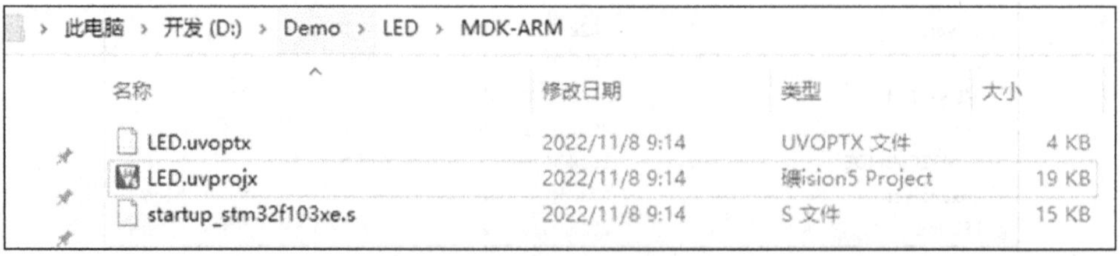

图 5-25　打开工程文件

（2）编译 STM32CubeMX 自动生成的 Keil MDK 工程

在 Keil MDK 开发环境中通过菜单项 Project→Rebuild all target files 或工具栏中的 Rebuild 按

钮 ⊞ 编译工程，如图 5-26 所示。

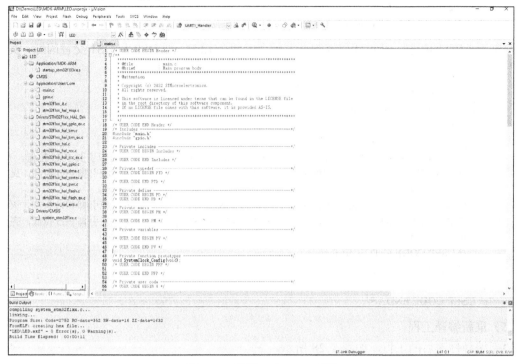

图 5-26　编译 Keil MDK 工程

（3）新建用户文件

在 LED/Core/Src 文件夹下新建 delay.c，在 LED/Core/Inc 文件夹下新建 delay.h。将 delay.c 添加到工程 Application/User/Core 文件夹下，如图 5-27 所示。

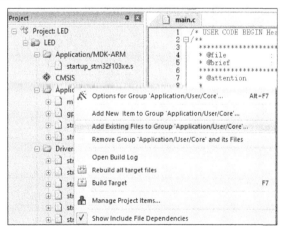

图 5-27　Keil MDK 中添加文件到工程目录

（4）编写用户代码

delay.h 文件实现对延时相关函数的声明。

delay.c 文件实现微秒延时函数 delay_us() 和毫秒延时函数 delay_ms()。

在 main.c 文件中添加对 delay.h 的引用。

```
/* Private includes -----------------------------------------------------------*/
```

```
/* USER CODE BEGIN Includes */
#include "delay.h"
/* USER CODE END Includes */
```

添加对 LED 的控制。通过代码控制开发板上的两个 LED，即 DS0 和 DS1 交替闪烁，实现类似跑马灯的效果。

```
/* Infinite loop */
/* USER CODE BEGIN WHILE */
while (1)
{
    HAL_GPIO_WritePin(GPIOB,GPIO_PIN_5,GPIO_PIN_RESET);    //LED0 对应引脚 PB5 拉低，亮
    HAL_GPIO_WritePin(GPIOE,GPIO_PIN_5,GPIO_PIN_SET);      //LED1 对应引脚 PE5 拉高，灭
    delay_ms(500);                                          //延时 500ms
    HAL_GPIO_WritePin(GPIOB,GPIO_PIN_5,GPIO_PIN_SET);      //LED0 对应引脚 PB5 拉高，灭
    HAL_GPIO_WritePin(GPIOE,GPIO_PIN_5,GPIO_PIN_RESET);    //LED1 对应引脚 PE5 拉低，亮
    delay_ms(500);                                          //延时 500ms
    /* USER CODE END WHILE */
    /* USER CODE BEGIN 3 */
}
/* USER CODE END 3 */
```

（5）重新编译工程

重新编译修改后的工程，如图 5-28 所示。

图 5-28　重新编译 Keil MDK 工程

（6）配置工程仿真与下载项

在 Keil MDK 开发环境中通过菜单项 Project→Options for Target 或工具栏中的 🔧 按钮配置工程，如图 5-29 所示。

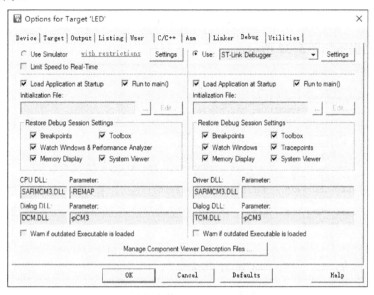

图 5-29　配置 Keil MDK 工程

在 Debug 选项卡中，选择使用的仿真器为 ST-Link Debugger。在 Flash Download 选项卡中，选中 Reset and Run 复选框，单击"确定"按钮，如图 5-30 所示。

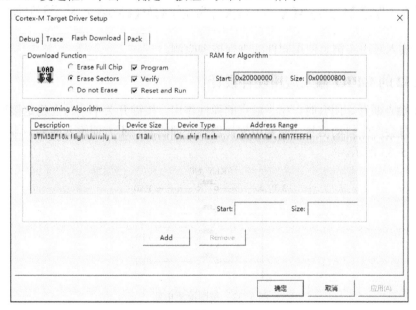

图 5-30　配置 Flash Download

（7）下载工程

连接好仿真器，开发板上电。

在 Keil MDK 开发环境中通过菜单项 Flash→Download（见图 5-31），或通过工具栏中的 🔽 按钮下载工程，如图 5-31 所示。

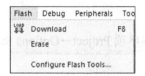

图 5-31　下载工程

工程下载成功提示如图 5-32 所示。

```
Build Output
compiling stm32f1xx_hal_cortex.c...
compiling stm32f1xx_hal_flash.c...
compiling stm32f1xx_hal_pwr.c...
compiling stm32f1xx_hal_exti.c...
compiling stm32f1xx_hal_flash_ex.c...
compiling system_stm32f1xx.c...
linking...
Program Size: Code=2896 RO-data=352 RW-data=16 ZI-data=1632
FromELF: creating hex file...
"LED\LED.axf" - 0 Error(s), 0 Warning(s).
Build Time Elapsed:  00:00:09
Load "LED\\LED.axf"
Erase Done.
Programming Done.
Verify OK.
Application running ...
Flash Load finished at 11:43:42
```

图 5-32　工程下载成功提示

工程下载完成后，观察开发板上 LED 灯的闪烁情况。

5.6　采用 STM32CubeMX 和 HAL 库的 GPIO 输入应用实例

本 GPIO 输入应用实例是使用固件库进行按键检测。

5.6.1　STM32 的 GPIO 输入应用硬件设计

按键机械触点断开、闭合时，由于触点的弹性作用，按键开关不会马上稳定接通或一下子断开，使用按键时会产生抖动信号，需要用软件消抖处理滤波，不方便输入检测。本实例开发板连接的按键如图 5-33 所示。

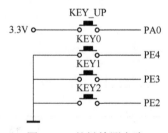

图 5-33　按键检测电路

从按键检测电路可知，当 KEY0、KEY1 和 KEY2 按键在没有被按下的时候，GPIO 引脚的输入状态为高电平，当 KEY0、KEY1 和 KEY2 按键被按下时，GPIO 引脚的输入状态为低电平。而由于 KEY_UP 按键的一脚接电源，当 KEY_UP 按键在没有被按下的时候，GPIO 引脚的输入状态为低电平，当 KEY_UP 按键按下时，GPIO 引脚的输入状态为高电平。只要按键检测引脚的输入电平，即可判断按键是否被按下。

若使用的开发板按键的连接方式或引脚不一样，只需根据工程修改引脚即可，程序的控制原理相同。

5.6.2　STM32 的 GPIO 输入应用软件设计

编程要点：

1）使能 GPIO 接口时钟。

2）初始化 GPIO 目标引脚为输入模式（浮空输入）。

3）编写简单测试程序，检测按键的状态，实现按键控制 LED。

1. 通过 STM32CubeMX 新建工程

（1）新建文件夹

在 Demo 目录下新建文件夹 KEY，这是保存本小节新建工程的文件夹。

（2）新建 STM32CubeMX 工程

在 STM32CubeMX 开发环境中新建工程。

（3）选择 MCU 或开发板

分别在 Commercial Part Number 列表框和 MCUs/MPUs List 列表中选择 STM32F103ZET6，单击 Start Project 按钮启动工程。

（4）保存 STM32Cube MX 工程

选择菜单项 File→Save Project 保存工程。

（5）生成报告

选择菜单项 File→Generate Report 生成当前工程的报告文件。

（6）配置 MCU 时钟树

在 Pinout & Configuration 选项卡下，选择 System Core 列表中的 RCC，High Speed Clock（HSE）根据开发板实际情况，选择 Crystal/Ceramic Resonator（晶体/陶瓷晶振）。

切换到 Clock Configuration 选项卡，根据开发板外设情况配置总线时钟。此处配置 PLL Source Mux 为 HSE、PLLMul 为 9 倍频 72MHz、System Clock Mux 为 PLLCLK、APB1 Prescaler 为 X2，其余保持默认设置即可。

（7）配置 MCU 外设

返回 Pinout&Configuration 选项卡，选择 System Core 列表中的 GPIO，对使用的 GPIO 接口进行配置。LED 输出接口为 DS0（PB5）和 DS1（PE5），按键输入接口为 KEY0（PE4）、KEY1（PE3）、KEY2（PE2）和 KEY_UP（PA0）。配置完成后的 GPIO 接口界面如图 5-34 所示。

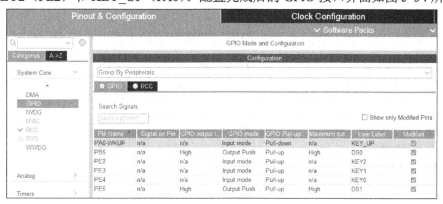

图 5-34　配置完成后的 GPIO 接口界面

（8）配置工程

在 STM32CubeMX Project Manager 视图下的 Project 选项卡中，设置 Toolchain/IDE 为 MDK-ARM、Min Version 为 V5，可生成 Keil MDK 工程。

（9）生成 C 代码工程

返回 STM32CubeMX 主界面，单击 GENERATE CODE 按钮生成 C 代码 Keil MDK 工程。

2. 通过 Keil MDK 实现工程

（1）打开工程

打开 KEY/MDK-ARM 文件夹下的工程文件。

（2）编译 STM32CubeMX 自动生成的 Keil MDK 工程

在 Keil MDK 开发环境中通过菜单项 Project→Rebuild all target files 或工具栏 Rebuild 按钮 📖 编译工程。

（3）新建用户文件

在 KEY/Core/Src 文件夹下新建 delay.c、key.c，在 KEY/Core/Inc 文件夹下新建 delay.h、key.h。将 delay.c 和 key.c 添加到 Application/User/Core 文件夹下。

（4）编写用户代码

delay.h 和 delay.c 文件实现微秒延时函数 delay_us()和毫秒延时函数 delay_ms()。

key.h 和 key.c 文件实现按键扫描函数 key_scan()。

```
uint8_t KEY_Scan(uint8_t mode)
{
    static uint8_t key_up = 1;                      //按键松开标志
    if(mode==1)
            key_up=1;                               //支持连按
    if(key_up&&(KEY0==0||KEY1==0||KEY2==0||WK_UP==1))
    {
            delay_ms(10);
            key_up=0;
            if(KEY0==0)          return KEY0_PRES;
            else if(KEY1==0)    return KEY1_PRES;
            else if(KEY2==0)    return KEY2_PRES;
            else if(WK_UP==1) return WKUP_PRES;
    }
        else if(KEY0==1&&KEY1==1&&KEY2==1&&WK_UP==0)key_up=1;
        return 0;                                    //无按键按下
}
```

在 GPIO.h 文件中添加对 GPIO 接口和 LED 接口操作的宏定义。

```
//位带操作，实现 51 单片机类似的 GPIO 控制功能
//I/O 接口操作宏定义
#define BITBAND(addr, bitnum) ((addr & 0xF0000000)+0x2000000+((addr &0xFFFFF)<<5)+(bitnum<<2))
#define MEM_ADDR(addr)    *((volatile unsigned long    *)(addr))
#define BIT_ADDR(addr, bitnum)      MEM_ADDR(BITBAND(addr, bitnum))
//I/O 接口地址映射
#define GPIOA_ODR_Addr          (GPIOA_BASE+12) //0x4001080C
#define GPIOB_ODR_Addr          (GPIOB_BASE+12) //0x40010C0C
#define GPIOC_ODR_Addr          (GPIOC_BASE+12) //0x4001100C
#define GPIOD_ODR_Addr          (GPIOD_BASE+12) //0x4001140C
```

```
#define GPIOE_ODR_Addr     (GPIOE_BASE+12) //0x4001180C
#define GPIOF_ODR_Addr     (GPIOF_BASE+12) //0x40011A0C
#define GPIOG_ODR_Addr     (GPIOG_BASE+12) //0x40011E0C

#define GPIOA_IDR_Addr     (GPIOA_BASE+8) //0x40010808
#define GPIOB_IDR_Addr     (GPIOB_BASE+8) //0x40010C08
#define GPIOC_IDR_Addr     (GPIOC_BASE+8) //0x40011008
#define GPIOD_IDR_Addr     (GPIOD_BASE+8) //0x40011408
#define GPIOE_IDR_Addr     (GPIOE_BASE+8) //0x40011808
#define GPIOF_IDR_Addr     (GPIOF_BASE+8) //0x40011A08
#define GPIOG_IDR_Addr     (GPIOG_BASE+8) //0x40011E08

//I/O 接口操作，只对单一的 I/O 接口
//确保 n 的值小于 16
#define PAout(n)    BIT_ADDR(GPIOA_ODR_Addr,n)    //输出
#define PAin(n)     BIT_ADDR(GPIOA_IDR_Addr,n)    //输入

#define PBout(n)    BIT_ADDR(GPIOB_ODR_Addr,n)    //输出
#define PBin(n)     BIT_ADDR(GPIOB_IDR_Addr,n)    //输入

#define PCout(n)    BIT_ADDR(GPIOC_ODR_Addr,n)    //输出
#define PCin(n)     BIT_ADDR(GPIOC_IDR_Addr,n)    //输入

#define PDout(n)    BIT_ADDR(GPIOD_ODR_Addr,n)    //输出
#define PDin(n)     BIT_ADDR(GPIOD_IDR_Addr,n)    //输入

#define PEout(n)    BIT_ADDR(GPIOE_ODR_Addr,n)    //输出
#define PEin(n)     BIT_ADDR(GPIOE_IDR_Addr,n)    //输入

#define PFout(n)    BIT_ADDR(GPIOF_ODR_Addr,n)    //输出
#define PFin(n)     BIT_ADDR(GPIOF_IDR_Addr,n)    //输入

#define PGout(n)    BIT_ADDR(GPIOG_ODR_Addr,n)    //输出
#define PGin(n)     BIT_ADDR(GPIOG_IDR_Addr,n)    //输入

#define LED0 PBout(5)      //LED0
#define LED1 PEout(5)      //LED1
```

在 main.c 文件中添加对用户自定义头文件的引用。

```
/* Private includes -------------------------------------------------------*/
/* USER CODE BEGIN Includes */
#include "delay.h"
#include "key.h"
/* USER CODE END Includes */
```

在 main.c 文件中添加对按键的控制。通过开发板上载有的 4 个按钮（KEY_UP、KEY0、KEY1和 KEY2）来控制板上的 2 个 LED（DS0 和 DS1）。其中，KEY2 控制 DS0，按一次亮，再按一次灭；KEY1 控制 DS1，效果同 KEY2；KEY0 则同时控制 DS0 和 DS1，按一次，状态就翻转一次；KEY_UP 则同时控制 DS0 和 DS1 互斥点亮。

```
/* Infinite loop */
/* USER CODE BEGIN WHILE */
while (1)
{
  key=KEY_Scan(0);
      switch(key)
      {
          case WKUP_PRES:
              LED1=!LED1;
              LED0=!LED1;
              break;
          case KEY2_PRES:
              LED0=!LED0;
              break;
          case KEY1_PRES:
              LED1=!LED1;
              break;
          case KEY0_PRES:
              LED0=!LED0;
              LED1=!LED1;
              break;
      }
    delay_ms(10);
      /* USER CODE END WHILE */

      /* USER CODE BEGIN 3 */
}
    /* USER CODE END 3 */
```

（5）重新编译工程

重新编译修改好的工程。

（6）配置工程仿真与下载项

在 Keil MDK 开发环境中通过菜单项 Project→Options for Target 或工具栏中的 按钮配置工程。

在 Debug 选项卡中，选择使用的仿真器 ST-Link Debugger。在 Flash Download 选项卡中，选中 Reset and Run 复选框，单击"确定"按钮。

（7）下载工程

连接好仿真器，开发板上电。

在 Keil MDK 开发环境中通过菜单项 Flash→Download 或工具栏中的 按钮下载工程。

工程下载完成后，操作按键观察开发板上 LED 灯的闪烁情况。

习　题

1. 如何操作 GPIO 接口？如何配置？
2. GPIO 接口的配置工作模式有哪些？

3．STM32F103 微控制器 GPIO 输出速度有哪几种?

4．STM32F103x 处理器的引脚在输出时输出的高低电平由哪几个引脚决定?

5．简要说明 GPIO 接口的初始化过程。

6．编写程序使 GPIO B.0 置位、GPIO B.1 清零。

7．根据本章讲述的 GPIO 输入和输出应用实例，编写程序，每当 KEY1 按下一次，发光二极管按红、绿、蓝的顺序，1s 循环显示。

第6章 STM32中断系统

本章介绍 STM32 中断系统，包括中断的基本概念、STM32F103 中断系统、STM32F103 外部中断/事件控制器 EXTI、STM32F1 中断 HAL 库函数、STM32F1 外部中断设计流程，以及采用 STM32CubeMX 和 HAL 库的外部中断设计实例。

6.1 中断的基本概念

6.1.1 中断的定义

为了更好地描述中断，用日常生活中常见的例子来作比喻。假如你有朋友下午要来拜访，可又不知道他具体什么时候到，为了提高效率，你就边看书边等。在看书的过程中，门铃响了，这时，你先在书签上记下你当前阅读的页码，然后暂停阅读，放下手中的书，开门接待朋友。接待完毕，再从书签找到阅读进度，从刚才暂停的页码处继续看书。这个例子很好地表现了日常生活中的中断及其处理过程：门铃的铃声让你暂时中止当前的工作（看书），而去处理更为紧急的事情（朋友来访），把急需处理的事情（接待朋友）处理完毕，再回过头来继续做原来的事情（看书）。显然，这样的处理方式比你一个下午不做任何事情，一直站在门口傻等要高效得多。

类似地，在计算机执行程序的过程中，CPU 暂时中止其正在执行的程序，转去执行请求中断的那个外设或事件的服务程序，等处理完毕再返回执行原来中止的程序，这就叫作中断。

中断是计算机系统的一种处理异步事件的重要方法。它的作用是在计算机的 CPU 运行软件的同时，监测系统内外有没有发生需要 CPU 处理的"紧急事件"。当需要处理的事件发生时，中断控制器会打断 CPU 正在处理的常规事务，转而插入一段处理该紧急事件的代码；而该事务处理完成之后，CPU 又能正确地返回刚才被打断的地方，继续运行原来的代码。中断可以分为"中断响应""中断处理"和"中断返回"三个阶段。

中断处理事件的异步性是指紧急事件在什么时候发生与 CPU 正在运行的程序完全没有关系，是无法预测的。既然无法预测，只能随时查看这些"紧急事件"是否发生，而中断机制最重要的作用，是将 CPU 从不断监测紧急事件是否发生这类繁重工作中解放出来，将这项"相对简单"的繁重工作交给"中断控制器"这个硬件来完成。中断机制的第二个重要作用是判断哪个或哪些中断请求更紧急，应该优先被响应和处理，并且寻找不同中断请求所对应的中断处理代码所在的位置。中断机制的第三个作用是帮助 CPU 在运行完处理紧急事务的代码后，正确地返回之前运行被打断的地方。根据上述中断处理的过程及其作用，读者会发现中断机制既提高了 CPU 正常运行常规程序的效率，又提高了响应中断的速度，是几乎所有现代计算机都配备的一种重要机制。

嵌入式系统是嵌入宿主对象中，帮助宿主对象完成特定任务的计算机系统，其主要工作就是和真实世界打交道。能够快速、高效地处理来自真实世界的异步事件是嵌入式系统的重要标志。因此中断对于嵌入式系统而言尤其重要，是学习嵌入式系统的难点和重点。

在实际的应用系统中，嵌入式单片机 STM32 可能与各种各样的外设相连接。这些外设的结构形式、信号种类与大小、工作速度等差异很大，因此，需要有效的方法使单片机与外设协调工作。通常，单片机与外设交换数据有三种方式：无条件传输方式、程序查询方式及中断方式。

1．无条件传输方式

单片机无须了解外设的状态，当执行传输数据指令时直接向外设发送数据，因此适合于快速设备或者状态明确的外设。

2．程序查询方式

控制器主动对外设的状态进行查询，依据查询状态传输数据。查询方式常使单片机处于等待状态，同时也不能做出快速响应。因此，在单片机任务不太繁忙、对外设响应速度要求不高的情况下常采用这种方式。

3．中断方式

外设主动向单片机发送请求，单片机接到请求后立即中断当前工作，处理外设的请求，处理完毕后继续处理未完成的工作。这种传输方式提高了 STM32 微处理器的利用率，并且对外设有较快的响应速度。因此，中断方式更加适应实时控制的需要。

6.1.2　中断的作用

1．提高 CPU 的工作效率

在早期的计算机系统中，CPU 工作速度快，外设工作速度慢，从而使 CPU 等待，效率降低。设置中断后，CPU 不必花费大量的时间等待和查询外设工作，例如，计算机和打印机连接，计算机可以快速地传送一行字符给打印机（由于打印机存储容量有限，一次不能传送很多），打印机开始打印字符，CPU 可以不理会打印机，处理自己的工作，待打印机打印该行字符完毕，发给 CPU 一个信号，CPU 产生中断，中止正在处理的工作，转而再传送一行字符给打印机，这样在打印机打印字符期间（外设慢速工作），CPU 可以不必等待或查询，自行处理自己的工作，从而大大提高了 CPU 工作效率。

2．具有实时处理功能

实时控制是微型计算机系统特别是单片机系统应用领域的一个重要任务。在实时控制系统中，现场各种参数和状态的变化是随机发生的，要求 CPU 能做出快速响应、及时处理。有了中断系统，这些参数和状态的变化可以作为中断信号，使 CPU 中断，在相应的中断服务程序中及时处理这些参数和状态的变化。

3．具有故障处理功能

单片机应用系统在实际运行中，常会出现一些故障。例如，电源突然掉电、硬件自检出错、运算溢出等。利用中断，就可执行处理故障的中断程序服务。例如，电源突然掉电，由于稳压电源输出端接有大电容，从电源掉电至大电容的电压下降到正常工作电压之下，一般有几毫秒到几百毫秒的时间。在这段时间内若使 CPU 产生中断，在处理掉电的中断服务程序中将需要保存的数据和信息及时转移到具有备用电源的存储器中，待电源恢复正常时可再将这些数据和信息送回到原存储单元之中，返回中断点继续执行原程序。

4．实现分时操作

单片机应用系统通常需要控制多个外设同时工作。例如，键盘、打印机、显示器、A/D 转换器、D/A 转换器等。这些设备的工作有些是随机的，有些是定时的，对于一些定时工作的外设来说，可以利用定时器，到一定时间产生中断，在中断服务程序中控制这些外设工作。例如，动态扫描显示，每隔一定时间会更换显示字位码和字段码。

此外，中断系统还能用于程序调试、多机连接等。因此，中断系统是计算机中重要的组成部分。可以说，有了中断系统后，计算机才能比原来无中断系统的早期计算机演绎出多姿多彩的功能。

6.1.3 中断源与中断屏蔽

1．中断源

中断源是指能引发中断的事件。通常，中断源都与外设有关。在前面讲述的朋友来访的例子中，门铃的铃声是一个中断源，它由门铃这个外设发出，告诉主人（CPU）有客来访（事件），并等待主人（CPU）响应和处理（开门接待客人）。在计算机系统中，常见的中断源有按键、定时器溢出、串口收到数据等，与此相关的外设有键盘、定时器和串口等。

每个中断源都有它对应的中断标志位，一旦该中断发生，它的中断标志位就会被置位。如果中断标志位被清除，那么它所对应的中断便不会再被响应。所以，一般在中断服务程序最后要将对应的中断标志位清零，否则将始终响应该中断，不断执行该中断服务程序。

2．中断屏蔽

中断屏蔽是中断系统的一个重要功能。在计算机系统中，程序设计人员可以通过设置相应的中断屏蔽位，禁止 CPU 响应某个中断，从而实现中断屏蔽。在微控制器的中断控制系统中，能否响应一个中断源，一般由"中断允许总控制位"和该中断自身的"中断允许控制位"共同决定。这两个中断控制位中的任何一个被关闭，该中断就无法响应。

中断屏蔽的目的是保证在执行一些关键程序时不响应中断，以免造成延迟而引起错误。例如，在系统启动执行初始化程序时屏蔽键盘中断，这样能够使初始化程序顺利进行，这时，按任何按键都不会响应。当然，对于一些重要的中断请求是不能屏蔽的，例如，系统重启、电源故障、内存出错等影响整个系统工作的中断请求。因此，从中断是否可以被屏蔽划分，中断可分为可屏蔽中断和不可屏蔽中断两类。

值得注意的是，尽管某个中断源可以被屏蔽，但一旦该中断发生，无论该中断屏蔽与否，它的中断标志位都会被置位，而且只要该中断标志位不被软件清除，它就一直有效。等待该中断重新被使用时，它即允许被 CPU 响应。

6.1.4 中断处理过程

在中断系统中，通常将 CPU 处在正常情况下运行的程序称为主程序，把产生申请中断信号的事件称为中断源，由中断源向 CPU 所发出的申请中断信号称为中断请求信号，CPU 接收中断请求信号停止现行程序的运行而转向为中断服务称为中断响应，为中断服务的程序称为中断服务程序或中断处理程序。现行程序被打断的地方称为断点，执行完中断服务程序后返回断点处继续执行主程序称为中断返回。这个处理过程称为中断处理过程，如图 6-1 所示，其大致可以分为四步：中断请求、中断响应、中断服务和中断返回。

在整个中断处理过程中，由于 CPU 执行完中断处理程序之后仍然要返回主程序，因此在执行中断处理程序之前，要将主程序中断处的地址，即断点处（主程序下一条指令地址，即图 6-1 中的 $k+1$ 点）保存起来，称为保护断点。又由于 CPU 在执行中断处理程序时，可能会使用和改变主程序使用过的寄存器、标志位，甚至内存单元，因此，在执行中断服务程序前，还要把有关的数据保护起来，称为现场保护。在 CPU 执行完中断处理程序后，则要恢复原来的数据，并返回主程序的断点处继续执行，称

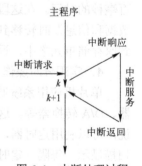

图 6-1　中断处理过程

为恢复现场和恢复断点。

在单片机中，断点的保护和恢复操作，是在系统响应中断和执行中断返回指令时由单片机内部硬件自动实现的。简单地说，就是在响应中断时，微控制器的硬件系统会自动将断点地址压进系统的堆栈保存；而当执行中断返回指令时，硬件系统又会自动将压入堆栈的断点弹出到 CPU 的执行指针寄存器中。在新型微控制器的中断处理过程中，保护和恢复现场的工作也是由硬件自动完成的，无须用户操心，用户只需集中精力编写中断服务程序即可。

6.1.5　中断优先级与中断嵌套

1．中断优先级

计算机系统中的中断往往不止一个，那么，对于多个同时发生的中断或者嵌套发生的中断，CPU 又该如何处理呢？应该先响应哪一个中断呢？答案就是设定中断优先级。

为了更形象地说明中断优先级的概念，还是用生活中的实例作比喻。生活中的突发事件很多，为了便于快速处理，通常把这些事件按重要性或紧急程度从高到低依次排列，这种分级就称为优先级。如果多个事件同时发生，根据它们的优先级从高到低依次响应。例如，在前面讲述的朋友来访的例子中，如果门铃响的同时电话铃也响了，那么你将在这两个中断请求中选择先响应哪一个请求。这里就有一个优先级的问题。如果开门比接电话更重要（即门铃的优先级比电话的优先级高），那么就应该先开门（处理门铃中断），然后再接电话（处理电话中断），接完电话后再回来接待朋友，等接待完朋友后继续看书（回到原程序）。

类似地，计算机系中的中断源众多，它们也有轻重缓急之分，这种分级就被称为中断优先级。一般来说，各个中断源的优先级都已事先规定。通常，中断的优先级是根据中断的实时性、重要性和软件处理的方便性预先设定的。当同时有多个中断请求产生时，CPU 会先响应优先级较高的中断请求。由此可见，优先级是中断响应的重要标准，也是区分中断的重要标志。

2．中断嵌套

中断优先级除了用于并发中断中，还用于嵌套中断中。

还是回到朋友来访的例子，在你看书的时候电话铃响了，你去接电话，在通话的过程中门铃又响了。这时，门铃中断和电话中断形成了嵌套。由于门铃的优先级比电话的优先级高，你只能让电话的对方稍等，放下电话去开门。开门之后再回头继续接电话，通话完毕接待朋友，等接待完朋友后，再回去继续看书。当然，如果门铃的优先级比电话的优先级低，那么在通话的过程中门铃响了也不予理睬，继续接听电话（处理电话中断），通话结束后再去开门迎客（即处理门铃中断）。

类似地，在计算机系统中，中断嵌套是指当系统正在执行一个中断服务时又有新的中断事件发生而产生了新的中断请求。此时，CPU 如何处理取决于新旧两个中断的优先级。当新发生的中断的优先级高于正在处理的中断时，CPU 将中止执行优先级较低的当前中断处理程序，转去处理新发生的、优先级较高的中断，处理完毕才返回原来的中断处理程序继续执行。通俗地说，中断嵌套其实就是更高一级的中断"加塞儿"，当 CPU 正在处理中断时，又接收了更紧急的另一件"急件"，转而处理更高一级的中断的行为。

6.2　STM32F103 中断系统

在了解了中断的相关基础知识后，下面从中断控制器、中断优先级、中断向量表和中断服务程序 4 个方面来分析 STM32F103 微控制器的中断系统。

6.2.1 嵌套向量中断控制器

嵌套向量中断控制器（NVIC）是 ARM Cortex-M3 不可分离的一部分，它与 M3 内核的逻辑紧密耦合，有一部分甚至交融在一起。NVIC 与 Cortex-M3 内核相辅相成，共同完成对中断的响应。

ARM Cortex-M3 内核共支持 256 个中断，其中 16 个内部中断、240 个外部中断，且支持可编程的 256 级中断优先级的设置。STM32 目前支持的中断共 84 个（16 个内部中断和 68 个外部中断），还有 16 级可编程的中断优先级。

STM32 可支持 68 个中断通道，已经固定分配给相应的外设，每个中断通道都具备自己的中断优先级控制字节（8 位，但是 STM32 中只使用 4 位，高 4 位有效），每 4 个通道的 8 位中断优先级控制字构成一个 32 位的优先级寄存器。68 个通道的优先级控制字至少构成 17 个 32 位的优先级寄存器。

6.2.2 STM32F103 中断优先级

中断优先级决定了一个中断是否能被屏蔽，以及在未屏蔽的情况下何时可以响应。优先级的数值越小，则优先级越高。

STM32（Cortex-M3）中有两个优先级的概念：抢占式优先级和响应优先级。响应优先级也称作"亚优先级"或"副优先级"。每个中断源都需要被指定这两种优先级。

1. 抢占式优先级（Preemption Priority）

高抢占式优先级的中断事件会打断当前的主程序/中断程序运行，俗称中断嵌套。

2. 响应优先级（Subpriority）

在抢占式优先级相同的情况下，高响应优先级的中断优先被响应。

在抢占式优先级相同的情况下，如果有低响应优先级中断正在执行，高响应优先级的中断要等待已被响应的低响应优先级中断执行结束后才能得到响应（不能嵌套）。

3. 判断中断是否会被响应的依据

首先是抢占式优先级，其次是响应优先级。抢占式优先级决定是否会有中断嵌套。

4. 优先级冲突的处理

具有高抢占式优先级的中断可以在具有低抢占式优先级的中断处理过程中被响应，即产生中断嵌套，或者说高抢占式优先级的中断可以嵌套低抢占式优先级的中断。

当两个中断源的抢占式优先级相同时，这两个中断将没有嵌套关系，当一个中断到来后，如果正在处理另一个中断，这个后到来的中断就要等到前一个中断处理完之后才能被处理。如果这两个中断同时到达，则中断控制器根据它们的响应优先级高低来决定先处理哪一个；如果它们的抢占式优先级和响应优先级都相等，则根据它们在中断表中的排位顺序决定先处理哪一个。

5. STM32 中对中断优先级的定义

STM32 中指定中断优先级的寄存器位有 4 位，这 4 个寄存器位的分组方式如下。

1）第 0 组：所有 4 位用于指定响应优先级。

2）第 1 组：最高 1 位用于指定抢占式优先级，低 3 位用于指定响应优先级。

3）第 2 组：高 2 位用于指定抢占式优先级，低 2 位用于指定响应优先级。

4）第 3 组：高 3 位用于指定抢占式优先级，最低 1 位用于指定响应优先级。

5）第 4 组：所有 4 位用于指定抢占式优先级。

优先级分组方式所对应的抢占式优先级和响应优先级寄存器位数和所表示的优先级数如图 6-2 所示。

优先级组别	抢占式优先级		响应式优先级	
	位数	级数	位数	级数
4组	4	16	0	0
3组	3	8	1	2
2组	2	4	2	4
1组	1	2	3	8
0组	0	0	4	16

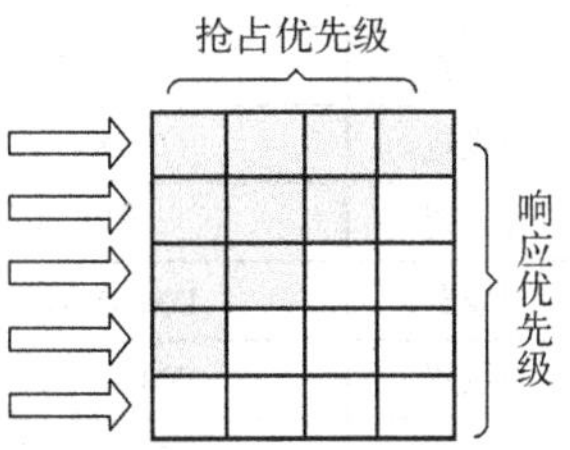

图 6-2　STM32F103 优先级位数和级数分配

6.2.3　STM32F103 中断向量表

中断向量表是中断系统中非常重要的概念。它是一块存储区域，通常位于存储器的地址处，在这块区域上按中断号从小到大依次存放着所有中断处理程序的入口地址。当某中断产生且经判断其未被屏蔽，CPU 会根据识别到的中断号到中断向量表中找到该中断的所在表项，取出该中断对应的中断服务程序的入口地址，然后跳转到该地址执行。STM32F103 的中断向量表见表 6-1。

表 6-1　STM32F103 的中断向量表

位置	优先级	优先级类型	名　称	说　明	地址
	—	—	—	保留	0x0000_0000
	-3	固定	Reset	复位	0x0000_0004
	-2	固定	NMI	不可屏蔽中断 RCC 时钟安全系统（CSS）连接到 NMI 向量	0x0000_0008
	-1	固定	硬件失效		0x0000_000C
	0	可设置	存储管理	存储器管理	0x0000_0010
	1	可设置	总线错误	预取指失败，存储器访问失败	0x0000_0014
	2	可设置	错误应用	未定义的指令或非法状态	0x0000_0018
	—	—	—	保留	0x0000_001C
	—	—	—	保留	0x0000_0020
	—	—	—	保留	0x0000_0024
	—	—	—	保留	0x0000_0028
	3	可设置	SVCall	通过 SWI 指令的系统服务调用	0x0000_002C
	4	可设置	调试监控（DebugMonitor）	调试监控器	0x0000_0030
	—	—	—	保留	0x0000_0034
	5	可设置	PendSV	可挂起的系统服务	0x0000_0038
	6	可设置	SysTick	系统嘀嗒定时器	0x0000_003C
0	7	可设置	WWDG	窗口定时器中断	0x0000_0040
1	8	可设置	PVD	连到 EXTI 的电源电压检测（PVD）中断	0x0000_0044
2	9	可设置	TAMPER	侵入检测中断	0x0000_0048
3	10	可设置	RTC	实时时钟（RTC）全局中断	0x0000_004C
4	11	可设置	FLASH	闪存全局中断	0x0000_0050
5	12	可设置	RCC	复位和时钟控制（RCC）中断	0x0000_0054
6	13	可设置	EXTI0	EXTI 线 0 中断	0x0000_0058

（续）

位置	优先级	优先级类型	名　称	说　明	地址
7	14	可设置	EXTI1	EXTI 线 1 中断	0x0000_005C
8	15	可设置	EXTI2	EXTI 线 2 中断	0x0000_0060
9	16	可设置	EXTI3	EXTI 线 3 中断	0x0000_0064
10	17	可设置	EXTI4	EXTI 线 4 中断	0x0000_0068
11	18	可设置	DMA1 通道 1	DMA1 通道 1 全局中断	0x0000_006C
12	19	可设置	DMA1 通道 2	DMA1 通道 2 全局中断	0x0000_0070
13	20	可设置	DMA1 通道 3	DMA1 通道 3 全局中断	0x0000_0074
14	21	可设置	DMA1 通道 4	DMA1 通道 4 全局中断	0x0000_0078
15	22	可设置	DMA1 通道 5	DMA1 通道 5 全局中断	0x0000_007C
16	23	可设置	DMA1 通道 6	DMA1 通道 6 全局中断	0x0000_0080
17	24	可设置	DMA1 通道 7	DMA1 通道 7 全局中断	0x0000_0084
18	25	可设置	ADC1_2	ADC1 和 ADC2 的全局中断	0x0000_0088
19	26	可设置	USB_HP_CAN_TX	USB 高优先级或 CAN 发送中断	0x0000_008C
20	27	可设置	USB_LP_CAN_RX0	USB 低优先级或 CAN 接收 0 中断	0x0000_0090
21	28	可设置	CAN_RX1	CAN 接收 1 中断	0x0000_0094
22	29	可设置	CAN_SCE	CAN SCE 中断	0x0000_0098
23	30	可设置	EXTI9_5	EXTI 线[9:5]中断	0x0000_009C
24	31	可设置	TIM1_BRK	TIM1 刹车中断	0x0000_00A0
25	32	可设置	TIM1_UP	TIM1 更新中断	0x0000_00A4
26	33	可设置	TIM1_TRG_COM	TIM1 触发和通信中断	0x0000_00A8
27	34	可设置	TIM1_CC	TIM1 捕获比较中断	0x0000_00AC
28	35	可设置	TIM2	TIM2 全局中断	0x0000_00B0
29	36	可设置	TIM3	TIM3 全局中断	0x0000_00B4
30	37	可设置	TIM4	TIM4 全局中断	0x0000_00B8
31	38	可设置	I2C1_EV	I2C1 事件中断	0x0000_00BC
32	39	可设置	I2C1_ER	I2C1 错误中断	0x0000_00C0
33	40	可设置	I2C2_EV	I2C2 事件中断	0x0000_00C4
34	41	可设置	I2C2_ER	I2C2 错误中断	0x0000_00C8
35	42	可设置	SPI1	SPI1 全局中断	0x0000_00CC
36	43	可设置	SPI2	SPI2 全局中断	0x0000_00D0
37	44	可设置	USART1	USART1 全局中断	0x0000_00D4
38	45	可设置	USART2	USART2 全局中断	0x0000_00D8
39	46	可设置	USART3	USART3 全局中断	0x0000_00DC
40	47	可设置	EXTI15_10	EXTI 线[15:10]中断	0x0000_00E0
41	48	可设置	RTCAlarm	连接 EXTI 的 RTC 闹钟中断	0x0000_00E4
42	49	可设置	USB 唤醒	连接 EXTI 的从 USB 待机唤醒中断	0x0000_00E8
43	50	可设置	TIM8_BRK	TIM8 刹车中断	0x0000_00EC
44	51	可设置	TIM8_UP	TIM8 更新中断	0x0000_00F0
45	52	可设置	TIM8_TRG_COM	TIM8 触发和通信中断	0x0000_00F4
46	53	可设置	TIM8_CC	TIM8 捕获比较中断	0x0000_00F8

位置	优先级	优先级类型	名　　称	说　　　明	地址
47	54	可设置	ADC3	ADC3 全局中断	0x0000_00FC
48	55	可设置	FSMC	FSMC 全局中断	0x0000_0100
49	56	可设置	SDIO	SDIO 全局中断	0x0000_0104
50	57	可设置	TIM5	TIM5 全局中断	0x0000_0108
51	58	可设置	SPI3	SPI3 全局中断	0x0000_010C
52	59	可设置	UART4	UART4 全局中断	0x0000_0110
53	60	可设置	UART5	UART5 全局中断	0x0000_0114
54	61	可设置	TIM6	TIM6 全局中断	0x0000_0118
55	62	可设置	TIM7	TIM7 全局中断	0x0000_011C
56	63	可设置	DMA2 通道 1	DMA2 通道 1 全局中断	0x0000_0120
57	64	可设置	DMA2 通道 2	DMA2 通道 2 全局中断	0x0000_0124
58	65	可设置	DMA2 通道 3	DMA2 通道 3 全局中断	0x0000_0128
59	66	可设置	DMA2 通道 4_5	DMA2 通道 4 和 DMA2 通道 5 全局中断	0x0000_012C

STM32F1 系列微控制器不同产品支持可屏蔽中断的数量略有不同，互联型的 STM32F105 系列和 STM32F107 系列共支持 68 个可屏蔽中断通道，而其他非互联型的产品（包括 STM32F103 系列）支持 60 个可屏蔽中断通道。上述通道均不包括 ARM CortexM3 内核中断源，即表 6-1 中的前 16 行。

6.2.4　STM32F103 中断服务程序

中断服务程序在结构上与函数非常相似，不同的是，函数一般有参数和返回值，并在应用程序中被人为显式地调用执行，而中断服务程序一般没有参数也没有返回值，并只有中断发生时才会被自动隐式地调用执行。每个中断都有自己的中断服务程序，用来记录中断发生后要执行的真正意义上的处理操作。

STM32F103 所有的中断服务函数在该微控制器所属产品系列的启动代码文件 startup_stm32f10x xx.s 中都有预定义，通常以 PPP IRQHandler 命名，其中 PPP 是对应的外设名。用户开发自己的 STM32F103 应用时可在文件 stm32f10x_it.c 中使用 C 语言编写函数重新定义之。程序在编译、链接生成可执行程序阶段，会使用用户自定义的同名中断服务程序替代启动代码中原来默认的中断服务程序。

需要注意的是，在更新 STM32F103 中断服务程序时，必须确保 STM32F103 中断服务程序文件（stm32f10x_it.c）中的中断服务程序名（如 EXTI1_IRQHandler）和启动代码文件（startup_stm32f10x_xx.s）中的中断服务程序名（EXTI1_IRQHandler）相同，否则在生成可执行文件时无法使用用户自定义的中断服务程序替换原来默认的中断服务程序。

6.3　STM32F103 外部中断/事件控制器

STM32F103 微控制器的外部中断/事件控制器（EXTI）由 19 个产生事件/中断请求边沿检测器组成，每个输入线可以独立地配置输入类型（脉冲或挂起）和对应的触发事件上升沿或下降沿或者双边沿都触发）。每个输入线都可以独立地被屏蔽，挂起寄存器保持状态线的中断请求。

6.3.1　EXTI 的内部结构

在 STM32F103 微控制器中，EXTI 由 19 根外部输入线、19 个产生中断/事件请求的边沿检测器和 APB 外设接口等部分组成，如图 6-3 所示。

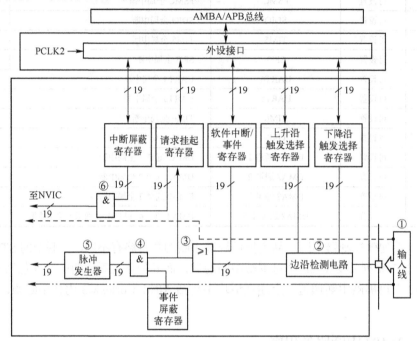

图 6-3　STM32F103 外部中断/事件控制器的内部结构

1. 外部中断与事件输入

从图 6-3 可以看出，STM32F103 EXTI 内部信号线上画有一斜线，旁边标有 19，这表示这样的线路共有 19 根。

与此对应，EXTI 的外部中断/事件输入线也有 19 根，分别是 EXTI0,EXTI1,…,EXTI18。除了 EXTI16（PVD 输出）、EXTI17（RTC 闹钟）和 EXTI18（USB 唤醒）外，其他 16 根外部信号输入线 EXTI0,EXTI1,…,EXTI15 可以分别对应 STM32F103 微控制器的 16 个引脚 Px0,Px1,…,Px15，其中 x 为 A、B、C、D、E、F、G。

STM32F103 微控制器最多有 112 个引脚，可以按照以下方式连接到 16 根外部中断/事件输入线上：如图 6-4 所示，任一端口的 0 号引脚（如 PA0,PB0,…,PG0）映射到 EXTI 的外部中断/事件输入线 EXTI0 上，任一端口的 1 号引脚（如 PA1,PB1,…,PG1）映射到 EXTI 的外部中断/事件输入线 EXTI1 上，以此类推，任一端口的 15 号引脚（如 PA15,PB15,…,PG15）映射到 EXTI 的外部中断/事件输入线 EXTI15 上。需要注意的是，在同一时刻，只能有一个端口的 n 号引脚映射到 EXTI 对应的外部中断/事件输入线 EXTIn 上，n 取 0～15。

另外，如果将 STM32F103 的 I/O 引脚映射为 EXTI 的外部中断/事件输入线，则必须将该引脚设置为输入模式。

2. APB 外设接口

图 6-3 上部的 APB 外设模块接口是 STM32F103 微控制器每个功能模块都有的部分，CPU 通过这样的接口访问各个功能模块。

在AFIO_EXTICR1寄存器的EXTI0[3:0]位

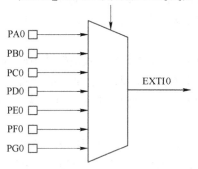

在AFIO_EXTICR1寄存器的EXTI1[3:0]位

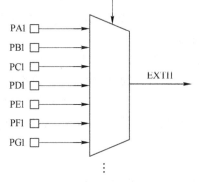

在AFIO_EXTICR15寄存器的EXTI15[3:0]位

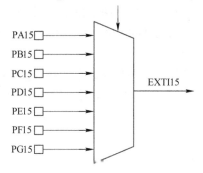

图 6-4　STM32F103 外部中断/事件输入线映射

需要注意的是，如果使用 STM32F103 引脚的外部中断/事件映射功能，必须打开 APB2 总线上该引脚对应接口的时钟及 AFIO 功能时钟。

3. 边沿检测器

EXTI 中的边沿检测器共有 19 个，用来连接 19 根外部中断/事件输入线，是 EXTI 的主体部分。每个边沿检测器由边沿检测电路、控制寄存器、门电路和脉冲发生器等部分组成。

6.3.2　EXTI 的工作原理

1. 外部中断/事件请求的产生和传输

从图 6-3 可以看出，外部中断/事件请求的产生和传输过程如下。

1）外部信号从编号①的 STM32F103 微控制器引脚进入。

2）经过边沿检测电路。这个边沿检测电路受到上升沿触发选择寄存器和下降沿触发选择寄存器控制，用户可以配置这两个寄存器选择在哪一个边沿产生中断/事件，由于选择上升或下降沿分别受两个平行的寄存器控制，所以用户还可以在双边沿（即同时选择上升沿和下降沿）都产生中断/事件。

3）经过编号③的或门。这个或门的另一个输入是软件中断/事件寄存器，由此可见，软件可以优先于外部信号产生一个中断/事件请求，即当软件中断/事件寄存器对应位为 1 时，不管外部信号如何，编号③的或门都会输出有效的信号。到此为止，无论是中断还是事件，外部请求信号的传输路径都是一致的。

4）外部请求信号进入编号④的与门，这个与门的另一个输入是事件屏蔽寄存器。如果事件屏蔽寄存器的对应位为 0，则该外部请求信号不能传输到与门的另一端，从而实现对某个外部事件的屏蔽；如果事件屏蔽寄存器的对应位为 1，则与门产生有效的输出并送至编号⑤的脉冲发生器。脉冲发生器把一个跳变的信号转变为一个单脉冲，输出到 STM32F103 微控制器的其他功能模块。以上是外部事件请求信号传输路径。

5）外部请求信号进入挂起请求寄存器，挂起请求寄存器记录了外部信号的电平变化。外部请求信号经过挂起请求寄存器后，最后进入编号⑥的与门。这个与门的功能和编号④的与门类似，用于引入中断屏蔽寄存器的控制。只有当中断屏蔽寄存器的对应位为 1 时，该外部请求信号才被送至 Cortex-M3 内核的 NVIC，从而发出一个中断请求；否则，屏蔽之。以上是外部中断请求信号的传输路径。

2. 事件与中断

由上面讲述的外部中断/事件请求信号的产生和传输过程可知，从外部激励信号看，中断和事件的请求信号没有区别，只是在 STM32F103 微控制器内部将它们分开。

1）一路信号（中断）会被送至 NVIC 向 CPU 产生中断请求。至于 CPU 如何响应，由用户编写或系统默认的对应的中断服务程序决定。

2）另一路信号（事件）会向其他功能模块（如定时器、USART、DMA 等）发送脉冲触发信号。至于其他功能模块会如何响应这个脉冲触发信号，则由对应的模块自己决定。

6.3.3 EXTI 的主要特性

STM32F103 EXTI 具有以下主要特性。

1）每个外部中断/事件输入线都可以独立地配置它的触发事件（上升沿、下降沿或双边沿），并能够单独地被屏蔽。

2）每个外部中断都有专用的标志位（请求挂起寄存器），保持着它的中断请求。

3）可以将多达 112 个通用 I/O 引脚映射到 16 个外部中断/事件输入线上。

4）可以检测脉冲宽度低于 APB2 时钟宽度的外部信号。

6.4 STM32F1 中断 HAL 库函数

6.4.1 中断设置相关 HAL 库函数

STM32 中断系统是通过一个 NVIC 进行中断控制的，使用中断要先对 NVIC 进行配置。STM32 的 HAL 库中提供了 NVIC 相关操作函数。

STM32F1 中断管理相关驱动程序的头文件是 stm32f1xx_hal_cortex.h，其常用函数见表 6-2。

表 6-2　中断管理常用函数

函数名	功　能
HAL_NVIC_SetPriorityGrouping ()	设置 4 位二进制数的优先级分组策略
HAL_NVIC_SetPriority ()	设置某个中断的抢占优先级和次优先级
HAL_NVIC_EnableIRQ ()	启用某个中断
HAL_NVIC_DisableIRQ ()	禁用某个中断
HAL_NVIC_GetPriorityGrouping()	返回当前的优先级分组策略
HAL_NVIC_GetPriority ()	返回某个中断的抢占优先级、次优先级数值
HAL_NVIC_GetPendingIRQ ()	检查某个中断是否被挂起
HAL_NVIC_SetPendingIRQ ()	设置某个中断的挂起标志，表示发生了中断
HAL_NVIC_ClearPendingIRQ ()	清除某个中断的挂起标志

表 6-2 中前 3 个函数用于 STM32CubeMX 自动生成的代码，其他函数用于用户代码。下面详细介绍几个常用的函数。

1. 函数 HAL_NVIC_SetPriorityGrouping()

函数 HAL_NVIC_SetPriorityGrouping()用于设置优先级分组策略，其原型定义为

```
void HAL_NVIC_SetPriorityGrouping(uint32_t   Priority Group);
```

其中，参数 PriorityGroup 是优先级分组策略，可使用文件 stm32f1xx_hal_cortex.h 中定义的几个宏定义常量，它们表示不同的分组策略。

```
#define   NVIC_PRIORITYGROUP_0   0x00000007U   //0 位用于抢占优先级，4 位用于次优先级
#define   NVIC_PRIORITYGROUP_1   0x00000006U   //1 位用于抢占优先级，3 位用于次优先级
#define   NVIC_PRIORITYGROUP_2   0x00000005U   //2 位用于抢占优先级，2 位用于次优先级
#define   NVIC_PRIORITYGROUP_3   0x00000004U   // 3 位用于抢占优先级，1 位用于次优先级
#define   NVIC_PRIORITYGROUP_4   0x00000003U   // 4 位用于抢占优先级，0 位用于次优先级
```

2. 函数 HAL_NVIC_SetPriority()

函数 HAL_NVIC_SetPriority()用于设置某个中断的抢占优先级和次优先级，其原型定义为

```
void HAL_NVIC_SetPrlorlty(IRQn _Type   IRQn, uint32_t   PreemptPriority,uint32_t   subPriority);
```

其中，参数 IRQn 是中断的中断号，为枚举类型 IRQn_Type。枚举类型 IROn_Type 的定义在文件 stm32f103xe.h 中，它定义了表 6-1 中所有中断的中断号枚举值。在中断操作的相关函数中，都用 IRQn_Type 类型的中断号表示中断，这个枚举类型的部分定义为

```
typedef enum
{
/******Cortex-M3Processor Exceptions Numbers*********************************/
NonMaskableInt_IRQn          =-14,       //非屏蔽中断
MemoryManagement_IRQn        =-12,       // Cortex-M4 存储器管理中断
BusFault_IRQn                =-11,       // Cortex-M4 总线故障中断
UsageFault_IRQn              =-10,       // Cortex-M4 用户故障中断
SVCa11_IRQn                  =-5,        // Cortex-M4 调用中断
DebugMonitor_IRQn            =-4,        // Cortex-M4 调试监测中断
PendSV_IRQn                  =-2,        // Cortex-M4 挂号 SV 中断
SysTick_IRQn                 =-1,        // Cortex-M4 系统定时器中断
/******STM32 Specific Interrupt Numbers*************************************/
WWDG_IRQn                    = 0,        //窗口看门狗中断
```

```
PVD_IRQn                =1,      // PVD 通过 EXTI 线检测中断
EXTI0_IRQn              =6,      // EXTI 线 0 中断
EXTI1_IRQn              =7,      // EXTI 线 1 中断
EXTI2_IRQn              =8,      // EXTI 线 2 中断
RNG_IRQn                =80,     // RNG 全局中断
FPU_IRQn                =81,     // FPU 全局中断
} IRQn_Type:
```

由这个枚举类型的定义代码可以看到,其中断号枚举值就是在中断名称后面加"_IRQn"。例如,中断号为 0 的窗口看门狗中断 WWDG,其中断号枚举值就是 WWDG_IRQn。

函数中的另外两个参数:PreemptPriority 是抢占优先级数值,SubPriority 是次优先级数值。这两个优先级的数值范围需要在设置的优先级分组策略的可设置范围之内。例如,假设使用了分组策略 2,对于中断号为 6 的外部中断 EXTI0,设置其抢占优先级为 1、次优先级为 0,则执行的代码为

```
HAL_NVIC_SetPriority (EXTIO_IRQn,1,0);
```

3. 函数 HAL_NVIC_EnableIRQ()

函数 HAL_NVIC_EnableIRQ()的功能是在 NVIC 中开启某个中断。只有在 NVIC 中开启某个中断后,NVIC 才会对这个中断请求做出响应,执行相应的 ISR。其原型定义为

```
void HAL_NVIC_EnableIRQ (IRQn_Type IRQn):
```

其中,枚举类型 IRQn_Type 的参数 IRQn 是中断号的枚举值。

6.4.2 外部中断相关 HAL 库函数

外部中断相关函数的定义在文件 stm32f1xx_hal_gpio.h 中,函数列表见表 6-3。

表 6-3 外部中断相关函数

函数名	功能描述
_HAL_GPIO_EXTI_GET_IT ()	检查某个外部中断线是否有挂起(Pending)的中断
_HAL_GPIO_EXTI_CLEAR_IT ()	清除某个外部中断线的挂起标志位
_HAL_GPIO_EXTI_GET_FLAG ()	与_HAL_GPIO_EXTI_GET_IT()的代码和功能完全相同
_HAL_GPIO_EXTI_CLEAR_FLAG ()	与_HAL_GPIO_EXTI_CLEAR_IT()的代码和功能完全相同
_HAL_GPIO_EXTI_GENERATE_SWIT ()	在某个外部中断线上产生软中断
HAL_GPIO_EXTI_IRQHandler ()	外部中断 ISR 中调用的通用处理函数
HAL_GPIO_EXTI_Callback ()	外部中断处理的回调函数,需要用户重新实现

1. 读取和清除中断标志

在 HAL 库中,以"_HAL"为前缀的都是宏函数。例如,函数_HAL_GPIO_EXTI_GET_IT()的定义为

```
#define_HAL_GPIO_EXTI_GET_FLAG(_EXTI_LINE_) (EXTI->PR  &(_EXTI_LINE_))
```

它的功能就是检查外部中断挂起寄存器(EXTI_PR)中某个中断线的挂起标志位是否置位。其中,参数_EXTI_LINE_是某个外部中断线,用 GPIO_PIN_0、GPIO_PIN_1 等宏定义常量表示。

函数的返回值只要不等于 0(用宏 RESET 表示 0),就表示外部中断线挂起标志位被置位,有未处理的中断事件。

函数_HAL_GPIO_EXTI_CLEAR_IT()用于清除某个中断线的中断挂起标志位，其定义为

```
#define_HAL_GPIO_EXTI_CLEAR_IT(_EXTI_LINE_)(EXTI->PR = ( _EXTI_LINE_))
```

向外部中断挂起寄存器（EXTI_PR）的某个中断线位写入 1，就可以清除该中断线的挂起标志。在外部中断的 ISR 里处理完中断后，需要调用这个函数清除挂起标志位，以便再次响应下一次中断。

2．在某个外部中断线上产生软中断

函数_HAL_GPIO_EXTI_GENERATE_SWIT()的功能是在某个中断线上产生软中断，其定义为

```
#define_HAL_GPIO_EXTI_GENERATE_SWIT(_EXTI_LINE_)(EXTI->SWIER |=(_EXTI_LINE_))
```

它实际上就是将外部中断的软件中断事件寄存器（EXTI_SWIER）中对应于中断线_EXTI_LINE_的位置 1，通过软件的方式产生某个外部中断。

3．外部中断 ISR 及中断处理回调函数

对于 0～15 线的外部中断，EXTI0～EXTI4 有独立的 ISR。EXTI［9:5］共用一个 ISR，EXTI［15:10］共用一个 ISR。在启用某个中断后，在 STM32CubeMX 自动生成的中断处理程序文件 stm32f1xx_it.c 中会生成 ISR 的代码框架。这些外部中断 ISR 的代码都是一样的。下面是几个外部中断的 ISR 代码框架（只保留了其中一个 ISR 的完整代码，其他的删除了代码沙箱注释）。

```
void EXTI0_IRQHandler（void）        //EXTI0 的 ISR
{
    /* USER CODE BEGIN EXTI0_IRQn 0*/
    /* USER CODE END EXTI0_IRQn 0*/
    HAL_GPIO_EXTI_IRQHandler(GPIO_PIN_0);
    /* USER CODE BEGIN EXTI0_IRQn 1*/
    /*USER CODE END EXTI0_IRQn 1*/
}
void EXTI9_5_IRQHandler(void)        //EXTI［9:5］的 ISR
{
    HAL_GPIO_EXTI_IRQHandler(GPIO_PIN_5);
}
void EXTI15_10_IRQHandler(void)      //EXTI［15:10］的 ISR
{
    HAL_GPIO_EXTI_IRQHandler(GPIO_PIN_11);
}
```

可以看到，这些 ISR 都调用了函数 HAL_GPIO_EXTI_IRQHandler()，并以中断线作为函数参数。所以，函数 HAL_GPIO_EXTI_IRQHandler()是外部中断处理通用函数，这个函数的定义为

```
void HAL_GPIO_EXTI_IRQHandler(uint16_t  GPIO_Pin)
{
    /*EXTI line interrupt detected*/
    If(_HAL_GPIO_EXTI_GET_IT(GPIO_Pin)!= RESET)   //检测中断挂起标志
    {
        __HAL_GPIO_EXTI_CLEAR_IT(GPIO_Pin);       //清除中断挂起标志
        HAL_GPIO_EXTI_Callback(GPIO_Pin);         //执行回调函数
    }
}
```

这个函数的代码很简单，如果检测到中断线 GPIO_Pin 的中断挂起标志不为 0，就清除中断

挂起标志位，然后执行函数 HAL_GPIO_EXTI_Callback()。这个函数是对中断进行响应处理的回调函数，它的代码框架在文件 stm32f1xx_hal_gpio.c 中，代码（原来的英文注释已翻译为中文）为

```
_weak  void  HAL_GPIO_EXTI_Callback(uint16_t  GPIO_Pin)
{
    /*使用 UNUSED()函数避免编译时出现未使用变量的警告*/
    UNUSED(GPIO_Pin);
    /*注意：不要直接修改这个函数，如需使用回调函数，可以在用户文件中重新实现这个函数*/
}
```

弱函数一般用作中断处理的回调函数，例如这里的函数 HAL_GPIO_EXTI_Callback()。如果用户重新实现了这个函数，对某个外部中断做出具体的处理，用户代码就会被编译进去。

在 STM32CubeMX 生成的代码中，所有中断 ISR 采用下面的处理框架。

1）在文件 stm32f4xx_it.c 中，自动生成已启用中断的 ISR 代码框架，例如，为 EXTI0 中断生成 ISR 函数 EXTI0_IRQHandler()的代码框架。

2）在中断的 ISR 里，执行 HAL 库中为该中断定义的通用处理函数，例如，外部中断的通用处理函数是 HAL_GPIO_EXTI_IRQHandler()。通常，一个外设只有一个中断号，一个 ISR 有一个通用处理函数。也可能多个中断号共用一个通用处理函数，例如，外部中断有多个中断号，但是 ISR 里调用的通用处理函数都是 HAL_GPIO_EXTI_IRQHandler()。

3）ISR 里调用的中断通用处理函数是 HAL 库里定义的，例如，HAL_GPIO_EXTI_IRQHandler() 是外部中断的通用处理函数。在中断的通用处理函数里，会自动进行中断事件来源的判断（一个中断号一般有多个中断事件源）、中断标志位的判断和清除，并调用与中断事件源对应的回调函数。

4）一个中断号一般有多个中断事件源，HAL 库中会为一个中断号的常用中断事件定义回调函数，在中断的通用处理函数里判断中断事件源并调用相应的回调函数。外部中断只有一个中断事件源，所以只有一个回调函数 HAL_GPIO_EXTI_Callback()。定时器就有多个中断事件源，所以定时器的 HAL 驱动程序中，针对不同的中断事件源，定义了不同的回调函数。

5）HAL 库中定义的中断事件处理的回调函数都是弱函数，需要用户重新实现回调函数，从而实现对中断的具体处理。

在 STM32Cube 编程方式中，用户只需要搞清楚与中断事件对应的回调函数，然后重新实现回调函数即可。对于外部中断，只有一个中断事件源，所以只有一个回调函数 HAL_GPIO_EXTI_Callback()。在对外部中断进行处理时，只需重新实现这个函数即可。

6.5 STM32F1 外部中断设计流程

STM32F1 中断设计包括三部分，即 NVIC 设置、中断接口配置、中断处理。

使用库函数配置外部中断的步骤如下。

1）使能 GPIO 接口时钟，初始化 GPIO 接口为输入。

首先，要使用 GPIO 接口作为中断输入，所以要使能相应的 GPIO 接口时钟。

2）设置 GPIO 接口模式和触发条件，开启 SYSCFG 时钟，设置 GPIO 接口与中断线的映射关系。

该步骤如果使用标准外设库，那么需要多个函数分步实现。而当使用 HAL 库的时候，则都是在函数 HAL_GPIO_Init()中一次性完成的。例如要设置 PA0 连接中断线 0，并且为上升沿触发，代码为

```
GPIO_InitTypeDef    GPIO_Initure;
GPIO_Initure.Pin=GPIO_PIN_0;    //PA0
GPIO_Initure.Mode= GPIO_MODE_IT_RISING;      //外部中断，上升沿触发
GPIO_Initure.Pull=GPIO_PULLDOWN;             //默认下拉 HAL_GPIO_Init(GPIOA,&GPIO_Initure);
```

当调用 HAL_GPIO_Init()设置 GPIO 的 Mode 值为 GPIO_MODE_IT_RISING（外部中断上升沿触发）、GPIO_MODE_IT_FALLING（外部中断下降沿触发）或者 GPIO_MODE_IT_RISING_FALLING（外部中断双边沿触发）的时候，该函数内部会通过判断 Mode 的值来开启 SYSCFG 时钟，并且设置 GPIO 接口和中断线的映射关系。

因为这里初始化的是 PA0，调用该函数后中断线 0 会自动连接到 PA0。如果某个时间，又用同样的方式初始化了 PB0，那么 PA0 与中断线的链接将被清除，而直接链接 PB0 到中断线 0。

3）配置中断优先级（NVIC），并使能中断。设置好中断线和 GPIO 映射关系，又设置好了中断的触发模式等初始化参数后，既然是外部中断，当然还要设置 NVIC 中断优先级。设置中断线 0 的中断优先级并使能外部中断 0 的方法为

```
HAL_NVIC_SetPriority(EXTI0_IRQn,2,0);      //抢占优先级为 2，子优先级为 0
HAL_NVIC_EnableIRQ(EXTI0_IRQn);            //使能中断线 2
```

4）编写中断服务函数。配置完中断优先级之后，接着要做的就是编写中断服务函数。中断服务函数的名字是在 HAL 库中事先有定义的。这里需要说明的是，STM32F1 的 I/O 接口外部中断函数只有 7 个，分别为

```
void EXTI0_IRQHandler();
void EXTI1_IRQHandler();
void EXTI2_IRQHandler();
void EXTI3_IRQHandler();
void EXTI4_IRQHandler();
void EXTI9_5_IRQHandler();
void EXTI15_10_IRQHandler();
```

中断线 0~4 分别对应一个中断函数，中断线 5~9 共用中断函数 EXTI9_5_IRQHandler()，中断线 10~15 共用中断函数 EXTI15_10_IRQHandler()。一般情况下，可以把中断控制逻辑直接编写在中断服务函数中，但是 HAL 库把中断处理过程进行了简单封装。

5）编写中断处理回调函数 HAL_GPIO_EXTI_Callback()。

在使用 HAL 库的时候，也可以跟使用标准外设库一样，在中断服务函数中编写控制逻辑。但为了用户使用方便，HAL 库提供了一个中断通用入口函数 HAL_GPIO_EXTI_IRQHandler()，在该函数内部直接调用回调函数 HAL_GPIO_EXTI_Callback()。

HAL_GPIO_EXTI_IRQHandler 函数的定义为

```
void HAL_GPIO_EXTI_IRQHandler(uint16_t GPIO_Pin)
{
  if(__HAL_GPIO_EXTI_GET_IT(GPIO_Pin) != 0x00u)
  {
    __HAL_GPIO_EXTI_CLEAR_IT(GPIO_Pin);
    HAL_GPIO_EXTI_Callback(GPIO_Pin);
  }
}
```

该函数实现的非常简单，就是清除中断标志位，然后调用回调函数 HAL_GPIO_EXTI_

Callback()实现控制逻辑。在中断服务函数中直接调用外部中断共用处理函数 HAL_GPIO_EXTI_IRQHandler()，然后在回调函数 HAL_GPIO_EXTI_Callback()中通过判断中断是来自哪个 GPIO 接口编写相应的中断服务控制逻辑。

下面总结一下配置 GPIO 接口外部中断的一般步骤。

1）使能 GPIO 接口时钟。

2）调用函数 HAL_GPIO_Init()设置 GPIO 接口模式和触发条件，使能 SYSCFG 时钟并设置 GPIO 接口与中断线的映射关系。

3）配置中断优先级（NVIC），并使能中断。

4）在中断服务函数中调用外部中断共用入口函数 HAL_GPIO_EXTI_IRQHandler()。

5）编写外部中断回调函数 HAL_GPIO_EXTI_Callback()。

通过以上几个步骤的设置，就可以正常使用外部中断了。

6.6 采用 STM32CubeMX 和 HAL 库的外部中断设计实例

中断在嵌入式应用中占有非常重要的地位，几乎每个控制器都有中断功能。中断对保证紧急事件在第一时间得到处理是非常重要的。

本例设计使用外接的按键来作为触发源，使得控制器产生中断，并在中断服务函数中实现控制 RGB 彩灯的任务。

6.6.1 STM32F1 外部中断的硬件设计

外部中断设计实例的硬件设计与按键的硬件设计相同，如图 5-33 所示。

6.6.2 STM32F1 外部中断的软件设计

1. 通过 STM32CubeMX 新建工程

（1）新建文件夹

在 Demo 目录下新建文件夹 EXTI，这是保存本节新建工程的文件夹。

（2）新建 STM32CubeMX 工程

在 STM32CubeMX 开发环境中新建工程。

（3）选择 MCU 或开发板

在 Commercial Part Number 搜索框和 MCUs/MPUs List 列表框中选择 STM32F103ZET6，然后单击 Start Project 按钮启动工程。

（4）保存 STM32Cube MX 工程

使用 STM32CubeMX 菜单项 File→Save Project 保存工程。

（5）生成报告

使用 STM32CubeMX 菜单项 File→Generate Report 生成当前工程的报告文件。

（6）配置 MCU 时钟树

在 STM32CubeMX 的 Pinout & Configuration 选项卡中，选择 System Core 为 RCC，High Speed Clock（HSE）根据开发板实际情况选择 Crystal/Ceramic Resonator（晶体/陶瓷晶振）。

切换到 Clock Configuration 选项卡，根据开发板外设情况配置总线时钟。此处配置 PLL Source Mux 为 HSE、PLLMul 为 9 倍频 72MHz、System Clock Mux 为 PLLCLK、APB1 Prescaler 为 X2，

其余保持默认配置即可。

（7）配置 MCU 外设

在 Pinout & Configuration 选项卡中，选择 System Core 为 GPIO，对使用的 GPIO 接口进行设置。LED 输出接口为 DS0（PB5）和 DS1（PE5）。按键输入接口为 KEY0（PE4）、KEY1（PE3）、KEY2（PE2）和 KEY_UP（PA0）。配置 GPIO 接口为 EXTI 模式：将 PA0 配置为 External Interrupt Mode with Rising edge trigger detection 和 Push-down，将 PE2、PE3、PE4 配置为 External Interrupt Mode with Falling edge trigger detection 和 Push-up。具体如图 6-5 所示。

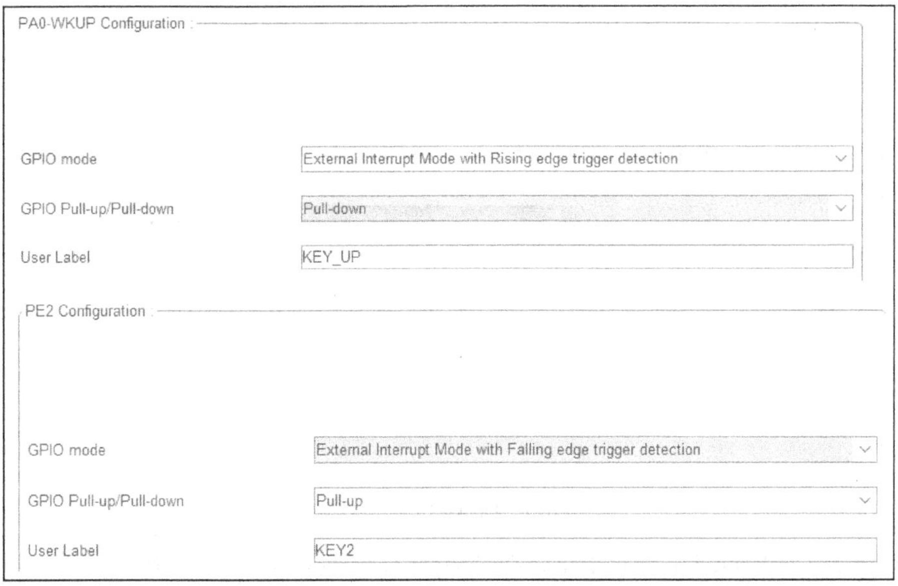

图 6-5　配置 GPIO 接口为 EXTI 模式

配置完成后的 GPIO 接口界面如图 6-6 所示。

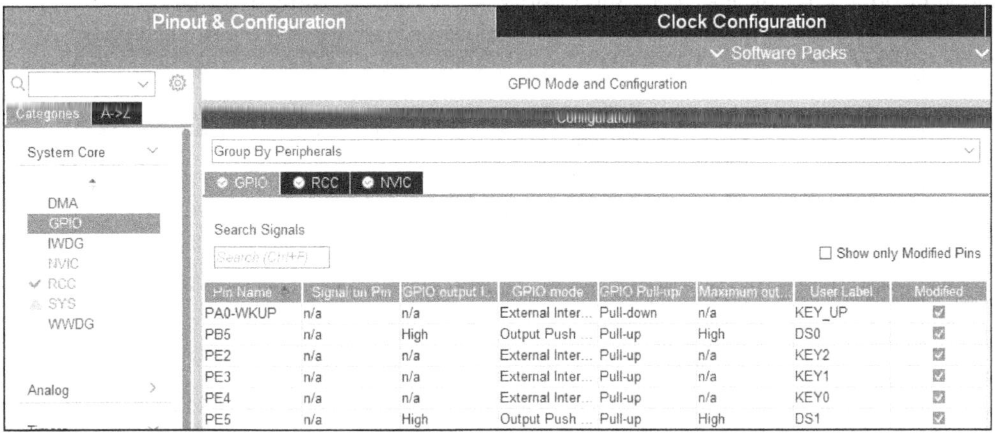

图 6-6　配置完成后的 GPIO 接口界面

在 Pinout & Configuration 选项卡下，在 Connectivity 列表中选择 USART1，对 USART1 进行设置。Mode 选择 Asynchronous，Hardware Flow Control（RS232）选择 Disable，Parameter Settings 的具体配置如图 6-7 所示。

图 6-7　USART1 配置界面

在 Pinout & Configuration 选项卡下，在 System Core 列表中选择 NVIC。修改 Priority Group 为 2 bits for pre-emption priority（2 位抢占优先级），在 Enabled 栏中选中 USART1 global interrupt、EXTI line0 interrupt、EXTI line2 interrupt、EXTI line3 interrupt 和 EXTI line4 interrupt，修改 Preemption Priority（抢占优先级）和 Sub Priority（子优先级），如图 6-8 所示。

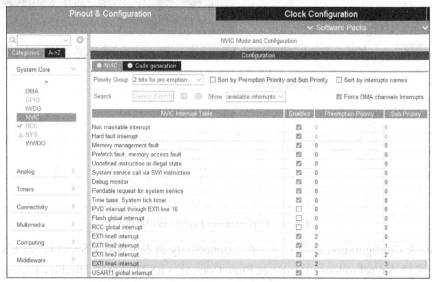

图 6-8　NVIC 配置界面

在 Configuration 区域，切换到 Code generation 选项卡，在 Select for init sequence ordering 栏

中选中 USART1 global interrupt、EXTI line0 interrupt、EXTI line2 interrupt、EXTI line3 interrupt 和 EXTI line4 interrupt，如图 6-9 所示。

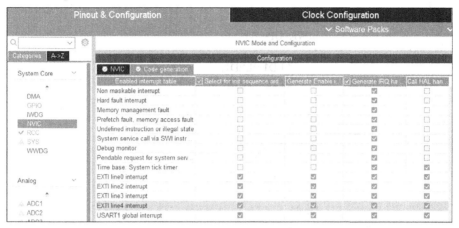

图 6-9　Code generation 配置界面

（8）配置工程

在 STM32CubeMX 的 Project Manager 视图下 Project 选项卡中，选择 Toolchain/IDE 为 MDK-ARM、Min Version 为 V5，生成 Keil MDK 工程。

（9）生成 C 代码工程

在 STM32CubeMX 主界面，单击 GENERATE CODE 按钮生成 C 代码 Keil MDK 工程。

2．通过 Keil MDK 实现工程

（1）打开工程

打开 EXTI/MDK-ARM 文件夹下的工程文件。

（2）编译 STM32CubeMX 自动生成的 Keil MDK 工程

在 Keil MDK 开发环境中通过菜单项 Project→Rebuild all target files 或工具栏中的 Rebuild 按钮 编译工程。

（3）新建用户文件

在 EXTI/Core/Src 文件夹下新建 delay.c、key.c 和 exti.c，在 EXTI/Core/Inc 文件夹下新建 delay.h、key.h 和 exti.h。将 delay.c、key.c 和 exti.c 添加到工程 Application/User/Core 文件夹下。

（4）编写用户代码

delay.h 和 delay.c 文件实现微秒延时函数 delay_us()和毫秒延时函数 delay_ms()。

key.h 和 key.c 文件实现按键扫描函数 key_scan()。

在 GPIO.h 文件中添加对 GPIO 接口和 LED 接口操作的宏定义。

usart.h 和 usart.c 实现串口相关的定义和接收完成回调函数 HAL_UART_RxCpltCallback()。stm32f1xx_it.c 对 USART1_IRQHandler()函数添加串口操作处理。

在 exti.h 和 exti.c 中添加 EXTI 的中断回调函数 HAL_GPIO_EXTI_Callback()。通过开发板上载有的 4 个按钮（KEY_UP、KEY0、KEY1 和 KEY2），来控制板上的 2 个 LED（DS0 和 DS1）。其中，KEY2 控制 DS0，按一次亮，再按一次灭；KEY1 控制 DS1，效果同 KEY2；KEY0 则同时控制 DS0 和 DS1，按一次，状态就翻转一次；KEY_UP 则同时控制 DS0 和 DS1 互斥点亮。

```
        void HAL_GPIO_EXTI_Callback(uint16_t GPIO_Pin)
        {
```

```
            delay_ms(100);
            switch(GPIO_Pin)
            {
                    case GPIO_PIN_0:
                            if(WK_UP==1)
                            {
                                    LED1=!LED1;
                                    LED0=!LED1;
                            }
                            break;
                    case GPIO_PIN_2:
                            if(KEY2==0)
                            {
                                    LED1=!LED1;
                            }
                            break;
                    case GPIO_PIN_3:
                            if(KEY1==0)
                            {
                                    LED0=!LED0;
                                    LED1=!LED1;
                            }
                            break;
                    case GPIO_PIN_4:
                            if(KEY0==0)
                            {
                                    LED0=!LED0;
                            }
                            break;
            }
    }
```

在 main.c 文件中添加对用户自定义头文件的引用。

```
/* Private includes ----------------------------------------*/
/* USER CODE BEGIN Includes */
#include "delay.h"
#include "key.h"
/* USER CODE END Includes */
```

添加串口显示。每 1s 输出 OK 字符。

```
/* Infinite loop */
/* USER CODE BEGIN WHILE */
    while (1)
    {
            printf("OK\r\n");
            delay_ms(1000);
        /* USER CODE END WHILE */

        /* USER CODE BEGIN 3 */
    }
    /* USER CODE END 3 */
```

（5）重新编译工程

重新编译修改好的工程。

（6）配置工程仿真与下载项

在 Keil MDK 开发环境中通过菜单项 Project→Options for Target 或工具栏中的 🔧 按钮配置工程。

进入 Debug 选项卡，选择使用的仿真器为 ST-Link Debugger。在 Flash Download 选项卡中，选中 Reset and Run 复选框。单击"确定"按钮。

（7）下载工程

连接好仿真器，开发板上电。

在 Keil MDK 开发环境中通过菜单项 Flash→Download 或工具栏中的 🔧 按钮下载工程。

工程下载完成后，连接串口，打开串口调试助手，查看串口收发是否正常，操作按键，查看 LED 是否正常。

习　题

1. 什么是中断？
2. 什么是中断源？
3. 什么是中断屏蔽？
4. 中断的处理过程是什么？
5. 什么是中断优先级？
6. 什么是中断向量表？
7. 什么叫作断点？

第7章　STM32定时器系统

本章介绍 STM32 定时器系统，包括 STM32F103 定时器概述、基本定时器、通用定时器、高级定时器、STM32 定时器 HAL 库函数，最后讲述采用 STM32CubeMX 和 HAL 库的定时器应用实例。

7.1　STM32F103 定时器概述

从本质上讲，定时器就是"数字电路"课程中学过的计数器（Counter），它像闹钟一样忠实地为处理器完成定时或计数任务，几乎是所有现代微处理器必备的一种片上外设。很多读者在初次接触定时器时，都会提出这样一个问题：既然 ARM 内核每条指令的执行时间都是固定的，且大多数是相等的，那么可以用软件的方法实现定时吗？例如，在 72MHz 系统时钟下要实现 1μs 的定时，完全可以通过执行 72 条不影响状态的"无关指令"实现。既然这样，STM32 中为什么还要有"定时/计数器"这样一个完成定时工作的硬件结构呢？其实，读者的看法一点也没有错。确实可以通过插入若干条不产生影响的"无关指令"实现固定时间的定时。但这会带来两个问题：其一，在这段时间中，STM32 不能做其他任何事情，否则定时将不再准确；其二，这些"无关者令"会占据大量程序空间。而当嵌入式处理器中集成了硬件的定时功能以后，就可以在内核运行执行其他任务的同时完成精确的定时，并在定时结束后通过中断/事件等方法通知内核或相关外设。简单地说，定时器最重要的作用就是将 STM32 的 ARM 内核从简单、重复的延时工作中解放出来。

当然，定时器的核心电路结构是计数器。当它对 STM32 内部固定频率的信号进行计数时，只要指定计数器的计数值，也就相当于固定了从定时器启动到溢出之间的时间长度。这种对内部已知频率计数的工作方式称为"定时方式"。定时器还可以对外部引脚输入的未知频率信号进行计数，此时由于外部输入时钟频率可能改变，从定时器启动到溢出之间的时间长度是无法预测的，软件所能判断的仅是外部脉冲的个数。因此，这种计数时钟来自外部的工作方式只能称为"计数方式"。在这两种基本工作方式的基础上，STM32 的定时器又衍生出了"输入捕获""输出比较""PWM""脉冲计数""编码器接口"等多种工作模式。

定时与计数的应用十分广泛。在实际生产过程中，许多场合都需要定时或者计数操作。例如产生精确的时间，或对流水线上的产品进行计数等。因此，定时/计数器在嵌入式微控制器中十分重要。定时和计数可以通过以下方式实现。

1. 软件延时

单片机是在一定时钟下运行的，可以根据代码所需的时钟周期来完成延时操作。软件延时会导致 CPU 利用率低。因此，软件延时主要用于短时间延时，如高速 A/D 转换器。

2. 可编程定时/计数器

微控制器中的可编程定时/计数器可以实现定时和计数操作。定时/计数器功能由程序灵活设置，重复利用。设置好后，由硬件与 CPU 并行工作，不占用 CPU 时间，这样在软件的控制下，可以实现多个精密定时/计数。嵌入式处理器为了适应多种应用，通常集成多个高性能的定时/计数器。

微控制器中的定时器本质上是一个计数器，可以对内部脉冲或外部输入进行计数，不仅具有基本的延时/计数功能，还具有输入捕获、输出比较和 PWM 波形输出等高级功能。在嵌入式系统开发中，充分利用定时/计数器的强大功能，可以显著提高外设驱动的编程效率和 CPU 利用率，增强系统的实时性。

STM32 内部集成了多个定时/计数器。根据型号不同，STM32 系列芯片最多包含 8 个定时/计数器。其中，TIM6 和 TIM7 为基本定时器，TIM2～TIM5 为通用定时器，TIM1 和 TIM8 为高级定时器，功能最强。三种定时器具备的功能见表 7-1。此外，在 STM32 中还有两个看门狗定时器和一个系统滴答定时器。

表 7-1　STM32 定时器的功能

主要功能	高级定时器	通用定时器	基本定时器
内部时钟源（8MHz）	√	√	√
带 16 位分频的计数单元	√	√	√
更新中断和 DMA	√	√	√
计数方向	向上、向下、双向	向上、向下、双向	向上
外部事件计数	√	√	×
其他定时器触发或级联	√	√	×
4 个独立输入捕获、输出比较通道	√	√	×
单脉冲输出方式	√	√	×
正交编码器输入	√	√	×
霍尔传感器输入	√	√	×
输出比较信号死区产生	√	×	×
制动信号输入	√	×	×

STM32F103 定时器相比于传统的 51 单片机要完善和复杂得多，它是专为工业控制应用量身定做的，有很多用途，包括基本定时功能、生成输出波形（比较输出、PWM 和带死区插入的互补 PWM）和测量输入信号的脉冲宽度（输入捕获）等。

7.2　STM32 基本定时器

STM32F103 基本定时器 TIM6 和 TIM7 各包含一个 16 位自动装载计数器，由各自的可编程预分频器驱动。它们可以为通用定时器提供时间基准，特别是可以为数模转换器（DAC）提供时钟。实际上，它们在芯片内部直接连接到 DAC 并通过触发输出直接驱动 DAC，这两个定时器是互相独立的，不共享任何资源。

7.2.1　基本定时器的主要特性

TIM6 和 TIM7 定时器的主要特性如下。

1）16 位自动重装载累加计数器。

2）16 位可编程（可实时修改）预分频器，用于对输入的时钟按系数为 1～65536 的任意数值分频。

3）触发 DAC 的同步电路。

4）在更新事件（计数器溢出）时产生中断/DMA 请求。

基本定时器的内部结构如图 7-1 所示。

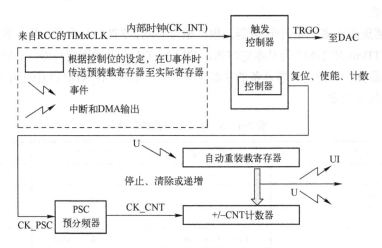

图 7-1　基本定时器的内部结构

7.2.2　基本定时器的功能

1．时基单元

可编程定时器的主要部分是一个带有自动重装载的 16 位累加计数器，计数器的时钟通过一个预分频器得到。软件可以读/写计数器、自动重装载寄存器和预分频寄存器，即使计数器运行时也可以操作。

时基单元包含：计数器寄存器（TIMx_CNT）、预分频寄存器（TIMx_PSC）和自动重装载寄存器（TIMx_ARR）。

2．时钟源

从图 7-1 所示的基本定时器的内部结构可以看出，基本定时器 TIM6 和 TIM7 只有一个时钟源，即内部时钟 CK_INT。对于 STM32F103 所有的定时器，内部时钟 CK_INT 都来自 RCC 的 TIMxCLK，但对于不同的定时器，TIMxCLK 的来源不同。基本定时器 TIM6 和 TIM7 的 TIMxCLK 来源于 APB1 预分频器的输出。在系统默认情况下，APB1 的时钟频率为 72MHz。

3．预分频器

预分频器可以以系数介于 1～65536 之间的任意数值对计数器时钟分频。它是通过一个 16 位寄存器（TIMx_PSC）的计数实现分频的。因为 TIMx_PSC 控制寄存器具有缓冲作用，可以在运行过程中改变它的数值，新的预分频数值将在下一个更新事件时起作用。

图 7-2 所示是在运行过程中预分频系数从 1 变到 2 的计数器时序图。

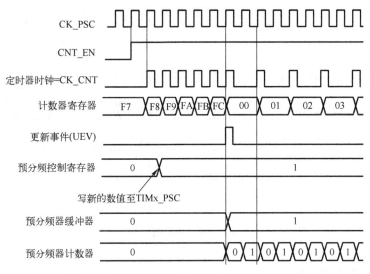

图 7-2　预分频系数从 1 变到 2 的计数器时序图

4．计数模式

STM32F103 基本定时器只有向上计数工作模式，其工作过程如图 7-3 所示，其中 ↑ 表示产生溢出事件。

基本定时器工作时，脉冲计数器 TIMx_CNT 从 0 累加计数到自动重装载数值（TIMx_ARR 寄存器），然后重新从 0 开始计数并产生一个计数器溢出事件。由此可见，如果使用基本定时器进行延时，延时时间的计算公式为

延时时间＝（TIMx_ARR+1）×（TIMx_PSC+1）/TIMxCLK

当发生一次更新事件时，所有寄存器会被更新并设置更新标志：传送预装载值（TIMx_PSC 寄存器的内容）至预分频器的缓冲区，自动重装载影子寄存器被更新为预装载值

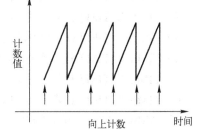

图 7-3　向上计数工作模式

（TIMx_ARR）。以下是一些在 TIMx_ARR=0x36 时不同时钟频率下计数器工作的例子。图 7-4 所示的内部时钟分频系数为 1，图 7-5 所示的内部时钟分频系数为 2。

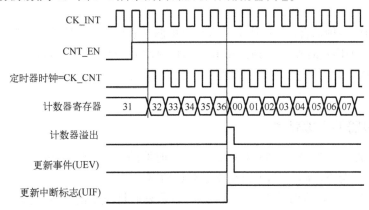

图 7-4　计数器时序图（内部时钟分频系数为 1）

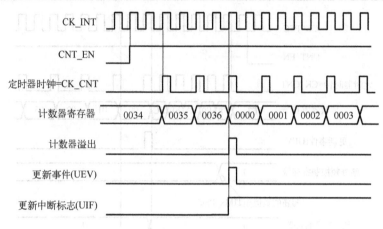

图 7-5 计数器时序图（内部时钟分频系数为 2）

7.2.3 基本定时器的寄存器

下面列出了 STM32F103 基本定时器相关寄存器的名称。可以用半字（16 位）或字（32 位）的方式操作这些外设寄存器。由于是采用库函数方式编程，故不做进一步的探讨。

1）TIM6 和 TIM7 控制寄存器 1（TIMx_CR1）。

2）TIM6 和 TIM7 控制寄存器 2（TIMx_CR2）。

3）TIM6 和 TIM7 DMA/中断使能寄存器（TIMx_DIER）。

4）TIM6 和 TIM7 状态寄存器（TIMx_SR）。

5）TIM6 和 TIM7 事件产生寄存器（TIMx_EGR）。

6）TIM6 和 TIM7 计数器（TIMx_CNT）。

7）TIM6 和 TIM7 预分频器（TIMx_PSC）。

8）TIM6 和 TIM7 自动重装载寄存器（TIMx_ARR）。

7.3 STM32 通用定时器

通用定时器（TIM2、TIM3、TIM4 和 TIM5）由可编程预分频器驱动的 16 位自动重装载计数器构成。它们适用于多种场合，包括测量输入信号的脉冲长度（输入捕获）或者产生输出波形（输出比较和 PWM）。使用定时器预分频器和 RCC 时钟控制器预分频器，脉冲长度和波形周期可以在几微秒到几毫秒间调整。每个定时器都是完全独立的，没有互相共享任何资源。它们可以同步操作。

7.3.1 通用定时器的主要特性

通用 TIMx（TIM2、TIM3、TIM4 和 TIM5）定时器的主要特性如下。

1）16 位向上、向下、向上/向下自动重装载计数器。

2）16 位可编程（可以实时修改）预分频器，计数器时钟频率的分频系数为 1～65536 的任意数值。

3）4 个独立通道：

① 输入捕获。

② 输出比较。

③ PWM 生成（边缘或中间对齐模式）。

④ 单脉冲模式输出。

4）使用外部信号控制定时器和定时器互连的同步电路。

5）发生如下事件时产生中断/DMA。

① 更新，计数器向上溢出/向下溢出，计数器初始化（通过软件或者内部/外部触发）。

② 触发事件（计数器启动、停止、初始化或者由内部/外部触发计数）。

③ 输入捕获。

④ 输出比较。

6）支持针对定位的增量（正交）编码器和霍尔传感器电路。

7）触发输入作为外部时钟或者按周期的电流管理。

7.3.2　通用定时器的功能

通用定时器的内部结构如图 7-6 所示，相比于基本定时器其内部结构要复杂得多，其中最显著的地方就是增加了 4 个捕获/比较寄存器 TIMx_CCR，这也是通用定时器之所以拥有那么多强大功能的原因。

1. 时基单元

可编程通用定时器的主要部分是一个 16 位计数器和与其相关的自动重装载寄存器。这个计数器可以向上计数、向下计数或者向上/向下双向计数。此计数器时钟由预分频器分频得到。计数器、自动重装载寄存器和预分频器寄存器可以由软件读/写，在计数器运行时仍可以读/写。时基单元包含：计数器寄存器（TIMx_CNT）、预分频器寄存器（TIMx_PSC）和自动重装载寄存器（TIMx_ARR）。

预分频器可以将计数器的时钟频率按 1～65536 的任意值分频。它是基于一个（在 TIMx_PSC 寄存器中的）16 位寄存器控制的 16 位计数器。新的预分频器参数在下一次更新事件到来时被采用。

2. 计数模式

（1）向上计数模式

向上计数模式工作过程同基本定时器向上计数模式，工作过程如图 7-3 所示。在向上计数模式中，计数器在时钟 CK_CNT 的驱动下从 0 计数到自动重装载寄存器 TIMx_ARR 的预设值，然后重新从 0 开始计数，并产生一个计数器溢出事件，可触发中断或 DMA 请求。

当发生一个更新事件时，所有的寄存器都被更新，硬件同时设置更新标志位。

对于一个工作在向上计数模式下的通用定时器，当自动重装载寄存器 TIMx_ARR 的值为 0x36、内部预分频系数为 4（预分频寄存器 TIMx_PSC 的值为 3）的计数器时序图如图 7-7 所示。

（2）向下计数模式

通用定时器向下计数模式的工作过程如图 7-8 所示。在向下计数模式中，计数器在时钟 CK_CNT 的驱动下从自动重装载寄存器 TIMx_ARR 的预设值开始向下计数到 0，然后从自动重装载寄存器 TIMx_ARR 的预设值重新开始计数，并产生一个计数器溢出事件，可触发中断或 DMA 请求。当发生一个更新事件时，所有的寄存器都被更新，硬件同时设置更新标志位。

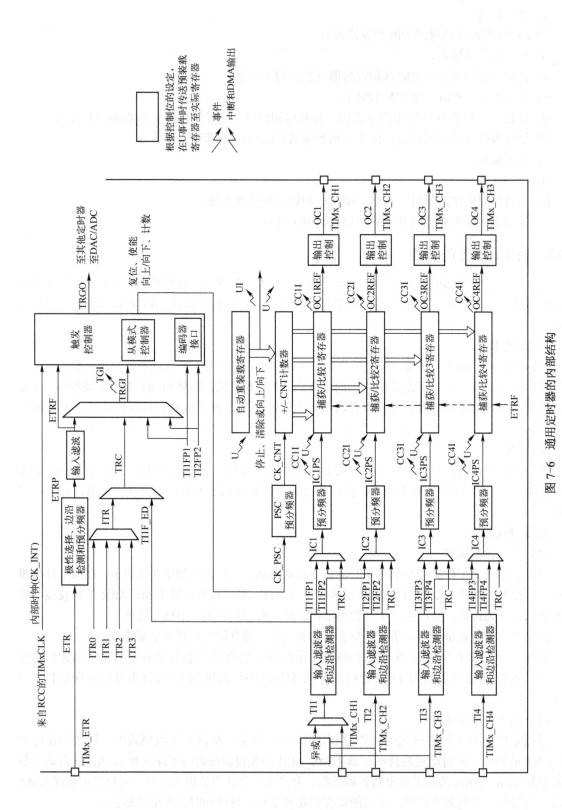

图 7-6　通用定时器的内部结构

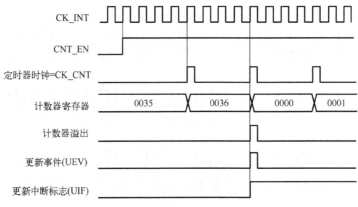

图 7-7　计数器时序图（内部时钟分频系数为 4）

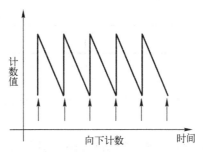

图 7-8　向下计数工作模式

对于一个工作在向下计数模式下的通用定时器，当自动重装载寄存器 TIMx_ARR 的值为 0x36、内部预分频系数为 2（预分频寄存器 TIMx_PSC 的值为 1）的计数器时序图如图 7-9 所示。

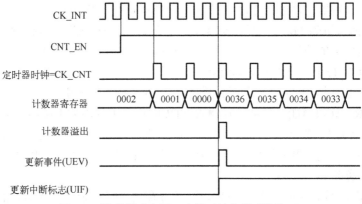

图 7-9　计数器时序图（内部时钟分频系数为 2）

（3）向上/向下计数模式

向上/向下计数模式又称为中央对齐模式或双向计数模式，其工作过程如图 7-10 所示。计数器从 0 开始计数到自动加载的值（TIMx_ARR 寄存器）－1，产生一个计数器溢出事件，然后向下计数到 1 并且产生一个计数器下溢事件；然后再从 0 开始重新计数。在这个模式下，不能写入 TIMx_CR1 中的 DIR 方向位，它由硬件更新并指示当前的计数方向。可以在每次计

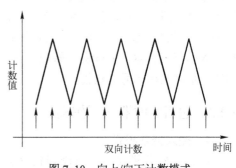

图 7-10　向上/向下计数模式

数上溢和每次计数下溢时产生更新事件，触发中断或 DMA 请求。

对于一个工作在向上/向下计数模式下的通用定时器，当自动重装载寄存器 TIMx_ARR 的值为 0x06、内部时钟预分频系数为 1（预分频寄存器 TIMx_PSC 的值为 0）时的计数器时序图如图 7-11 所示。

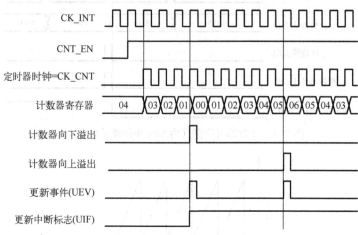

图 7-11　计数器时序图（内部时钟分频系数为 1）

3．时钟选择

相比于基本定时器单一的内部时钟源，STM32F103 通用定时器的 16 位计数器的时钟源有多种选择，可由以下时钟源提供。

1）内部时钟（CK_INT）。内部时钟（CK_INT）来自 RCC 的 TIMxCLK。根据 STM32F103 时钟树，通用定时器 TIM2～TIM5 内部时钟（CK_INT）的来源为 TIM_CLK，与基本定时器相同，都是来自 APB1 预分频器的输出。通常情况下，其时钟频率是 72MHz。

2）外部输入捕获引脚 TIx（外部时钟模式 1）。外部输入捕获引脚 TIx（外部时钟模式 1）来自外部输入捕获引脚上的边沿信号。计数器可以在选定的输入端（引脚 1 为 TI1FP1 或 TI1F_ED，引脚 2 为 TI2FP2）的每个上升沿或下降沿计数。

3）外部触发输入引脚 ETR（外部时钟模式 2）。外部触发输入引脚 ETR（外部时钟模式 2）来自外部引脚 ETR。计数器能在外部触发输入 ETR 的每个上升沿或下降沿计数。

4）内部触发器输入 ITRx。内部触发输入 ITRx 来自芯片内部其他定时器的触发输入，使用一个定时器作为另一个定时器的预分频器。例如，可以配置 TIM1 作为 TIM2 的预分频器。

4．捕获/比较通道

每一个捕获/比较通道都是围绕一个捕获/比较寄存器（包含影子寄存器）的，包括捕获的输入部分（数字滤波、多路复用和预分频器）和输出部分（比较器和输出控制）。输入部分对相应的 TIx 输入信号采样，并产生一个滤波后的信号 TIxF。然后，一个带极性选择的边缘检测器产生一个信号（TIxFPx），它可以作为从模式控制器的输入触发或者作为捕获控制。该信号通过预分频进入捕获寄存器（ICxPS）。输出部分产生一个中间波形 OCxRef（高有效）作为基准，链的末端决定最终输出信号的极性。

7.3.3　通用定时器的工作模式

1．输入捕获模式

在输入捕获模式下，当检测到 ICx 信号上相应的边沿后，计数器的当前值被锁存到捕获/

比较寄存器（TIMx_CCRx）中。当捕获事件发生时，相应的 CCxIF 标志（TIMx_SR 寄存器）被置为 1，如果使能了中断或者 DMA 操作，则将产生中断或者 DMA 操作。如果捕获事件发生时，CCxIF 标志已经为高，那么重复捕获标志 CCxOF（TIMx_SR 寄存器）被置为 1。写 CCxIF=0 可清除 CCxIF，或读取存储在 TIMx_CCRx 寄存器中的捕获数据也可清除 CCxIF。写 CCxOF=0 可清除 CCxOF。

2. PWM 输入模式

PWM 是 Pulse Width Modulation 的缩写，中文意思就是脉冲宽度调制，简称脉宽调制。它是利用微处理器的数字输出来对模拟电路进行控制的一种非常有效的技术。其控制简单、灵活和动态响应好等优点使其成为在电力电子技术领域广泛应用的控制方式，其应用领域包括测量、通信、功率控制与变换、电动机控制、伺服控制、调光、开关电源，甚至某些音频放大器。因此，研究基于 PWM 技术的正负脉宽数控调制信号发生器具有十分重要的现实意义。PWM 是一种对模拟信号电平进行数字编码的方法。通过高分辨率计数器的使用，方波的占空比被调制用来对一个具体模拟信号的电平进行编码。PWM 信号仍然是数字的，因为在给定的任何时刻，满幅值的直流供电要么完全有（ON），要么完全无（OFF），电压或电流源是以一种通（ON）或断（OFF）的重复脉冲序列被加载到模拟负载上去的。通的时候即是直流供电被加到负载上的时候，断的时候即是供电被断开的时候。只要带宽足够，任何模拟值都可以使用 PWM 进行编码。

PWM 输入模式是输入捕获模式的一个特例，除下述区别外，操作与输入捕获模式相同。

1）两个 ICx 信号被映射至同一个 TIx 输入。

2）这两个 ICx 信号为边沿有效，但是极性相反。

3）其中一个 TIxFP 信号被作为触发输入信号，而从模式控制器被配置成复位模式。例如，需要测量输入到 TI1 上的 PWM 信号的长度（TIMx_CCR1 寄存器）和占空比（TIMx_CCR2 寄存器），具体步骤如下（取决于 CK_INT 的频率和预分频器的值）。

① 选择 TIMx_CCR1 的有效输入：置 TIMx_CCMR1 寄存器的 CC1S=01（选择 TI1）。

② 选择 TI1FP1 的有效极性（用来捕获数据到 TIMx_CCR1 中并清除计数器）：置 CC1P=0（上升沿有效）。

③ 选择 TIMx_CCR2 的有效输入，置 TIMx_CCMR1 寄存器的 CC2S=10。

④ 选择 TI1FP2 的有效极性（捕获数据到 TIMx_CCR2）：置 CC2P=1（下降沿有效）。

⑤ 选择有效的触发输入信号：置 TIMx_SMCR 寄存器中的 TS=101（选择 TI1FP1）。

⑥ 配置从模式控制器为复位模式：置 TIMx_SMCR 中的 SMS=100。

⑦ 使能捕获：置 TIMx_CCER 寄存器中的 CC1E=1 且 CC2E=1。

3. 强置输出模式

在输出模式（TIMx_CCMRx 寄存器中 CCxS=00）下，输出比较信号（OCxREF 和相应的 OCx）能够直接由软件强置为有效或无效状态，而不依赖于输出比较寄存器和计数器间的比较结果。置 TIMx_CCMRx 寄存器中相应的 OCxM=101，即可强置输出比较信号（OCxREF/OCx）为有效状态。这样，OCxREF 被强置为高电平（OCxREF 始终为高电平有效），同时 OCx 得到 CCxP 极性位相反的值。

例如，CCxP=0（OCx 高电平有效），则 OCx 被强置为高电平。置 TIMx_CCMRx 寄存器中的 OCxM=100，可强置 OCxREF 信号为低。在该模式下，TIMx_CCRx 影子寄存器和计数器之间的比较仍然在进行，相应的标志位也会被修改，因此仍然会产生相应的中断和 DMA 请求。

4．输出比较模式

此项功能是用来控制一个输出波形，或者指示一段给定的时间已经到时。

当计数器与捕获/比较寄存器的内容相同时，输出比较功能做如下操作。

1）将输出比较模式（TIMx_CCMRx 寄存器中的 OCxM 位）和输出极性（TIMx_CCER 寄存器中的 CCxP 位）定义的值输出到对应的引脚上。在比较匹配时，输出引脚可以保持它的电平（OCxM=000）、被设置成有效电平（OCxM=001）、被设置成无效电平 OCxM=010）或进行翻转（OCxM=011）。

2）设置中断状态寄存器中的标志位（TIMx_SR 寄存器中的 CCxIF 位）。

3）若设置了相应的中断屏蔽（TIMx_DIER 寄存器中的 CCxIE 位），则产生一个中断。

4）若设置了相应的使能位（TIMx_DIER 寄存器中的 CCxDE 位，TIMx_CR2 寄存器中的 CCDS 位选择 DMA 请求功能），则产生一个 DMA 请求。

输出比较模式的配置步骤如下。

1）选择计数器时钟（内部、外部、预分频器）。

2）将相应的数据写入 TIMx_ARR 和 TIMx_CCRx 寄存器中。

3）如果要产生一个中断请求和/或一个 DMA 请求，设置 CCxIE 位和/或 CCxDE 位。

4）选择输出模式，例如，当计数器 CNT 与 CCRx 匹配时翻转 OCx 的输出引脚，CCRx 预装载未用，开启 OCx 输出且高电平有效，则必须设置 OCxM=011 和 OCxPE=0、CCxP=0 和 CCxE=1。

5）设置 TIMx_CR1 寄存器的 CEN 位启动计数器。

TIMx_CCRx 寄存器能够在任何时候通过软件进行更新以控制输出波形，条件是未使用预装载寄存器（OCxPE=0，否则 TIMx_CCRx 影子寄存器只能在发生下一次更新事件时更新）。

5．PWM 输出模式

PWM 输出模式是一种特殊的输出模式，在电力、电子和电机控制领域有广泛应用。

（1）PWM 输出的实现

目前，在运动控制系统或电动机控制系统中实现 PWM 的方式主要有传统的数字电路、微控制器普通 I/O 模拟和微控制器的 PWM 直接输出等。

1）传统的数字电路方式：用传统的数字电路实现 PWM（如 555 定时器），电路设计较复杂，体积大，抗干扰能力差，系统的研发周期较长。

2）微控制器普通 I/O 模拟方式：对于微控制器中无 PWM 输出功能情况（如 51 单片机），可以通过 CPU 操控普通 I/O 接口来实现 PWM 输出。但这样实现 PWM 将消耗大量的时间，大大降低 CPU 的效率，而且得到的 PWM 的信号精度不高。

3）微控制器的 PWM 直接输出方式：对于具有 PWM 输出功能的微控制器，在进行简单的配置后即可在微控制器的指定引脚上输出 PWM 脉冲。这也是目前使用最多的 PWM 实现方式。

STM32F103 就是一款具有 PWM 输出功能的微控制器，除了基本定时器 TIM6 和 TIM7，其他的定时器都可以用来产生 PWM 输出。其中，高级定时器 TIM1 和 TIM8 可以同时产生多达 7 路的 PWM 输出，而通用定时器也能同时产生多达 4 路的 PWM 输出。STM32 最多可以同时产生 30 路 PWM 输出。

（2）PWM 输出模式的工作过程

STM32F103 微控制器脉冲宽度调制模式可以产生一个由 TIMx_ARR 寄存器确定频率、由 TIMx_CCRx 寄存器确定占空比的信号。其产生原理如图 7-12 所示。

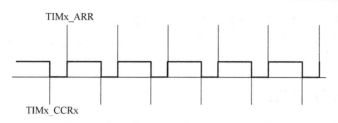

图 7-12　STM32F103 微控制器 PWM 产生原理

通用定时器 PWM 输出模式的工作过程如下。

1）若配置脉冲计数器 TIMx_CNT 为向上计数模式，自动重装载寄存器 TIMx_ARR 的预设为 N，则脉冲计数器 TIMx_CNT 的当前计数值 X 在时钟 CK_CNT（通常由 TIMACLK 经 TIMx_PSC 分频而得）的驱动下从 0 开始不断累加计数。

2）在脉冲计数器 TIMx_CNT 随着时钟 CK_CNT 触发进行累加计数的同时，脉冲计数 M_CNT 的当前计数值 X 与捕获/比较寄存器 TIMx_CCR 的预设值 A 进行比较：如果 $X<A$，输出高电平（或低电平）；如果 $X \geqslant A$，输出低电平（或高电平）。

3）当脉冲计数器 TIMx_CNT 的计数值 X 大于自动重装载寄存器 TIMx_ARR 的预设值 N 时，脉冲计数器 TIMx_CNT 的计数值清零并重新开始计数。如此循环往复，得到的 PWM 的输出信号周期为 $(N+1) \times$TCK_CNT。其中，N 为自动重装载寄存器 TIMx_ARR 的预设值，TCK_CNT 为时钟 CK_CNT 的周期。PWM 输出信号脉冲宽度为 $A \times$TCK_CNT，其中，A 为捕获/比较寄存器 TIMx_CCR 的预设值，TCK_CNT 为时钟 CK_CNT 的周期。PWM 输出信号的占空比为 $A/(N+1)$。

下面举例具体说明，当通用定时器被设置为向上计数，自动重装载寄存器 TIMx_ARR 的预设值是 8，4 个捕获/比较寄存器 TIMx_CCRx 分别设为 0、4、8 和大于 8 时，向上计数模式 PWM 输出时序图如图 7-13 所示。例如，在 TIMx_CCR=4 的情况下，当 TIMx_CNT<4 时，OCxREF 输出高电平；当 TIMx_CNT≥4 时，OCxREF 输出低电平，并在比较结果改变时触发 CCxIF 中断标志。此 PWM 的占空比为 4/(8+1)。

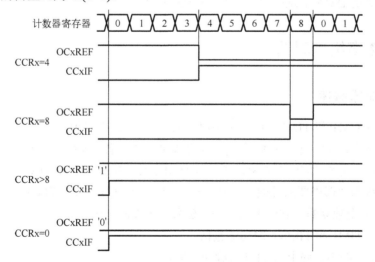

图 7-13　向上计数模式 PWM 输出时序图

需要注意的是，在 PWM 输出模式下，脉冲计数器 TIMx_CNT 的计数模式有向上计数、向下计数和向上/向下计数（中央对齐）3 种。以上仅介绍其中的向上计数方式，读者在掌握了通用定时器向上计数模式的 PWM 输出原理后，举一反三，通用定时器的其他两种计数模式的 PWM 输出也就容易推出了。

7.3.4 通用定时器的寄存器

下面列出了 STM32F103 通用定时器相关寄存器的名称。可以用半字（16 位）或字（32 位）的方式操作这些外设寄存器。由于是采用库函数方式编程，故不做进一步的探讨。

1）控制寄存器 1（TIMx_CR1）。

2）控制寄存器 2（TIMx_CR2）。

3）从模式控制寄存器（TIMx_SMCR）。

4）DMA/中断使能寄存器（TIMx_DIER）。

5）状态寄存器（TIMx_SR）。

6）事件产生寄存器（TIMx_EGR）。

7）捕获/比较模式寄存器 1（TIMx_CCMR1）。

8）捕获/比较模式寄存器 2（TIMx_CCMR2）。

9）捕获/比较使能寄存器（TIMx_CCER）。

10）计数器（TIMx_CNT）。

11）预分频器（TIMx_PSC）。

12）自动重装载寄存器（TIMx_ARR）。

13）捕获/比较寄存器 1（TIMx_CCR1）。

14）捕获/比较寄存器 2（TIMx_CCR2）。

15）捕获/比较寄存器 3（TIMx_CCR3）。

16）捕获/比较寄存器 4（TIMx_CCR4）。

17）DMA 控制寄存器（TIMx_DCR）。

18）连续模式的 DMA 地址寄存器（TIMx_DMAR）。

7.4 STM32 高级定时器

7.4.1 高级定时器概述

高级定时器（TIM1 和 TIM8）由一个 16 位的自动装载计数器组成，它由一个可编程的预分频器驱动，适合多种用途，包含测量输入信号的脉冲宽度（输入捕获），或者产生输出波形（输出比较、PWM、嵌入死区时间的互补 PWM 等）。使用定时器预分频器和 RCC 时钟控制预分频器，可以实现脉冲宽度和波形周期从几微秒到几毫秒的调节。高级定时器（TIM1 和 TIM8）和通用定时器（TIMx）是完全独立的，它们不共享任何资源，可以同步操作。

高级定时器（TIM1 和 TIM8）的功能包括：

1）16 位向上、向下、向上/下自动装载计数器。

2）16 位可编程（可以实时修改）预分频器，计数器时钟频率的分频系数为 1～65536 的任意数值。

3）多达 4 个独立通道：输入捕获、输出比较、PWM 生成（边缘或中间对齐模式）、单脉冲模式输出。

4）死区时间可编程的互补输出。

5）使用外部信号控制定时器和定时器互连的同步电路。

6）允许在指定数目的计数器周期之后更新定时器寄存器的重复计数器。

7）刹车输入信号可以将定时器输出信号置于复位状态或者一个已知状态。

8）如下事件发生时产生中断/DMA：

① 更新、计数器向上溢出/向下溢出、计数器初始化。

② 触发事件（计数器启动、停止、初始化或者由内部/外部触发计数）。

③ 输入捕获。

④ 输出比较。

⑤ 刹车信号输入。

9）支持针对定位的增量（正交）编码器和霍尔传感器电路。

10）触发输入作为外部时钟或者按周期的电流管理。

7.4.2　高级定时器的结构

STM32F103 高级定时器的内部结构要比通用定时器复杂一些，但其核心仍然与基本定时器、通用定时器相同，是一个由可编程的预分频器驱动的具有自动重装载功能的 16 位计数器。与通用定时器相比，STM32F103 高级定时器主要多了 BRK 和 DTG 两个结构，因而具有了死区时间的控制功能。

因为高级定时器的特殊功能在普通应用中一般较少使用，所以不作为本书讨论的重点，如需详细了解可以查阅 STM32 中文参考手册。

7.5　STM32 定时器的 HAL 库函数

7.5.1　基础定时器的 HAL 库函数

基础定时器只有定时这一个基本功能，在计数溢出时产生的 UEV 事件是基础定时器中断的唯一事件源。根据控制寄存器 TIMx_CR1 中 OPM（One Pulse Mode）位的设定值的不同，基础定时器有两种定时模式：连续定时模式和单次定时模式。

1）当 OPM 位是 0 时，定时器是连续定时模式，即计数器在发生 UEV 事件时不停止计数。所以，在连续定时模式下，可以产生连续的 UEV 事件，也就可以产生连续、周期性的定时中断。这是定时器默认的工作模式。

2）当 OPM 位是 1 时，定时器是单次定时模式，即计数器在发生下一次 UEV 事件时会停止计数。所以，在单次定时模式下，如果启用了 UEV 事件中断，在产生一次定时中断后，定时器就停止计数了。

1. 基础定时器主要函数

表 7-2 列出了基础定时器的一些主要的 HAL 库函数。所有定时器都具有定时功能，所以这些函数对于通用定时器、高级定时器也是适用的。

表 7-2 基础定时器的一些主要的 HAL 库函数

分组	函数名	功能描述
初始化	HAL_TIM_Base_Init ()	定时器初始化，设置各种参数和连续定时模式
	HAL_TIM_OnePulse_Init ()	将定时器配置为单次定时模式，需要先执行 HAL_TIM_-Base_Init()函数
	HAL_TIM_Base_MspInit ()	MSP 弱函数，在 HAL_TIM_Base_Init()里被调用，重新实现的这个函数一般用于定时器时钟使能和中断设置
启动和停止	HAL_TIM_Base_Start ()	以轮询工作方式启动定时器，不会产生中断
	HAL_TIM_Base_Stop ()	停止轮询工作方式的定时器
	HAL_TIM_Base_Start_IT ()	以中断工作方式启动定时器，发生 UEV 事件时产生中断
	HAL_TIM_Base_Stop_IT ()	停止中断工作方式的定时器
	HAL_TIM_Base_Start_DMA ()	以 DMA 工作方式启动定时器
	HAL_TIM_Base_Stop_DMA ()	停止 DMA 工作方式的定时器
获取状态	HAL_TIM_Base_GetState ()	获取基础定时器的当前状态

（1）定时器初始化

函数 HAL_TIM_Base_Init()对定时器的连续定时工作模式和参数进行初始化设置。其原型定义为

```
HAL_StatusTypeDef   HAL_TIM_Base_Init(TIM_HandleTypeDef   *htim);
```

其中，参数*htim 是定时器外设对象指针，是 TIM_HandleTypeDef 结构体类型指针，这个结构体类型的定义在文件 stm32f1xx_hal_tim.h 中，其定义如下，各成员变量的意义见注释。

```
typedef struct
{
    TIM_Typedef                 *Instance；    //定时器的寄存器基址
    TIM_Base_InitTypeDef        Init；         //定时器参数
    HAL_TIM_ActiveChannel       Channel；      //当前通道
    DMA_HandleTypeDef           *hdma[7]；      //DMA 处理相关数组
    HAL_LockTypeDef             Lock；         //是否锁定
    __IO HAL_TIM_StateTypeDef   State；        //定时器的工作状态
} TIM_HandleTypeDef;
```

其中，*Instance 是定时器的寄存器基址，用于表示具体是哪个定时器；Init 是定时器的各种参数，是一个结构体类型 TIM_Base_InitTypeDef，这个结构体的定义如下，各成员变量的意义见注释。

```
typedef struct
{
    uint32_t  Prescaler；           //预分频系数
    uint32_t  CounterMode；         //计数模式：递增、递减、递增/递减
    uint32_t  Period；              //计数周期
    uint32_t  ClockDivision；       //内部时钟分频，基本定时器无此参数
    uint32_t  RepetitionCounter；   //重复计数器值，用于 PWM 模式
    uint32_t  AutoReloadPreload；   //是否开启寄存器 TIMx_ARR 的缓存功能
}TIM_Base_InitTypeDef;
```

要初始化定时器，一般是先定义一个 TIM_HandleTypeDef 类型的变量表示定时器，对其各个成员变量赋值，然后调用函数 HAL_TIM_Base_Init()进行初始化。定时器的初始化设置可以在 STM32CubeMX 里通过视窗操作完成，从而自动生成初始化函数代码。

函数 HAL_TIM_Base_Init() 会调用 MSP 函数 HAL_TIM_Base_MspInit()，这是一个弱函数，在 STM32CubeMX 生成的定时器初始化程序文件里会重新实现这个函数，用于开启定时器的时钟、设置定时器的中断优先级。

（2）配置为单次定时模式

定时器默认工作于连续定时模式，如果要配置定时器工作于单次定时模式，在调用定时器初始化函数 HAL_TIM_Base_Init() 之后，还需要用函数 HAL_TIM_OnePulse_Init() 将定时器配置为单次模式。其原型定义为

HAL_StatusTypeDef HAL_TIM_OnePulse_Init(TIM_HandleTypeDef *htim, uint32_t OnePulseMode)

其中，参数 htim 是定时器对象指针，参数 OnePulseMode 是产生脉冲的方式，有两种宏定义常量可作为该参数的取值。

① TIM_OPMODE_SINGLE，单次模式，就是将控制寄存器 TIMx_CR1 中的 OPM 位置 1。

② TIM_OPMODE_REPETITIVE，重复模式，就是将控制寄存器 TIMx_CR1 中的 OPM 位置 0。

函数 HAL_TIM_OnePulse_Init() 其实是用于定时器单脉冲模式的一个函数。单脉冲模式是定时器输出比较功能的一种特殊模式，在定时器的 HAL 驱动程序中，有一组以"HAL_TIM_OnePulse"为前缀的函数，它们是专门用于定时器输出比较的单脉冲模式的。

在配置定时器的定时工作模式时，使用函数 HAL_TIM_OnePulse_Init() 将控制寄存器 TIMx_CR1 中的 OPM 位置 1，从而将定时器配置为单次定时模式。

（3）启动和停止定时器

定时器有 3 种启动和停止方式，对应于表 7-2 中的 3 组函数。

① 轮询方式。以函数 HAL_TIM_Base_Start() 启动定时器后，定时器会开始计数，计数溢出时会产生 UEV 事件标志，但是不会触发中断。用户程序需要不断地查询计数值或 UEV 事件标志来判断是否发生了计数溢出。

② 中断方式。以函数 HAL_TIM_Base_Start_IT() 启动定时器后，定时器会开始计数，计数溢出时会产生 UEV 事件，并触发中断。用户在中断 ISR 里进行处理即可。这是定时器最常用的处理方式。

③ DMA 方式。以函数 HAL_TIM_Base_Start_DMA() 启动定时器后，定时器会开始计数，计数溢出时会产生 UEV 事件，并产生 DMA 请求。DMA 会在第 12 章专门介绍，DMA 一般用于需要进行高速数据传输的场合，定时器一般用不着 DMA 功能。

实际使用定时器的周期性连续定时功能时，一般使用中断方式。函数 HAL_TIM_Base_Start_IT() 的原型定义为

HAL_StatusTypeDef HAL_TIM_Base_Start_IT(TIM_HandleTypeDef *htim);

其中，参数 *htim 是定时器对象指针。其他几个启动和停止定时器的函数参数与此相同。

（4）获取定时器运行状态

函数 HAL_TIM_Base_GetState() 用于获取定时器的运行状态。其原型定义为

HAL_TIM_StateTypeDef HAL_TIM_Base_GetState(TIM_HandleTypeDef *htim);

该函数的返回值是枚举类型 HAL_TIM_StateTypeDef，表示定时器的当前状态。这个枚举类型的定义如下，各枚举常量的意义见注释。

```
typedef enum
{
    HAL_TIM_STATE_RESET      =0x00U,       /* 定时器还未被初始化，或被禁用了*/
    HAL_TIM_STATE_READY      =0x01U,       /* 定时器已经初始化，可以使用了*/
    HAL_TIM_STATE_BUSY       = 0x02U,      /* 一个内部处理过程正在执行*/
    HAL_TIM_STATE_TIMEOUT    =0x03U,       /* 定时到期（Timeout）状态 */
    HAL_TIM_STATE_ERROR      =0x04U        /* 发生错误，Reception 过程正在运行*/
}HAL_TIM_StateTypeDef;
```

2. 其他通用操作函数

文件 stm32f1xx_hal_tim.h 中还定义了定时器操作的一些通用函数，这些函数都是宏函数，直接操作寄存器，所以主要用于在定时器运行时直接读取或修改某些寄存器的值，如修改定时周期、重新设置预分频系数等，见表 7-3。表中寄存器名称用了前缀"TIMx_"，其中的 x 可以用具体的定时器编号替换，例如，TIMx_CR1 表示 TIM6_CR1、TIM7_CR1 或 TIM9_CR1 等。

表 7-3 部分定时器操作通用函数

函数名	功能描述
__HAL_TIM_ENABLE ()	启用某个定时器，就是将定时器控制寄存器 TIMx_CR1 的 CEN 位置 1
__HAL_TIM_DISABLE ()	禁用某个定时器
__HAL_TIM_GET_COUNTER ()	在运行时读取定时器的当前计数值，就是读取 TIMx_CNT 寄存器的值
__HAL_TIM_SET_COUNTER ()	在运行时设置定时器的计数值，就是设置 TIMx_CNT 寄存器的值
__HAL_TIM_GET_AUTORELOAD ()	在运行时读取自重载寄存器 TIMx_ARR 的值
__HAL_TIM_SET_AUTORELOAD ()	在运行时设置自重载寄存器 TIMx_ARR 的值，并改变定时的周期
__HAL_TIM_SET_PRESCALER ()	在运行时设置预分频系数，就是设置预分频寄存器 TIMx_PSC 的值

这些函数都需要一个定时器对象指针作为参数，例如，启用定时器的函数定义为

#define _HAL_TIM_ENABLE(__HANDLE_) ((__HANDLE_)->Intendance->CR1|=(TIM_CR1 CR1_CEN))

其中，参数__HANDLE_是表示定时器对象的指针，即 TIM_HandleTypeDef 类型的指针。

该函数的功能就是将定时器的 TIMx_CR1 寄存器的 CEN 位置 1。这个函数的使用示例如下。

```
TIM_HandleTypeDef htim6;       //定时器 TIM6 的外设对象变量
__HAL_TIM_ENABLE(&htim6);
```

读取寄存器的函数会返回一个数值，例如，读取当前计数值的函数定义为

#define_HAL_TIM_GET_COUNTER(_HANDLE_)   ((_HANDLE_)->Instance->CNT)

其返回值就是寄存器 TIMx_CNT 的值。

有的定时器是 32 位的，有的是 16 位的，实际使用时用 uint32_t 类型的变量来存储函数返回值即可。

设置某个寄存器的值的函数有两个参数，例如，设置当前计数值的函数的定义为

#define __HAL_TIM_SET_COUNTER(__HANDLE_,__COUNTER_) ((__HANDLE_)->Instance->CNT=(__COUNTER_))

其中，参数__HANDLE_是定时器的指针，参数__COUNTER_是需要设置的值。

3. 中断处理

定时器中断处理相关函数见表 7-4。这些函数对所有定时器都是适用的。

表 7-4　定时器中断处理相关函数

函数名	函数功能描述
__HAL_TIM_ENABLE_IT ()	启用某个事件的中断，就是将中断使能寄存器 TIMx_DIER 中相应事件位置 1
__HAL_TIM_DISABLE_IT ()	禁用某个事件的中断，就是将中断使能寄存器 TIMx_DIER 中相应事件位置 0
__HAL_TIM_GET_FLAG ()	判断某个中断事件源的中断挂起标志位是否被置位，即读取状态寄存器 TIMx_SR 中相应的中断事件位是否置 1，返回值为 TRUE 或 FALSE
__HAL_TIM_CLEAR_FLAG ()	清除某个中断事件源的中断挂起标志位，即将状态寄存器 TIMx_SR 中相应的中断事件位清零
__HAL_TIM_CLEAR_IT ()	与 __HAL_TIM_CLEAR_FLAG()的代码和功能完全相同
__HAL_TIM_GET_IT_SOURCE ()	查询是否允许某个中断事件源产生中断，即检查中断使能寄存器 TIMx_DIER 中相应事件位是否置 1，返回值为 SET 或 RESET
HAL_TIM_IRQHandler ()	定时器中断的 ISR 里调用的定时器中断通用处理函数
HAL_TIM_PeriodElapsedCallback ()	弱函数，UEV 事件中断的回调函数

每个定时器都只有一个中断号，也就是只有一个 ISR。基础定时器只有一个中断事件源，即 UEV 事件，但是通用定时器和高级定时器有多个中断事件源。在定时器的 HAL 驱动程序中，每一种中断事件对应一个回调函数，HAL 驱动程序会自动判断中断事件源，清除中断事件挂起标志，然后调用相应的回调函数。

（1）中断事件类型

文件 stm32f1xx_hal_tim.h 中定义了表示定时器中断事件类型的宏。

```
#define   TIM_IT_UPDATE   TIM_DIER_UIE       //更新中断（Update interrupt）
#define   TIM_IT_CC1   TIM_DIER_CC1IE         //捕获/比较 1 中断（Capture/Compare 1 interrupt）
#define   TIM_IT_CC2   TIM_DIER_CC2IE         //捕获/比较 2 中断（Capture/Compare 2 interrupt）
#define   TIM_IT_CC3   TIM_DIER_CC3IE         //捕获/比较 3 中断（Capture/Compare 3 interrupt）
#define   TIM_IT_CC4   TIM_DIER_CC4IE         //捕获/比较 4 中断（Capture/Compare 4 interrupt）
#define   TIM_IT_COM   TIM_DIER_COMIE         //换相中断（Commutation interrupt）
#define   TIM_IT_TRIGGER   TIM_DIER_TIE       //触发中断（Trigger interrupt）
#define   TIM_IT_BREAK   TIM_DIER_BIE         //断路中断（Break interrupt）
```

这些宏定义实际上是定时器的中断使能寄存器（TIMx_DIER）中相应位的掩码。基础定时器只有一个中断事件源，即 TIM_IT_UPDATE，其他中断事件源是通用定时器或高级定时器才有的。

表 7-4 中的一些宏函数需要以中断事件类型作为输入参数，就是用以上的中断事件类型的宏定义。例如，函数 __HAL_TIM_ENABLE_IT()的功能是开启某个中断事件源，也就是在发生这个事件时允许产生定时器中断，否则只是发生事件而不会产生中断。该函数的定义为

```
#define __HAL_TIM_ENABLE_IT(__HANDLE__,__INTERRUPT__) ((__HANDLE__)->Instance->DIER|=
(__INTERRUPT__))
```

其中，参数 __HANDLE__ 是定时器对象指针，__INTERRUPT__ 就是某个中断类型的宏定义。这个函数的功能就是将中断使能寄存器（TIMx_DIER）中对应中断事件 __INTERRUPT__ 的位置 1，从而开启该中断事件源。

（2）定时器中断处理流程

每个定时器都只有一个中断号，也就是只有一个 ISR。STM32CubeMX 生成代码时，会在文件 stm32f1xx_it .c 中生成定时器中断 ISR 的代码框架。例如，TIM6 的 ISR 代码为

```
void TIM6_DAC_IRQHandler(void)
{
    /* USER CODE BEGIN TIM6_DAC_IRQn 0 */
```

```
              /* USER CODE END TIM6_DAC_IRQn 0 */
              HAL_TIM_IRQHandler(&htim6);
              /* USER CODE BEGIN TIM6_DAC_IRQn 1 */
              /* USER CODE END TIM6_DAC_IRQn 1 */
          }
```

其实，所有定时器的 ISR 代码与此类似，都是调用函数 HAL_TIM_IRQHandler()，只是传递了各自的定时器对象指针，这与第 6 章的 EXTI 中断的 ISR 的处理方式类似。

所以，函数 HAL_TIM_IRQHandler()是定时器中断通用处理函数。跟踪分析这个函数的源代码，发现它的功能就是判断中断事件源、清除中断挂起标志位、调用相应的回调函数。例如，该函数里判断中断事件是否是 UEV 事件的代码如下：

```
/*TIM Update event */
If(__HAL_TIM_GET_FLAG(htim,TIM_FLAG_UPDATE)!= RESET)   //事件的中断挂起标志位是否置位
{
   If(__HAL_TIM_GET_IT_SOURCE(htim,TIM_IT_UPDATE)!= RESET) //事件的中断是否已开启
   {
      __HAL_TIM_CLEAR_IT(htim, TIM_IT_UPDATE);            //清除中断挂起标志位
      HAL_TIM_PeriodElapsedCallback(htim);               //执行事件的中断回调函数
   }
}
```

可以看到，它先调用函数__HAL_TIM_GET_FLAG()判断 UEV 事件的中断挂起标志位是否被置位，再调用函数__HAL_TIM_GET_IT_SOURCE()判断是否已开启了 UEV 事件源中断。如果这两个条件都成立，说明发生了 UEV 事件中断，就调用函数__HAL_TIM_CLEAR_IT()清除 UEV 事件的中断挂起标志位，再调用 UEV 事件中断对应的回调函数 HAL_TIM_PeriodElapsedCallback()。

所以，用户要做的事情就是重新实现回调函数 HAL_TIM_PeriodElapsedCallback()，在定时器发生 UEV 事件中断时做相应的处理。判断中断是否发生、清除中断挂起标志位等操作都由 HAL 库函数完成。这大大简化了中断处理的复杂度，特别是在一个中断号有多个中断事件源时。

基础定时器只有一个 UEV 中断事件源，只需重新实现回调函数 HAL_TIM_PeriodElapsed Callback()即可。通用定时器和高级定时器有多个中断事件源，对应不同的回调函数。

7.5.2 外设的中断处理概念小结

每一种外设的 HAL 驱动程序头文件中都定义了一些以 "__HAL" 开头的宏函数，这些宏函数直接操作寄存器，几乎每一种外设都有表 7-5 中的宏函数。这些函数分为 3 组，操作 3 个寄存器。一般的外设都有这样 3 个独立的寄存器，也有将功能合并的寄存器，所以，这里的 3 个寄存器是概念上的。在表 7-5 中，用 "×××" 表示某种外设。

搞清楚表 7-5 中涉及的寄存器和宏函数的功能，对于理解 HAL 库的代码和运行原理，从而灵活使用 HAL 库是很有帮助的。

表 7-5　一般外设都定义的宏函数及其功能

寄存器	宏函数	功能描述	示例函数
外设控制 寄存器	__HAL_XXX_ENABLE()	启用某个外设×××	__HAL_TIM_ENABLE()
	__HAL_XXX_DISABLE()	禁用某个外设×××	__HAL_XXX_DISABLE()

（续）

寄存器	宏函数	功能描述	示例函数
中断使能 寄存器	__HAL_XXX_ENABLE_IT()	允许某个事件触发硬件中断，就是将中断使能寄存器中对应的事件使能控制位置 1	__HAL_XXX_ENABLE_IT()
	__HAL_TIM_DISABLE_IT()	允许某个事件触发硬件中断，即将中断使能寄存器中对应的事件使能控制位置 0	__HAL_TIM_DISABLE_IT()
	__HAL_XXX_GET_IT_SOURCE()	判断某个事件的中断是否开启，即检查中断使能寄存器中相应事件使能控制位是否置 1，返回值为 SET 或 RESET	__HAL_TIM_GET_IT_SOURCE()
状态 寄存器	__HAL_XXX_GET_FLAG()	判断某个事件的挂起标志位是否被置位，返回值为 TRUE 或 FALSE	__HAL_TIM_GET_FLAG()
	__HAL_TIM_CLEAR_FLAG()	清除某个事件的挂起标志位	__HAL_TIM_CLEAR_FLAG()
	__HAL_XXX_CLEAR_IT()	与 _HAL_XXX_CLEAR_FLAG() 的代码和功能相同	__HAL_TIM_CLEAR_IT()

1．外设控制寄存器

外设控制寄存器中有用于控制外设启用或禁用的位，通过函数_HAL_XXX_ENABLE()启用外设，使用函数__HAL_XXX_DISABLE()禁用外设。一个外设被禁用后就停止工作了，也就不会产生中断了。例如，定时器 TIM6 的控制寄存器 TIM46_CR1 的 CEN 位就是控制 TIM6 定时器是否工作的位。通过函数__HAL_TIM_DISABLE()和__HAL_TIM_ENABLE()就可以操作这个位，从而停止或启用 TIM6。

2．中断使能寄存器

外设的一个硬件中断号可能有多个中断事件源，例如，通用定时器的硬件中断就有多个中断事件源。外设有一个中断使能控制寄存器，用于控制每个事件发生时是否触发硬件中断。一般情况下，每个中断事件源在中断使能寄存器中都有一个对应的事件中断使能控制位。例如，定时器 TIM6 的中断使能寄存器 TIM6_DIER 的 UIE 位是 UEV 事件的中断使能控制位。如果 UIE 位被置 1，定时溢出时产生 UEV 事件会触发 TIM6 的硬件中断，执行硬件中断的 ISR；如果 UIE 位被置 0，定时溢出时仍然会产生 UEV 事件（也可通过寄存器配置是否产生 UEV 事件，这里假设配置为允许产生 UEV 事件），但是不会触发 TIM6 的硬件中断，也就不会执行 ISR。

对于每一种外设，HAL 驱动程序都为其中断使能寄存器中的事件中断使能控制位定义了宏，实际上就是这些位的掩码。例如，定时器的事件中断使能控制位宏定义为

```
#define  TIM_IT_UPDATE   TIM_DIER_UIE     //更新中断（Update interrupt）
#define  TIM_IT_CC1      TIM_DIER_CC1IE   //捕获/比较 1 中断（Capture/Compare 1 interrupt）
#define  TIM_IT_CC2      TIM_DIER_CC2IE   //捕获/比较 2 中断（Capture/Compare 2 interrupt）
#define  TIM_IT_CC3      TIM_DIER_CC3IE   //捕获/比较 3 中断（Capture/Compare 3 interrupt）
#define  TIM_IT_CC4      TIM_DIER_CC4IE   //捕获/比较 4 中断（Capture/Compare 4 interrupt）
#define  TIM_IT_COM      TIM_DIER_COMIE   //换相中断（Commutation interrupt）
#define  TIM_IT_TRIGGER  TIM_DIER_TIE     //触发中断（Trigger interrupt）
#define  TIM_IT_BREAK    TIM_DIER_BIE     //断路中断（Break interrupt）
```

函数__HAL_XXX_ENABLE_IT()和__HAL_XXX_DISABLE_IT()用于将中断使能寄存器中的事件中断使能控制位置位或复位，从而允许或禁止某个事件源产生硬件中断。

函数__HAL_XXX_GET_IT_SOURCE()用于判断中断使能寄存器中某个事件使能控制位是否被置位，也就是判断这个事件源是否被允许产生硬件中断。

当一个外设有多个中断事件源时，将外设的中断使能寄存器中的事件中断使能控制位的宏定

义作为中断事件类型定义。例如，定时器的中断事件类型就是前面定义的宏 TIM_IT_UPDATE、TIM_IT_CC1、TIM_IT_CC2 等，这些宏可以作为 __HHAL_XXX_ENABLE_IT(HANDLE_, __INTERRUPT_)等宏函数中参数__INTERRUPT_的取值。

3．状态寄存器

状态寄存器中有表示事件是否发生的事件更新标志位，当事件发生时，标志位被硬件置 1，需要软件清零。例如，定时器 TIM6 的状态寄存器 TIM6_SR 中有一个 UIF 位，当定时溢出发生 UEV 事件时，UIF 位被硬件置 1。

注意，即使外设的中断使能寄存器中某个事件的中断使能控制位被置 0，事件发生时也会使状态寄存器中的事件更新标志位置 1，只是不会产生硬件中断。例如，用函数 HAL_TIM_Base_Start()以轮询方式启动定时器 TIM6 之后，发生 UEV 事件时状态寄存器 TIM6_SR 中的 UIF 位会被硬件置 1，但是不会产生硬件中断，用户程序需要不断地查询状态寄存器 TIM6_SR 中的 UIF 位是否被置 1。

如果在中断使能寄存器中允许事件产生硬件中断，事件发生时，状态寄存器中的事件更新标志位会被硬件置 1，并且触发硬件中断，系统会执行硬件中断的 ISR。所以，一般将状态寄存器中的事件更新标志位称为事件中断标志位（Interrupt Flag）。在响应完事件中断后，用户需要用软件将事件中断标志位清零。例如，用函数 HAL_TIM_Base_Start_IT()以中断方式启动定时器 TIM6 之后，发生 UEV 事件时，状态寄存器 TIM6_SR 中的 UIF 位会被硬件置 1，并触发硬件中断，执行 TIM6 硬件中断的 ISR。在 ISR 里处理完中断后，用户需要调用函数__HAL_TIM_CLEAR_FLAG()将 UEV 事件中断标志位清零。

一般情况下，一个中断事件类型对应一个事件中断标志位，但也有一个事件类型对应多个事件中断标志位的情况。例如，下面是定时器的事件中断标志位宏定义，它们可以作为宏函数__HAL_TIM_CLEAR_FLAG（__HANDLE_,__FLAG_）中参数__FLAG_的取值。

```
#define TIM_FLAG_UPDATE     TIM_SR_UIF      /*! <更新中断标志*/
#define TIM_FLAG_CC1        TIM_SR_CC1IF    /*! <捕获/比较器 1 中断标志*/
#define TIM_FLAG_CC2        TIM_SR_CC2IF    /*! <捕获/比较器 2 中断标志*/
#define TIM_FLAG_CC3        TIM_SR_CC3IF    /*! <捕获/比较器 3 中断标志*/
#define TIM_FLAG_CC4        TIM_SR_CC4IF    /*! <捕获/比较器 4 中断标志*/
#define TIM_FLAG_COM        TIM_SR_COMIF    /*! <通信中断标志*/
#define TIM_FLAG_TRIGGER    TIM_SR_TIF      /*! <触发中断标志*/
#define TIM_FLAG_BREAK      TIM_SR_BIF      /*! <终止中断标志*/
#define TIM_FLAG_CC10F      TIM_SR_CC10F    /*! <捕获 1 过捕获标志*/
#define TIM_FLAG_CC20F      TIM_SR_CC20F    /*! <捕获 2 过捕获标志*/
#define TIM_FLAG_CC30F      TIM_SR_CC30F    /*! <捕获 3 过捕获标志*/
#define TIM_FLAG_CC40F      TIM_SR_CC40F    /*! <捕获 4 过捕获标志*/
```

当一个硬件中断有多个中断事件源时，在中断响应 ISR 中，用户需要先判断具体是哪个事件引发了中断，再调用相应的回调函数进行处理。一般用函数__HAL_XXX_GET_FLAG()判断某个事件中断标志位是否被置位。调用中断处理回调函数之前或之后要调用函数__HAL_XXX_CLEAR_FLAG()清除中断标志位，这样硬件才能响应下次的中断。

4．中断事件对应的回调函数

在 STM32Cube 编程方式中，STM32CubeMX 为每个启用的硬件中断号生成 ISR 代码框架，ISR 里调用 HAL 库中外设的中断处理通用函数。例如，定时器的中断处理通用函数是 HAL_TIM_IRQHandler()。在中断处理通用函数里，再判断引发中断的事件源、清除事件的中断标志位、调用事件处理回调函数。例如，函数 HAL_TIM_IRQHandler()中判断是否由 UEV 事件（中断事件类型宏 TIM_IT_UPDATE，事件中断标志位宏 TIM_FLAG_UPDATE）引发中断并进行处理的代码如下：

```
void HAL_TIM_IRQHandler(TIM_HandleTypeDef *htim)
{
    /* 省略其他代码 */
    /* TIM Update event */
    if(_HAL_TIM_GET_FLAG(htim,TIM_FLAG_UPDATE)!=RESET)//事件的中断标志是否置位
    {
        if(_HAL_TIM_GET_IT_SOURCE(htim,TIM_IT_UPDATE)!=RESET) //是否允许该事件中断
        {
            _HAL_TIM_CLEAR_IT(htim,TIM_IT_UPDATE);          //清除中断标志位
            HAL_TIM_PeriodElapsedCallback(htim);            //执行事件的中断回调函数
        }
    }
    /*省略其他代码*/
}
```

当一个外设的硬件中断有多个中断事件源时，主要的中断事件源一般对应一个中断处理回调函数。用户要对某个中断事件进行处理，只需要重新实现对应的回调函数就可以了。本书后面介绍各种外设时，会具体介绍外设的中断事件源和对应的回调函数。

但要注意的是，不一定外设的所有中断事件源有对应的回调函数，例如，USART 接口的某些中断事件源就没有对应的回调函数。另外，HAL 库中的回调函数也不全都是用于中断处理的，也有一些其他用途的回调函数。

7.6　采用 STM32CubeMX 和 HAL 库的定时器应用实例

7.6.1　STM32 的通用定时器配置流程

通用定时器具有多种功能，其原理大致相同，但流程有所区别。以使用中断方式为例，主要包括 3 部分，即 NVIC 设置、TIM 中断配置，以及定时器中断服务程序。

对每个步骤通过库函数的实现方式来描述。定时器相关的库函数主要集中在 HAL 库文件 stm32f1xx_hal_tim.h 和 stm32f1xx_hal_tim.c 文件中。

定时器的配置步骤如下。

1）TIM3 时钟使能。

在 HAL 库中，定时器使能是通过宏定义标识符来实现对相关寄存器操作的，方法为

```
_HAL_RCC_TIM3_CLK_ENABLE(); //使能 TIM3 时钟
```

2）初始化定时器参数，设置自动重装载值、分频系数、计数方式等。

在 HAL 库中，定时器的初始化参数是通过定时器初始化函数 HAL_TIM_Base_Init()实现的：

```
HAL_StatusTypeDef HAL_TIM_Base_Init(TIM_HandleTypeDef   *htim);
```

该函数只有一个入口参数，就是 TIM_HandleTypeDef 类型结构体指针。该结构体的定义为

```
typedef struct
{
```

```
        TIM_TypeDef                      *Instance;
        TIM_Base_InitTypeDef             Init;
        HAL_TIM_ActiveChannel            Channel;
        DMA_HandleTypeDef                *hdma[7];
        HAL_LockTypeDef                  Lock;
        __IO HAL_TIM_StateTypeDef        State;
    }TIM_HandleTypeDef;
```

第 1 个参数*Instance 是寄存器基地址。和串口、看门狗等外设一样，一般外设的初始化结构体定义的第一个成员变量都是寄存器基地址。这些在 HAL 库中都已定义好。例如要初始化串口 1，那么将 Instance 的值设置为 TIM1 即可。

第 2 个参数 Init 为真正的初始化结构体 TIM_Base_InitTypeDef 类型。该结构体的定义为

```
    typedef struct
    {
        uint32_t  Prescaler;          //预分频系数
        uint32_t  CounterMode;        //计数方式
        uint32_t  Period;             //自动装载值  ARR
        uint32_t  ClockDivision;      //时钟分频因子
        uint32_t  RepetitionCounter;
    } TIM_Base_InitTypeDef;
```

该初始化结构体中，参数 Prescaler 用来设置分频系数；参数 CounterMode 用来设置计数方式，可以设置为向上计数、向下计数方式，还有向上/向下计数方式，比较常用的是向上计数模式（TIM_CounterMode_Up）和向下计数模式（TIM_CounterMode_Down）；参数 Period 是设置自动重载计数周期值；参数 ClockDivision 是用来设置时钟分频系数，也就是定时器时钟频率（CK_INT）与数字滤波器所使用的采样时钟之间的分频比；参数 RepetitionCounter 用来设置重复计数器寄存器的值，用在高级定时器中。

第 3 个参数 Channel 用来设置活跃通道。每个定时器最多有 4 个通道可以用作输出比较、输入捕获等功能之用。这里的 Channel 就是用来设置活跃通道的，取值范围为 HAL_TIM_ACTIVE_CHANNEL_1～HAL_TIM_ACTIVE_CHANNEL_4。

第 4 个参数 hdma 在定时器的 DMA 功能中用到，这里暂时不讲解。

第 5 个参数 Lock 和 State，是状态过程标识符，是 HAL 库用来记录和标志定时器处理过程的。

定时器初始化范例如下：

```
    TIM_HandleTypeDef TIM3_Handler;      //定时器句柄
    TIM3_Handler.Instance=TIM3;          //通用定时器 3
    TIM3_Handler.Init.Prescaler=7199;    //分频系数
    TIM3_Handler.Init.CounterMode=TIM_COUNTERMODE_UP;      //向上计数器
    TIM3_Handler.Init.Period=4999;       //自动装载值
    TIM3_Handler.Init.ClockDivision=TIM_CLOCKDIVISION_DIV1;  //时钟分频系数
    HAL_TIM_Base_Init(&TIM3_Handler);
```

3）使能定时器更新中断，使能定时器。

在 HAL 库中，使能定时器更新中断和使能定时器两个操作可以在函数 HAL_TIM_Base_Start_IT()中一次完成。该函数的定义为

```
    HAL_StatusTypeDef HAL_TIM_Base_Start_IT(TIM_HandleTypeDef *htim);
```

该函数非常好理解，只有一个入口参数。调用该定时器之后，会首先调用__HAL_TIM_

ENABLE_IT()宏定义使能更新中断，然后调用宏定义__HAL_TIM_ENABLE()使能相应的定时器。下面分别是单独使能/关闭定时器中断和使能/关闭的定时器方法。

```
__HAL_TIM_ENABLE_IT(htim, TIM_IT_UPDATE);        //使能句柄指定的定时器更新中断
__HAL_TIM_DISABLE_IT (htim, TIM_IT_UPDATE);      //关闭句柄指定的定时器更新中断
__HAL_TIM_ENABLE(htim);                          //使能句柄 htim 指定的定时器
__HAL_TIM_DISABLE(htim);                         //关闭句柄 htim 指定的定时器
```

4）TIM3 中断优先级设置。

在定时器中断使能之后，因为要产生中断，必然要设置 NVIC 相关寄存器，设置中断优先级。之前多次讲解过中断优先级的设置，这里不再赘述。

和串口等其他外设一样，HAL 库为定时器初始化定义了回调函数 HAL_TIM_Base_MspInit()。一般情况下，与 MCU 有关的时钟使能及中断优先级配置都会放在该回调函数内部。

函数的定义为

```
void HAL_TIM_Base_MspInit(TIM_HandleTypeDef *htim);
```

对于回调函数，这里不做过多讲解，只需要重写这个函数即可。

5）编写中断服务函数。

最后，还要编写定时器中断服务函数，通过该函数来处理定时器产生的相关中断。通常情况下，在中断产生后，通过状态寄存器的值来判断此次产生的中断属于什么类型，然后执行相关的操作。这里以更新（溢出）中断为例，对应的是状态寄存器 SR 的最低位，在处理完中断之后应该向 TIM3_SR 的最低位写 0，来清除该中断标志。

与串口一样，对于定时器中断，HAL 库同样封装了处理过程。这里以定时器 3 的更新中断为例进行讲解。

首先，中断服务函数是不变的，定时器 3 的中断服务函数为

```
TIM3_IRQHandler();
```

一般情况下是在中断服务函数内部编写中断控制逻辑，但是 HAL 库定义了新的定时器中断共用处理函数 HAL_TIM_IRQHandler()，在每个定时器的中断服务函数内部会调用该函数。该函数的定义为

```
void HAL_TIM_IRQHandler(TIM_HandleTypeDef *htim);
```

在函数 HAL_TIM_IRQHandler()内部，会对相应的中断标志位进行详细判断，确定中断来源后，自动清掉该中断标志位，同时调用不同类型中断的回调函数。所以，中断控制逻辑只用编写在中断回调函数中，并且中断回调函数中不需要清中断标志位。

例如，定时器更新中断回调函数为

```
void HAL_TIM_PeriodElapsedCallback(TIM_HandleTypeDef *htim);
```

与串口中断回调函数一样，只需要重写该函数即可。对于其他类型中断，HAL 库同样提供了几个不同的回调函数。这里列出常用的几个回调函数：

```
void HAL_TIM_PeriodElapsedCallback(TIM_HandleTypeDef *htim);       //更新中断
void HAL_TIM_OC_DelayElapsedCallback(TIM_HandleTypeDef *htim);     //输出比较
void HAL_TIM_IC_CaptureCallback(TIM_HandleTypeDef *htim);          //输入捕获
void HAL_TIM_TriggerCallback(TIM_HandleTypeDef *htim);            //触发中断
```

7.6.2 定时器应用的硬件设计

本实例用到的硬件资源有指示灯 DS0 和 DS1、定时器 TIM3。通过 TIM3 的中断来控制 DS1 的亮灭，DS1 是直接连接到 PE5 上的。TIM3 属于 STM32 的内资源，只需要软件设置即可正常工作。

7.6.3 定时器应用的软件设计

编写两个定时器驱动文件 bsp_TiMbase.h 和 bsp_TiMbase.h，用来配置定时器中断优先级和初始化定时器。

编程要点：

1）开定时器时钟 TIMx_CLK，x[6,7]。

2）初始化时基初始化结构体。

3）使能 TIMx，x[6,7]update 中断。

4）打开定时器。

5）编写中断服务程序。

通用定时器和高级定时器的定时编程要点与基本定时器差不多，只是还要再选择计数器的计数模式，是向上还是向下。因为基本定时器只能向上计数，且没有配置计数模式的寄存器，默认是向上。

1. 通过 STM32CubeMX 新建工程

（1）新建文件夹

在 Demo 目录下新建文件夹 TIMER，这是保存本节新建工程的文件夹。

（2）新建 STM32CubeMX 工程

在 STM32CubeMX 开发环境中新建工程。

（3）选择 MCU 或开发板

在 Commercial Part Number 搜索框和 MCUs/MPUs List 列表框中选择 STM32F103ZET6，单击 Start Project 按钮启动工程。

（4）保存 STM32Cube MX 工程

使用 STM32CubeMX 菜单项 File→Save Project 保存工程。

（5）生成报告

使用 STM32CubeMX 菜单项 File→Generate Report 生成当前工程的报告文件。

（6）配置 MCU 时钟树

在 STM32CubeMX 的 Pinout & Configuration 选项卡下，选择 System Core 列表中的 RCC，High Speed Clock（HSE）根据开发板实际情况选择 Crystal/Ceramic Resonator（晶体/陶瓷晶振）。

切换到 Clock Configuration 选项卡，根据开发板外设情况配置总线时钟。此处配置 PLL Source Mux 为 HSE、PLLMul 为 9 倍频 72MHz、System Clock Mux 为 PLLCLK、APB1 Prescaler 为 X2，其余保持默认配置即可。

（7）配置 MCU 外设

返回 Pinout & Configuration 选项卡，选择 System Core 列表中的 GPIO，对使用的 GPIO 接口进行设置。LED 输出接口为 DS0（PB5）和 DS1（PE5），按键输入接口为 KEY0（PE4）、KEY1（PE3）、KEY2（PE2）和 KEY_UP（PA0）。配置完成后的 GPIO 接口界面如图 7-14 所示。

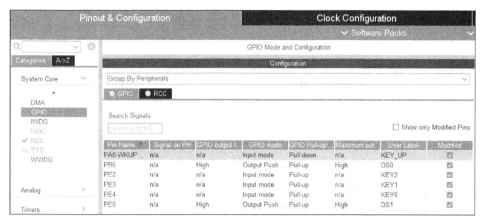

图 7-14　配置完成后的 GPIO 接口界面

在 Pinout & Configuration 选项卡下，选择 Timers 列表中的 TIM3，对 TIM3 进行设置。在窗口右侧，配置 Clock Source 为 Internal Clock，具体配置如图 7-15 所示。

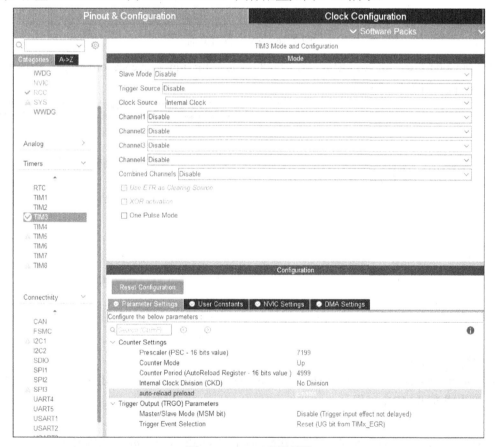

图 7-15　TIM3 配置界面

再在 Pinout & Configuration 选项卡的 System Core 列表中选择 NVIC，在窗口右侧的 NVIC 选项卡下修改 Priority Group 为 2 bits for pre-emption priority（2 位抢占优先级），在列表的 Enabled 栏中选中 TIM3 global interrupt，并修改其 Preemption Priority（抢占优先级）为 1、Sub Priority（子优先级）为 3，如图 7-16 所示。

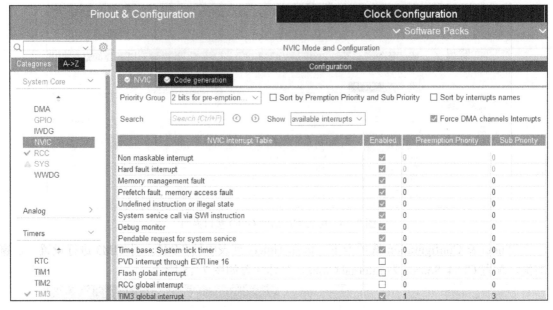

图 7-16　NVIC 配置界面

切换到 Code Generation 选项卡，在列表的 Select for init sequence ordering 栏中选中 TIM3 global interrupt，如图 7-17 所示。

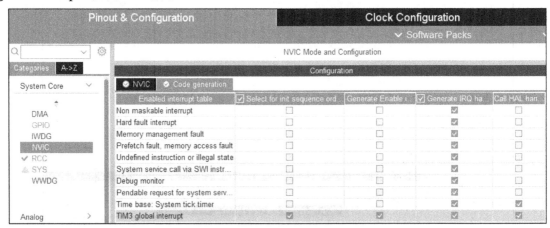

图 7-17　Code Generation 配置界面

（8）配置工程

在 Project Manager 视图的 Project 选项卡下，配置 Toolchain/IDE 为 MDK-ARM、Min Version 为 V5，可生成 Keil MDK 工程。

（9）生成 C 代码工程

在 STM32CubeMX 的主界面，单击 GENERATE CODE 按钮生成 C 代码 Keil MDK 工程。

2. 通过 Keil MDK 实现工程

（1）打开工程

打开 TIMER/MDK-ARM 文件夹下的工程文件。

（2）编译 STM32CubeMX 自动生成的 Keil MDK 工程

在 Keil MDK 开发环境中通过菜单项 Project→Rebuild all target files 或工具栏中的 Rebuild 按

钮▦编译工程。

（3）新建用户文件

在 TIMER/Core/Src 下新建 delay.c、key.c，在 TIMER/Core/Inc 下新建 delay.h、key.h。将 delay.c 和 key.c 添加到工程 Application/User/Core 文件夹下。

（4）编写用户代码

delay.h 和 delay.c 文件实现微秒延时函数 delay_us()和毫秒延时函数 delay_ms()。

key.h 和 key.c 文件实现按键扫描函数 key_scan()。

在 GPIO.h 文件中添加对 GPIO 接口和 LED 接口操作的宏定义。

timer.c 文件中的 MX_TIM3_Init()函数使能 TIM3 和更新中断。

```
/* USER CODE BEGIN TIM3_Init 2 */
HAL_TIM_Base_Start_IT(&htim3);
/* USER CODE END TIM3_Init 2 */
```

在 timer.c 文件中添加中断回调函数 HAL_TIM_PeriodElapsedCallback()，对 DS1 用定时器中断取反，指示定时器中断状态，1000ms 为一个周期。

```
void HAL_TIM_PeriodElapsedCallback(TIM_HandleTypeDef *htim)
{
    if(htim==(&htim3))
    {
        LED1=!LED1;
    }
}
```

在 main.c 文件中添加对用户自定义头文件的引用。

```
/* Private includes -------------------------------------------------*/
/* USER CODE BEGIN Includes */
#include "delay.h"
#include "key.h"
/* USER CODE END Includes */
```

添加对 DS0 的取反操作。DS0 用来指示程序运行，400ms 为一个周期。

```
/* Infinite loop */
/* USER CODE BEGIN WHILE */
while (1)
{
    LED0=!LED0;
    delay_ms(200);
    /* USER CODE END WHILE */

    /* USER CODE BEGIN 3 */
}
/* USER CODE END 3 */
```

（5）重新编译工程

重新编译修改好的工程。

（6）配置工程仿真与下载项

在 Keil MDK 开发环境中通过菜单项 Project→Options for Target 或工具栏中的▥按钮配置工程。

进入 Debug 选项卡，选择使用的仿真器为 ST-Link Debugger。在 Flash Download 选项卡下选中 Reset and Run 复选框。单击"确定"按钮。

（7）下载工程

连接好仿真器，开发板上电。

在 Keil MDK 开发环境中通过菜单项 Flash→Download 或工具栏中的 按钮下载工程。

工程下载完成后，可以看到 DS0 快闪、DS1 慢闪。

习 题

1．简要说明 STM32F103x 系列微控制器定时器的结构和工作原理。

2．简要说明定时器的主要功能。

3．说明通用定时器的计数器的计数方式。

4．计数器时钟的时钟源有哪些？

5．写出配置向下计数器在 T12 输入端的向下计数的配置步骤。

6．写出配置 ETR 下每个上升沿计数一次的向上计数器的配置步骤。

7．写出在 TI1 输入的下降沿时捕获计数器的值到 TIMxCCRI 寄存器中的配置步骤。

8．根据本章讲述的定时器应用实例，编写一程序，实现每 0.5s 发光二极管 LED 按红、绿、蓝顺序循环显示。

第8章 STM32通用同步/异步收发器

本章介绍STM32通用同步/异步收发器（USART），包括串行通信基础、USART工作原理、USART的HAL库函数，以及采用STM32CubeMX和HAL库的USART串行通信应用实例。

8.1 串行通信基础

在串行通信中，参与通信的两台或多台设备通常共享一条物理通路。发送者逐位发送一串数据信号，按一定的约定规则被接收者所接收。由于串行接口通常只是规定了物理层的接口规范，所以为确保每次传送的数据报文能准确到达目的地，每一个接收者能够接收到所有发向它的数据，必须在通信连接上采取相应的措施。

由于借助串行接口所连接的设备在功能、型号上往往互不相同，其中大多数设备除了等待接收数据之外还会有其他任务。例如，一个数据采集单元需要周期性地收集和存储数据；一个控制器需要负责控制计算或向其他设备发送报文；一台设备可能会在接收方正在进行其他任务时向它发送信息。必须有能应对多种不同工作状态的一系列规则来保证通信的有效性。这里所讲的保证串行通信有效性的方法包括：使用轮询或者中断来检测、接收信息；设置通信帧的起始位、停止位；建立连接握手；实行对接收数据的确认、数据缓存及错误检查等。

1. 串行异步通信数据格式

无论是RS-232还是RS-485，均可采用通用异步收发数据格式。

在串行接口的异步传输中，接收方一般事先并不知道数据会在什么时候到达。在它检测到数据并做出响应之前，第一个数据位就已经过去了。因此，每次异步传输都应该在发送的数据之前设置至少一个起始位，以通知接收方有数据到达，给接收方一个准备接收数据、缓存数据和做出其他响应所需要的时间。而在传输过程结束时，则应由一个停止位通知接收方本次传输过程已终止，以便接收方正常终止本次通信而转入其他工作程序。

串行异步收发（UART）通信的数据格式如图8-1所示。

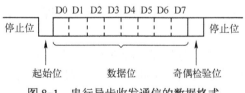

图8-1 串行异步收发通信的数据格式

若通信线上无数据发送，该线路应处于逻辑1状态（高电平）。当计算机向外发送一个字符数据时，应先送出起始位（逻辑0，低电平），随后紧跟着数据位。这些数据构成要发送的字符信息。有效数据位的个数可以规定为5、6、7或8。奇偶校验位视需要设定，紧跟其后的是停止位（逻辑1，高电平），其位数可为1、1.5或2。

2. 连接握手机制

通信帧的起始位可以引起接收方的注意，但发送方并不知道也不能确认接收方是否已经做好了接收数据的准备。利用连接握手机制可以使收发双方确认已经建立了连接关系，接收方已经做好准备，可以进入数据收发状态。

连接握手机制是指发送者在发送一个数据块之前使用一个特定的握手信号来引起接收者的注意，表明要发送数据，接收者则通过握手信号回应发送者，说明它已经做好了接收数据的准备。

连接握手可以通过软件，也可以通过硬件来实现。通过软件实现连接握手时，发送者通过发送一个字节表明它想要发送数据。接收者收到这个字节的时候，也发送一个编码来声明自己可以接收数据，当发送者收到这个编码时，便知道它可以发送数据了。接收者还可以通过另一个编码来告诉发送者停止发送。

在普通的硬件握手方式中，接收者在准备好接收数据的时候将相应的 I/O 通路变为高电平，然后开始全神贯注地监视它的串行输入接口的允许发送端。这个允许发送端与接收者已准备好接收数据的信号端相连，发送者在发送数据之前一直在等待信号的变化。一旦得到信号说明接收者已处于准备好接收数据的状态，便开始发送数据。接收者可以在任何时候将该 I/O 通路变为低电平，即便是在接收一个数据块的过程中间也可以把该 I/O 通路为低电平。当发送者检测到这个低电平信号时，就应该停止发送。而在完成本次传输之前，发送者还会继续等待这条通路再次回到高电平，以继续被中止的数据的传输。

3. 确认

接收者为表明数据已经收到而向发送者回复信息的过程称为确认。有的传输过程可能会收到报文而不需要向相关节点回复确认信息。但是在许多情况下，需要通过确认报文告知发送者数据已经收到。有的发送者需要根据是否收到确认报文来采取相应的措施，因而确认对某些通信过程是必需的和有用的。即便接收者没有其他信息要告诉发送者，也要为此单独发一个确认数据已经收到的报文。

确认报文可以是一个特别定义过的字节，例如一个标识接收者的数值。发送者收到确认报文就可以认为数据传输过程正常结束。发送者如果没有收到所希望回复的确认报文，就认为通信出现了问题，然后采取重发或者其他行动。

4. 中断

中断是一个信号，它通知 CPU 有需要立即响应的任务。每个中断请求对应一个连接到中断源和中断控制器的信号。通过自动检测接口事件发现中断并转入中断处理。

许多串行接口采用硬件中断。在串口发生硬件中断，或者一个软件缓存的计数器到达一个触发值时，表明某个事件已经发生，需要执行相应的中断响应程序，并对该事件做出及时的反应。这个过程也称为事件驱动。

采用硬件中断就应该提供中断服务程序，以便在中断发生时让它执行所期望的操作。很多微控制器为满足这种应用需求而设置了硬件中断。在一个事件发生的时候，应用程序会自动对接口的变化做出响应，跳转到中断服务程序。例如发送数据、接收数据、握手信号变化、接收到错误报文等，都可能成为串行接口的不同工作状态，或称为通信中发生了不同事件，需要根据状态变化停止执行现行程序而转向与状态变化相适应的应用程序。

外部事件驱动可以在任何时间插入并且使得程序转向执行一个专门的应用程序。

5. 轮询

通过周期性地获取特征或信号来读取数据或发现是否有事件发生的工作过程称为轮询。它需要足够频繁地轮询接口，以便不遗失任何数据或者事件。轮询的频率取决于对事件快速反应的需求，以及缓存区的大小。

轮询通常用于计算机与 I/O 接口之间较短数据或字符组的传输。由于轮询接口不需要硬件中断，因此可以在一个没有分配中断的接口运行此类程序。很多轮询使用系统计时器来确定周期性读取接口的操作时间。

8.2　STM32 的 USART 工作原理

8.2.1　USART 概述

通用同步/异步收发器（Universal Synchronous/Asynchronous Receiver and Transmitter，USART）可以说是嵌入式系统中除了 GPIO 外最常用的一种外设。USART 常用的原因不在于其性能强大，而是因为 USART 的简单、通用。自 Intel 公司 20 世纪 70 年代发明 USART 以来，上至服务器、个人计算机之类的高性能计算机，下到 4 位或 8 位的单片机几乎无一例外地都配置了 USART 口。通过 USART，嵌入式系统可以和几乎所有的计算机系统进行简单的数据交换。USART 口的物理连接也很简单，只要 2～3 根线即可实现通信。

与计算机软件开发不同，很多嵌入式系统没有完备的显示系统，开发者在软、硬件开发和调试过程中很难实时地了解系统的运行状态。一般开发者会选择用 USART 作为调试手段：首先完成 USART 的调试，在后续功能的调试中就通过 USART 向计算机发送嵌入式系统运行状态的提示信息，以便定位软、硬件错误，加快调试进度。

USART 的另一个优势是可以适应不同的物理层。例如，使用 RS-232 或 RS-485 可以明显提升通信的距离，无线 FSK 调制可以降低布线施工的难度。所以，USART 在工控领域也有着广泛的应用，是串行接口的工业标准（Industry Standard）。

USART 提供了一种灵活的方法与使用工业标准 NRZ 异步串行数据格式的外部设备之间进行全双工数据交换。USART 利用分数波特率发生器提供宽范围的波特率选择。它支持同步单向通信和半双工单线通信，也支持 LIN（局部互联网）、智能卡协议和 IrDA（红外数据组织）SIR ENDEC 规范，以及调制解调器（CTS/RTS）操作。它还允许多处理器通信。使用多缓冲器配置的 DMA 方式，可以实现高速数据通信。

SM32F103 微控制器的小容量产品有 2 个 USART，中等容量产品有 3 个 USART，大容量产品有 3 个 USART+2 个 UART（Universal Asynchronous Receiver/Transmitter）。

8.2.2　USART 的主要特性

USART 主要特性如下：

1）全双工的异步通信。

2）NRZ 标准格式。

3）分数波特率发生器系统。发送和接收共用的可编程波特率发生器，传输速率最高达 4.5Mbit/s。

4）可编程数据字长度（8 位或 9 位）。

5）可配置的停止位，支持 1 或 2 个停止位。

6）LIN 主发送同步断开符的能力，以及 LIN 从检测断开符的能力。当 USART 硬件配置成 LIN 时，生成 13 位断开符，检测 10/11 位断开符。

7）发送方为同步传输提供时钟。

8）IRDA SIR 编码器解码器。

在正常模式下支持 3/16 位的持续时间。

9）智能卡模拟功能。

智能卡接口支持 ISO 7816-3 标准里定义的异步智能卡协议。智能卡用到 0.5 和 1.5 个停止位。

10）单线半双工通信。

11）可配置的使用 DMA 的多缓冲器通信。在 SRAM 里利用集中式 DMA 缓冲接收/发送字节。

12）单独的发送器和接收器使能位。

13）检测标志：接收缓冲器满、发送缓冲器空、传输结束标志。

14）校验控制：发送校验位、对接收数据进行校验。

15）4 个错误检测标志：溢出错误、噪声错误、帧错误、校验错误。

16）10 个带标志的中断源：CTS 改变、LIN 断开符检测、发送数据寄存器空、发送完成、接收数据寄存器满、检测到总线为空闲、溢出错误、帧错误、噪声错误、校验错误。

17）多处理器通信：如果地址不匹配，则进入静默模式。

18）从静默模式中唤醒：通过空闲总线检测或地址标志检测。

19）两种唤醒接收器的方式：地址位（MSB，第 9 位）、总线空闲。

8.2.3 USART 的功能

STM32F103 微控制器 USART 接口通过 3 个引脚与其他设备连接在一起。其内部结构如图 8-2 所示。

任何 USART 双向通信至少需要两个引脚：接收数据输入（RX）和发送数据输出（TX）。

RX：接收数据串行输入。通过过采样技术来区别数据和噪声，从而恢复数据。

TX：发送数据串行输出。当发送器被禁止时，输出引脚恢复到它的 I/O 接口配置。当发送器被激活，并且不发送数据时，TX 引脚处于高电平。在单线和智能卡模式里，此 I/O 接口被同时用于数据的发送和接收。

1）总线在发送或接收前应处于空闲状态。

2）一个起始位。

3）一个数据字（8 或 9 位），最低有效位在前。

4）0.5、1.5 或 2 个停止位，由此表明数据帧的结束。

5）使用分数波特率发生器——12 位整数和 4 位小数的表示方法。

6）一个状态寄存器（USART_SR）。

7）数据寄存器（USART_DR）。

8）一个波特率寄存器（USART_BRR），12 位整数和 4 位小数。

9）一个智能卡模式下的保护时间寄存器（USART_GTPR）。

在同步模式中需要 CK 引脚，实现发送器时钟输出。此引脚输出用于同步传输的时钟。这可以用来控制带有移位寄存器的外部设备（如 LCD 驱动器）。时钟相位和极性都是软件可编程的。在智能卡模式里，CK 引脚可以为智能卡提供时钟。

在 IrDA 模式里需要下列引脚。

1）IrDA_RDI：IrDA 模式下的数据输入。

2）IrDA_TDO：IrDA 模式下的数据输出。

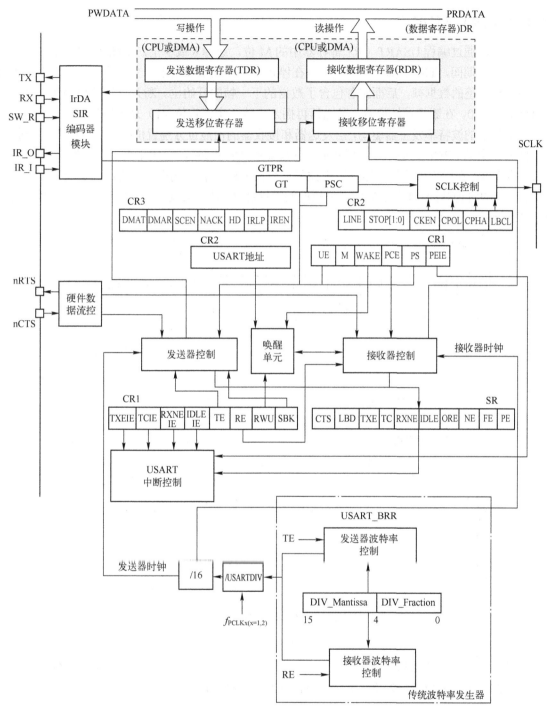

图 8-2　USART 内部结构

在硬件流控模式中需要如下引脚。

1）nCTS：清除发送。若是高电平，在当前数据传输结束时阻断下一次数据发送。

2）nRTS：发送请求。若是低电平，表明 USART 准备好接收数据。

8.2.4 USART 通信时序

字长可以通过编程 USART_CR1 寄存器中的 M 位，选择 8 或 9 位，如图 8-3 所示。

在起始位期间，TX 引脚处于低电平，在停止位期间处于高电平。空闲符号被视为完全由 1 组成的一个完整的数据帧，后面跟着包含了数据的下一帧的开始位。断开符号被视为在一个帧周期内全部收到 0。在断开帧结束时，发送器再插入 1 或 2 个停止位（1）来应答起始位。发送和接收由一个共用的波特率发生器驱动，当发送器和接收器的使能位分别置位时，分别为其产生时钟。

图 8-3 中的 LBCL 为最后一位时钟脉冲（Last Bit Clock Pulse），用于控制寄存器 2（USART_CR2）的位 8。在同步模式下，该位用于控制是否在 CK 引脚上输出最后发送的那个数据位（最高位）对应的时钟脉冲。0 表示最后一位数据的时钟脉冲不从 CK 输出，1 表示最后一位数据的时钟脉冲会从 CK 输出。

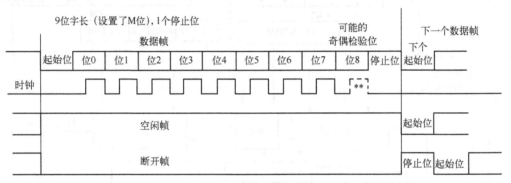

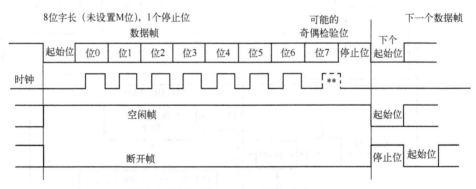

图 8-3 USART 通信时序

注：**为 LBCL 位控制最后一个数据的时钟脉冲。

注意：①最后一个数据位就是第 8 或者第 9 个发送的位（根据 USART_CR1 寄存器中的 M 位所定义的 8 或者 9 位数据帧格式）；②UART4 和 UART5 上不存在这一位。

8.2.5 USART 中断

STM32F103 系列微控制器的 USART 主要有以下几种中断事件。

1）发送期间的中断事件包括：发送完成（TC）、清除发送（CTS）、发送数据寄存器空（TXE）。

2）接收期间的中断事件包括：空闲总线检测（IDLE）、溢出错误（ORE）、接收数据寄存器非空（RXNE）、校验错误（PE）、LIN 断开检测（LBD）、噪声错误（NE，仅在多缓冲器通信和帧错误（FE，仅在多缓冲器通信）。

如果设置了对应的使能位，这些事件就可以产生各自的中断，见表 8-1。

表 8-1　STM32F103 系列微控制器 USART 的中断事件及其使能位

中断事件	事件标志	使能位
发送数据寄存器空	TXE	TXEIE
清除发送	CTS	CTSIE
发送完成	TC	TCIE
接收数据寄存器非空	RXNE	RXNEIE
溢出错误	ORE	OREIE
空闲总线检测	IDLE	IDLEIE
检验错误	PE	PEIE
LIN 断开标志	LBD	LBDIE
噪声错误、溢出错误和帧错误	NE、ORT 和 FE	EIE

8.2.6　USART 相关寄存器

下面列出了 STM32F103 USART 相关寄存器的名称，可以用半字（16 位）或字（32 位）的方式操作这些外设寄存器。由于采用库函数方式编程，故不做进一步的探讨。

1）状态寄存器（USART_SR）。

2）数据寄存器（USART_DR）。

3）波特率寄存器（USART_BRR）。

4）控制寄存器 1（USART_CR1）。

5）控制寄存器 2（USART_CR2）。

6）控制寄存器 3（USART_CR3）。

7）保护时间和预分频寄存器（USART_GTPR）。

8.3　USART 的 HAL 库函数

8.3.1　常用功能函数

串口的驱动程序头文件是 stm32f1xx_hal_uart.h。串口操作的常用 HAL 库函数见表 8-2。

表 8-2　串口操作的常用 HAL 库函数

分组	函数名	功能说明
初始化和总体功能	HAL_UART_Init ()	串口初始化，设置串口通信参数
	HAL_UART_MspInit ()	串口初始化的 MSP 弱函数，在 HAL_UART_Init()中被调用。重新实现的这个函数一般用于串口引脚的 GPIO 初始化和中断设置
	HAL_UART_GetState ()	获取串口当前状态
	HAL_UART_GetError ()	返回串口错误代码
	HAL_UART_Transmit ()	以阻塞方式发送一个缓冲区的数据，发送完成或超时后才返回
	HAL_UART_Receive ()	以阻塞方式将数据接收到一个缓冲区，接收完成或超时后才返回
阻塞式传输	HAL_UART_Transmit_IT ()	以中断方式（非阻塞式）发送一个缓冲区的数据
	HAL_UART_Receive_IT ()	以中断方式（非阻塞式）将指定长度的数据接收到缓冲区

（续）

分组	函数名	功能说明
中断方式传输	HAL_UART_Transmit_DMA ()	以 DMA 方式发送一个缓冲区的数据
	HAL_UART_Receive_DMA ()	以 DMA 方式将指定长度的数据接收到缓冲区
DMA 方式传输	HAL_UART_Transmit_DMA ()	以 DMA 方式发送一个缓冲区的数据
	HAL_UART_Receive_DMA ()	以 DMA 方式将指定长度的数据接收到缓冲区
	HAL_UART_DMAPause ()	暂停 DMA 传输过程
	HAL_UART_DMAResume ()	继续先前暂停的 DMA 传输过程
	HAL_UART_DMAStop ()	停止 DMA 传输过程
取消数据传输	HAL_UART_Abort ()	终止以中断方式或 DMA 方式启动的传输过程，函数自身以阻塞方式运行
	HAL_UART_AbortTransmit ()	终止以中断方式或 DMA 方式启动的数据发送过程，函数自身以阻塞方式运行
	HAL_UART_AbortReceive ()	终止以中断方式或 DMA 方式启动的数据接收过程，函数自身以阻塞方式运行
	HAL_UART_Abort_IT ()	终止以中断方式或 DMA 方式启动的传输过程，函数自身以非阻塞方式运行
	HAL_UART_AbortTransmit_IT ()	终止以中断方式或 DMA 方式启动的数据发送过程，函数自身以非阻塞方式运行
	HAL_UART_AbortReceive_IT ()	终止以中断方式或 DMA 方式启动的数据接收过程，函数自身以非阻塞方式运行

1. 串口初始化

函数 HAL_UART_Init()用于串口初始化，主要是设置串口通信参数。其原型定义为

```
HAL_StatusTypeDef   HAL_UART_Init(UART_HandleTypeDef   *huart)
```

其中，参数 *huart 是 UART_HandleTypeDef 类型的指针，是串口外设对象指针。在 STM32CubeMX 生成的串口程序文件 usart.c 里，会为一个串口定义外设对象变量，如

```
UART_HandleTypeDef   huartl; //USART1 的外设对象变量
```

结构体类型 UART_HandleTypeDef 的定义如下，各成员变量的意义见注释。

```
typedef struct_UART_HandleTypeDef
{
    USART_TypeDef               *Instance;        //UART 寄存器基址
    UART_InitTypeDef            Init;             //UART 通信参数
    uint8_t                     *pTxBuffPtr;      //发送数据缓冲区指针
    uint16_t                    TxXferSize;       //需要发送数据的字节数
    __IO uint16_t               TxXferCount;      //发送数据计数器，递增计数
    uint8_t                     *pRxBuffPtr;      //接收数据缓冲区指针
    uint16_t                    RxXferSize;       //需要接收数据的字节数
    __IO uint16_t               RxXferCount;      //接收数据计数器，递减计数
    DMA_HandleTypeDef           *hdmatx;          //数据发送 DMA 流对象指针
    DMA_HandleTypeDef           *hdmarx;          //数据接收 DMA 流对象指针
    HAL_LockTypeDef             Lock;             //锁定类型
    __IO HAL_UART_StateTypeDef  gState;           //UART 状态
    __IO HAL_UART_StateTypeDef  RxState;          //发送操作相关的状态
    __IO uint32_t               ErrorCode;        //错误码
} UART_HandleTypeDef;
```

结构体 UART_HandleTypeDef 的成员变量 Init 是结构体类型 UART_InitTypeDef，它表示了串口通信参数。其定义如下，各成员变量的意义见注释。

```
typedef struct
{
    uint32_t   BaudRate;           //波特率
    uint32_t   WordLength;         //字长
    uint32_t   StopBits;           //停止位个数
    uint32_t   Parity;             //是否有奇偶校验
    uint32_t   Mode;               //工作模式
    uint32_t   HwFlowCtl;          //硬件流控制
    uint32_t   OverSampling;       //过采样
} UART_InitTypeDef;
```

在 STM32CubeMX 中，用户可以通过视窗操作设置串口通信参数，生成代码时会自动生成串口初始化函数。

2．阻塞式数据传输

串口数据传输有两种模式：阻塞模式和非阻塞模式。

● 阻塞模式（Blocking Mode）就是轮询模式。例如，使用函数 HAL_UART_Transmit()发送一个缓冲区的数据时，这个函数会一直执行，直到数据传输完成或超时，函数才返回。

● 非阻塞模式（Non-blocking Mode）是使用中断或 DMA 方式进行数据传输。例如，使用函数 HAL_UART_Transmit_IT()启动一个缓冲区的数据传输后，该函数立刻返回。数据传输的过程引发各种事件中断，用户在相应的回调函数里进行处理。

1）以阻塞模式发送数据的函数是 HAL_UART_Transmit()，其原型定义为

HAL_StatusTypeDef HAL_UART_Transmit (UART_HandleTypeDef *huart，uint8_t *pData，uint16_t Size,uint32_t Timeout)

其中，参数*pData 是缓冲区指针；参数 Size 是需要发送的数据长度（B）；参数 Timeout 表示超时，用嘀嗒信号的节拍数表示。该函数的使用示例代码如下：

```
uint8_t  timeStr [] = " 15:32:06\n " ;
HAL_UART_Transmit(&huart1,timeStr,sizeof(timeStr),200);
```

函数 HAL_UART_Transmit()以阻塞模式发送一个缓冲区的数据，若返回值为 HAL_OK，表示传输成功，否则可能是超时或其他错误。超时参数 Timeout 的单位是嘀嗒信号的节拍数，当 Systick 定时器的定时周期是 1ms 时，Timeout 的单位就是 ms。

2）以阻塞模式接收数据的函数是 HAL_UART_Receive()，其原型定义为

HAL_StatusTypeDef HAL_UART_Receive(UART_HandleTypeDef *huart,uint8_t *pData,uint16_t Size, uint32_t Timeout)

其中，参数 pData 是用于存放接收数据的缓冲区指针；参数 Size 是需要接收的数据长度（B）；参数 Timeout 是超时限制时间，单位是嘀嗒信号的节拍数，默认情况下是 ms。例如

```
uint8_t  recvstr[10];
HAL_UART_Receive(&huartl,recvStr,10,200);
```

函数 HAL_UART_Receive()以阻塞模式将指定长度的数据接收到缓冲区，若返回值为 HAL_OK，表示接收成功，否则可能是超时或其他错误。

3．非阻塞式数据传输

以中断或 DMA 方式启动的数据传输是非阻塞式的。将在第 12 章介绍 DMA 方式，本章只介绍中断方式。

1）以中断方式发送数据的函数是 HAL_UART_Transmit_IT()，其原型定义为

HAL_StatuaTypeDet HAL_UART_Transmit_IT(UART_HandleTypeDef *huart,uint8_t *pData,uint16_t Size)

其中，参数 pData 是需要发送的数据的缓冲区指针；参数 Size 是需要发送的数据长度（B）。这个函数以中断方式发送一定长度的数据，若函数返回值为 HAL_OK，表示启动发送成功，但并不表示数据发送完成了。该函数的使用示例代码如下：

```
uint8_t  timeStr[]= " 15:32:06\n " ;
HAL_UART_Transmit_IT(&huartl,timeStr,sizeof(timestr));
```

数据发送结束时，会触发中断并调用回调函数 HAL_UART_TxCpltCallback()。若要在数据发送结束时做一些处理，就需要重新实现这个回调函数。

2）以中断方式接收数据的函数是 HAL_UART_Receive_IT()，其原型定义为

HAL_StatusTypeDef HAL_UART_Receive_IT(UART_HandleTypeDef *huart,uint8_t *pData,uint16_t Size)

其中，参数 pData 是存放接收数据的缓冲区的指针；参数 Size 是需要接收的数据长度（B）。这个函数以中断方式接收一定长度的数据，若函数返回值为 HAL_OK，表示启动成功，但并不表示已经接收完数据了。该函数的使用示例代码如下：

```
uint8_t  rxBuffer[10];    //接收数据的缓冲区
HAL_UART_Receive_IT(huart, rxBuffer,10);
```

数据接收完成时，会触发中断并调用回调函数 HAL_UART_RxCpltCallback()。若要在接收完数据后做一些处理，就需要重新实现这个回调函数。

函数 HAL_UART_Receive_IT()有一些特性需要注意。

1）这个函数执行一次只能接收固定长度的数据，即使设置为只接收 1B 的数据。

2）在完成数据接收后会自动关闭接收中断，不再继续接收数据。也就是说，这个函数是"一次性"的。若要再接收下一批数据，需要再次执行这个函数，但是不能在回调函数 HAL_UART_RxCpltCallback()里调用这个函数启动下一次数据接收。

函数 HAL_UART_Receive_IT()的这些特性，使其在处理不确定长度、不确定输入时间的串口数据输入时比较麻烦，需要做一些特殊的处理，具体处理方法会在后面的实例里介绍。

8.3.2 常用宏函数

在 HAL 驱动程序中，每个外设都有一些以"_HAL"为前缀的宏函数。这些宏函数直接操作寄存器，主要是进行启用或禁用外设、开启或禁止事件中断、判断和清除中断标志位等操作。串口操作常用的宏函数见表 8-3。

表 8-3 串口操作常用的宏函数

宏函数	功能描述
__HAL_UART_ENABLE(_HANDLE_)	启用某个串口，例如_HAL_UART_ENABLE(&huart1)
__HAL_UART_DISABLE(_HANDLE_)	禁用某个串口，例如_HAL_UART_DISABLE(&huartl)
__HAL_UART_ENABLE_IT (_HANDLE, INTERRUPT)	允许某个事件产生硬件中断，例如_HAL_UART_ENABLE_IT (&huartl, UART_IT_IDLE)
__HAL_UART_ENABLE_IT (_HANDLE, INTERRUPT)	禁止某个事件产生硬件中断，例如_HAL_UART_ENABLE_IT (&huartl, UART_IT_IDLE)
__HAL_UART_GET_IT_SOURCE (_HANDLE, IT)	检查某个事件是否被允许产生硬件中断
__HAL_UART_GET_FLAG (HANDLE, FLAG_)	检查某个事件的中断标志位是否被置位
__HAL_UART_CLEAR_FLAG (HANDLE, FLAG)	清除某个事件的中断标志位

这些宏函数中的参数__HANDLE_是串口外设对象指针；参数__INTERRUPT_和__IT_都是中断事件类型。一个串口只有一个中断号，但是中断事件类型较多，文件 stm32f1xx_hal_uart.h 定义了这些中断事件类型的宏，中断事件类型定义如下：

```
#define   UART_IT_PE ((uint32_t)(UART_CR1_REG_INDEX<<28U | USART_CR1_PEIE))
#define   UART_IT_TXE((uint32_t)(UART_CR1_REG_INDEX<<28U | USART_CR1_TXEIE))
#define   UART_IT_TC((uint32_t)(UART_CR1_REG_INDEX << 28 U | USART_CR1_TCIE))
#define   UART_IT_RXNE((uint32_t)(UART_CR1_REG_INDEX << 28 U | USART_CR1_RXNEIE))
#define   UART_IT_IDLE((uint32_t)(UART_CR1_REG_INDEX << 28U | USART_CR1_IDLEIE))
#define   UART_IT_LBD((uint32_t)(UART_CR2_REG_INDEX <<28U | USART_CR2_LBDIE))
#define   UART_IT_CTS((uint32_t)(UART_CR3_REG_INDEX<<28U | USART_CR3_CTSIE))
#define   UART_IT_ERR((uint32_t)(UART_CR3_REG_INDEX<<28 U | USART_CR3_EIE))
```

8.3.3　中断事件与回调函数

一个串口只有一个中断号，也就是只有一个 ISR，例如，USART1 的全局中断对应的 ISR 是 USART1_IRQHandler()。在 STM32CubeMX 自动生成代码时，其 ISR 框架会在文件 stm32f1xx_it.c 中生成。代码如下：

```
void USART1_IRQHandler(void)              //USART1 中断 ISR
{
    HAL_UART_IRQHandler(&huart1);         //串口中断通用处理函数
}
```

所有串口的 ISR 都是调用 HAL_UART_IRQHandler()这个处理函数。这个函数是中断处理通用函数，会判断产生中断的事件类型、清除事件中断标志位、调用中断事件对应的回调函数。

对函数 HAL_UART_IRQHandler()进行代码跟踪分析，整理出表 8-4 列出的串口中断事件类型与回调函数的对应关系。注意，并不是所有中断事件都有对应的回调函数，例如，UART_IT_IDLE 中断事件就没有对应的回调函数。

表 8-4　串口中断事件类型及其回调函数

中断事件类型宏定义	中断事件描述	对应的回调函数
UART_IT_CTS	CTS 信号变化中断	无
UART_IT_LBD	LIN 打断检测中断	无
UART_IT_TXE	发送数据寄存器非空中断	无
UART_IT_TC	传输完成中断，用于发送完成	HAL_UART_TxCpltCallback ()
UART_IT_RXNE	接收数据寄存器非空中断	HAL_UART_RxCpltCallback ()
UART_IT_IDLE	线路空闲状态中断	无
UART_IT_PE	奇偶校验错误中断	HAL_UART_ErrorCallback ()
UART_IT_ERR	发生帧错误、噪声错误、溢出错误的中断	HAL_UART_ErrorCallback ()

常用的回调函数有 HAL_UART_TxCpltCallback()和 HAL_UART_RxCpltCallback()。在以中断或 DMA 方式发送数据完成时，会触发 UART_IT_TC 事件中断，执行回调函数 HAL_UARTTxCpltCallback()；在以中断或 DMA 方式接收数据完成时，会触发 UART_IT_RXNE 事件中断，执行回调函数 HAL_UART_TxCpltCallback()。

文件 stm32f1xx_hal_uart.h 中还有其他几个回调函数，这几个函数的定义为

```
void HAL_UART_TxHalfCpltCallback(UART_HandleTypeDef   *huart);
void HAL_UART_RxHalfCpltCallback(UART_HandleTypeDef   *huart);
```

```
void HAL_UART_AbortCpltCallback (UART_HandleTypeDef  *huart);
void HAL_UART_AbortTransmitCpltCallback(UART_HandleTypeDef  *huart);
void HAL_UART_AbortReceiveCpltCallback(UART_HandleTypeDef  *huart);
```

其中，函数 HAL_UART_TxHalfCpltCallback()是 DMA 传输完成一半时调用的回调函数，函数 HAL_UART_AbortCpltCallback()是在函数 HAL_UART_Abort()里调用的。

所以，并不是所有中断事件都有对应的回调函数，也不是所有回调函数都与中断事件关联。

8.4 采用 STM32CubeMX 和 HAL 库的 USART 串行通信应用实例

STM32 通常具有 3 个以上的 USART，可根据需要选择其中一个。

在串行通信应用的实现中，难点在于正确配置相应的 USART。与 51 单片机不同的是，除了要设置串行通信口的波特率、数据位数、停止位和奇偶校验位等参数外，还要正确配置 USART 涉及的 GPIO 和 USART 接口本身的时钟，即使能相应的时钟。否则，无法正常通信。

串行通信通常有查询法和中断法两种。因此，如果采用中断法，还必须正确配置中断向量、中断优先级，使能相应的中断，并设计具体的中断函数；如果采用查询法，则只要判断发送、接收的标志，即可进行数据的发送和接收。

USART 只需两根信号线即可完成双向通信，对硬件要求低，这样使很多模块都预留 USART 接口来实现与其他模块或者控制器进行数据传输，如 GSM 模块、WiFi 模块、蓝牙模块等。在硬件设计时，注意还需要一根"共地线"。

使用 USART 来实现控制器与计算机之间的数据传输，使得调试程序非常方便。例如可以把一些变量的值、函数的返回值、寄存器标志位等，通过 USART 发送到串口调试助手，这样可以非常清楚程序的运行状态，在正式发布程序时再把这些调试信息去掉即可。

这样不仅可以将数据发送到串口调试助手，还可以从串口调试助手发送数据给控制器，控制器程序根据接收到的数据进行下一步工作。

首先，编写一个程序实现开发板与计算机之间的通信，在开发板上电时通过 USART 发送一串字符串给计算机，然后开发板进入中断接收等待状态。如果计算机发送数据过来，开发板就会产生中断，通过中断服务函数接收数据，并把数据返回给计算机。

8.4.1 STM32 的 USART 的基本配置流程

STM32F1 的 USART 的功能有很多，最基本的功能就是发送和接收。其功能的实现需要串口工作方式配置、串口发送和串口接收三部分程序。本小节只介绍基本配置，其他功能和技巧都是在基本配置的基础上完成的，读者可参考相关资料。

1）串口参数初始化（波特率/停止位等），并使能串口。

串口作为 STM32 的一个外设，HAL 库为其配置了串口初始化函数。串口初始化函数 HAL_UART_Init()的定义为

```
HAL_StatusTypeDef HAL_UART_Init(UART_HandleTypeDef  *huart);
```

该函数只有一个入口参数 huart，为 UART_HandleTypeDef 结构体指针类型，俗称串口句柄。它的使用贯穿整个串口程序。一般情况下，会定义一个 UART_HandleTypeDef 结构体类型全局变量，然后初始化各个成员变量。结构体 UART_HandleTypeDef 的定义为

```
typedef struct
```

```
    {
        USART_TypeDef                      *Instance;
        UART_InitTypeDef                   Init;
        uint8_t                            *pTxBuffPtr;
        uint16_t                           TxXferSize;
        __IO uint16_t                      TxXferCount;
        uint8_t                            *pRxBuffPtr;
        uint16_t                           RxXferSize;
        __IO uint16_t                      RxXferCount;
        DMA_HandleTypeDef                  *hdmatx;
        DMA_HandleTypeDef                  *hdmarx;
        HAL_LockTypeDef                    Lock;
        __IO_HAL_UART_StateTypeDef         gState;
        __IO_HAL_UART_StateTypeDef         RxState;
        __IO uint32_t                      ErrorCode;
    }UART_HandleTypeDef;
```

该结构体成员变量非常多，一般情况下，调用函数 HAL_UART_Init()对串口进行初始化的时候，只需要先设置 Instance 和 Init 两个成员变量。下面来详细说明各个成员变量的含义。

Instance 是 USART_TypeDef 结构体指针类型变量，它是执行寄存器基地址。实际上，这个基地址 HAL 库已经定义好了，如果是串口 1，取值为 USART1 即可。

Init 是 UART_InitTypeDef 结构体类型变量，用来设置串口的各个参数，包括波特率、停止位等，使用方法非常简单。

UART_InitTypeDef 结构体的定义为

```
    typedef struct
    {
        uint32_t  BaudRate;        //波特率
        uint32_t  WordLength;      //字长
        uint32_t  StopBits;        //停止位
        uint32_t  Parity;          //奇偶校验
        uint32_t  Mode;            //收/发模式设置
        uint32_t  HwFlowCtl;       //硬件流设置
        uint32_t  OverSampling;    //过采样设置
    }UART_InitTypeDef
```

该结构体第 1 个参数 BaudRate 为串口波特率。波特率可以说是串口最重要的参数了，它用来确定串口通信速率。第 2 个参数 WordLength 为字长，可以设置为 8 位字长或者 9 位字长，这里设置为 8 位字长数据格式 UART_WORDLENGTH_8B。第 3 个参数 StopBits 为停止位设置，可以设置为 1 个停止位或者 2 个停止位，这里设置为 1 位停止位 UART_STOPBITS_1。第 4 个参数 Parity 设定是否需要奇偶校验，这里设定为无奇偶校验位。第 5 个参数 Mode 为串口模式，可以设置为只收模式、只发模式，或者收/发模式，这里设置为全双工收发模式。第 6 个参数 HwFlowCtl 为是否支持硬件流控制，这里设置为无硬件流控制。第 7 个参数 OverSampling 用来设置过采样为 16 倍还是 8 倍。

pTxBuffPtr、TxXferSize 和 TxXferCount 三个变量分别用来设置串口发送的数据缓存指针、发送的数据量和剩余的要发送的数据量。而接下来的三个变量 pRxBuffPtr、RxXferSize 和 RxXferCount 则是用来设置接收的数据缓存指针、接收的最大数据量和剩余的要接收的数据量。

hdmatx 和 hdmarx 是串口 DMA 相关的变量，指向 DMA 句柄，这里先不做讲解。

其他的三个变量就是一些 HAL 库处理过程状态标志位和串口通信的错误码。

函数 HAL_UART_Init()使用的一般格式为

```
UART_HandleTypeDef UART1_Handler;                              //UART 句柄
UART1_Handler.Instance=USART1;                                 //USART1
UART1_Handler.Init.BaudRate=115200;                            //波特率
UART1_Handler.Init.WordLength=UART_WORDLENGTH_8B;              //字长为 8 位格式
UART1_Handler.Init.StopBits=UART_STOPBITS_1;                   //1 个停止位
UART1_Handler.Init.Parity=UART_PARITY_NONE;                   //无奇偶校验位
UART1_Handler.Init.HwFlowCtl=UART_HWCONTROL_NONE;            //无硬件流控
UART1_Handler.Init.Mode=UART_MODE_TX_RX;                      //收/发模式
HAL_UART_Init(&UART1_Handler);                                 //HAL_UART_Init()会使能 UART1
```

这里需要说明的是，函数 HAL_UART_Init()内部会调用串口使能函数使能相应串口，所以调用了该函数之后就不需要重复使能串口了。当然，HAL 库也提供了具体的串口使能和关闭方法，具体使用方法如下：

```
__HAL_UART_ENABLE(handler);        //使能句柄 handler 指定的串口
__HAL_UART_DISABLE(handler);       //关闭句柄 handler 指定的串口
```

这里还需要注意的是，串口作为一个重要外设，在调用的初始化函数 HAL_UART_Init()内部，会先调用 MSP 初始化回调函数进行 MCU 相关的初始化，函数为

```
void HAL_UART_MspInit(UART_HandleTypeDef   *huart);
```

在程序中，只需要重写该函数即可。一般情况下，在该函数内部编写 GPIO 接口初始化、时钟使能及 NVIC 配置。

2）使能串口和 GPIO 接口时钟。

要使用串口，就必须使能串口时钟和使用到的 GPIO 接口时钟。例如要使用串口 1，那就必须使能串口 1 时钟和 GPIOA 时钟（串口 1 使用的是 PA9 和 PA10）。具体方法如下：

```
__HAL_RCC_USART1_CLK_ENABLE();      //使能 USART1 时钟
__HAL_RCC_GPIOA_CLK_ENABLE();       //使能 GPIOA 时钟
```

3）GPIO 接口初始化设置（速度、上下拉等），以及复用映射配置。

在 HAL 库中 GPIO 接口初始化参数设置和复用映射配置是在函数 HAL_GPIO_Init()中一次性完成的。这里只需要注意，要复用 PA9 和 PA10 为串口发送/接收相关引脚，需要配置 GPIO 接口为复用，同时复用映射到串口 1。配置代码如下：

```
GPIO_Initure.Pin=GPIO_PIN_9;                //PA9
GPIO_Initure.Mode=GPIO_MODE_AF_PP;          //复用推挽输出
GPIO_Initure.Pull=GPIO_PULLUP;              //上拉
GPIO_Initure.Speed=GPIO_SPEED_FREQ_HIGH;    //高速
HAL_GPIO_Init(GPIOA,&GPIO_Initure);         //初始化 PA9
GPIO_Initure.Pin=GPIO_PIN_10;               //PA10
GPIO_Initure.Mode=GPIO_MODE_AF_INPUT;       //模式要设置为复用输入模式！
HAL_GPIO_Init(GPIOA,&GPIO_Initure);         //初始化 PA10
```

4）开启串口相关中断，配置串口中断优先级。

HAL 库中定义了一个使能串口中断的标识符__HAL_UART_ENABLE_IT，可以把它当作一个函数来使用，具体定义请参考 HAL 库文件 stm32f1xx_hal_uart.h 中该标识符的定义。例如要使能接收完成中断，方法如下：

```
HAL_UART_ENABLE_IT(huart,UART_IT_RXNE);    //开启接收完成中断
```

第 1 个参数为步骤 1）讲解的串口句柄，类型为 UART_HandleTypeDef 结构体类型。第 2 个参数为要开启的中断类型值，可选值在头文件 stm32f1xx_hal_uart.h 中有宏定义。

有开启中断就有关闭中断，操作方法为

HAL_UART_DISABLE_IT(huart,UART_IT_RXNE);//关闭接收完成中断

对于中断优先级的配置，方法非常简单。参考方法为

HAL_NVIC_EnableIRQ(USART1_IRQn);　　　//使能 USART1 中断通道
HAL_NVIC_SetPriority(USART1_IRQn,3,3); //抢占优先级 3、子优先级 3

5）编写中断服务函数。

串口 1 中断服务函数为

void USART1_IRQHandler(void);

当发生中断的时候，程序就会执行中断服务函数，然后在中断服务函数中编写相应的逻辑代码即可。

6）串口数据的接收和发送。

STM32F1 的发送与接收是通过数据寄存器 USART_DR 来实现的。这是一个双寄存器，包含了 TDR 和 RDR。当向该寄存器写数据的时候，串口就会自动发送，当收到数据的时候，也是存在该寄存器内。HAL 库操作 USART_DR 寄存器发送数据的函数为

HAL_StatusTypeDef HAL_UART_Transmit(UART_HandleTypeDef *huart,uint8_t *pData, uint16_t Size, uint32_t Timeout);

通过该函数向串口寄存器 USART_DR 写入一个数据。

HAL 库操作 USART_DR 寄存器读取串口接收到的数据的函数为

HAL_StatusTypeDef HAL_UART_Receive(UART_HandleTypeDef *huart,uint8_t *pData, uint16_t Size, uint32_t Timeout);

通过该函数可以读取串口接收到的数据。

8.4.2　USART 串行通信应用的硬件设计

要利用 USART 实现开发板与计算机通信,需用到一个 USB 转 USART 的 IC 电路,选择 CH340G 芯片来实现这个功能。CH340G 是一个 USB 总线的转接芯片,实现 USB 转 USART、USB 转 IrDA 红外,或者 USB 转打印机接口。使用其 USB 转 USART 功能,具体电路设计如图 8-4 所示。

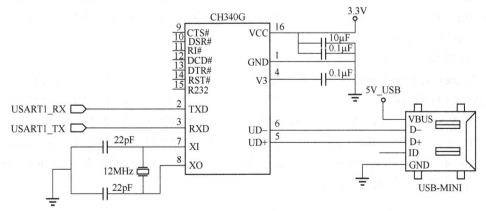

图 8-4　USB 转串行接口的硬件电路设计

将 CH340G 的 TXD 引脚与 USART1 的 RX 引脚连接，将 CH340G 的 RXD 引脚与 USART1 的 TX 引脚连接。CH340G 芯片集成在开发板上，其地线（GND）已与控制器的 GND 相连。

8.4.3　USART 串行通信应用的软件设计

创建两个文件 bsp_usart.c 和 bsp_usart.h，用来存放 USART 驱动程序及相关宏定义。

编程要点：

1）使能 RX 和 TX 引脚 GPIO 时钟和 USART 时钟。

2）初始化 GPIO，并将 GPIO 复用到 USART 上。

3）配置 USART 参数。

4）配置中断控制器并使能 USART 接收中断。

5）使能 USART。

6）在 USART 接收中断服务函数中实现数据的接收和发送。

1. 通过 STM32CubeMX 新建工程

（1）新建文件夹

在 Demo 目录下新建文件夹 USART，这是保存本小节新建工程的文件夹。

（2）新建 STM32CubeMX 工程

在 STM32CubeMX 开发环境中新建工程。

（3）选择 MCU 或开发板

在 Commercial Part Number 搜索框和 MCUs/MPUs List 列表中选择 STM32F103ZET6，单击 Start Project 按钮启动工程。

（4）保存 STM32Cube MX 工程

使用 STM32CubeMX 菜单项 File→Save Project 保存工程。

（5）生成报告

使用 STM32CubeMX 菜单项 File→Generate Report 生成当前工程的报告文件。

（6）配置 MCU 时钟树

在 STM32CubeMX 的 Pinout & Configuration 选项卡下，选择 System Core 列表中的 RCC，High Speed Clock（HSE）根据开发板实际情况选择 Crystal/Ceramic Resonator（晶体/陶瓷晶振）。

切换到 Clock Configuration 选项卡，根据开发板外设情况配置总线时钟。此处配置 PLL Source Mux 为 HSE、PLLMul 为 9 倍频 72MHz、System Clock Mux 为 PLLCLK、APB1 Prescaler 为 X2，其余保持默认设置即可。

（7）配置 MCU 外设

返回 Pinout & Configuration 选项卡，选择 System Core 列表中的 GPIO，对使用的 GPIO 接口进行设置。LED 输出接口为 DS0（PB5）和 DS1（PE5），按键输入接口为 KEY0（PE4）、KEY1（PE3）、KEY2（PE2）和 KEY_UP（PA0）。配置完成后的 GPIO 接口界面如图 8-5 所示。

在 Pinout & Configuration 选项卡下，选择 Connectivity 列表中的 USART1，对 USART1 进行设置。在窗口右侧配置 Mode 为 Asynchronous、Hardware Flow Control (RS232) 为 Disable，Parameter Settings 选项卡中的具体配置如图 8-6 所示。

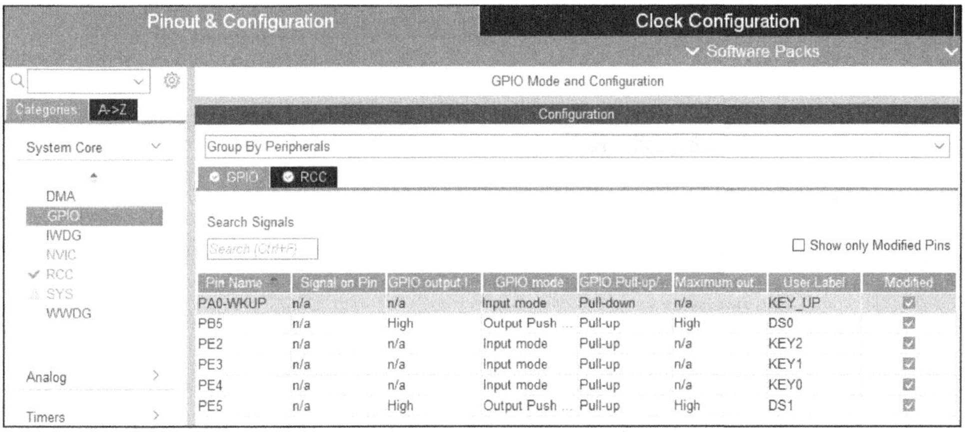

图 8-5　配置完成后的 GPIO 接口界面

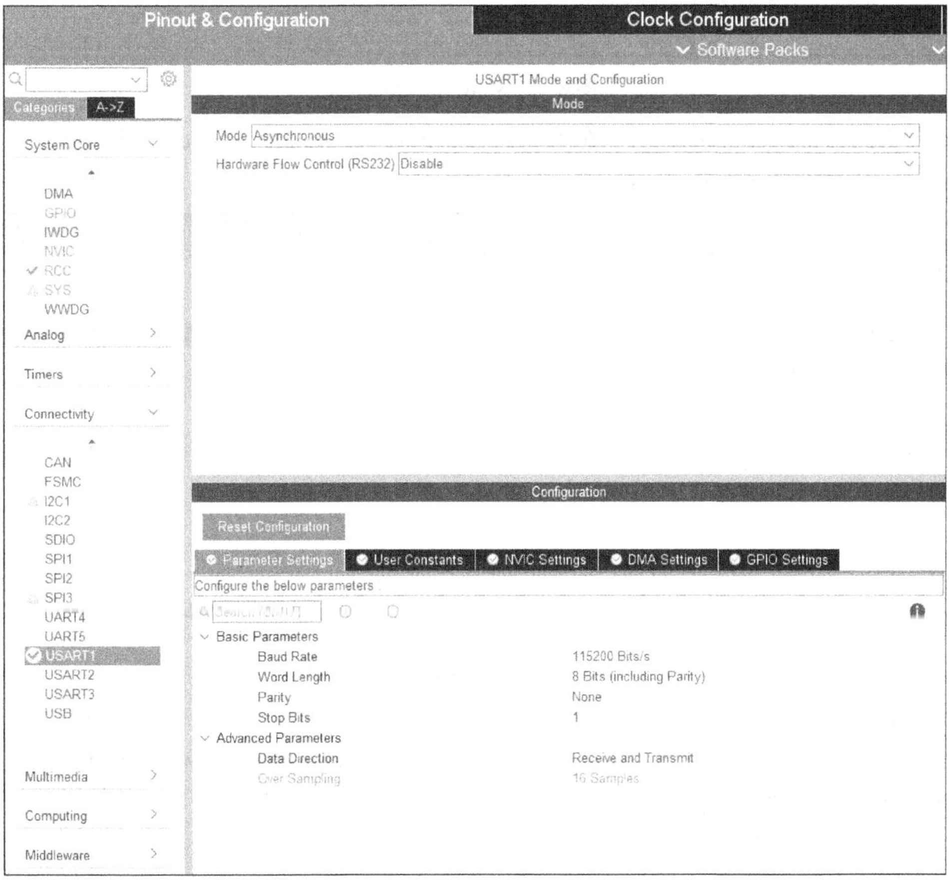

图 8-6　USART1 配置界面

在 Pinout & Configuration 选项卡下，选择 System Core 列表中的 NVIC。在窗口右侧的 NVIC 选项卡中，修改 Priority Group 为 2 bits for pre-emption priority（2 位抢占优先级），在列表的 Enabled 栏中选中 USART1 global interrupt，修改其 Preemption Priority（抢占优先级）为 3、Sub Priority（子优先级）为 3，如图 8-7 所示。

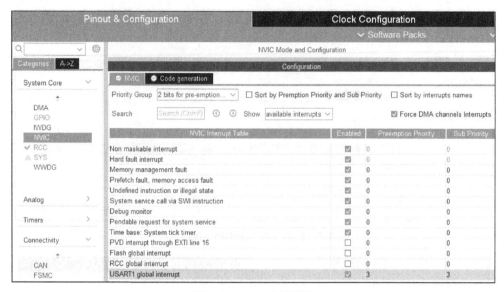

图 8-7　NVIC 配置界面

切换到 Code Generation 选项卡，在列表的 Select for init sequence ordering 栏中选中 USART1 global interrupt，如图 8-8 所示。

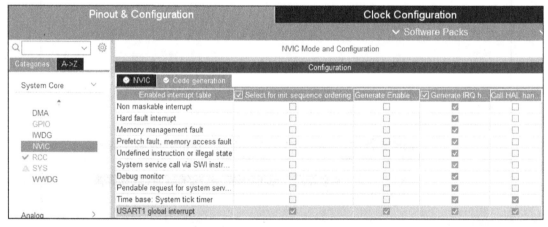

图 8-8　Code Generation 配置界面

（8）配置工程

在 Project Manager 视图的 Project 选项卡下，配置 Toolchain/IDE 为 MDK-ARM、Min Version 为 V5，可生成 Keil MDK 工程。

（9）生成 C 代码工程

在 STM32CubeMX 主界面，单击 GENERATE CODE 按钮生成 C 代码 Keil MDK 工程。

2. 通过 Keil MDK 实现工程

（1）打开工程

打开 USART/MDK-ARM 文件夹下的工程文件。

（2）编译 STM32CubeMX 自动生成的 Keil MDK 工程

在 Keil MDK 开发环境中通过菜单项 Project→Rebuild all target files 或工具栏中的 Rebuild 按钮编译工程。

（3）新建用户文件

在 USART/Core/Src 下新建 delay.c、key.c，在 USART/Core/Inc 下新建 delay.h、key.h。将 delay.c 和 key.c 添加到工程 Application/User/Core 文件夹下。

（4）编写用户代码

delay.h 和 delay.c 文件实现微秒延时函数 delay_us()和毫秒延时函数 delay_ms()。

key.h 和 key.c 文件实现按键扫描函数 key_scan()。

在 GPIO.h 文件中添加对 GPIO 接口和 LED 接口操作的宏定义。

在 usart.h 和 usart.c 文件中声明和定义使用到的变量、宏定义。

usart.c 文件中的 MX_USART1_UART_Init()函数开启 USART1 接收中断。

```
/* USER CODE BEGIN USART1_Init 2 */
HAL_UART_Receive_IT(&huart1, (uint8_t *)aRxBuffer, RXBUFFERSIZE);/*该函数会开启接收中断，标
志位 UART_IT_RXNE，并且设置接收缓冲及接收缓冲的接收最大数据量*/
/* USER CODE END USART1_Init 2 */
```

在 usart.c 文件中添加接收完成回调函数 HAL_UART_RxCpltCallback()。

```
void HAL_UART_RxCpltCallback(UART_HandleTypeDef *huart)
{
    if(huart->Instance==USART1)//如果是串口 1
    {
        if((USART_RX_STA&0x8000)==0)//接收未完成
        {
            if(USART_RX_STA&0x4000)//接收到了 0x0d
            {
                if(aRxBuffer[0]!=0x0a)   USART_RX_STA=0;//接收错误，重新开始
                else    USART_RX_STA|=0x8000; //接收完成
            }
            else //还没收到 0X0D
            {
                if(aRxBuffer[0]==0x0d)   USART_RX_STA|=0x4000;
                else
                {
                    USART_RX_BUF[USART_RX_STA&0X3FFF]=aRxBuffer[0] ;
                    USART_RX_STA++;
                    if(USART_RX_STA>(USART_REC_LEN-1)) USART_RX_STA=0;
                    //接收数据错误，重新开始接收
                }
            }
        }
    }
}
```

在 Stm32f1xx_it.c 中为 USART1_IRQHandler()函数添加串口操作处理。

```
void USART1_IRQHandler(void)
{
  /* USER CODE BEGIN USART1_IRQn 0 */
    uint32_t timeout=0;
  /* USER CODE END USART1_IRQn 0 */
    HAL_UART_IRQHandler(&huart1);
```

```
        /* USER CODE BEGIN USART1_IRQn 1 */
        timeout=0;
        while (HAL_UART_GetState(&huart1) != HAL_UART_STATE_READY)//等待就绪
        {
            timeout++;////超时处理
            if(timeout>HAL_MAX_DELAY)    break;

        }

        timeout=0;
        while(HAL_UART_Receive_IT(&huart1, (uint8_t *)aRxBuffer, RXBUFFERSIZE)!= HAL_OK)
        //一次处理完成之后，重新开启中断并设置 RxXferCount 为 1
        {
            timeout++; //超时处理
            if(timeout>HAL_MAX_DELAY)    break;
        }
        /* USER CODE END USART1_IRQn 1 */
}
```

在 main.c 文件中添加对用户自定义头文件的引用。

```
/* Private includes ----------------------------------------------------*/
/* USER CODE BEGIN Includes */
#include "delay.h"
#include "key.h"
/* USER CODE END Includes */
```

在 main.c 文件中添加对串口的操作。STM32 通过串口 1 和上位机对话，STM32 在收到上位机发过来的字符串（以换行结束）后，原原本本地返回给上位机。下载后，DS0 闪烁，提示程序在运行，同时每隔一定时间，通过串口 1 输出一段信息到计算机。

```
/* Infinite loop */
/* USER CODE BEGIN WHILE */
while (1)
{
        if(USART_RX_STA&0x8000)
        {
          len=USART_RX_STA&0x3fff;//得到此次接收到的数据长度
          printf("\r\n 您发送的消息为:\r\n");
          HAL_UART_Transmit(&huart1,(uint8_t*)USART_RX_BUF,len,1000);          //发送接收到的数据
          while(__HAL_UART_GET_FLAG(&huart1,UART_FLAG_TC)!=SET);          //等待发送结束
              printf("\r\n\r\n");//插入换行
          USART_RX_STA=0;
        }else
        {
          times++;
          if(times%5000==0)
          {
             printf("\r\nALIENTEK 战舰 STM32 开发板 串口实验\r\n");
             printf("正点原子@ALIENTEK\r\n\r\n\r\n");
          }
          if(times%200==0)    printf("请输入数据,以回车键结束\r\n");
          if(times%30==0)    LED0=!LED0;//闪烁 LED，提示系统正在运行
```

```
        delay_ms(10);
    }
    /* USER CODE END WHILE */

    /* USER CODE BEGIN 3 */
  }
  /* USER CODE END 3 */
}
```

（5）重新编译工程

重新编译修改好的工程。

（6）配置工程仿真与下载项

在 Keil MDK 开发环境中通过菜单项 Project→Options for Target 或工具栏中的 按钮配置工程。

进入 Debug 选项卡，选择使用的仿真器为 ST-Link Debugger。切换到 Flash Download 选项卡，选中 Reset and Run 复选框。单击"确定"按钮。

（7）下载工程

连接好仿真器，开发板上电。

在 Keil MDK 开发环境中通过菜单项 Flash→Download 或工具栏中的 按钮下载工程。

工程下载完成后，连接串口，打开串口调试助手，查看串口收发和 LED 是否正常。

习　　题

1. 请用图示说明串行异步通信数据格式。

2. 已知异步通信接口的帧格式由 1 个起始位、8 个数据位、无奇偶校验位和 1 位停止位组成。当该接口每分钟传送 9600 个字符时，试计算其波特率。

3. 简要说明 USART 的工作原理。

4. 简要说明 USART 数据接收配置步骤。

5. 当使用 USART 模块进行全双工异步通信时，需要做哪些配置？

6. 编写 USART 的初始化程序。

7. 分别说明 USART 在发送期间和接收期间有几种中断事件?

第9章　STM32 SPI 控制器

本章介绍 STM32 SPI 控制器，包括 SPI 的通信原理、STM32F103 SPI 的工作原理、SPI 的 HAL 库函数，以及采用 STM32CubeMX 和 HAL 库的 SPI 应用实例。

9.1　SPI 的通信原理

在实际生产生活中，有些系统的功能无法完全通过 STM32 的片上外设来实现，例如，16 位及以上的 A/D 转换器、温/湿度传感器、大容量 EEPROM 或 Flash、大功率电机驱动芯片、无线通信控制芯片等。此时，只能通过扩展特定功能的芯片来实现这些功能。另外，有的系统需要两个或者两个以上的主控器（STM32 或 FPGA），而这些主控器之间也需要通过适当的芯片间通信方式来实现通信。

常见的系统内通信方式有并行和串行两种。并行方式指同一个时刻，在嵌入式处理器和外围芯片之间传递数据有多位；串行方式则是指每个时刻传递的数据只有一位，需要通过多次传递才能完成一字节的传输。并行方式具有传输速度快的优点，但连线较多，且传输距离较近；串行方式虽然较慢，但连线数量少，且传输距离较远。早期的 MCS-51 单片机只集成了并行接口，但在实际应用中人们发现，对于可靠性、体积和功耗要求较高的嵌入式系统，串行通信更加实用。

串行通信可以分为同步串行通信和异步串行通信两种。它们的不同点在于，判断一个数据位结束、另一个数据位开始的方法。同步串行端口通过另一个时钟信号来判断数据位的起始时刻。在同步通信中，这个时钟信号被称为同步时钟，如果失去了同步时钟，同步通信将无法完成。异步通信则通过时间来判断数据位的起始，即通信双方约定一个相同的时间长度作为每个数据位的时间长度（这个时间长度的倒数就称为波特率）。当某位的时间到达后，发送方就开始发送下一位的数据，而接收方也把下一个时刻的数据存放到下一个数据位的位置。在使用当中，同步串行接口虽然比异步串行接口多一条时钟信号线，但由于无须计时操作，同步串行接口的硬件结构比较简单，且通信速度比异步串行接口快得多。

根据在实际嵌入式系统中的重要程度，本书在后续章节中分别介绍以下两种同步串行接口的使用方法：

1）SPI 模式。

2）I2C 模式。

9.1.1　SPI 概述

串行外设接口（Serial Peripheral Interface，SPI）是由美国摩托罗拉（Motorola）公司提出的一种高速全双工串行同步通信接口。它首先出现在 M68HC 系列处理器中，由于其简单方便、成本低廉、传输速度快，被半导体厂商广泛使用，从而成为事实上的标准。

SPI 与 USART 相比，其数据传输速度要快得多，因此它被广泛地应用于微控制器与 ADC、LCD 等设备的通信，尤其是高速通信的场合。微控制器还可以通过 SPI 组成一个小型同步网络进行高速数据交换，完成较复杂的工作。

作为全双工同步串行通信接口，SPI 采用主/从（Master/Slave）模式，支持一个或多个从设备，能够实现主设备和从设备之间的高速数据通信。

SPI 具有硬件简单、成本低廉、易于使用、传输数据速度快等优点，适用于对成本敏感或者要求高速通信的场合。但同时，SPI 也存在无法检查纠错、不具备寻址能力和接收方没有应答信号等缺点，不适合复杂或者对可靠性要求较高的场合。

SPI 是同步全双工串行通信接口。由于同步，SPI 有一条公共的时钟线；由于全双工，SPI 至少有两条数据线来实现数据的双向同时传输；由于串行，SPI 收/发数据只能一位一位地在各自的数据线上传输，因此最多只有两条数据线——一条发送数据线和一条接收数据线。由此可见，SPI 在物理层体现为 4 条信号线，分别是 SCK、MOSI、MISO 和 SS。

1）SCK（Serial Clock），即时钟线，由主设备产生。不同的设备支持的时钟频率不同。每个时钟周期可以传输一位数据，经过 8 个时钟周期一个完整的字节数据就传输完成了。

2）MOSI（Master Output Slave Input），即主设备数据输出/从设备数据输入线。这条信号线上的方向是从主设备到从设备，即主设备从这条信号线发送数据，从设备从这条信号线上接收数据。有的半导体厂商（如 Microchip 公司）站在从设备的角度，将其命名为 SDI（Serial Data In）。

3）MISO（Master Input Slave Output），即主设备数据输入/从设备数据输出线。这条信号线上的方向是由从设备到主设备，即从设备从这条信号线发送数据，主设备从这条信号线上接收数据。有的半导体厂商（如 Microchip 公司）站在从设备的角度，将其命名为 SDO（Serial Data Out）。

4）SS（Slave Select），有时候也叫作 CS（Chip Select），即 SPI 从设备选择信号线，当有多个 SPI 从设备与 SPI 主设备相连（即一主多从）时，SS 用来选择激活指定的从设备，由 SPI 主设备（通常是微控制器）驱动，低电平有效。当只有一个 SPI 从设备与 SPI 主设备相连（即一主一从）时，SS 并不是必需的。因此，SPI 也被称为三线同步通信接口。

除了 SCK、MOSI、MISO 和 SS 这 4 条信号线外，SPI 还包含一个串行移位寄存器。SPI 的组成如图 9-1 所示。

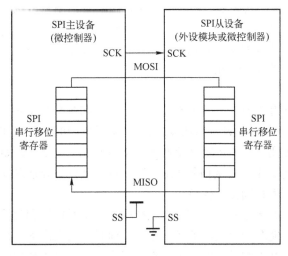

图 9-1　SPI 的组成

SPI 主设备向它的 SPI 串行移位数据寄存器写入一字节发起一次传输，该寄存器通过数据线 MOSI 一位一位地将字节传送给 SPI 从设备；与此同时，SPI 从设备也将自己的 SPI 串行移位数据寄存器中的内容通过数据线 MISO 返回给主设备。这样，SPI 主设备和 SPI 从设备的两个数据寄存器中的内容相互交换。需要注意的是，对从设备的写操作和读操作是同步完成的。

如果只进行 SPI 从设备写操作（即 SPI 主设备向 SPI 从设备发送一字节数据），只需忽略收到字节即可。反之，如果要进行 SPI 从设备读操作（即 SPI 主设备要读取 SPI 从设备发送的一字节数据），则 SPI 主设备发送一个空字节触发从设备的数据传输。

9.1.2 SPI 互连

SPI 互连主要有一主一从和一主多从两种互连方式。

1. 一主一从

对于一主一从的 SPI 互连方式，只有一个 SPI 主设备和一个 SPI 从设备进行通信。在这种情况下，只需要分别将主设备的 SCK、MOSI、MISO 和从设备的 SCK、MOSI、MISO 直接相连，并将主设备的 SS 置为高电平、从设备的 SS 接地（置为低电平，片选有效，选中该从设备）即可，如图 9-2 所示。

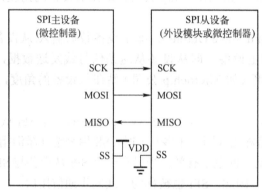

图 9-2　一主一从的 SPI 互连

值得注意的是，USART 互连时，通信双方 USART 的两条数据线必须交叉连接，即一端的 TXD 必须与另一端的 RXD 相连，相应地，一端的 RxD 必须与另一端的 TxD 相连。而当 SPI 互连时，主设备和从设备的两根数据线必须直接相连，即主设备的 MISO 与从设备的 MISO 相连，主设备的 MOSI 与从设备的 MOSI 相连。

2. 一主多从

对于一主多从的 SPI 互连方式，一个 SPI 主设备可以和多个 SPI 从设备相互通信。在这种情况下，所有的 SPI 设备（包括主设备和从设备）共享时钟线和数据线，即 SCK、MOSI、MISO 这 3 条线并在主设备端使用多个 GPIO 引脚来选择不同的 SPI 从设备，如图 9-3 所示。显然，在多个从设备的 SPI 互连方式下，片选信号 SS 必须对每个从设备分别进行选通，增加了连接的难度和连接的数量，失去了串行通信的优势。

需要特别注意的是，在多个从设备的 SPI 系统中，由于时钟线和数据线为所有的 SPI 设备共享，因此，在同一时刻只能有一个从设备参与通信。而且，当主设备与其中一个从设备进行通信时，其他从设备的时钟和数据线都应保持高阻态，以避免影响当前数据的传输。

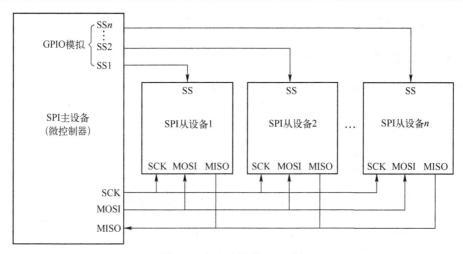

图 9-3　一主多从的 SPI 互连

9.2　STM32F103 SPI 的工作原理

SPI 允许芯片与外设以半/全双工、同步、串行方式通信。此接口可以被配置成主模式，并为外部从设备提供通信时钟（SCK），接口还能以多主的配置方式工作。它可用于多种用途，包括使用一条双向数据线的双线单工同步传输，还可使用 CRC 校验的可靠通信。

9.2.1　SPI 的主要特征

STM32F103 微控制器的小容量产品有 1 个 SPI，中等容量产品有 2 个 SPI，大容量产品则有 3 个 SPI。

STM32F103 微控制器 SPI 具有以下主要特征。

1）3 线全双工同步传输。

2）带或不带第 3 根双向数据线的双线单工同步传输。

3）8 或 16 位传输帧格式选择。

4）主或从操作。

5）支持多主模式。

6）8 个主模式波特率预分频系数（最大为 $f_{PCLK/2}$）。

7）从模式频率（最大为 $f_{PCLK/2}$）。

8）主模式和从模式的快速通信。

9）主模式和从模式下均可以由软件或硬件进行 NSS 管理，即主/从操作模式的动态改变。

10）可编程的时钟极性和相位。

11）可编程的数据顺序，MSB 在前或 LSB 在前。

12）可触发中断的专用发送和接收标志。

13）SPI 总线忙状态标志。

14）支持可靠通信的硬件 CRC。在发送模式下，CRC 值可以被作为最后一字节发送；在全双工模式下，对接收到的最后一字节自动进行 CRC 校验。

15）可触发中断的主模式故障、过载以及 CRC 错误标志。

16）支持 DMA 功能的一字节发送和接收缓冲器，产生发送和接收请求。

9.2.2 SPI 的内部结构

STM32F103 微控制器 SPI 的内部结构如图 8-4 所示。

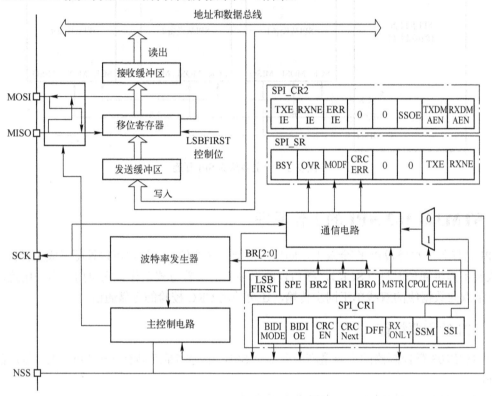

图 9-4 STM32F103 微控制器 SPI 的内部结构

STM32F103 微控制器 SPI 主要由波特率发生器、收/发控制和数据存储转移三部分组成：波特率发生器用来产生 SPI 的 SCK 时钟信号；收/发控制主要由各种控制寄存器组成；数据存储转移主要由移位寄存器、接收缓冲区和发送缓冲区等构成。

通常 SPI 通过 4 个引脚与外部器件相连。

1）MISO：主设备输入/从设备输出引脚。该引脚在从模式下发送数据，在主模式下接收数据。

2）MOSI：主设备输出/从设备输入引脚。该引脚在主模式下发送数据，在从模式下接收数据。

3）SCK：串口时钟，作为主设备的输出、从设备的输入。

4）NSS：从设备选择。这是一个可选的引脚，用来选择主/从设备。它的功能是用来作为片选引脚，让主设备可以单独地与特定从设备通信，避免数据线上的冲突。

1. 波特率控制

波特率发生器可产生 SPI 的 SCK 时钟信号。波特率预分频系数为 2、4、8、16、32、64、128 或 256。通过设置波特率控制位（BR）可以控制 SCK 的输出频率，从而控制 SPI 的传输速率。

2. 收/发控制

收/发控制由若干个控制寄存器组成，如 SPI 控制寄存器 SPI_CR1、SPI_CR2 和 SPI 状态寄存器 SPI_SR 等。

SPI_CR1 寄存器主控收/发电路，用于设置 SPI 的协议，如时钟极性、相位和数据格式等。

SPI_CR2 寄存器用于设置各种 SPI 中断使能，如使能 TXE 的 TXEIE 和 RXNE 的 RXNEIE 等。

通过 SPI_SR 寄存器中的各个标志位可以查询 SPI 当前的状态。

SPI 的控制和状态查询可以通过库函数实现。

3. 数据存储转移

数据存储转移为图 9-4 中左上部分，主要由移位寄存器、接收缓冲区和发送缓冲区等构成。

移位寄存器与 SPI 的数据引脚 MISO 和 MOSI 连接，一方面将从 MISO 收到的数据位根据数据格式及顺序经串/并转换后转发到接收缓冲区，另一方面将从发送缓冲区收到的数据根据数据格式及顺序经并/串转换后逐位从 MOSI 上发送出去。

9.2.3　时钟信号的相位和极性

SPI_CR1 寄存器的 CPOL 和 CPHA 位，能够组合成 4 种可能的时序关系。CPOL（时钟极性）位控制在没有数据传输时时钟的空闲状态电平，此位对主模式和从模式下的设备都有效。如果 CPOL 被清零，SCK 引脚在空闲状态保持低电平；如果 CPOL 被置 1，SCK 引脚在空闲状态保持高电平。

如图 9-5 所示，如果 CPHA（时钟相位）位被清零，数据在 SCK 时钟的奇数（第 1,3,5,…个）跳变沿（CPOL 位为 0 时就是上升沿，CPOL 位为 1 时就是下降沿）进行数据位的存取，数据在 SCK 时钟偶数（第 2,4,6,…个）跳变沿（CPOL 位为 0 时就是下降沿，CPOL 位为 1 时就是上升沿）准备就绪。

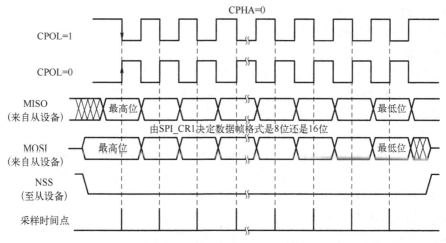

图 9-5　CPHA=0 时 SPI 时序图

如图 9-6 所示，如果 CPHA（时钟相位）位被置 1，数据在 SCK 时钟的偶数（第 2,4,6,…个）跳变沿（CPOL 位为 0 时就是下降沿，CPOL 位为 1 时就是上升沿）进行数据位的存取，数据在 SCK 时钟奇数（第 1,3,5,…个）跳变沿（CPOL 位为 0 时就是上升沿，CPOL 位为 1 时就是下降沿）准备就绪。

CPOL 时钟极性和 CPHA 时钟相位的组合选择数据捕捉的时钟边沿。图 9-5 和 图 9-6 显示了 SPI 传输的 4 种 CPHA 和 CPOL 位组合。此图可以理解为主设备和从设备的 SCK、MISO、MOSI 引脚直接连接的主或从时序图。

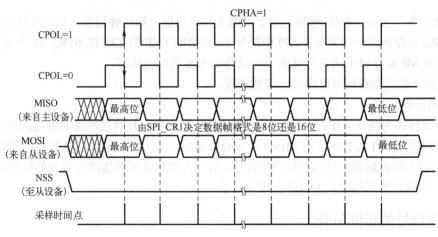

图 9-6　CPHA=1 时 SPI 时序图

9.2.4　数据帧格式

根据 SPI_CR1 寄存器中的 LSBFIRST 位，输出数据位时可以 MSB 在先也可以 LSB 在先。

根据 SPI_CR1 寄存器的 DFF 位，每个数据帧可以是 8 位或是 16 位。所选择的数据帧格式决定发送/接收的数据长度。

9.2.5　配置 SPI 为主模式

在 SPI 为主模式时，在 SCK 引脚产生串行时钟。

请按照以下步骤配置 SPI 为主模式。

1. 配置步骤

1）通过 SPI_CR1 寄存器的 BR[2:0]位定义串行时钟波特率。

2）设置 CPOL 和 CPHA 位，定义数据传输和串行时钟间的相位关系。

3）设置 DFF 位，定义 8 位或 16 位数据帧格式。

4）设置 SPI_CR1 寄存器的 LSBFIRST 位，定义帧格式。

5）如果 NSS 引脚工作在输入模式，在硬件模式下，在整个数据帧传输期间应把 NSS 引脚连接到高电平；在软件模式下，需设置 SPI_CR1 寄存器的 SSM 位和 SSI 位。如果 NSS 引脚工作在输出模式，则只需设置 SSOE 位。

6）必须设置 MSTR 位和 SPE 位（只有当 NSS 引脚连到高电平，这些位才能保持置位）。在这个配置中，MOSI 引脚是数据输出，而 MISO 引脚是数据输入。

2. 数据发送过程

当写入数据至发送缓冲器时，发送过程开始。

在发送第一个数据位时，数据字被并行地（通过内部总线）传入移位寄存器，而后串行地移出到 MOSI 引脚。"MSB 在先"还是"LSB 在先"取决于 SPI_CR1 寄存器中的 LSBFIRST 位的设置。

数据从发送缓冲器传输到移位寄存器时 TXE 标志位被置位，如果设置了 SPI_CR1 寄存器中的 TXEIE 位，将产生中断。

3. 数据接收过程

对于接收器来说，当数据传输完成时：

1）传送移位寄存器里的数据到接收缓冲器，并且 RXNE 标志位被置位。

2）如果设置了 SPI_CR2 寄存器中的 RXNEIE 位，则产生中断。

在最后一个采样时钟沿，RXNE 位被置位，在移位寄存器中接收到的数据字被传送到接收缓冲器。读 SPI_DR 寄存器时，SPI 设备返回接收缓冲器中的数据。读 SPI_DR 寄存器将清除 RXNE 位。

9.3　SPI 的 HAL 库函数

9.3.1　SPI 寄存器操作的宏函数

SPI 的驱动程序头文件是 stm32f1xx_hal_spi.h。SPI 寄存器操作的宏函数见表 9-1。宏函数中的参数__HANDLE_是具体某个 SPI 的对象指针，参数__INTERRUPT_是 SPI 的中断事件类型，参数__FLAG_是事件中断标志。

表 9-1　SPI 寄存器操作的宏函数

宏函数	功能描述
HAL_SPI_DISABLE(__HANDLE_)	禁用某个 SPI
HAL_SPI_ENABLE(__HANDLE_)	启用某个 SPI
__HAL_SPI_DISABLE_IT(__HANDLE_,__INTERRUPT_)	禁止某个中断事件源，不允许事件产生硬件中断
__HAL_SPI_ENABLE_IT(__HANDLE_,__INTERRUPT_)	开启某个中断事件源，允许事件产生硬件中断
__HAL_SPI_GET_IT_SOURCE(__HANDLE_,__INTERRUPT_)	检查某个中断事件源是否被允许产生硬件中断
__HAL_SPI_GET_FLAG(__HANDLE_,__FLAG_)	获取某个事件的中断标志，检查事件是否发生
__HAL_SPI_CLEAR_CRCERRFLAG(__HANDLE_)	清除 CRC 校验错误中断标志
__HAL_SPI_CLEAR_FREFLAG(__HANDLE_)	清除 TI 帧格式错误中断标志
__HAL_SPI_CLEAR_MODFFLAG(__HANDLE_)	清除主模式故障中断标志
__HAL_SPI_CLEAR_OVRFLAG(__HANDLE_)	清除溢出错误中断标志

STM32CubeMX 自动生成的文件 spi.c 会定义表示具体 SPI 的外设对象变量。例如，使用 SPI1 时，会定义如下的外设对象变量 hspi1，宏函数中的参数__HANDLE_就可以使用&hspi1。

SPI_HandleTypeDef　hspi1;　//表示 SPI1 的外设对象变量

一个 SPI 只有 1 个中断号，有 6 个中断事件，但是只有 3 个中断使能控制位。SPI 状态寄存器 SPI_SR 中有 6 个事件的中断标志位；SPI 控制寄存器 SPI_CR2 中有 3 个中断事件使能控制位，其中 1 个错误事件中断使能控制位 ERRIE 控制了 4 种错误中断事件的使能。SPI 的中断事件和宏定义见表 9-2。这是比较特殊的一种情况，对于一般的外设，1 个中断事件就有 1 个使能控制位和 1 个中断标志位。

表 9-2　SPI 的中断事件和宏定义

中断事件	SPI 状态寄存器 SPI_SR 中的断标志位	表示事件中断标志位的宏	SPI 控制寄存器 SPI_CR2 中的中断事件使能控制位	表示中断事件使能位的宏（用于表示中断事件类型）
发送缓冲区为空	TXE	SPI_FLAG_TXE	TXEIE	SPI_IT_TXE
接收缓冲区非空	RXNE	SPI_FLAG_RXNE	EXNEIE	SPI_IT_RXNE
主模式故障	MODF	SPI_FLAG_MODF	ERRIE	SPI_IT_ERR
溢出错误	OVR	SPI_FLAG_OVR		
CRC 校验错误	CRCERR	SPI_FLAG_CRCERR		
TI 帧格式错误	FRE	SPI_FLAG_FRE		

在 SPI 的 HAL 驱动程序中，定义了 6 个表示事件中断标志位的宏，可作为宏函数中参数 _FLAG_ 的取值；定义了 3 个表示中断事件类型的宏，可作为宏函数中参数 _INTERRUPT_ 的取值。

9.3.2 SPI 初始化和阻塞式数据传输

SPI 初始化、状态查询和阻塞式数据传输相关函数见表 9-3。

表 9-3 SPI 初始化、状态查询和阻塞式数据传输相关函数

函数名	功能描述
HAL_SPI_Init()	SPI 初始化，配置 SPI 参数
HAL_SPI_MspInit()	SPI 的 MSP 初始化函数，重新实现时一般用于 SPI 引脚 GPIO 初始化和中断设置
HAL_SPI_GetState()	返回 SPI 当前状态，返回值是枚举类型 HAL_SPI_StateTypeDef
HAL_SPI_GetError()	返回 SPI 最后的错误码，错误码有一组宏定义
HAL_SPI_Transmit()	阻塞式发送一个缓冲区的数据
HAL_SPI_Receive()	阻塞式接收指定长度的数据保存到缓冲区
HAL_SPI_TransmitReceive()	阻塞式同时发送和接收一定长度的数据

1. SPI 初始化

函数 HAL_SPI_Init() 用于具体某个 SPI 的初始化。其原型定义为

    HAL_StatusTypeDef HAL_SPI_Init（SPI_HandleTypeDef *hspi）

其中，参数 hspi 是 SPI 外设对象指针。hspi->Init 是 SPI_InitTypeDef 结构体类型，存储了 SPI 的通信参数。这两个结构体主要成员变量的含义在后面实例中结合代码再做具体解释。

2. 阻塞式数据发送和接收

SPI 是一种主/从通信方式，通信完全由 SPI 主机控制，因为 SPI 主机控制了时钟信号 SCK。SPI 主机和从机之间一般是应答式通信，主机先用函数 HAL_SPI_Transmit() 在 MOSI 线上发送指令或数据，忽略 MISO 线上传入的数据；从机接收指令或数据后会返回响应数据，主机通过函数 HAL_SPI_Receive() 在 MISO 线上接收响应数据，接收时不会在 MOSI 线上发送有效数据。

函数 HAL_SPI_Transmit() 用于发送数据，其原型定义为

    HAL_StatusTypeDef HAL_SPI_Transmit(SPI_HandleTypeDef *hspi,uint8_t *pData，uint16_t Size, uint32_t Timeout);

其中，参数 hspi 是 SPI 外设对象指针；*pData 是输出数据缓冲区指针；Size 是缓冲区数据的字节数；Timeout 是超时等待时间，单位是系统嘀嗒信号节拍数，默认是 ms。

函数 HAL_SPI_Transmit() 是阻塞式执行的，即直到数据发送完成或超过等待时间后才返回。函数返回 HAL_OK 表示发送成功，返回 HAL_TIMEOUT 表示发送超时。

函数 HAL_SPI_Receive() 用于从 SPI 接收数据，其原型定义为

    HAL_StatusTypeDef HAL_SPI_Receive(SPI_HandleTypeDef *hspi,uint8_t *pData,uint16_t Size,uint32_t Timeout);

其中，参数 pData 是接收数据缓冲区指针；Size 是要接收的数据字节数；Timeout 是超时等待时间。

3. 阻塞式同时发送与接收数据

虽然 SPI 通信一般采用应答式，MISO 和 MOSI 两根线不同时传输有效数据，但是在原理上，

它们是可以在 SCK 时钟信号作用下同时传输有效数据的。函数 HAL_SPI_TransmitReceive()就实现了接收和发送同时操作的功能，其原型定义为

> HAL_StatusTypeDef　HAL_SPI_TransmitReceive (SPI_HandleTypeDef *hspi,uint8_t *pTxData,uint8_t *pRxData, uint16_t Size, uint32_t Timeout)

其中，pTxData 是发送数据缓冲区指针；pRxData 是接收数据缓冲区指针；Size 是数据字节数；Timeout 是超时等待时间。这种情况下，发送和接收到的数据字节数是相同的。

9.3.3　SPI 中断方式数据传输

SPI 能以中断方式传输数据，是非阻塞式数据传输。中断方式数据传输的相关函数、产生的中断事件类型、对应的回调函数等见表 9-4。其中，中断事件类型用中断事件使能控制位的宏定义表示。

表 9-4　SPI 中断方式数据传输相关函数

函数名	函数功能	产生的中断事件类型	对应的回调函数
HAL_SPI_Transmit_IT()	中断方式发送一个缓冲区的数据	SPI_IT_TXE	HAL_SPI_TxCpltCallback()
HAL_SPI_Receive_IT()	中断方式接收指定长度的数据保存到缓冲区	SPI_IT_RXNE	HAL_SPI_RxCpltCallback()
HAL_SPI_TransmitReceive_IT()	中断方式发送和接收一定长度的数据	SPI_IT_TXE 和 SPI_IT_RXNE	HAL_SPI_TxRxCpltCallback()
前 3 个 DMA 方式传输函数	前 3 个中断模式传输函数都可能产生 SPI_IT_ERR 中断事件	SPI_IT_ERR	HAL_SPI_ErrorCallback()
HAL_SPI_IRQHandler()	SPI 中断 ISR 里调用的通用处理函数	—	—
HAL_SPI_Abort()	取消非阻塞式数据传输，本函数以阻塞模式运行	—	—
HAL_SPI_Abort_IT()	取消非阻塞式数据传输，本函数以中断模式运行	—	HAL_SPI_AbortCpltCallback()

函数 HAL_SPI_Transmit_IT()用于发送一个缓冲区的数据，发送完成后，会产生发送完成中断事件（SPI_IT_TXE），对应的回调函数是 HAL_SPI_TxCpltCallback()。

函数 HAL_SPI_Receive_IT()用于接收指定长度的数据保存到缓冲区，接收完成后，会产生接收完成中断事件（SPI_IT_RXNE），对应的回调函数是 HAL_SPI_RxCpltCallback()。

函数 HAL_SPI_TransmitReceive_IT()是发送和接收同时进行，由它启动的数据传输会产生 SPI_IT_TXE 和 SPI_IT_RXNE 中断事件，但是有专门的回调函数 HAL_SPI_TxRxCpltCallback()。

上述 3 个函数的原型定义为

> HAL_StatusTypeDef　HAL_SPI_Transmit_IT(SPI_HandleTypeDef *hspi, uint8_t *pData, uint16_t Size);
>
> HAL_StatusTypeDef　HAL_SPI_Receive_IT(SPI_HandleTypeDef *hspi, uint8_t *pData, uint16_t Size):
>
> HAL_StatusTypeDef　HAL_SPI_TransmitReceive_IT(SPI_HandleTypeDef *hapi,uint8_t *pIxData,uint8_t *pRxData,uint16_t Size);

这 3 个函数都是非阻塞式的，函数返回 HAL_OK 只是表示函数操作成功，并不表示数据传输完成，只有相应的回调函数被调用才表明数据传输完成。

函数 HAL_SPI_IRQHandler()是 SPI 中断 ISR 里调用的通用处理函数，它会根据中断事件类型调用相应的回调函数。在 SPI 的 HAL 驱动程序中，回调函数是用 SPI 外设对象变量的函数指针重定向的，在启动传输的函数里，为回调函数指针赋值，用户使用时只要知道表 9-4 中的对应

关系即可。函数 HAL_SPI_Abort() 用于取消非阻塞式数据传输过程，包括中断方式和 DMA 方式，这个函数自身以阻塞模式运行。

函数 HAL_SPI_Abort_IT() 用于取消非阻塞式数据传输过程，包括中断方式和 DMA 方式，这个函数自身以中断模式运行，所以有回调函数 HAL_SPI_AbortCpltCallback()。

9.3.4 SPI 的 DMA 方式数据传输

SPI 的发送和接收有各自的 DMA 请求，能以 DMA 方式进行数据的发送和接收。DMA 方式传输时触发 DMA 流的中断事件，主要是 DMA 传输完成中断事件。SPI 的 DMA 方式数据传输的相关函数见表 9-5。

表 9-5 SPI 的 DMA 方式数据传输的相关函数

DMA 方式功能函数	函数功能	DMA 流中断事件	对应的回调函数
HAL_SPI_Transmit_DMA()	DMA 方式发送数据	DMA 传输完成	HAL_SPI_TxCpltCallback()
		DMA 传输半完成	HAL_SPI_TxHalfCpltCallback()
HAL_SPI_Receive_DMA()	DMA 方式接收数据	DMA 传输完成	HAL_SPI_TxCpltCallback()
		DMA 传输半完成	HAL_SPI_TxHalfCpltCallback()
HAL_SPI_TransmitReceive_DMA()	DMA 方式发送/接收数据	DMA 传输完成	HAL_SPI_TxRxCpltCallback()
		DMA 传输半完成	HAL_SPI_TxRxHalfCpltCallback()
前 3 个 DMA 方式传输函数	DMA 传输错误中断事件	DMA 传输错误	HAL_SPI_ErrorCallback()
HAL_SPI_DMAPause()	暂停 DMA 传输	—	—
HAL_SPI_DMAResume()	继续 DMA 传输	—	—
HAL_SPI_DMAStop()	停止 DMA 传输	—	—

启动 DMA 方式发送和接收数据的两个函数的原型定义分别为

```
HAL_StatusTypeDef  HAL_SPI_Transmit_DMA(SPI_HandleTypeDef *hspi,uint8_t *pData,uint16_t Size);
HAL_StatusTypeDef  HAL_SPI_Receive_DMA(SPI_HandleTypeDef *hspi, uint8_t *pData,uint16_t Size);
```

其中，hspi 是 SPI 外设对象指针；pData 是用于 DMA 数据发送或接收的数据缓冲区指针；Size 是缓冲区的大小。因为 SPI 传输的基本数据单位是字节，所以缓冲区元素类型是 uint8_t，缓冲区大小的单位是字节。

另一个同时接收和发送数据的函数的原型定义为

```
HAL_StatusTypeDef   HAL_SPI_TransmitReceive_DMA(SPI_HandleTypeDef *hspi,uint8_t *pTxData,
uint8_t *pRxData,uint16_t Size);
```

其中，pTxData 是发送数据的缓冲区指针；pRxData 是接收数据的缓冲区指针；两个缓冲区大小相同，长度都是 Size。

DMA 传输是非阻塞式传输，函数返回 HAL_OK 只表示操作成功，需要触发相应的回调函数才表示数据传输完成。另外，还有 3 个控制 DMA 传输过程暂停、继续、停止的函数，其原型定义分别为

```
HAL_StatusTypeDef  HAL_SPI_DMAPause(SPI_HandleTypeDef *hspi);
HAL_StatusTypeDef  HAL_SPI_DMAResume (SPI_HandleTypeDef *hspi);
HAL_StatusTypeDef  HAL_SPI_DMAStop(SPI_HandleTypeDef *hspi);
```

其中，参数 hspi 是 SPI 外设对象指针。这 3 个函数都是阻塞式运行的。

9.4　采用 **STM32CubeMX** 和 **HAL** 库的 **SPI** 应用实例

Flash 存储器又称闪存，它与 EEPROM 都是掉电后数据不会丢失的存储器，因 Flash 存储器容量普遍大于 EEPROM，现在基本取代了它。日常生活中常用的 U 盘、SD 卡、SSD 固态硬盘，以及 STM32 芯片内部用于存储程序的设备，都是 Flash 存储器。

本节以一种使用 SPI 通信的串行 Flash 存储芯片 W25Q128 的读/写为例，讲述 STM32 SPI 的使用方法。实例中 STM32 SPI 外设采用主模式，通过查询事件的方式来确保正常通信。

9.4.1　STM32 SPI 的配置流程

SPI 是一种串行同步通信接口，由一个主设备和一个或多个从设备组成，主设备启动一个与从设备的同步通信，从而完成数据的交换。该接口大量用在 Flash、ADC、RAM 和显示驱动器之类的慢速外设器件中。因为不同器件的通信命令不同，这里介绍 STM32 上 SPI 的配置方法，关于具体器件请参考相关说明书。

假设使用 STM32 SPI2 的主模式，下面讲述 SPI2 部分的配置步骤。SPI 相关的库函数和定义分布在文件 stm32f1xx_hal_spi.c 以及头文件 stm32f1xx_hal_spi.h 中。

1）配置相关引脚的复用功能，使能 SPI2 时钟。

如果要用 SPI2，首先就要使能 SPI2 的时钟，SPI2 的时钟通过 APB1ENR 的第 14 位来配置。其次要配置 SPI2 的相关引脚为复用输出，这样才会连接到 SPI2 上，否则这些 I/O 接口还是默认的状态，即标准输入/输出接口。这里使用的是 PB13、PB14、PB15 这 3 个引脚（SCK、MISO、MOSI、CS 使用软件管理方式），所以设置这 3 个为复用功能 I/O。

使能 SPI2 时钟的方法为

```
_HAL_RCC_SPI2_CLK_ENABLE();    //使能 SPI2 时钟
```

复用 PB13、PB14 和 PB15 为 SPI2 引脚，通过 HAL_GPIO_Init()函数实现，代码如下：

```
GPIO_Initure.Pin=GPIO_PIN_13|GPIO_PIN_14|GPIO_PIN_15;
GPIO_Initure.Mode=GPIO_MODE_AF_PP;            //复用推挽输出
GPIO_Initure.Pull=GPIO_PULLUP;                //上拉
GPIO_Initure.Speed=GPIO_SPEED_FREQ_HIGH;     //快速
```

2）设置 SPI2 工作模式。

这一步全部是通过 SPI2_CR1 来设置的，设置 SPI2 为主机模式，设置数据格式为 8 位，然后通过 CPOL 和 CPHA 位来设置 SCK 时钟极性及采样方式。并设置 SPI2 的时钟频率（最大 18MHz），以及数据的格式（MSB 在前还是 LSB 在前）。在 HAL 库中初始化 SPI 的函数为

```
HAL_StatusTypeDef HAL_SPI_Init(SPI_HandleTypeDef  *hspi);
```

下面来看看 SPI_HandleTypeDef 的定义。

```
typedef struct __SPI_HandleTypeDef
{
    SPI_TypeDef         *Instance;       //基地址
    SPI_InitTypeDef     Init;            //初始化
    uint8-t             *pTxBuffPtr;     //发送缓存
    uint16-t            TxXferSize;      //发送数据大小
    __IO uint16_t       TxXferCount;     //还剩余多少个数据要发送
```

```
        uint8_t                      *pRxBuffPtr;                //接收缓存
        uint16_t                      RxXferSize;                //接收数据大小
        __IO uint16_t                 RxXferCount;               //还剩余多少个数据要接收
        Void (*RxISR)(struct __SPI_HandleTypeDef *hspi);
        Void (*TxISR)(struct __SPI_HandleTypeDef *hspi);
        DMA_HandleTypeDef             *hdmatx;                   //DMA 发送句柄
        DMA_HandleTypeDef             *hdmarx;                   //DMA 接收句柄
        HAL_LockTypeDef               Lock;
        __IO HAL_SPI_StateTypeDef     State;
        __IO uint32-t                 ErrorCode;
}SPI_HandleTypeDef;
```

该结构体和串口句柄结构体类似，同样有 6 个成员变量和 2 个 DMA_HandleTypeDef 指针类型变量。这几个参数的作用这里不做过多讲解，大家如果对 HAL 库串口通信理解了，那么这些也就很好理解了。这里主要讲解第二个成员变量 Init，它是 SPI_InitTypeDef 结构体类型，该结构体的定义为

```
typedef struct
{
        uint32_t Mode;               //模式：主（SPI_MODE_MASTER），从（SPI_MODE_SLAVE）
        uint32_t Direction;          //方式：只接受模式，单线双向通信数据模式，全双工
        uint32_t DataSize;           //8 位还是 16 位帧格式选择项

        uint32_t CLKPolarity;        //时钟极性
        uint32_t CLKPhase;           //时钟相位
        uint32_t NSS;                //SS 信号由硬件（NSS 管脚）还是软件控制
        uint32_t BaudRatePrescaler;  //设置 SPI 波特率预分频值
        uint32_t FirstBit;           //起始位是 MSB 还是 LSB
        uint32_t TIMode;             //帧格式 SPI 是 Motorola 模式还是 TI 模式
        uint32_t CRCCalculation;     //硬件 CRC 是否使能
        uint32_t CRCPolynomial;      //CRC 多项式
}SPI_InitTypeDef;
```

SPI 初始化实例代码如下：

```
SPI1_Handler.Instance= SPI2;                          // SPI2
SPI1_Handler.Init.Mode=SPI_MODE_MASTER;               //设置 SPI 工作模式，设置为主模式
SPI1_Handler.Init.Direction=SPI_DIRECTION_2LINES;
//设置 SPI 单向或者双向的数据模式，这里设置为双线模式
SPI1_Handler.Init.DataSize=SPI_DATASIZE_8BIT;
//设置 SPI 的数据大小，这里设置发送/接收 8 位帧结构
SPI1_Handler.Init.CLKPolarity=SPI_POLARITY_HIGH;
//串行同步时钟的空闲状态为高电平
SPI1_Handler.Init.CLKPhase=SPI_PHASE_2EDGE;
//串行同步时钟的第二个跳变沿（上升或下降）数据被采样
SPI1_Handler.Init.NSS=SPI_NSS_SOFT;//NSS 信号由硬件（NSS 管脚）还是软件
// （使用 SSI 位）管理内部 NSS 信号有 SSI 位控制
SPI1_Handler.Init.BaudRatePrescaler=SPI_BAUDRATEPRESCALER_256;
//定义波特率预分频的值，这里定义波特率预分频值为 256
SPI1_Handler.Init.FirstBit=SPI_FIRSTBIT_MSB;
//指定数据传输从 MSB 位还是 LSB 位开始，这里设置数据传输从 MSB 位开始
SPI1_Handler.Init.TIMode=SPI_TIMODE_DISABLE;          //关闭 TI 模式
SPI1_Handler.Init.CRCCalculation=SPI_CRCCALCULATION_DISABLE;
```

```
//关闭硬件 CRC 校验
SPI1_Handler.Init.CRCPolynomial=7;                    //CRC 值计算的多项式
HAL_SPI_Init(&SPI2_Handler);                          //初始化
```

同样，HAL 库也提供了 SPI 初始化 MSP 回调函数 HAL_SPI_MspInit()，其定义为

```
void HAL_SPI_MspInit(SPI_HandleTypeDef *hspi);
```

关于回调函数使用，这里就不做过多讲解。

3）使能 SPI2。

这一步通过 SPI2_CR1 的第 6 位来设置，以启动 SPI2，在启动之后，就可以开始 SPI 通信了。库函数使能 SPI1 的方法为

```
HAL_SPI_ENABLE(&SPI2_Handler);//使能 SPI2
```

4）SPI 传输数据。

通信接口当然需要有发送数据和接收数据的函数，HAL 库提供的发送数据函数原型为

```
HAL_StatusTypeDef HAL_SPI_Transmit(SPI_HandleTypeDef *hspi, uint8_t *pData,uint16_t Size,uint32_t Timeout);
```

这个函数很好理解，往 SPIx 数据寄存器写入数据 Data，从而实现发送。

HAL 库提供的接收数据函数原型为

```
HAL_StatusTypeDef HAL_SPI_Receive(SPI_HandleTypeDef *hspi,uint8_t *pData,uint16_t Size,uint32_t Timeout);
```

这个函数也不难理解，即从 SPIx 数据寄存器读出接收到的数据。

前面讲解过 SPI 通信的原理，因为 SPI 是全双工，即发送一字节的同时接收一字节，发送和接收同时完成，所以 HAL 也提供了一个发送和接收统一函数：

```
HAL_StatusTypeDef HAL_SPI_TransmitReceive(SPI_HandleTypeDef *hspi,uint8_t *pTxData,uint8_t *pRxData,uint16_t Size,uint32_t Timeout);
```

该函数发送一字节的同时负责接收一字节。

5）设置 SPI 传输速度。

SPI 初始化结构体 SPI_InitTypeDef 有一个成员变量是 BaudRatePrescaler，该成员变量用来设置 SPI 的预分频系数，从而决定了 SPI 的传输速度。

9.4.2　SPI 与 Flash 存储器接口的硬件设计

W25Q128 的 SPI 串行 Flash 硬件连接图如图 9-7 所示。

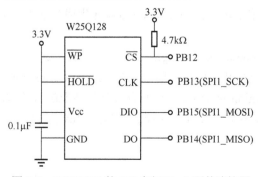

图 9-7　W25Q128 的 SPI 串行 Flash 硬件连接图

本开发板中的 W25Q128 是一种使用 SPI 通信协议的 NOR Flash 存储器，它的 $\overline{CS}$、CLK、DIO、DO 引脚分别连接到 STM32 对应的 SPI 引脚 NSS、SCK、MOSI、MISO 上，其中 STM32 的 NSS 引脚是一个普通的 GPIO，不是 SPI 的专用 NSS 引脚，所以程序中要使用软件控制的方式。

W25Q128 还有 $\overline{WP}$ 和 $\overline{HOLD}$ 引脚。$\overline{WP}$ 引脚可控制写保护功能，当该引脚为低电平时，禁止写入数据。这里直接接电源，不使用写保护功能。$\overline{HOLD}$ 引脚可用于暂停通信，该引脚为低电平时，通信暂停，数据输出引脚输出高阻抗状态，时钟和数据输入引脚无效。这里直接接电源，不使用通信暂停功能。

关于 W25Q128 的更多信息，可参考其数据手册。若使用的开发板 Flash 的型号或控制引脚不一样，只需根据工程模板修改即可，程序的控制原理相同。

9.4.3 SPI 与 Flash 存储器接口的软件设计

为了使工程更加有条理，把读/写 Flash 相关的代码分开存储，方便以后移植。

在 "工程模板" 之上新建 bsp_spi_Flash.c 及 bsp_spi_Flash.h 文件。

编程要点：

1）初始化通信使用的目标引脚及接口时钟。

2）使能 SPI 外设的时钟。

3）配置 SPI 外设的模式、地址、速率等参数并使能 SPI 外设。

4）编写基本 SPI 按字节收发的函数。

5）编写对 Flash 擦除及读/写操作的函数。

6）编写测试程序，对读/写数据进行校验。

1. 通过 STM32CubeMX 新建工程

（1）新建文件夹

在 Demo 目录下新建文件夹 SPI，这是保存本节新建工程的文件夹。

（2）新建 STM32CubeMX 工程

在 STM32CubeMX 开发环境中新建工程。

（3）选择 MCU 或开发板

在 Commercial Part Number 搜索框和 MCUs/MPUs List 列表框中选择 STM32F103ZET6，单击 Start Project 按钮启动工程。

（4）保存 STM32Cube MX 工程

使用 STM32CubeMX 菜单项 File→Save Project 保存工程。

（5）生成报告

使用 STM32CubeMX 菜单项 File→Generate Report 生成当前工程的报告文件。

（6）配置 MCU 时钟树

在 STM32CubeMX 的 Pinout & Configuration 选项卡下，选择 System Core 列表中的 RCC，High Speed Clock（HSE）根据开发板实际情况选择 Crystal/Ceramic Resonator（晶体/陶瓷晶振）。

切换到 Clock Configuration 选项卡，根据开发板外设情况配置总线时钟。此处配置 PLL Source Mux 为 HSE、PLLMul 为 9 倍频 72MHz、System Clock Mux 为 PLLCLK、APB1 Prescaler 为 X2，其余保持默认设置即可。

（7）配置 MCU 外设

返回 Pinout & Configuration 选项卡下，选择 System Core 列表中的 GPIO，对使用的 GPIO 接

口进行配置。LED 输出接口为 DS0（PB5）和 DS1（PE5），按键输入接口为 KEY0（PE4）、KEY1（PE3）、KEY2（PE2）和 KEY_UP（PA0），PB0 作为 LCD 模块的背光控制引脚，SPI2 片选接口为 PB12。配置完成后的 GPIO 接口界面如图 9-8 所示。

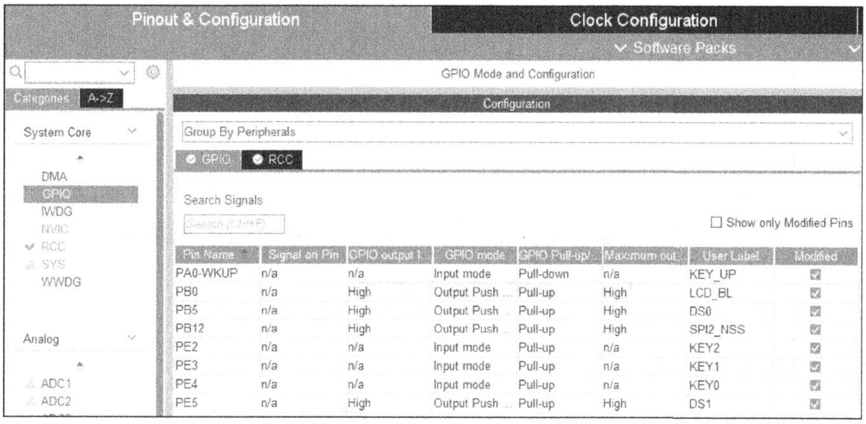

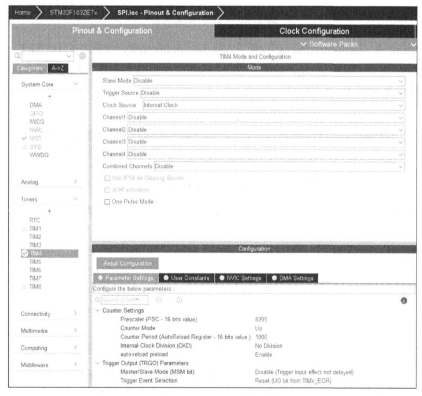

图 9-8　配置完成后的 GPIO 接口界面

还在 Pinout & Configuration 选项卡下，选择 Timers 列表中的 TIM4，对 TIM4 进行配置。右侧窗口中的 Clock Source 选择 Internal Clock，具体配置如图 9-9 所示。

图 9-9　TIM4 配置界面

还是在 Pinout & Configuration 选项卡下，选择 Connectivity 列表中的 FSMC，对 FSMC 模块进行配置。配置 Chip Select 为 NE4、Memory type 为 LCD Interface、LCD Register Select 为 A10、Data 为 16bits，具体如图 9-10 所示。

图 9-10　FSMC 配置界面

继续在 Pinout & Configuration 选项卡下，选择 Connectivity 列表中的 USART1，对 USART1 进行配置。配置 Mode 为 Asynchronous、Hardware Flow Control (RS232)为 Disable，Parameter Settings 的具体配置如图 9-11 所示。

图 9-11　USART1 配置界面

在 Pinout & Configuration 选项卡下，选择 Connectivity 列表中的 SPI2，对 SPI2 进行配置。配置 Mode 为 Full-Duplex Master，具体如图 9-12 所示。

图 9-12　SPI2 配置界面

在 Pinout & Configuration 选项卡下，选择 System Core 列表中的 NVIC，对 NVIC 进行配置。修改 Priority Group 为 2 bits for pre-emption priority（2 位抢占优先级），在列表中的 Enabled 栏中选中 TIM4 global interrupt 和 USART1 global interrupt，并修改它们的 Preemption Priority（抢占优先级）和 Sub Priority（子优先级），如图 9-13 所示。

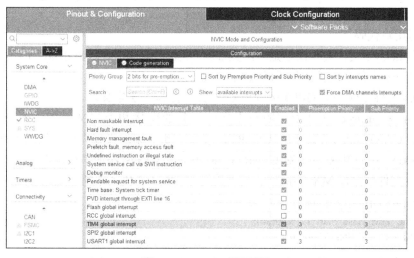

图 9-13　NVIC 配置界面

切换到 Code Generation 选项卡，在列表中的 Select for init sequence ordering 栏中选中 TIM4 global interrupt 和 USART1 global interrupt，如图 9-14 所示。

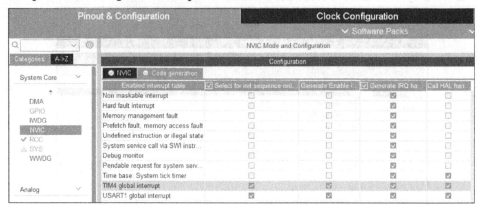

图 9-14　Code Generation 配置界面

（8）配置工程

在 STM32CubeMX 的 Project Manager 视图的 Project 选项卡下，选择 Toolchain/IDE 为 MDK-ARM、Min Version 为 V5，可生成 Keil MDK 工程。

（9）生成 C 代码工程

在 STM32CubeMX 主界面，单击 GENERATE CODE 按钮生成 C 代码 Keil MDK 工程。

2．通过 Keil MDK 实现工程

（1）打开工程

打开 SPI/MDK-ARM 文件夹下的工程文件。

（2）编译 STM32CubeMX 自动生成的 Keil MDK 工程

在 Keil MDK 开发环境中通过菜单项 Project→Rebuild all target files 或工具栏中的 Rebuild 按钮🔨编译工程。

（3）新建用户文件

在 SPI/Core/Src 文件夹下新建 delay.c、key.c、lcd.c、w25qxx.c、usart.c、usart_config.c 和 usart_str.c 文件，在 SPI/Core/Inc 下新建 delay.h、key.h、lcd.h、font.h、w25qxx.h、usart.h 和 usart_str.h 文件。将新建的.c 文件添加到工程 Application/User/Core 文件夹下。

（4）编写用户代码

delay.h 和 delay.c 文件实现微秒延时函数 delay_us()和毫秒延时函数 delay_ms()。

key.h 和 key.c 文件实现按键扫描函数 key_scan()。

在 GPIO.h 文件中添加对 GPIO 接口和 LED 接口操作的宏定义。

在 usart.h 和 usart.c 文件中声明和定义使用到的变量和宏定义。在 usart.c 文件中添加 MX_USART1_UART_Init()函数开启 USART1 接收中断，添加接收完成回调函数 HAL_UART_RxCpltCallback()。stm32f1xx_it.c 对 USART1_IRQHandler()函数添加串口操作处理。

在 timer.c 文件中添加 MX_TIM4_Init()函数使能 TIM4 和更新中断。

```
/* USER CODE BEGIN TIM4_Init 2 */
    HAL_TIM_Base_Start_IT(&htim4);
/* USER CODE END TIM4_Init 2 */
```

在 timer.c 文件中添加中断回调函数 HAL_TIM_PeriodElapsedCallback ()，执行 usamart 扫描和

定时器更新。

```
void HAL_TIM_PeriodElapsedCallback(TIM_HandleTypeDef    *htim)
{
    if(htim==(&htim4))
    {
      usart_dev.scan();
      __HAL_TIM_SET_COUNTER(&htim4,0);
      __HAL_TIM_SET_AUTORELOAD(&htim4,100);
    }
}
```

在 lcd.h、font.h 和 lcd.c 文件中实现对 FSMC 接口的 LCD 模块的操作。

在 usart.h、usart_str.h、usart.c、usart_config.c 和 usart_str.c 文件中实现对串口调试交互组件的支持。

在 w25qxx.h 和 w25qxx.c 文件实现对 Flash W25Q128 的操作。

在 spi.c 文件的 MX_SPI2_Init()函数中添加启动 SPI 传输。

```
/* USER CODE BEGIN SPI2_Init 2 */
    SPI2_ReadWriteByte(0XFF);      //启动传输
/* USER CODE END SPI2_Init 2 */
```

在 spi.c 文件的 MX_SPI2_Init()函数中添加 SPI 速率设置函数 SPI2_SetSpeed()和 SPI 读写字节函数 SPI2_ReadWriteByte()。

```
/* USER CODE BEGIN 1 */
//SPI 速度设置函数
//SPI 速度=fAPB1/分频系数
//@ref SPI_BaudRate_Prescaler:SPI_BAUDRATEPRESCALER_2～SPI_BAUDRATEPRESCALER_2 256
//fAPB1 时钟一般为 42MHz
void SPI2_SetSpeed(uint8_t SPI_BaudRatePrescaler)
{
    assert_param(IS_SPI_BAUDRATE_PRESCALER(SPI_BaudRatePrescaler));//判断有效性
    __HAL_SPI_DISABLE(&hspi2);              //关闭 SPI
    hspi2.Instance->CR1&=0XFFC7;            //位 3～5 清零，用来设置波特率
    hspi2.Instance->CR1|=SPI_BaudRatePrescaler; //设置 SPI 速度
    __HAL_SPI_ENABLE(&hspi2);               //使能 SPI
}

//SPI1 读写一字节
//TxData：要写入的字节
//返回值：读取到的字节
uint8_t SPI2_ReadWriteByte(uint8_t TxData)
{
    uint8_t Rxdata;
    HAL_SPI_TransmitReceive(&hspi2,&TxData,&Rxdata,1, 1000);
    return Rxdata;                          //返回收到的数据
}
/* USER CODE END 1 */
```

在 main.c 文件中添加对用户自定义头文件的引用。

```
/* Private includes -----------------------------------------------------*/
/* USER CODE BEGIN Includes */
#include "delay.h"
#include "key.h"
#include "lcd.h"
#include "usart.h"
#include "w25qxx.h"
/* USER CODE END Includes */
```

在 main.c 文件中添加对 LCD 模块、SPI 模块和串口交互组件的初始化。

```
/* USER CODE BEGIN 2 */
usmart_dev.init(84);            //初始化 USMART
LCD_Init();                     //初始化 LCD FSMC 接口

W25QXX_Init();                  //W25QXX 初始化
POINT_COLOR=RED;
LCD_ShowString(30,50,200,16,16,"WarShip STM32");
LCD_ShowString(30,70,200,16,16,"SPI TEST");
LCD_ShowString(30,90,200,16,16,"ATOM@ALIENTEK");
LCD_ShowString(30,110,200,16,16,"2022/11/18");
LCD_ShowString(30,130,200,16,16,"KEY1:Write   KEY0:Read");   //显示提示信息
while(1)
{
    id = W25QXX_ReadID();
    if (id == W25Q128 || id == NM25Q128)
        break;
    LCD_ShowString(30,150,200,16,16,"W25Q128 Check Failed!");
    delay_ms(500);
    LCD_ShowString(30,150,200,16,16,"Please Check!         ");
    delay_ms(500);
    LED0=!LED0;                 //DS0 闪烁
}
LCD_ShowString(30,150,200,16,16,"W25Q128 Ready!");
FLASH_SIZE=32*1024*1024;       //FLASH 大小为 32MB
POINT_COLOR=BLUE;              //设置字体为蓝色
/* USER CODE END 2 */
```

在 main.c 文件中添加对 SPI Flash W25Q128 的操作。通过 KEY1 按键来控制 W25Q128 的写入，通过另外一个按键 KEY0 来控制 W25Q128 的读取，并在 LCD 模块上面显示相关信息，DS0 提示程序正在运行。

```
/* Infinite loop */
/* USER CODE BEGIN WHILE */
while (1)
{
    key=KEY_Scan(0);
        if(key==KEY1_PRES)//KEY1 按下,写入 W25Q128
        {
            LCD_Fill(0,170,239,319,WHITE);//清除半屏
            LCD_ShowString(30,170,200,16,16,"Start Write W25Q128....");
            W25QXX_Write((uint8_t*)TEXT_Buffer,FLASH_SIZE-100,SIZE);
            //从倒数第 100 个地址处开始，写入 SIZE 长度的数据
```

```
                    LCD_ShowString(30,170,200,16,16,"W25Q256 Write Finished!");  //提示传送完成
                }
                if(key==KEY0_PRES)//KEY0 按下，读取字符串并显示
                {
                LCD_ShowString(30,170,200,16,16,"Start Read W25Q128....  ");
                W25QXX_Read(datatemp,FLASH_SIZE-100,SIZE);//从倒数第 100 个地址处开始,读出 SIZE 个
字节
                LCD_ShowString(30,170,200,16,16,"The Data Readed Is:     ");  //提示传送完成
                LCD_ShowString(30,190,200,16,16,datatemp);  //显示读到的字符串
                }
                i++;
                delay_ms(10);
                if(i==20)
                {
                    LED0=!LED0;//提示系统正在运行
                    i=0;
                }
                /* USER CODE END WHILE */

                /* USER CODE BEGIN 3 */
            }
        /* USER CODE END 3 */
```

（5）重新编译工程

重新编译修改好的工程。

（6）配置工程仿真与下载项

在 Keil MDK 开发环境中通过菜单项 Project→Options for Target 或工具栏中的 按钮配置工程。

进入 Debug 选项卡，选择使用的仿真器为 ST-Link Debugger。切换到 Flash Download 选项卡，选中 Reset and Run 复选框。单击"确定"按钮。

（7）下载工程

连接好仿真器，开发板上电。

在 Keil MDK 开发环境中通过菜单项 Flash→Download 或工具栏中的 按钮下载工程。

工程下载完成后，连接串口，打开串口调试助手，查看串口收发是否正常，查看 LED 是否正常，查看 LCD 模块显示的 SPI Flash 读/写是否正常。

习　　题

1．简要说明 SPI 总线的特点及工作模式的种类。

2．简要说明 SPI 硬件引脚的作用。

3．分别写出 SPI 主、从模式的配置步骤。

4．要监控 SPI 总线的状态，有几个状态标志位可以通过应用程序使用？简单说明各标志位的作用。

5．编写程序配置 SPI 总线初始化。

6．SPI 共有几个中断源?

第 10 章　STM32 I2C 控制器

本章介绍 STM32 I2C 控制器，包括 STM32 I2C 的通信原理、STM32F103 I2C 接口、I2C 的 HAL 库函数，以及采用 STM32CubeMX 和 HAL 库的 I2C 应用实例。

10.1　STM32 I2C 的通信原理

I2C（Inter-integrated Circuit，集成电路）总线最早由 Philips 公司推出，是一种用于 IC 器件之间连接的 2 线制串行扩展总线，它通过 2 条信号线（SDA，串行数据线；SCL，串行时钟线）在连接到总线上的器件之间传送数据，所有连接在总线的器件都可以工作于发送方式或接收方式。

I2C 总线主要用来连接整体电路。I2C 是一种多向控制总线，即多个芯片可以连接到同一总线结构下，同时每个芯片都可以作为实时数据传输的控制源。这种方式简化了信号传输总线接口。

10.1.1　I2C 串行总线概述

I2C 总线结构如图 10-1 所示。I2C 总线的 SDA 和 SCL 是双向 I/O 线，必须通过上拉电阻接到正电源，当总线空闲时，两线都是"高"。所有连接在 I2C 总线上的器件引脚必须是开漏或集电极开路输出，即具有"线与"功能。所有挂在总线上器件的 I2C 引脚接口也应该是双向的；SDA 输出电路用于往总线上发数据，而 SDA 输入电路用于接收总线上的数据；主机通过 SCL 输出电路发送时钟信号，同时其本身的接收电路需检测总线上的 SCL 电平，以决定下一步的动作；从机的 SCL 输入电路接收总线时钟，并在 SCL 控制下向 SDA 发出或从 SDA 接收数据。另外，也可以通过拉低 SCL（输出）来延长总线周期。

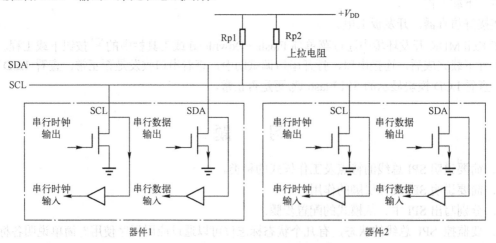

图 10-1　I2C 总线结构

I2C 总线上允许连接多个器件，支持多主机通信。但为了保证数据可靠地传输，任意一个时刻总线只能由一台主机控制，其他设备此时均表现为从机。I2C 总线的运行（指数据传输过程）

由主机控制。所谓主机控制,就是由主机发出启动信号和时钟信号,控制传输过程结束时发出停止信号等。每一个接到 I2C 总线上的设备或器件都有一个唯一独立的地址,便于主机寻访。主机与从机之间的数据传输,可以是主机发送数据到从机,也可以是从机发送数据到主机。因此,在 I2C 协议中,除了使用主机、从机的定义外,还使用了发送器、接收器的定义。发送器表示发送数据方,可以是主机,也可以是从机;接收器表示接收数据方,同样也可以代表主机或代表从机。在 I2C 总线上一次完整的通信过程中,主机和从机的角色是固定的,SCL 时钟由主机发出,但发送器和接收器是不固定的,经常变化,这一点须特别注意,尤其在学习 I2C 总线时序过程中,不要把它们混淆在一起。

在 I2C 总线上,双向串行的数据以字节为单位传输,传输速率在标准模式下可达 100kbit/s,快速模式下可达 400kbit/s,高速模式下可达 3.4Mbit/s。各种被控制电路均并联在总线的 SDA 和 SCL 上,每个器件都有唯一的地址。通信由充当主机的器件发起,它像打电话一样呼叫希望与之通信的从机的地址(相当于从机的电话号码),只有被呼叫了地址的器件才能占据总线与主机"对话"。地址由器件的类别识别码和硬件地址共同组成。其中,器件类别包括微控制器、LCD 驱动器、存储器、实时时钟或键盘接口等,各类器件都有唯一的识别码。硬件地址则通过从机的引脚连线设置。在信息的传输过程中,主机初始化 I2C 总线通信,并产生同步信号的时钟信号。任何被寻址的器件都被认为是从机。总线上并接的每个器件既可以是主机,又可以是从机,这取决于它所要完成的功能。如果两个或更多主机同时初始化数据传输,可以通过冲突检测和仲裁防止数据被破坏。I2C 总线上挂接的器件数量只受信号线上的总负载电容的限制,只要不超过 400pF,理论上可以连接任意数量的器件。

与 SPI 相比,I2C 接口最主要的优点是简单性和有效性。

1)I2C 仅用两根信号线(SDA 和 SCL)就实现了完善的半双工同步数据通信,且能够方便地构成多机系统和外部器件扩展系统。I2C 总线上的器件地址采用硬件设置方法,寻址则由软件完成,避免了从机选择线寻址时造成的片选线众多的弊端,使系统具有更简单也更灵活的扩展方法。

2)I2C 支持多主控系统。I2C 总线上任何能够进行发送和接收的设备都可以成为主机,所有主机都能够控制信号的传输和时钟频率。当然,在任何时刻只能有一个主机。

3)I2C 接口被设计成漏极开路的形式。在这种结构中,高电平水平只由电阻上拉电平+V_{DD} 电压决定。图 10-1 中的上拉电阻 Rp1 和 Rp2 的阻值决定了 I2C 的通信速率,理论上阻值越小,通信速率越高。一般而言,当通信速率为 100kbit/s 时,上拉电阻取 4.7kΩ;而当通信速率为 400kbit/s 时,上拉电阻取 1kΩ。

目前,I2C 接口已经获得了广大开发者和设备生产商的认同,市场上存在众多集成了 I2C 接口的器件。意法半导体(ST)、微芯(Microchip)、德州仪器(TI)和恩智浦(NXP)等嵌入式微控制器的主流厂商产品中几乎都集成有 I2C 接口。外部器件也有越来越多的低速、低成本器件使用 I2C 接口作为数据或控制信息的接口标准。

10.1.2 I2C 总线的数据传输

1. 数据位的有效性规定

如图 10-2 所示,I2C 总线进行数据传输时,时钟信号为高电平期间,数据线上的数据必须保持稳定,只有在时钟线上的信号为低电平期间,数据线上的高电平或低电平状态才允许变化。

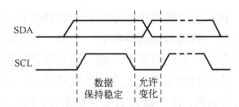

图 10-2　I2C 数据有效性规定

2. 起始和终止信号

I2C 总线规定，当 SCL 为高电平时，SDA 的电平必须保持稳定不变的状态，只有当 SCL 处于低电平时，才可以改变 SDA 的电平值，但起始信号和停止信号是特例。因此，当 SCL 处于高电平时，SDA 的任何跳变都会被识别为一个起始信号或停止信号。如图 10-3 所示，SCL 线为高电平期间，SDA 线由高电平向低电平的变化表示起始信号；SCL 线为高电平期间，SDA 线由低电平向高电平的变化表示终止信号。

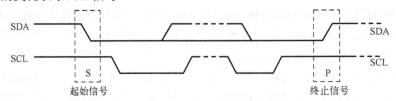

图 10-3　I2C 总线起始和终止信号

起始和终止信号都是由主机发出的。在起始信号产生后，总线就处于被占用的状态；在终止信号产生后，总线就处于空闲状态。连接到 I2C 总线上的器件，若具有 I2C 总线的硬件接口，则很容易检测到起始和终止信号。

每当发送器件传输完一个字节的数据后，后面必须紧跟一个校验位，这个校验位是接收端通过控制 SDA（数据线）来实现的，以提醒发送端，这边已经接收完成，数据传输可以继续进行。

3. 数据传输格式

（1）字节传输与应答

在 I2C 总线的数据传输过程中，发送到 SDA 信号线上的数据以字节为单位，每个字节必须为 8 位，而且是高位（MSB）在前、低位（LSB）在后。每次发送数据的字节数量不受限制。但在这个数据传输过程中需要强调的是，当发送方发送完每一字节后，都必须等待接收方返回一个应答响应信号，如图 10-4 所示。响应信号宽度为 1 位，紧跟在 8 个数据位后面，所以发送一字节的数据需要 9 个 SCL 时钟脉冲。响应时钟脉冲也是由主机产生的，主机在响应时钟脉冲期间释放 SDA 线，使其处在高电平。

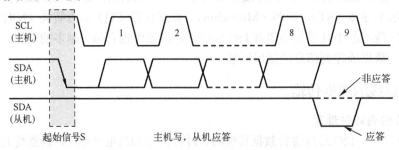

图 10-4　I2C 总线字节传送与应答

而在响应时钟脉冲期间，接收方需要将 SDA 拉低，使 SDA 在响应时钟脉冲高电平期间保持稳定的低电平，即为有效应答信号（ACK 或 A），表示接收器已经成功地接收了该字节数据。

如果在响应时钟脉冲期间，接收方没有将 SDA 线拉低，使 SDA 在响应时钟脉冲高电平期间保持稳定的高电平，即为非应答信号（NAK 或 $\overline{A}$），表示接收器接收该字节没有成功。

由于某种原因从机不对主机寻址信号应答时（如从机正在进行实时性的处理工作而无法接收总线上的数据），它必须将数据线置于高电平，而由主机产生一个终止信号以结束总线的数据传输。

如果从机对主机进行了应答，但在数据传输一段时间后无法继续接收更多的数据时，从机可以通过对无法接收的第一个字节数据的"非应答"通知主机，主机则应发出终止信号以结束数据的继续传输。

当主机接收数据时，它收到最后一字节数据后，必须向从机发出一个结束传送的信号。这个信号是由对从机的"非应答"来实现的。然后，从机释放 SDA 线，以允许主机产生终止信号。

（2）总线的寻址

挂在 I2C 总线上的器件可以有很多，但相互间只有两根线连接（数据线和时钟线）。这如何进行识别寻址呢？具有 I2C 总线结构的器件在其出厂时已经给定了器件的地址编码。I2C 总线器件地址 SLA（以 8 位为例）格式如图 10-5 所示。

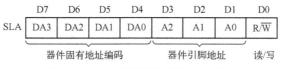

图 10-5　I2C 总线器件地址 SLA 格式

1）DA3～DA0：4 位器件地址是 I2C 总线器件固有的地址编码，器件出厂时就已给定，用户不能自行设置。例如，I2C 总线器件 E2PROM AT24CXX 的器件地址为 1010。

2）A2～A0：3 位引脚地址用于相同地址器件的识别。若 I2C 总线上挂有相同地址的器件，或同时挂有多片相同器件时，可用硬件连接方式对 3 位引脚 A2～A0 接 VCC 或接地，形成地址数据。

3）R/$\overline{W}$：用于确定数据传输方向。R/$\overline{W}$ =1 时，主机接收（读）；R/$\overline{W}$ =0，主机发送（写）。

主机发送地址时，总线上的每个从机都将这 7 位地址码与自己的地址进行比较，如果相同，则认为自己正被主机寻址，根据 R/$\overline{W}$ 位将自己确定为发送器或接收器。

（3）数据帧格式

I2C 总线上传输的数据信号是广义的，既包括地址信号，又包括真正的数据信号。在起始信号后必须传送一个从机的地址（7 位），第 8 位是数据的传输方向位（R/$\overline{W}$），用 0 表示主机发送数据（$\overline{W}$），1 表示主机接收数据（R）。每次数据传输总是由主机产生的终止信号结束。但是，若主机希望继续占用总线进行新的数据传输，则可以不产生终止信号，立即再次发出起始信号对另一从机进行寻址。

总线的一次数据传输可以有以下几种组合方式。

（1）主机向从机写数据

主机向从机写 n 字节数据，数据传输方向在整个传送过程中不变。I2C 的数据线 SDA 上的数据流如图 10-6 所示。有阴影部分表示数据由主机向从机传输，无阴影部分则表示数据由从机向主机传输。其中，A 表示应答，$\overline{A}$ 表示非应答（高电平），S 表示起始信号，P 表示终止信号。

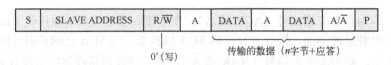

图 10-6 主机向从机写数据的 SDA 数据流

如果主机要向从机传输一个或多个字节数据，在 SDA 上需经历以下过程。

1）主机产生起始信号 S。

2）主机发送寻址字节 SLAVE ADDRESS，其中的高 7 位表示数据传输目标的从机地址；最后 1 位是传输方向位，此时其值为 0，表示数据传输方向是由主机到从机。

3）当某个从机检测到主机在 I2C 总线上广播的地址与它的地址相同时，该从机就被选中，并返回一个应答信号 A。没被选中的从机会忽略之后 SDA 上的数据。

4）当主机收到来自从机的应答信号后，开始发送数据 DATA。主机每发送完一个字节，从机产生一个应答信号。如果在 I2C 的数据传输过程中，从机产生了非应答信号 $\overline{A}$，则主机提前结束本次数据传输。

5）当主机的数据发送完毕，主机产生一个停止信号结束数据传输，或者产生一个重复起始信号进入下一次数据传输。

（2）主机从从机读数据

主机从从机读 n 字节数据时，I2C 的数据线 SDA 上的数据流如图 10-7 所示。其中，阴影框表示数据由主机传输到从机，无阴影部分表示数据流由从机传输到主机。

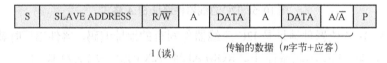

图 10-7 主机由从机读数据时 SDA 上的数据流

如果主机要由从机读取一个或多个字节数据，在 SDA 上需经历以下过程。

1）主机产生起始信号 S。

2）主机发送寻址字节 SLAVE ADDRESS，其中的高 7 位表示数据传输目标的从机地址；最后 1 位是传输方向位，此时其值为 1，表示数据传输方向由从机到主机。寻址字节 SLAVE ADDRESS 发送完毕，主机释放 SDA（拉高 SDA）。

3）当某个从机检测到主机在 I2C 总线上广播的地址与它的地址相同时，该从机就被选中，并返回一个应答信号 A。没被选中的从机会忽略之后 SDA 上的数据。

4）当主机收到应答信号后，从机开始发送数据 DATA。从机每发送完一字节，主机产生一个应答信号。当主机读取从机数据完毕或者主机想结束本次数据传输时，可以向从机返回一个非应答信号 $\overline{A}$，从机即自动停止数据传输。

5）当数据传输完毕，主机产生一个停止信号结束数据传输，或者产生一个重复起始信号进入下一次数据传输。

（3）主机和从机双向数据传送

在传送过程中，当需要改变传送方向时，起始信号和从机地址都被重复产生一次，但两次读/写方向位正好反向。I2C 的数据线 SDA 上的数据流如图 10-8 所示。

图 10-8 主机和从机双向数据传送 SDA 上的数据流

主机和从机双向数据传输的过程是主机向从机写数据和主机由从机读数据的组合，故不再赘述。

4．传输速率

I2C 的标准传输速率为 100kbit/s，快速传输可达 400kbit/s。目前还增加了高速模式，最高传输速率可达 3.4Mbit/s。

10.2　STM32F103 I2C 接口

STM32F103 微控制器的 I2C 模块连接微控制器和 I2C 总线，提供多主机功能，支持标准和快速两种传输速率，控制所有 I2C 总线特定的时序、协议、仲裁和定时，同时与 SMBus 2.0 兼容。

10.2.1　STM32F103 I2C 接口的主要特性

STM32F103 微控制器的小容量产品有 1 个 I2C，中等容量和大容量产品有 2 个 I2C。

STM32F103 微控制器的 I2C 具有以下主要特性。

1）所有的 I2C 都位于 APB1 总线。

2）支持标准（100kbit/s）和快速（400kbit/s）两种传输速率。

3）所有的 I2C 可工作于主模式或从模式，可以作为主发送器、主接收器、从发送器或者从接收器。

4）支持 7 位或 10 位寻址和广播呼叫。

5）具有 3 个状态标志位：发送器/接收器模式标志位、字节发送结束标志位、总线忙标志位。

6）具有 2 个中断向量：1 个中断用于地址/数据通信成功，1 个中断用于错误。

7）具有单字节缓冲器的 DMA。

8）兼容系统管理总线 SMBus 2.0。

10.2.2　STM32F103 I2C 接口的内部结构

STM32F103 系列微控制器 I2C 接口的内部结构，如图 10-9 所示。它由 SDA 线和 SCL 线展开，主要分为时钟控制、数据控制和控制逻辑等部分，负责实现 I2C 的时钟产生、数据收/发、总线仲裁和中断、DMA 等功能。

1．时钟控制

时钟控制模块根据控制寄存器 CCR、CR1 和 CR2 中的配置产生 I2C 协议的时钟信号，即 SCL 线上的信号。为了产生正确的时序，必须在 I2C_CR2 寄存器中设定 I2C 的输入时钟。当 I2C 工作在标准传输速率时，输入时钟的频率必须大于或等于 2MHz；当 I2C 工作在快速传输速率时，输入时钟的频率必须大于或等于 4MHz。

2．数据控制

数据控制模块通过一系列控制架构，在要发送的数据上，按照 I2C 的数据格式加上起始信号、地址信号、应答信号和停止信号，将数据一位一位地从 SDA 线上发送出去。读取数据时，则从 SDA 线上的信号中提取出接收到的数据值。发送和接收的数据都被保存在数据移位寄存器中。

3．控制逻辑

控制逻辑用于产生 I2C 中断和 DMA 请求。

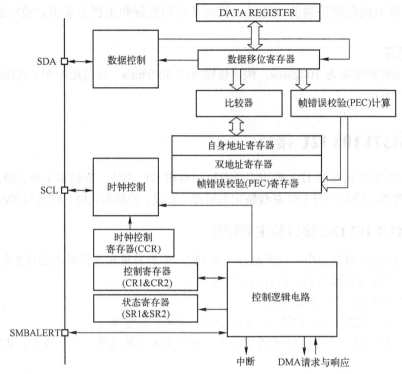

图 10-9　STM32F103 系列微控制器 I2C 接口的内部结构

10.2.3　STM32F103 I2C 接口的模式选择

I2C 接口可以按下述 4 种模式中的一种运行。

1）从发送器模式。

2）从接收器模式。

3）主发送器模式。

4）主接收器模式。

默认工作于从模式。接口在生成起始条件后自动地从从模式切换到主模式；当仲裁丢失或产生停止信号时，则从主模式切换到从模式。允许多主机功能。

处于主模式时，I2C 接口启动数据传输并产生时钟信号。串行数据传输总是以起始条件开始并以停止条件结束。起始条件和停止条件都是在主模式下由软件控制产生。

处于从模式时，I2C 接口能识别它自己的地址（7 位或 10 位）和广播呼叫地址。软件能够控制开启或禁止广播呼叫地址的识别。

数据和地址按 8 位/字节进行传输，高位在前。跟在起始条件后的 1 或 2 字节是地址（7 位模式为 1 字节，10 位模式为 2 字节）。地址只在主模式下发送。在一个字节传输的 8 个时钟后的第 9 个时钟期间，接收器必须回送一个应答位（ACK）给发送器。

10.3　I2C 的 HAL 库函数

I2C 的 HAL 驱动程序头文件是 stm32f1xx_hal_i2c.h 和 stm32f1xx_hal_i2c_ex.h。I2C 的 HAL 库函数包括宏定义、结构体定义、宏函数和功能函数。I2C 的数据传输有阻塞式、中断方式和 DMA 方式。

10.3.1　I2C 接口的初始化

对 I2C 进行初始化配置的函数是 HAL_I2C_Init()，其函数原型定义为

HAL_StatusTypeDef　HAL_I2C_Init(I2C_HandleTypeDef　*hi2c)

其中，hi2c 是 I2C 的对象指针，是 I2C_HandleTypeDef 结构体类型指针。在 STM32CubeMX 自动生成的文件 i2c.c 中，会为启用的 I2C 定义外设对象变量，例如，为 I2C1 定义的变量为

I2C_HandleTypeDef　hi2c1；　　//I2C1 的外设对象变量

结构体 I2C_HandleTypeDef 的成员变量主要是 HAL 程序内部用到的一些定义，只有成员变量 Init 是需要用户配置的 I2C 通信参数，是 I2C_InitTypeDef 结构体类型。在后面实例中再具体解释 I2C 通信参数的设置。

10.3.2　I2C 阻塞式数据传输

I2C 的阻塞式数据传输相关函数见表 10-1。阻塞式数据传输使用方便，且 I2C 的传输速率不高，一般传输数据量也不大，阻塞式传输是常用的数据传输方式。

表 10-1　I2C 的阻塞式数据传输相关函数

函数名	功能描述
HAL_I2C_IsDeviceReady ()	检查某个从设备是否准备好了 I2C 通信
HAL_I2C_Master_Transmit ()	作为主设备向某个地址的从设备发送一定长度的数据
HAL_I2C_Master_Receive ()	作为主设备从某个地址的从设备接收一定长度的数据
HAL_I2C_Slave_Transmit ()	作为从设备发送一定长度的数据
HAL_I2C_Slave_Receive ()	作为从设备接收一定长度的数据
HAL_I2C_Mem_Write ()	向某个从设备的指定存储地址开始写入一定长度的数据
HAL_I2C_Mem_Read ()	从某个从设备的指定存储地址开始读取一定长度的数据

1. 函数 HAL_I2C_IsDeviceReady()

函数 HAL_I2C_IsDeviceReady()用于检查 I2C 线路上一个从设备是否做好了 I2C 通信准备，其函数原型定义为

HAL StatusTypeDef　HAL_I2C_IsDevicoReady(I2C_HandleTypeDef　*hi2c,uint16_t　DevAddress,uint32_t Trials,uint32_t　Timeout)；

其中，hi2c 是 I2C 对象指针；DevAddress 是从设备地址；Trials 是尝试的次数；Timeout 是超时等待时间（单位是嘀嗒信号节拍数），当 SysTick 定时器频率为默认的 1000Hz 时，Timeout 的单位就是 ms。

一个 I2C 从设备有两个地址：一个是写操作地址，另一个是读操作地址。例如，开发板上的 EEPROM 芯片 AT24C02 的写操作地址是 0xA0，读操作地址是 0xA1。也就是说，读操作地址是在写操作地址上加 1。在 I2C 的 HAL 驱动程序中，传递从设备地址参数时，只需设置写操作地址，函数内部会根据读/写操作类型，自动使用写操作地址或读操作地址。但是在软件模拟 I2C 通信时，必须明确使用相应的地址。

2. 主设备发送和接收数据

一个 I2C 总线上有一个主设备，可能有多个从设备。主设备与从设备通信时，必须指定从设备地址。I2C 主设备发送和接收数据的两个函数的原型定义为

```
        HAL_StatusTypeDef  HAL_I2C_Master_Transmit(I2C_HandleTypeDef *hi2c,uint16_t DevAddress,uint8_t
*pData,uint16_t  Size,uint32_t  Timeout);
        HAL_StatusTypeDef  HAL_I2C_Master_Receive(I2C_HandleTypeDef *hi2c,uint16_t DevAddress, uint8_t
*pData,uint16_t  Size,uint32_t  Timeout);
```

其中，pData 是发送或接收数据的缓冲区指针；Size 是缓冲区大小；DevAddress 是从设备地址，无论是发送还是接收，这个地址都要设置为 I2C 设备的写操作地址；Timeout 为超时等待时间，单位是嘀嗒信号节拍数。

阻塞式操作函数在数据发送或接收完成后才返回，返回值为 HAL_OK 时表示传输成功，否则可能是出现错误或超时。

3. 从设备发送和接收数据

I2C 从设备发送和接收数据的两个函数的原型定义为

```
        HAL_StatusTypeDef  HAL_I2C_Slave_Transmit(I2C_HandleTypeDef  *hi2c,uint8_t  *pData,uint16_t  Size,
uint32_t  Timeout);
        HAL_StatusTypeDef  HAL_I2C_Slave_Receive(I2C_HandleTypeDef  *hi2c,uint8_t  *pData,uint16_t  Size,
uint32_t  Timeout);
```

I2C 从设备是应答式地响应主设备的传输要求，发送和接收数据的对象总是主设备，所以函数中无须设置目标设备地址。

4. I2C 存储器数据传输

对于 I2C 存储器，例如 EEPROM 芯片 AT24C02，有两个专门的函数用于存储器数据读/写。向存储器写入数据的函数是 HAL_I2C_Mem_Write()，其原型定义为

```
        HAL_StatusTypeDef  HAL_I2C_Mem_Write(I2C_HandleTypeDef    *hi2c,uint16_t  DevAddress,uint16_t
MemAddress,uint16_t  MemAddSize,uint8_t  *pData,uint16_t  Size,uint32_t  Timeout);
```

其中，DevAddress 是 I2C 从设备地址；MemAddress 是存储器内部写入数据的起始地址；MemAddSize 是存储器内部地址大小，即 8 位地址或 16 位地址，有两个宏定义表示存储器内部地址大小。

```
#define   I2C_MEMADD_SIZE_8BIT      0x00000001U    //8 位存储器地址
#define   I2C_MEMADD_SIZE_16BIT     0x00000010U    //16 位存储器地址
```

参数 pData 是待写入数据的缓冲区指针；Size 是待写入数据的字节数；Timeout 是超时等待时间。使用这个函数可以很方便地向 I2C 存储器一次性写入多字节的数据。

从存储器读取数据的函数是 HAL_I2C_Mem_Read()，其原型定义为

```
        HAL_StatusTypeDef  HAL_I2C_Mem_Read(I2C_HandleTypeDef  *hi2c,uint16_t  DevAddress,uint16_t
MemAddress,uint16_t  MemAddSize,uint8_t  *pData,uint16_t  Size,uint32_t  Timeout);
```

使用 I2C 存储器数据传输函数的好处是，可以一次性传输地址和数据，函数会根据存储器的 I2C 通信协议依次传输地址和数据，而不需要用户自己分解通信过程。

10.3.3 I2C 中断方式数据传输

一个 I2C 有两个中断号：一个用于事件中断，另一个用于错误中断。HAL_I2C_EV_IRQHandler()是事件中断 ISR 中调用的通用处理函数，HAL_I2C_ER_IRQHandler()是错误中断 ISR 中调用的通用处理函数。

I2C 中断方式数据传输函数及关联的回调函数见表 10-2。

表 10-2　I2C 中断方式数据传输函数及关联的回调函数

函数名	函数功能描述	关联的回调函数
HAL_I2C_Master_Transmit_IT ()	主设备向某个地址的从设备发送一定长度的数据	HAL_I2C_MasterTxCpltCallback ()
HAL_I2C_Master_Receive_IT ()	主设备向某个地址的从设备发送一定长度的数据	HAL_I2C_MasterTxCpltCallback ()
HAL_I2C_Master_Abort_IT ()	主设备主动中止中断传输过程	HAL_I2C_AbortCpltCallback ()
HAL_I2C_Slave_Transmit_IT ()	作为从设备发送一定长度的数据	HAL_I2C_SlaveTxCpltCallback ()
HAL_I2C_Slave_Receive_IT ()	作为从设备接收一定长度的数据	HAL_I2C_SlaveRxCpltCallback ()
HAL_I2C_Mem_Write_IT ()	向某个从设备的指定存储地址开始写入一定长度的数据	HAL_I2C_Mem_Write_IT ()
HAL_I2C_Mem_Read_IT ()	从某个从设备的指定存储地址开始读取一定长度的数据	HAL_I2C_MemRxCpltCallback ()
所有中断方式传输函数	中断方式传输过程出现错误	HAL_I2C_ErrorCallback ()

中断方式数据传输函数的参数定义与对应的阻塞式传输函数类似，只是没有超时等待参数 Timeout。例如，以中断方式读/写 I2C 存储器的两个函数的原型定义为

HAL_StatusTypeDef　HAL_I2C_Mem_Write_IT(I2C_HandleTypeDef　*hi2c,uint16_t DevAddress,uint16_t MemAddress,uint16_t MemAddSize,uint8_t *pData,uint16_t Size);
HAL_StatusTypeDef　HAL_I2C_Mem_Read_IT(I2C_HandleTypeDef　*hi2c,uint16_t DevAddress,uint16_t MemAddress,uint16_t MemAddSize,uint8_t *pData,uint16_t Size);

中断方式数据传输是非阻塞式的，函数返回 HAL_OK 只是表示函数操作成功，并不表示数据传输完成，只有相关联的回调函数被调用时，才表示数据传输完成。

10.3.4　I2C 的 DMA 方式数据传输

一个 I2C 有 I2C_TX 和 I2C_RX 两个 DMA 请求，可以为 DMA 请求配置 DMA 流，从而进行 DMA 方式数据传输。I2C 的 DMA 方式数据传输函数，以及 DMA 流发生传输完成事件（DMA_IT_TC）中断时的回调函数见表 10-3。

表 10-3　I2C 的 DMA 方式数据传输函数及关联的回调函数

函数名	函数功能描述	关联的回调函数
HAL_I2C_Master_Transmit_DMA ()	向某个地址的从设备发送一定长度的数据	HAL_I2C_MIasterTxCpltCallback ()
HAL_I2C_Master_Receive_DMA ()	从某个地址的从设备接收一定长度的数据	HAL_I2C_MasterRxCpltCallback ()
HAL_I2C_Slave_Transmit_DMA ()	作为从设备发送一定长度的数据	HAL_I2C_SlaveTxCpltCallback ()
HAL_I2C_Slave_Receive_DMA ()	作为从设备接收一定长度的数据	HAL_I2C_SlaveRxCpltCallback ()
HAL_I2C_Mem_Write_DMA ()	从某个从设备的指定存储地址开始写入一定长度的数据	HAL_I2C_MemTxCpltCallback ()
HAL_I2C_Mem_Read_IT ()	从某个从设备的指定存储地址开始读取一定长度的数据	HAL_I2C_MemRxCpltCallback ()

DMA 传输函数的参数形式与中断方式传输函数的参数形式相同，例如，以 DMA 方式读写 I2C 存储器的两个函数的原型定义为

HAL_StatusTypeDef　HAL_I2C_Mem_Write_DMA(I2C_HandleTypeDef　*hi2c,uint16_t DevAddress, uint16_t MemAddress,uint16_t MemAddSize,uint8_t *pData,uint16_t Size);
HAL_StatusTypeDef　HAL_I2C_Mem_Read_DMA(I2C_HandleTypeDef　*hi2c,uint16_t DevAddress, uint16_t MemAddress,uint16_t MemAddSize,uint8_t *pData,uint16_t Size);

DMA 传输是非阻塞式传输，函数返回 HAL_OK 时只表示函数操作完成，并不表示数据传输完成。DMA 传输过程由 DMA 流产生中断事件，DMA 流的中断函数指针指向 I2C 驱动程序中定义的一些回调函数。I2C 的 HAL 驱动程序中并没有为 DMA 传输半完成中断事件设计和关联回调函数。

10.4 采用 STM32CubeMX 和 HAL 库的 I2C 应用实例

本节以 EEPROM 的读/写应用为例，讲解 STM32 的 I2C 使用方法。在实例中，STM32 的 I2C 外设采用主模式，分别用作主发送器和主接收器，通过查询事件的方式来确保正常通信。

10.4.1 STM32 I2C 的配置

虽然不同器件实现的功能不同，但是只要遵守 I2C 协议，其通信方式都是一样的，配置流程也基本相同。对于 STM32，首先要对 I2C 进行配置，使其能够正常工作，再结合不同器件的驱动程序，完成 STM32 与不同器件的数据传输。

EEPROM 是一种掉电后数据不丢失的存储器，常用来存储一些配置信息，以便系统重新上电的时候加载之。EEPROM 芯片最常用的通信方式就是 I2C 协议。

10.4.2 I2C 与 EEPROM 存储器接口的硬件设计

本开发板采用 AT24C02 串行 EEPROM。AT24C02 的 SCL 及 SDA 引脚连接到了 STM32 对应的 I2C 引脚上，结合上拉电阻，构成了 I2C 通信总线，如图 10-10 所示。EEPROM 芯片的设备地址一共有 7 位，其中高 4 位固定为 1010，低 3 位则由 A0、A1、A2 信号线的电平决定。

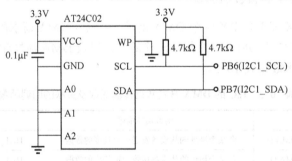

图 10-10　EEPROM 硬件接口电路

10.4.3 I2C 与 EEPROM 存储器接口的软件设计

为了使工程更加有条理，把读/写 EEPROM 相关的代码独立存储，以方便以后移植。在"工程模板"之上新建 bsp_i2c_ee.c 及 bsp_i2c_ee.h 文件。

编程要点：

1）配置通信使用的目标引脚为开漏模式。

2）使能 I2C 外设的时钟。

3）配置 I2C 外设的模式、地址、速率等参数，并使能 I2C 外设。

4）编写基本 I2C 按字节收/发的函数。

5）编写读/写 EEPROM 存储内容的函数。

6）编写测试程序，对读/写数据进行校验。

1. 通过 STM32CubeMX 新建工程

（1）新建文件夹

在 Demo 目录下新建文件夹 I2C，这是保存本节新建工程的文件夹。

（2）新建 STM32CubeMX 工程

在 STM32CubeMX 开发环境中新建工程。

（3）选择 MCU 或开发板

在 Commercial Part Number 搜索框和 MCUs/MPUs List 列表框中选择 STM32F103ZET6，单击 Start Project 按钮启动工程。

（4）保存 STM32Cube MX 工程

使用 STM32CubeMX 菜单项 File→Save Project 保存工程。

（5）生成报告

使用 STM32CubeMX 菜单项 File→Generate Report 生成当前工程的报告文件。

（6）配置 MCU 时钟树

在 STM32CubeMX 的 Pinout & Configuration 选项卡下，选择 System Core 列表中的 RCC，High Speed Clock（HSE）根据开发板实际情况选择 Crystal/Ceramic Resonator（晶体/陶瓷晶振）。

切换到 Clock Configuration 选项卡，根据开发板外设情况配置总线时钟。此处配置 PLL Source Mux 为 HSE、PLLMul 为 9 倍频 72MHz、System Clock Mux 为 PLLCLK、APB1 Prescaler 为 X2，其余保持默认设置即可。

（7）配置 MCU 外设

返回 Pinout & Configuration 选项卡，选择 System Core 列表中的 GPIO，对使用的 GPIO 接口进行设置。LED 输出接口为 DS0（PB5）和 DS1（PE5），按键输入接口为 KEY0（PE4）、KEY1（PE3）、KEY2（PE2）和 KEY_UP（PA0），PB0 作为 LCD 模块的背光控制引脚，PB6 作为 I2C SCL 引脚，PB7 作为 I2C SDA 引脚。配置完成后的 GPIO 接口界面如图 10-11 所示。

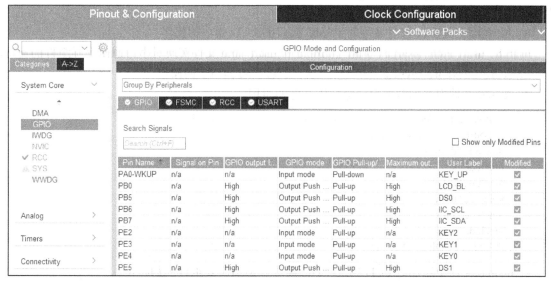

图 10-11　配置完成后的 GPIO 接口界面

继续在 Pinout & Configuration 选项卡中，分别配置 TIM4、FSMC、USART1、NVIC 模块，

方法同 SPI 部分。

（8）配置工程

在 STM32CubeMX Project Manager 视图的 Project 选项卡中，选择 Toolchain/IDE 为 MDK-ARM、Min Version 为 V5，可生成 Keil MDK 工程。

（9）生成 C 代码工程

在 STM32CubeMX 主界面，单击 GENERATE CODE 按钮生成 C 代码 Keil MDK 工程。

2. 通过 Keil MDK 实现工程

（1）打开工程

打开 IIC/MDK-ARM 文件夹下的工程文件。

（2）编译 STM32CubeMX 自动生成的 Keil MDK 工程

在 Keil MDK 开发环境中通过菜单项 Project→Rebuild all target files 或工具栏中的 Rebuild 按钮编译工程。

（3）新建用户文件

在 IIC/Core/Src 文件夹下新建 delay.c、key.c、lcd.c、myiic.c、24cxx.c、usart.c、usart_config.c 和 usart_str.c，在 IIC/Core/Inc 文件夹下新建 delay.h、key.h、lcd.h、font.h、myiic.h、24cxx.h、usart.h 和 usart_str.h。将新建的.c 文件添加到工程 Application/User/Core 文件夹下。

（4）编写用户代码

delay.h 和 delay.c 文件实现微秒延时函数 delay_us()和毫秒延时函数 delay_ms()。

key.h 和 key.c 文件实现按键扫描函数 key_scan()。

在 GPIO.h 文件中添加对 GPIO 接口和 LED 接口操作的宏定义。

在 usart.h 和 usart.c 文件中声明和定义使用到的变量、宏定义。usart.c 文件 MX_USART1_UART_Init()函数开启 USART1 接收中断，添加接收完成回调函数 HAL_UART_RxCpltCallback()。stm32f1xx_it.c 对 USART1_IRQHandler()函数添加串口操作处理。

timer.c 文件使能 TIM4 和更新中断，添加中断回调函数 HAL_TIM_PeriodElapsedCallback ()，执行 usart 扫描和定时器更新。

lcd.h、font.h 和 lcd.c 文件实现对 FSMC 接口的 LCD 模块的操作。

usart.h、usart_str.h、usart.c、usart_config.c 和 usart_str.c 文件实现对串口调试交互组件的支持。

myiic.h、24cxx.h、myiic.c、24cxx.c 文件实现对 AT24C02 的操作。

在 main.c 文件中添加对用户自定义头文件的引用。

```
/* Private includes -----------------------------------------------------*/
/* USER CODE BEGIN Includes */
#include "delay.h"
#include "key.h"
#include "lcd.h"
#include "usart.h"
#include "24cxx.h"
#include "myiic.h"
/* USER CODE END Includes */
```

在 main.c 文件中添加对 LCD 模块、I2C 模块和串口交互组件的初始化。

```
/* USER CODE BEGIN 2 */
    usart_dev.init(84);        //初始化 USMART
    LCD_Init();                //初始化 LCD FSMC 接口
```

```
    AT24CXX_Init();         //初始化 I2C
    POINT_COLOR=RED;
    LCD_ShowString(30,50,200,16,16,"WarShip STM32");
    LCD_ShowString(30,70,200,16,16,"IIC TEST");
    LCD_ShowString(30,90,200,16,16,"ATOM@ALIENTEK");
    LCD_ShowString(30,110,200,16,16,"2022/11/18");
    LCD_ShowString(30,130,200,16,16,"KEY1:Write  KEY0:Read");    //显示提示信息

    while(AT24CXX_Check())//检测不到 24c02
    {
        LCD_ShowString(30,150,200,16,16,"24C02 Check Failed!");
        delay_ms(500);
        LCD_ShowString(30,150,200,16,16,"Please Check!        ");
        delay_ms(500);
        LED0=!LED0;//DS0 闪烁
    }
    LCD_ShowString(30,150,200,16,16,"24C02 Ready!");
    POINT_COLOR=BLUE;//设置字体为蓝色
/* USER CODE END 2 */
```

在 main.c 文件中添加对 AT24C02 的操作。通过 KEY1 按键来控制 AT24C02 的写入,通过另外一个按键 KEY0 来控制 AT24C02 的读取,并在 LCD 模块上面显示相关信息。可以通过 USART 控制在 AT24C02 的任意地址写入和读取数据。

```
/* Infinite loop */
/* USER CODE BEGIN WHILE */
while (1)
{
        key=KEY_Scan(0);
        if(key==KEY1_PRES)//KEY1 按下,写入 24C02
        {
            LCD_Fill(0,170,239,319,WHITE);//清除半屏
            LCD_ShowString(30,170,200,16,16,"Start Write 24C02....");
            AT24CXX_Write(0,(uint8_t*)TEXT_Buffer,SIZE);
            LCD_ShowString(30,170,200,16,16,"24C02 Write Finished!");//提示传送完成
        }
        if(key==KEY0_PRES)//KEY0 按下,读取字符串并显示
        {
            LCD_ShowString(30,170,200,16,16,"Start Read 24C02....  ");
            AT24CXX_Read(0,datatemp,SIZE);
            LCD_ShowString(30,170,200,16,16,"The Data Readed Is:  ");//提示传送完成
            LCD_ShowString(30,190,200,16,16,datatemp);//显示读到的字符串
        }
        i++;
        delay_ms(10);
        if(i==20)
        {
            LED0=!LED0;//提示系统正在运行
            i=0;
        }
    /* USER CODE END WHILE */
```

```
            /* USER CODE BEGIN 3 */
    }
    /* USER CODE END 3 */
```

（5）重新编译工程

重新编译修改好的工程。

（6）配置工程仿真与下载项

在 Keil MDK 开发环境中通过菜单项 Project→Options for Target 或工具栏中的 按钮配置工程。

进入 Debug 选项卡，选择使用的仿真器为 ST-Link Debugger。切换到 Flash Download 选项卡，选中 Reset and Run 复选项。单击"确定"按钮。

（7）下载工程

连接好仿真器，开发板上电。

在 Keil MDK 开发环境中通过菜单项 Flash→Download 或工具栏中的 按钮下载工程。

工程下载完成后，连接串口，打开串口调试助手，查看串口收/发是否正常，查看 LED 是否正常，查看 LCD 模块显示的 I2C Flash 读/写是否正常。

习　题

1. 简要说明 I2C 的结构与工作原理。
2. 简要说明 I2C 总线的组成及使用场合。
3. 简要说明 I2C 总线的主要特点和工作模式。
4. 简要说明 I2C 总线控制程序的编写。
5. 写出在 I2C 主模式时的操作顺序。
6. 写出利用 DMA 发送 I2C 数据的配置步骤。
7. 简要说明 I2C 的中断事件有哪些。

第 11 章　STM32 模/数转换器

本章介绍 STM32 模/数转换器（ADC），包括模拟量输入通道、模拟量输入信号的类型与量程自动转换、STM32F103ZET6 集成的 ADC 模块、ADC 的 HAL 库函数，以及采用 STM32CubeMX 和 HAL 库的模数转换器应用实例。

11.1　模拟量输入通道

当计算机用作测控系统时，系统要有被测量信号的输入通道，由计算机拾取必要的输入信息。对于测量系统而言，如何准确获取被测信号是其核心任务；而对测控系统来讲，对被控对象状态的测试和对控制条件的监察也是不可缺少的环节。

系统需要的被测信号一般可分为开关量和模拟量两种。所谓开关量，是指输入信号为状态信号，其信号电平只有两种，即高电平或低电平。对于这类信号，只需经放大、整形和电平转换等处理后，即可直接送入计算机系统。对于模拟量输入，由于模拟信号的电压或电流是连续变化信号，其信号幅度在任何时刻都有定义，因此对其进行处理就较为复杂，在进行小信号放大、滤波量化等处理过程中须考虑干扰信号的抑制、转换精度及线性等诸多因素。这种信号是测控系统中最普通、最常见的输入信号，如对温度、湿度、压力、流量、液位、气体成分等信号的处理等。

模拟量输入通道根据应用要求的不同，可以有不同的结构形式。图 11-1 所示是多路模拟量输入通道的组成。

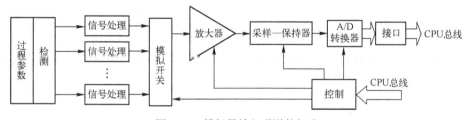

图 11-1　模拟量输入通道的组成

从图 11-1 可以看出，模拟量输入通道一般由信号处理、模拟开关、放大器、采样—保持器和 A/D 转换器组成。

根据需要，信号处理可选择的内容包括小信号放大、信号滤波、信号衰减、阻抗匹配、电平变换、非线性补偿、电流/电压转换等。

11.2　模拟量输入信号的类型与量程自动转换

1．模拟量输入信号的类型

在接到一个具体的测控任务后，要根据被测控对象选择合适的传感器，从而完成非电物理量到电物理量的转换，经传感器转换后的量，如电流、电压等，往往信号幅度很小，很难直接进行模/数（A/D）转换，因此，需对这些模拟电信号进行幅度处理和完成阻抗匹配、波形变换、噪声的抑制等要求，而这些工作需要放大器完成。

模拟量输入信号主要有以下两类。

第一类为传感器输出的信号。

1）电压信号：一般为 mV 信号，如热电偶（TC）的输出或电桥输出。

2）电阻信号：单位为 Ω，如热电阻（RTD）信号，通过电桥转换成 mV 信号。

3）电流信号：一般为 μA 信号，如电流型集成温度传感器 AD590 的输出信号，通过取样电阻转换成 mV 信号。

对于以上这些信号往往不能直接送 A/D 转换，因为信号的幅值太小，需经运算放大器放大后，变换成标准电压信号，如 0～5V，1～5V，0～10V，−5～5V 等，送往 A/D 转换器进行采样。有些双积分 A/D 转换器的输入为−200～200mV 或−2～2V，有些 A/D 转换器内部带有可编程增益放大器（PGA），可直接接收 mV 信号。

第二类为变送器输出的信号。

1）电流信号：0～10mA（0～1.5kΩ 负载）或 4～20mA（0～500Ω 负载）。

2）电压信号：0～5V 或 1～5V 等。

电流信号可以远距离传输，通过一个标准精密取样电阻就可以变成标准电压信号，送往 A/D 转换器进行采样，这类信号一般不需要进行放大处理。

2．量程自动转换

传感器所提供的信号变化范围很广（从微伏到伏）。特别是在多回路检测系统中，当各回路的参数信号不一样时，必须提供各种量程的放大器，才能保证送到计算机的信号一致（如 0～5V）。在模拟系统中，为了放大不同的信号，需要使用不同倍数的放大器。而在电动单元组合仪表中，常使用各种类型的变送器，如温度变送器、差压变送器、位移变送器等。但是，这种变送器造价较贵，系统也较复杂。随着计算机的应用，为了减少硬件设备的使用，已经研制出可编程增益放大器（Programmable Gain Amplifier，PGA）。它是一种通用性很强的放大器，其放大倍数可根据需要用程序进行控制。采用这种放大器，可通过程序调节放大倍数，使 A/D 转换器满量程信号达到均一化，从而大大提高测量精度。这就是量程自动转换。

11.3　STM32F103ZET6 集成的 ADC 模块

真实世界的物理量，如温度、压力、电流和电压等，都是连续变化的模拟量。但数字计算机处理器主要由数字电路构成，无法直接认知这些连续变换的物理量。ADC 和 DAC（即 A/D 转换器和 D/A 转换器）就是跨越模拟量和数字量之间"鸿沟"的桥梁。A/D 转换器将连续变化的物理量转换为计算机可以理解的、离散的数字信号；D/A 转换器则反过来将计算机产生的离散的数字信号转换为连续变化的物理量。如果把嵌入式处理器比作人的大脑，A/D 转换器可以理解为这个大脑的眼、耳、鼻等感觉器官。嵌入式系统作为一种在真实物理世界中和宿主对象协同工作的专用计算机系统，A/D 转换器和 D/A 转换器是其必不可少的组成部分。

传统意义上的嵌入式系统会使用独立的、单片的 A/D 转换器或 D/A 转换器实现其与真实世界的接口。但随着片上系统技术的普及，设计和制造集成了 ADC 和 DAC 功能的嵌入式处理器变得越来越容易。目前，市面上常见的嵌入式处理器都集成了 A/D 转换功能。STM32 则是最早把 12 位高精度的 ADC 和 DAC，以及 Cortex-M 系列处理器集成到一起的主流嵌入式处理器。

STM32F103ZET6 微控制器集成了 18 路 12 位高速逐次逼近型模/数转换器（ADC），可测量 16 个外部和 2 个内部信号源。各通道的 A/D 转换可以以单次、连续、扫描或间断模式执行。A/D 转换的结果可以以左对齐或右对齐的方式存储在 16 位数据寄存器中。

模拟看门狗特性允许应用程序检测输入电压是否超出用户定义的高/低阈值。

ADC 的输入时钟不得超过 14MHz，由 PCLK2 经分频产生。

11.3.1　STM32 ADC 的主要特征

STM32F103 的 ADC 的主要特征如下。

1）12 位分辨率。

2）转换结束、注入转换结束和发生模拟看门狗事件时产生中断。

3）单次和连续转换模式。

4）从通道 0 到通道 n 的自动扫描模式。

5）自校准功能。

6）带内嵌数据一致性的数据对齐。

7）采样间隔可以按通道分别编程。

8）规则转换和注入转换均有外部触发选项。

9）间断模式。

10）双重模式（带 2 个或 2 个以上 ADC 的器件）。

11）ADC 转换时间：时钟为 56MHz 时为 1μs，时钟为 72MHz 时为 1.17μs。

12）ADC 供电要求：2.4~3.6V。

13）ADC 输入范围：$V_{REF-} \leqslant V_{IN} \leqslant V_{REF+}$。

14）规则通道转换期间有 DMA 请求产生。

11.3.2　STM32 ADC 的模块结构

STM32 的 ADC 模块结构如图 11-2 所示。ADC3 只存在于大容量产品中。

下面介绍 ADC 相关引脚。

1）模拟电源 VDDA：等效于 VDD 的模拟电源，且 2.4V $\leqslant V_{DDA} \leqslant V_{DD}$（3.6V）。

2）模拟电源地 VSSA：等效于 Vss 的模拟电源地。

3）模拟参考正极 VREF+：ADC 使用的高端/正极参考电压，2.4V $\leqslant V_{REF+} \leqslant V_{DDA}$。

4）模拟参考负极 VREF-：ADC 使用的低端/负极参考电压，$V_{REF-} = V_{SSA}$。

5）模拟信号输入端 ADCx_IN[15:0]：16 个模拟输入通道。

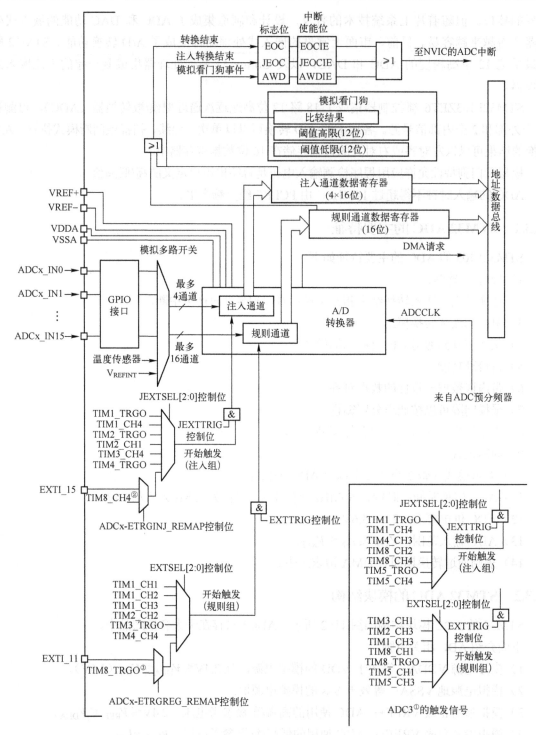

图 11-2　ADC 模块结构

① ADC3 的规则转换和注入转换触发与 ADC1 和 ADC2 的不同。

② TIM8_CH4 和 TIM8_TRGO 及它们的重映射位只存在于大容量产品中。

11.3.3　STM32 ADC 的配置

1．ADC 开关控制

ADC_CR2 寄存器的 ADON 位可给 ADC 上电。当第一次设置 ADON 位时，它将 ADC 从断电状态下唤醒。ADC 上电延迟一段时间后（t_{STAB}），再次设置 ADON 位时开始进行转换。

通过清除 ADON 位可以停止转换，并将 ADC 置于断电模式。在这个模式中，ADC 耗电仅几微安。

2．ADC 时钟

由时钟控制器提供的 ADCCLK 时钟和 PCLK2（APB2 时钟）同步。RCC 控制器为 ADC 时钟提供一个专用的可编程预分频器。

3．通道选择

有 16 个多路通道。可以把转换组织成两组：规则组和注入组。

规则组：由多达 16 个转换通道组成。对一组指定的通道，按照指定的顺序，逐个转换这组通道，转换结束后，再从头循环。这些指定的通道组就称为规则组。例如，可以按以下顺序完成转换：通道 3、通道 8、通道 2、通道 2、通道 0、通道 2、通道 2、通道 15。规则通道和它们的转换顺序在 ADC_SQRx 寄存器中设置。规则组中转换的总数应写入 ADC_SQRI 寄存器的 L[3:0] 位中。

注入组：由 4 个转换通道组成。在实际应用中，有可能需要临时中断规则组的转换，对某些通道进行转换。这些需要中断规则组而进行转换的通道组，就称为注入通道组，简称注入组。注入通道和它们的转换顺序在 ADC_JSQR 寄存器中设置。注入组里的转换总数目应写入 ADC_JSQR 寄存器的 L[1:0] 位中。

如果 ADC_SQRx 或 ADC_JSQR 寄存器在转换期间被更改，当前的转换被清除，一个新的启动脉冲将发送到 ADC 以转换新选择的组。

内部通道：温度传感器和 VREFINT。

温度传感器和通道 ADC1_IN16 相连接，内部参照电压 VREFINT 和 ADC1_IN17 相连接。可以按注入或规则通道对这两个内部通道进行转换。（温度传感器和 VREFINT 只能出现在 ADC1 中。）

4．单次转换模式

在单次转换模式下，ADC 只执行一次转换。该模式既可通过设置 ADC_CR2 寄存器的 ADON 位（只适用于规则通道）启动，也可通过外部触发启动（适用于规则通道或注入通道），这时 CONT 位为 0。

一旦选择通道的转换完成：

1）如果一个规则通道转换完成，则转换数据存储在 16 位 ADC_DR 寄存器中，EOC（转换结束）标志置位，如果设置了 EOCIE，则产生中断。

2）如果一个注入通道转换完成，则转换数据存储在 16 位的 ADC_DRJ1 寄存器中，JEOC（注入转换结束）标志置位，如果设置了 JEOCIE 位，则产生中断。然后，ADC 停止。

5．连续转换模式

在连续转换模式中，当前面 ADC 转换一结束马上就启动另一次转换。此模式可通过外部触发启动或通过设置 ADC_CR2 寄存器的 ADON 位启动，此时 CONT 位是 1。每次转换后：

1）如果一个规则通道转换完成，则转换数据存储在 16 位的 ADC_DR 寄存器中，EOC（转换结束）标志置位，如果设置了 EOCIE，则产生中断。

2）如果一个注入通道转换完成，则转换数据储存在 16 位的 ADC_DRJ1 寄存器中，JEOC（注入转换结束）标志置位，如果设置了 JEOCIE 位，则产生中断。

6. 时序图

ADC 转换时序图如图 11-3 所示。ADC 在开始精确转换前需要一个稳定时间 t_{STAB}，在开始 ADC 转换 14 个时钟周期后，EOC 标志被置位，16 位 ADC 数据寄存器包含转换后结果。

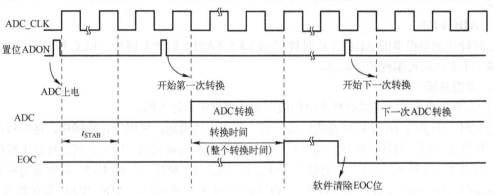

图 11-3　ADC 转换时序图

7. 模拟看门狗

如果被 ADC 模块转换的模拟电压低于低阈值或高于高阈值，模拟看门狗 AWD 的状态位将被置位。模拟看门狗的警戒区如图 11-4 所示。

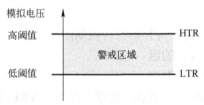

图 11-4　模拟看门狗的警戒区

阈值位于 ADC_HTR 和 ADC_LTR 寄存器的最低 12 个有效位中。通过设置 ADC_CR1 寄存器的 AWDIE 位以允许产生相应中断。

阈值的数据对齐模式与 ADC_CR2 寄存器中 ALIGN 位的选择无关。比较是在对齐之前完成的。

通过配置 ADC_CR1 寄存器，模拟看门狗可以作用于一个或多个通道。

8. 扫描模式

此模式用来扫描一组模拟通道。扫描模式可通过设置 ADC_CR1 寄存器的 SCAN 位来选择。一旦这个位被置位，ADC 就扫描所有被 ADC_SQRX 寄存器（对规则通道）或 ADC_JSQR（对注入通道）选中的所有通道。在每个组的每个通道上执行单次转换。在每个转换结束时，同一组的下一个通道被自动转换。如果设置了 CONT 位，转换不会在选择组的最后一个通道停止，而是再次从选择组的第一个通道继续转换。如果设置了 DMA 位，在每次 EOC 后，DMA 控制器把规则组通道的转换数据传输到 SRAM 中。注入通道转换的数据总是存储在 ADC_JDRx 寄存器中。

9. 注入通道管理

（1）触发注入

清除 ADC_CR1 寄存器的 JAUTO 位，并设置 SCAN 位，即可使用触发注入功能。过程如下：

1）利用外部触发或通过设置 ADC_CR2 寄存器的 ADON 位，启动一组规则通道的转换。

2）如果在规则通道转换期间产生一外部注入触发，当前转换被复位，注入通道序列以单次扫描方式进行转换。

3）恢复上次被中断的规则组通道转换。如果在注入转换期间产生一个规则事件，则注入转换不会中断，但是规则序列将在注入序列结束后执行。

触发注入转换时序图如图 11-5 所示。

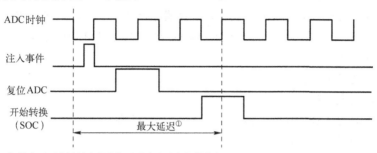

① 最大延迟数值请参考数据手册中有关电气特性部分。

图 11-5　触发注入转换时序图

当使用触发注入转换时，必须保证触发事件的间隔长于注入序列。例如，序列长度为 28 个 ADC 时钟周期（即 2 个具有 1.5 个时钟间隔采样时间的转换），触发之间最小的间隔必须是 29 个 ADC 时钟周期。

（2）自动注入

如果设置了 JAUTO 位，在规则组通道之后，注入组通道被自动转换。这种方式可以用来转换在 ADC_SQRx 和 ADC_JSQR 寄存器中设置的多至 20 个转换序列。在该模式中，必须禁止注入通道的外部触发。

如果除 JAUTO 位外还设置了 CONT 位，规则通道至注入通道的转换序列被连续执行。

对于 ADC 时钟预分频系数为 4～8，当从规则转换切换到注入序列，或从注入转换切换到规则序列时，会自动插入 1 个 ADC 时钟间隔；当 ADC 时钟预分频系数为 2 时，则有 2 个 ADC 时钟间隔的延迟。

不可能同时使用自动注入和间断模式。

10．间断模式

（1）规则组

此模式通过设置 ADC_CR1 寄存器的 DISCEN 位激活，可以用来执行一个短序列的 n（$n \leqslant 8$）次转换。此转换是 ADC_SQRx 寄存器所选择的转换序列的一部分。数值由 ADC_CR1 寄存器的 DISCNUM[2:0]位给出。

一个外部触发信号可以启动 ADC_SQRx 寄存器中描述的下一轮 n 次转换，直到此序列所有的转换完成为止。总的序列长度由 ADC_SQR1 寄存器的 L[3:0]定义。

例如，若 $n=3$，被转换的通道为 0、1、2、3、6、7、9、10，则

第 1 次触发，转换的序列为 0、1、2；

第 2 次触发，转换的序列为 3、6、7；

第 3 次触发，转换的序列为 9、10，并产生 EOC 事件；

第 4 次触发，转换的序列为 0、1、2。

当以间断模式转换一个规则组时，转换序列结束后并不自动从头开始。当所有子组被转换完成，下一次触发启动第一个子组的转换。例如，在上面的例子中，第四次触发重新转换第一子组的通道 0、1 和 2。

（2）注入组

此模式通过设置 ADC_CR1 寄存器的 JDISCEN 位激活。在一个外部触发事件后，该模式按通道顺序逐个转换 ADC_JSQR 寄存器中选择的序列。

一个外部触发信号可以启动 ADC_JSQR 寄存器选择的下一个通道序列的转换，直到序列中所有的转换完成为止。总的序列长度由 ADC_JSQR 寄存器的 JL[1:0]位定义。例如，若 $n=1$，被转换的通道为 1、2、3，则

第 1 次触发，通道 1 被转换；

第 2 次触发，通道 2 被转换；

第 3 次触发，通道 3 被转换，并且产生 EOC 和 JEOC 事件；

第 4 次触发，通道 1 被转换。

注意：

1）当完成所有注入通道的转换，下一个触发启动第一个注入通道的转换。在上述例子中，第 4 次触发重新转换注入通道 1。

2）不能同时使用自动注入和间断模式。

3）必须避免同时为规则和注入组设置间断模式。间断模式只能作用于一组转换。

11.3.4 STM32 ADC 的应用特征

1. 校准

ADC 有一个内置自校准模式。校准可大幅度减小因内部电容器组的变化而造成的精度误差。在校准期间，在每个电容器上都会计算出一个误差修正码（数字值），这个码用于消除在随后的转换中每个电容器上产生的误差。

通过设置 ADC_CR2 寄存器的 CAL 位启动校准。一旦校准结束，CAL 位被硬件复位，可以开始正常转换。建议在每次上电后执行一次 ADC 校准。启动校准前，ADC 必须处于关电状态（ADON=0）至少两个 ADC 时钟周期。校准阶段结束后，校准码存储在 ADC_DR 中。ADC 校准时序图如图 11-6 所示。

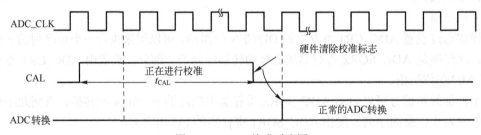

图 11-6 ADC 校准时序图

2. 数据对齐

ADC_CR2 寄存器中的 ALIGN 位用于选择转换后数据存储的对齐方式。数据可以右对齐或左对齐，如图 11-7 和图 11-8 所示。

注入组

SEXT	SEXT	SEXT	SEXT	D11	D10	D9	D8	D7	D6	D5	D4	D3	D2	D1	D0

规则组

0	0	0	0	D11	D10	D9	D8	D7	D6	D5	D4	D3	D2	D1	D0

图 11-7　数据右对齐

注入组

SEXT	D11	D10	D9	D8	D7	D6	D5	D4	D3	D2	D1	D0	0	0	0

规则组

D11	D10	D9	D8	D7	D6	D5	D4	D3	D2	D1	D0	0	0	0	0

图 11-8　数据左对齐

注入组通道转换的数据值已经减去了 ADC_JOFRx 寄存器中定义的偏移量，因此结果可以是一个负值。SEXT 位是扩展的符号值。

对于规则组通道，不需要减去偏移值，因此只有 12 个位有效。

3．可编程的通道采样时间

ADC 使用若干个 ADC_CLK 周期对输入电压采样，采样周期数目可以通过 ADC_SMPR1 和 ADC_SMPR2 寄存器中的 SMP[2:0] 位更改。每个通道可以分别用不同的时间采样。

总转换时间的计算公式为

$$T_{\text{CONV}} = 采样时间 + 12.5 \text{ 个周期}$$

例如，当 ADCCLK=14MHz、采样时间为 1.5 周期时，T_{CONV}=1.5+12.5=14 个周期=1μs。

4．外部触发转换

可以由外部事件触发（例如定时器捕获、EXTI 线）。如果设置了 EXTTRIG 控制位，则外部事件就能够触发转换，EXTSEL[2:0] 和 JEXTSEL[2:0] 控制位允许应用程序 8 个可能事件中的一个，可以触发规则组和注入组的采样。ADC1 和 ADC2 用于规则通道的外部触发源见表 11-1。ADC1 和 ADC2 用于注入通道的外部触发源见表 11-2。ADC3 用于规则通道的外部触发源见表 11-3。ADC3 用于注入通道的外部触发源见表 11-4。

表 11-1　ADC1 和 ADC2 用于规则通道的外部触发源

触发源	连接类型	EXTSEL[2:0]
TIM1_CC1 事件	来自片上定时器的内部信号	000
TIM1_CC2 事件		001
TIM1_CC3 事件		010
TIM2_CC2 事件		011
TIM3_TRGO 事件		100
TIM4_CC4 事件		101
EXTI_11/TIM8_TRGO 事件[①②]	外部引脚/来自片上定时器的内部信号	110
SWSTART	软件控制位	111

① TIM8_TRGO 事件只存在于大容量产品。

② 对于规则通道，选中 EXTI_11 或 TIM8_TRGO 作为外部触发事件，可以分别通过设置 ADC1 和 ADC2 的 ADC1_ETRGREG_REMAP 位和 ADC2_ETRGREG_REMAP 位实现。

表 11-2　ADC1 和 ADC2 用于注入通道的外部触发源

触发源	连接类型	JEXTSEL[2:0]
TIM1_TRGO 事件		000
TIM1_CC4 事件		001
TIM2_TRGO 事件	来自片上定时器的内部信号	010
TIM2_CC1 事件		011
TIM3_CC4 事件		100
TIM4_TRGO 事件		101
EXTI_15/TIM8_CC4 事件①②	外部引脚/来自片上定时器的内部信号	110
JSWSTART	软件控制位	111

① TIM8_CC4 事件只存在于大容量产品。

② 对于注入通道,选中 EXTI_15 或 TIM8_CC4 作为外部触发事件,可以分别通过设置 ADC1 和 ADC2 的 ADC1_ETRGINJ_REMAP 位和 ADC2_ ETRGINJ_REMAP 位实现。

表 11-3　ADC3 用于规则通道的外部触发源

触发源	连接类型	EXTSEL[2:0]
TIM3_CC1 事件		000
TIM2_CC3 事件		001
TIM1_CC3 事件		010
TIM8_CC1 事件	来自片上定时器的内部信号	011
TIM8_TRGO 事件		100
TIM5_CC1 事件		101
TIM5_CC3 事件		110
SWSTART 事件	软件控制位	111

表 11-4　ADC3 用于注入通道的外部触发源

触发源	连接类型	JEXTSEL[2:0]
TIM1_TRGO 事件		000
TIM1_CC4 事件		001
TIM4_CC3 事件		010
TIM8_CC2 事件	来自片上定时器的内部信号	011
TIM8_CC4 事件		100
TIM5_TRGO 事件		101
TIM5_CC4 事件		110
JSWSTART 事件	软件控制位	111

当外部触发信号被选为 ADC 规则或注入转换时,只有上升沿可以启动转换。

软件触发事件可以通过对寄存器 ADC_CR2 的 SWSTART 或 JSWSTART 位置 1 产生。规则组的转换可以被注入触发打断。

5. DMA 请求

因为规则通道转换的值存储在一个相同的数据寄存器 ADC_DR 中,所以当转换多个规则通道时需要使用 DMA,这可以避免丢失已经存储在 ADC_DR 寄存器中的数据。

只有在规则通道的转换结束时才产生 DMA 请求,并将转换的数据从 ADC_DR 寄存器传输到用户指定的目的地址。

注意：只有 ADC1 和 ADC3 拥有 DMA 功能。由 ADC2 转换的数据可以通过双 ADC 模式，利用 ADC1 的 DMA 功能传输。

6．双 ADC 模式

在有 2 个或 2 个以上 ADC 模块的产品中，可以使用双 ADC 模式。在双 ADC 模式下，根据 ADC1_CR1 寄存器中 DUALMOD[2:0] 位所选的模式，转换的启动可以是 ADC1 主和 ADC2 从的交替触发或同步触发。

在双 ADC 模式下，当转换配置为由外部事件触发时，用户必须将其设置成仅触发主 ADC，从 ADC 设置成软件触发，这样可以防止意外触发从转换。但是，主、从 ADC 的外部触发必须同时被激活。

共有 6 种可能的模式：同步注入模式、同步规则模式、快速交叉模式、慢速交叉模式、交替触发模式和独立模式。

上面的模式还可以以下列方式组合使用。

1）同步注入模式+同步规则模式。

2）同步规则模式+交替触发模式。

3）同步注入模式+交叉模式。

在双 ADC 模式下，即使不使用 DMA 传输规则通道数据，为了在主数据寄存器上读取从转换数据，也必须使能 DMA 位。

11.4　ADC 的 HAL 库函数

11.4.1　常规通道

ADC 的驱动程序有两个头文件：文件 stm32f1xx_hal_adc.h 是 ADC 模块总体设置和常规通道相关的函数和定义；文件 stm32f1xx_hal_adc_ex.h 是注入通道和多重 ADC 模式相关的函数和定义。表 11-5 是文件 stm32f1xx_hal_adc.h 中的一些主要函数。

表 11-5　文件 **stm32f1xx_hal_adc.h** 中的一些主要函数

分　　组	函数名	功能描述
初始化和配置	HAL_ADC_Init ()	ADC 的初始化，设置 ADC 的总体参数
	HAL_ADC_MspInit ()	ADC 初始化的 MSP 弱函数，在 HAL_ADC_Init() 里被调用
	HAL_ADC_ConfigChannel ()	ADC 常规通道配置，一次配置一个通道
	HAL_ADC_AnalogWDGConfig ()	模拟看门狗配置
获取 ADC 状态和错误码	HAL_ADC_GetState ()	返回 ADC 当前状态
	HAL_ADC_GetError ()	返回 ADC 的错误码
软件启动转换	HAL_ADC_Start ()	启动 ADC，并开始常规通道的转换
	HAL_ADC_Stop ()	停止常规通道的转换，并停止 ADC 转换
	HAL_ADC_PollForConversion ()	轮询方式等待 ADC 常规通道转换完成
	HAL_ADC_GetValue ()	读取常规通道转换结果寄存器的数据
中断方式转换	HAL_ADC_Start_IT ()	开启中断，开始 ADC 常规通道的转换
	HAL_ADC_Stop_IT ()	关闭中断，停止 ADC 常规通道的转换
	HAL_ADC_IRQHandler ()	ADC 中断 ISR 里调用的 ADC 中断通用处理函数转换
DMA 方式转换	HAL_ADC_Start_DMA ()	开启 ADC 的 DMA 请求，开始 ADC 常规通道的转换
	HAL_ADC_Stop_DMA ()	停止 ADC 的 DMA 请求，停止 ADC 常规通道的转换

1. ADC 初始化

函数 HAL_ADC_Init()用于初始化某个 ADC 模块，设置 ADC 的总体参数。函数 HAL_ADC_Init()的原型定义为

```
HAL_StatusTypeDef    HAL_ADC_Init(ADC_HandleTypeDef   *hadc)
```

其中，参数 hadc 是 ADC_HandleTypeDef 结构体类型指针，是 ADC 外设对象指针。在 CubeMX 为 ADC 外设生成的用户程序文件 adc.c 里，CubeMX 会为 ADC 定义外设对象变量。例如，用到 ADC1 时就会定义如下的变量：

```
ADC_HandleTypeDef   hadc1；     //表示 ADC1 的外设对象变量
```

结构体 ADC_HandleTypeDef 的定义如下，各成员变量的意义见注释。

```
typedef struct
{
    ADC_TypeDef              *Instance;                    //ADC 寄存器基址
    ADC_InitTypeDef         Init;                          //ADC 参数
    __IO uint32_t           NbrOfCurrentConversionRank；   //转换通道的个数
    DMA_HandleTypeDef      *DMA_Handle;                    //DMA 流对象指针
    HAL_LockTypeDef         Lock;                          //ADC 锁定对象
    __IO uint32_t           State;                         //ADC 状态
    __IO uint32_t           ErrorCode;                     //ADC 错误码
}ADC_HandleTypeDef;
```

ADC_HandleTypeDef 的成员变量 Init 是结构体类型 ADC_InitTypeDef，它存储了 ADC 的必要参数。结构体 ADC_InitTypeDef 的定义如下，各成员变量的意义见注释。

```
typedef struct
{
    uint32_t  ClockPrescaler;                       //ADC 时钟预分频系数
    uint32_t  Resolution；                          //ADC 分辨率，最高为 12 位
    uint32_t  DataAlign；                           //数据对齐方式，右对齐或左对齐
    uint32_t  ScanConvMode；                        //是否使用扫描模式
    uint32_t  EOCSelection；                        //产生 EOC 信号的方式
    FunctionalState ContinuousConvMode;             //是否使用连续转换模式
    uint32_t  NbrOfConversion；                     //转换通道个数
    FunctionalState DiscontinuousConvMode；         //是否使用非连续转换模式
    uint32_t  NbrofDiacconversion；                 //非连续转换模式的通道个数
    uint32_t  ExternalTrigConv；                    //外部触发转换信号源
    uint32_t  ExternalTrigConvEdge:                 //外部触发信号边沿选择
    Functionalstate DMAContinuousRequests:          //是否使用 DMA 连续请求
}ADC_InitTypeDef:
```

结构体 ADC_HandleTypeDef 和 ADC_InitTypeDef 成员变量的意义和取值，在后面实例里结合 STM32CubeMX 的设置做具体解释。

2. 常规转换通道配置

函数 HAL_ADC_ConfigChannel()用于配置一个 ADC 常规通道，其原型定义为

```
HAL_StatusTypeDef    HAL_ADC_ConfigChannel(ADC_HandleTypeDef  *hadc,ADC_ChannelCont  TypeDef
*sConfig);
```

其中，参数 sConfig 是 ADC_ChannelConfTypeDef 结构体类型指针，用于设置通道的一些参

数，这个结构体的定义如下，各成员变量的意义见注释。

```
typedef struct
{
    uint32_t  Channel；            //输入通道号
    uint32_t  Rank；               //在 ADC 常规转换组里的编号
    uint32_t  SamplingTime；       //采样时间，单位是 ADCCLK 周期数
    uint32_t  offset；             //信号偏移量
}ADC_ChannelConfTypeDef；
```

3. 软件启动转换

函数 HAL_ADC_Start()用于以软件方式启动 ADC 常规通道的转换。软件启动转换后，需要调用函数 HAL_ADC_PollForConversion()查询转换是否完成，转换完成后可用函数 HAL_ADC_GetValue()读出常规转换结果寄存器里的 32 位数据。若要再次转换，需要再次使用这三个函数启动转换、查询转换是否完成、读出转换结果。使用函数 HAL_ADC_Stop()停止 ADC 常规通道转换。

这种软件启动转换的模式适用于单通道、低采样频率的 ADC 转换。这几个函数的原型定义为

```
HAL_StatusTypeDef  HAL_ADC_Start(ADC_HandleTypeDef  *hadc)；  //软件启动转换
HAL_StatusTypeDef  HAL_ADC_Stop(ADC_HandleTypeDef  *hadc)；  //停止转换
HAL_StatusTypeDef  HAL_ADC_PollForConversion(ADC_HandleTypeDef  *hadc,uint32_t  Timeout)；
uint32_t  HAL_ADC_GetValue(ADC_HandleTypeDef  *hadc)；  //读取转换结果寄存器的 32 位数据
```

其中，参数 hadc 是 ADC 外设对象指针；Timeout 是超时等待时间，单位是 ms。

4. 中断方式转换

当 ADC 设置为用定时器或外部信号触发转换时，函数 HAL_ADC_Start_IT()用于启动转换，这会开启 ADC 的中断。当 ADC 转换完成时会触发中断，在中断服务程序里，可以用函数 HAL_ADC_GetValue()读取转换结果寄存器里的数据。函数 HAL_ADC_Stop_IT()可以关闭中断，停止 ADC 转换。开启和停止 ADC 中断方式转换的两个函数的原型定义为

```
HAL_StatusTypeDef  HAL_ADC_Start_IT(ADC_HandleTypeDef  *hadc)；
HAL_StatusTypeDef  HAL_ADC_Stop_IT(ADC_HandleTypeDef  *hadc)；
```

ADC1、ADC2 和 ADC3 共用一个中断号，ISR 名称是 ADC_IRQHandler()。ADC 有 4 个中断事件源，中断事件类型的宏定义为

```
#detine  ADC_IT_EOC   ((uint32_t)ADC_CR1_EOCIE)//规则通道转换结束（EOC）事件
#define  ADC_IT_AND   ((uint32_t)ADC_CR1_AWDIE)//模拟看门狗触发事件
#define  ADC_IT_JEOC  ((uint32_t)ADC_CR1_JEOCIE)//注入通道转换结束事件
#define  ADC_IT_OVR   ((uint32_t)ADC_CR1_OVRIE)//数据溢出事件，即转换结果未被及时读出
```

ADC 中断通用处理函数是 HAL_ADC_IRQHandler()，它内部会判断中断事件类型，并调用相应的回调函数。ADC 的 4 个中断事件类型及其对应的回调函数见表 11-6。

表 11-6 ADC 的 4 个中断事件类型及其对应的回调函数

中断事件类型	中断事件	回调函数
ADC_IT_EOC	规则通道转换结束（EOC）事件	HAL_ADC_ConvCpltCallback ()
ADC_IT_AWD	模拟看门狗触发事件	HAL_ADC_LevelOutOfWindowCallback ()
ADC_IT_JEOC	注入通道转换结束事件	HAL_ADCEx_InjectedConvCpltCallback ()
ADC_IT_OVR	数据溢出事件，即数据寄存器内的数据未被及时读出	HAL_ADC_ErrorCallback ()

用户可以设置在转换完一个通道后就产生 EOC 事件，也可以设置转换完规则组的所有通道之后产生 EOC 事件。但是规则组只有一个转换结果寄存器，如果有多个转换通道，设置转换完规则组的所有通道之后产生 EOC 事件，会导致数据溢出。一般设置在转换完一个通道后就产生 EOC 事件，所以，中断方式转换适用于单通道或采样频率不高的场合。

5. DMA 方式转换

ADC 只有一个 DMA 请求，方向是外设到存储器。DMA 在 ADC 中非常有用，它可以处理多通道、高采样频率的情况。函数 HAL_ADC_Start_DMA()以 DMA 方式启动 ADC，其原型定义为

```
HAL_StatusTypeDef HAL_ADC_Start_DMA(ADC_HandleTypeDef *hade,uint32_t *pData,uint32_t Length)
```

其中，参数 hade 是 ADC 外设对象指针；参数 pData 是 uint32_t 类型缓冲区指针，因为 ADC 转换结果寄存器是 32 位的，所以 DMA 数据宽度是 32 位；参数 Length 是缓冲区长度，单位是字（4B）。

停止 DMA 方式采集的函数是 HAL_ADC_Stop_DMA()，其原型定义为

```
HAL_StatusTypeDef  HAL_ADC_Stop_DMA(ADC_HandleTypeDef  *hadc);
```

DMA 流的中断事件类型和关联的回调函数之间的关系见表 11-7。一个外设使用 DMA 传输方式时，DMA 流的事件中断一般使用外设的事件中断回调函数。

表 11-7 DMA 流的中断事件类型和关联的回调函数

DMA 流中断事件类型宏	DMA 流中断事件类型	关联的回调函数名称
DMA_IT_TC	传输完成中断	HAL_ADC_ConvCpltCallback ()
DMA_IT_HT	传输半完成中断	HAL_ADC_ConvHalfCpltCallback ()
DMA_IT_TE	传输错误中断	HAL_ADC_ErrorCallback ()

在实际使用 ADC 的 DMA 方式时发现，不开启 ADC 的全局中断，也可以用 DMA 方式进行 ADC 转换。但是在第 12 章测试 USART1 使用 DMA 时，USART1 的全局中断必须打开。所以，某个外设在使用 DMA 时，是否需要开启外设的全局中断，与具体的外设有关。

11.4.2 注入通道

ADC 的注入通道有一组单独的处理函数，在文件 stm32f1xx_hal_adc_ex.h 中定义。ADC 的注入通道相关函数见表 11-8。注意：注入通道没有 DMA 方式。

表 11-8 ADC 的注入通道相关函数

分组	函数名	功能描述
通道配置	HAL_ADCEx_InjectedConfigChannel ()	注入通道配置
软件启动转换	HAL_ADCEx_InjectedStart ()	软件方式启动注入通道的转换
	HAL_ADCEx_InjectedStop ()	软件方式停止注入通道的转换
	HAL_ADCEx_InjectedPollForConversion ()	查询注入通道转换是否完成
	HAL_ADCEx_InjectedGetValue ()	读取注入通道的转换结果数据寄存器
中断方式转换	HAL_ADCEx_InjectedStart_IT()	开启注入通道的中断方式转换
	HAL_ADCEx_InjectedStop_IT ()	停止注入通道的中断方式转换
	HAL_ADCEx_InjectedConvCpltCallback ()	注入通道转换结束中断事件（ADC_IT_JEOC）的回调函数

11.4.3　多重 ADC

多重 ADC 就是 2 个或 3 个 ADC 同步或交错使用，相关函数在文件 stm32f1xx_hal_adc_ex.h 中定义。多重 ADC 只有 DMA 传输方式，相关函数见表 11-9。

表 11-9　多重 ADC 的注入通道相关函数

函数名	功能描述
HAL_ADCEx_MultiModeConfigChannel ()	多重模式的通道配置
HAL_ADCEx_MultiModeStart_DMA()	以 DMA 方式启动多重 ADC
HAL_ADCEx_MultiModeStop_DMA ()	停止多重 ADC 的 DMA 方式传输
HAL_ADCEx_MultiModeGetValue ()	停止多重 ADC 后，读取最后一次转换结果数据

11.5　采用 STM32CubeMX 和 HAL 库的 ADC 应用实例

STM32 的 ADC 功能繁多，比较基础且实用的是单通道采集，实现开发板上电位器的动触点输出引脚电压的采集，并通过串口输出至计算机端串口调试助手。单通道采集使用 A/D 转换完成中断，在中断服务函数中读取数据，不使用 DMA 传输，在多通道采集时才使用 DMA 传输。

11.5.1　STM32 ADC 的配置流程

STM32 的 ADC 功能较多，可以以 DMA、中断等方式进行数据的传输，结合标准外设库并根据实际需要，按步骤进行配置，可以大大提高 ADC 的使用效率。

使用 ADC1 的通道 1 来进行 A/D 转换。这里需要说明一下，使用到的库函数分布在 stm32f1xx_adc.c 文件和 stm32f1xx_adc.h 文件中。下面讲解其具体设置步骤。

1）开启 PA 口时钟和 ADC1 时钟，设置 PA1 为模拟输入。

STM32F103ZET6 的 ADC 通道 1 在 PA1 上，所以，先要使能 PORTA 的时钟，然后设 PA1 为模拟输入。同时要把 PA1 复用为 ADC，所以要使能 ADC1 时钟。使能 GPIOA 时钟和 ADC1 时钟都很简单，具体方法为

```
__HAL_RCC_ADC1_CLK_ENABLE();//使能 ADC1 时钟
__HAL_RCC_GPIOA_CLK_ENABLE();//使能 GPIOA 时钟
```

初始化 PA1 为模拟输入，关键代码为

```
GPIO_InitTypeDef GPIO_Initure;
GPIO_Initure.Pin=GPIO_PIN_1;              //PA1
GPIO_Initure.Mode=GPIO_MODE_ANALOG;       //模拟
GPIO_Initure.Pull=GPIO_NOPULL;            //不带上下拉
HAL_GPIO_Init(GPIOA,&GPIO_Initure);
```

2）初始化 ADC，设置 ADC 时钟分频系数、分辨率、模式、扫描方式、对齐方式等信息。

在 HAL 库中，初始化 ADC 是通过函数 HAL_ADC_Init() 来实现的，该函数的定义为

```
HAL_StatusTypeDef  HAL_ADC_Init(ADC_HandleTypeDef  *hadc);
```

该函数只有一个入口参数 hadc，为 ADC_HandleTypeDef 结构体指针类型。该结构体的定义为

```
typedef struct
```

```
    {
        ADC_TypeDef                          *Instance;//ADC1/ ADC2/ ADC3
        ADC_InitTypeDef                      Init;//初始化结构体变量
        DMA_HandleTypeDef                    *DMA_Handle; //DMA 方式使用

        HAL_LockTypeDef                      Lock;
        __IO HAL_ADC_StateTypeDef            State;
        __IO uint32_t                        ErrorCode;
    }ADC_HandleTypeDef;
```

该结构体的定义和其他外设比较类似，这里着重看第二个成员变量 Init 的含义，它是结构体 ADC_InitTypeDef 类型。结构体 ADC_InitTypeDef 的定义为

```
    typedef struct
    {
        uint32_t  DataAlign;              //对齐方式：左对齐还是右对齐，ADC_DATAALIGN_RIGHT
        uint32_t  ScanConvMode;          //扫描模式 DISABLE
        uint32_t  ContinuousConvMode;    //开启连续转换模式或者单次转换模式  DISABLE
        uint32_t  NbrOfConversion;       //规则序列中有多少个转换
        uint32_t  DiscontinuousConvMode; //不连续采样模式 DISABLE
        uint32_t  NbrOfDiscConversion;   //不连续采样通道数
        uint32_t  ExternalTrigConv;      //外部触发方式 ADC_SOFTWARE_START
    }ADC_InitTypeDef;
```

这里直接把每个成员变量含义注释在结构体定义的后面，请大家仔细阅读。

这里需要说明一下，和其他外设一样，HAL 库同样提供了 ADC 的 MSP 初始化函数。一般情况下，时钟使能和 GPIO 初始化都会放在 MSP 初始化函数中。函数声明为

```
    void HAL_ADC_MspInit(ADC_HandleTypeDef   *hadc);
```

3）开启 AD 转换器。

在设置完以上信息后，就开启 A/D 转换器了（通过 ADC_CR2 寄存器控制）。

```
    HAL_ADC_Start(&ADC1_Handler);//开启 ADC
```

4）配置通道，读取通道 ADC 值。

在上面的步骤完成后，ADC 就准备好了。接下来要做的就是设置规则序列 1 里面的通道，然后启动 A/D 转换。在转换结束后，读取转换结果的值即可。

设置规则序列通道及采样周期的函数为

```
    HAL_StatusTypeDef  HAL_ADC_ConfigChannel(ADC_HandleTypeDef    *hadc,ADC_ChannelConfTypeDef
*sConfig);
```

该函数有两个入口参数，这里重点说明第二个入口参数 sConfig，它是 ADC_ChannelConfTypeDef 结构体指针类型。该结构体的定义为

```
    typedef struct
    {
        uint32_t  Channel;//ADC 通道
        uint32_t  Rank;       //规则通道中的第几个转换
        uint32_t  SamplingTime; //采样时间
    }ADC_ChannelConfTypeDef;
```

该结构体有 4 个成员变量，对于 STM32F1 来说，只用到前面三个。Channel 用来设置 ADC

通道，Rank 用来设置要配置的通道是规则序列中的第几个转换，SamplingTime 用来设置采样时间。

例如

```
ADC1_ChanConf.Channel=ch;          //通道
ADC1_ChanConf.Rank=1;              //第 1 个序列，序列 1
ADC1_ChanConf.SamplingTime=ADC_SAMPLETIME_239CYCLES_5;    //采样时间
HAL_ADC_ConfigChannel(&ADC1_Handler,&ADC1_ChanConf);      //通道配置
```

配置好通道并且使能 ADC 后，接下来就是读取 ADC 的值。这里采取查询方式读取，所以还要等待上一次转换结束。此过程 HAL 库提供了专用函数 HAL_ADC_PollForConversion()，该函数的定义为

```
HAL_StatusTypeDef  HAL_ADC_PollForConversion(ADC_HandleTypeDef  *hadc,uint32_t  Timeout);
```

等待上一次转换结束之后，接下来就是读取 ADC 的值，函数为

```
uint32_t  HAL_ADC_GetValue(ADC_HandleTypeDef  *hadc);
```

11.5.2　ADC 应用的硬件设计

本实验用到的硬件资源有指示灯 DS0、TFT LCD 模块、ADC 和杜邦线。

11.5.3　ADC 应用的软件设计

编写两个 ADC 驱动文件 bsp_adc.h 和 bsp_adc.c，用来存放 ADC 所用 I/O 引脚的初始化函数，以及 ADC 配置相关函数。

编程要点：

1）初始化 ADC 用到的 GPIO。

2）设置 ADC 的工作参数并初始化。

3）设置 ADC 工作时钟。

4）设置 ADC 转换通道顺序及采样时间。

5）配置使能 ADC 完成中断，在中断内读取转换完的数据。

6）使能 ADC。

7）使能软件触发 ADC。

A/D 转换结果数据使用中断方式读取，这里没有使用 DMA 进行数据传输。

1. 通过 STM32CubeMX 新建工程

（1）新建文件夹

在 Demo 目录下新建文件夹 ADC，这是保存本节新建工程的文件夹。

（2）新建 STM32CubeMX 工程

在 STM32CubeMX 开发环境中新建工程。

（3）选择 MCU 或开发板

在 Commercial Part Number 搜索框和 MCUs/MPUs List 列表框中选择 STM32F103ZET6，单击 Start Project 按钮启动工程。

（4）保存 STM32Cube MX 工程

使用 STM32CubeMX 菜单项 File→Save Project 保存工程。

（5）生成报告

使用 STM32CubeMX 菜单项 File→Generate Report 生成当前工程的报告文件。

（6）配置 MCU 时钟树

在 STM32CubeMX 的 Pinout & Configuration 选项卡下，选择 System Core 列表中的 RCC，High Speed Clock（HSE）根据开发板实际情况选择 Crystal/Ceramic Resonator（晶体/陶瓷晶振）。

切换到 Clock Configuration 选项卡，根据开发板外设情况配置总线时钟。此处配置 PLL Source Mux 为 HSE、PLLMul 为 9 倍频 72MHz、System Clock Mux 为 PLLCLK、APB1 Prescaler 为 X2，其余保持默认设置即可。

（7）配置 MCU 外设

返回 Pinout & Configuration 选项卡，选择 System Core 列表中的 GPIO，对使用的 GPIO 接口进行设置。LED 输出接口为 DS0（PB5）和 DS1（PE5），按键输入接口为 KEY0（PE4）、KEY1（PE3）、KEY2（PE2），ADC1 输入接口为 PA0 并配置为 ADC1_IN0，PB0 作为 LCD 模块的背光控制引脚。配置完成后的 ADC 接口界面如图 11-9 所示。

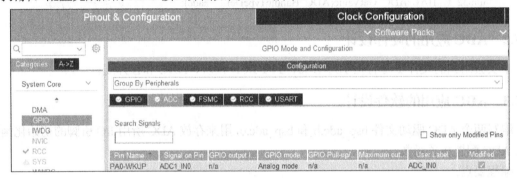

图 11-9　ADC 接口配置界面

此时时钟配置界面会提示错误，切换到 Clock Configuration 选项卡，需要修改 ADC 时钟为 12MHz，ADC Prescaler 选择/6，如图 11-10 所示。

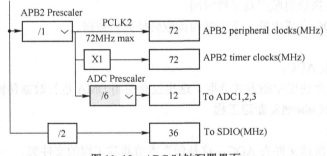

图 11-10　ADC 时钟配置界面

返回 Pinout & Configuration 选项卡，选择 Analog 列表中的 ADC1，对 ADC1 进行设置。IN0 为配置 GPIO 接口 PA0 时的自动选择，ADC 的 Parameter Settings 保持默认配置即可，如图 11-11 所示。

继续在 Pinout & Configuration 选项卡下分别配置 TIM4、FSMC、USART1、NVIC 模块。

（8）配置工程

在 STM32CubeMX 的 Project Manager 视图的 Project 选项卡中，选择 Toolchain/IDE 为 MDK-ARM、Min Version 为 V5，可生成 Keil MDK 工程。

图 11-11　ADC1 配置界面

（9）生成 C 代码工程

在 STM32CubeMX 主界面，单击 GENERATE CODE 按钮生成 C 代码 Keil MDK 工程。

2．通过 Keil MDK 实现工程

（1）打开工程

打开 ADC/MDK-ARM 文件夹下的工程文件。

（2）编译 STM32CubeMX 自动生成的 Keil MDK 工程

在 Keil MDK 开发环境中通过菜单项 Project→Rebuild all target files 或工具栏中的 Rebuild 按钮 编译工程。

（3）新建用户文件

在 ADC/Core/Src 文件夹下新建 delay.c、key.c、lcd.c、usart.c、usart_config.c 和 usart_str.c 文件，在 ADC/Core/Inc 文件夹下新建 delay.h、key.h、lcd.h、font.h、usart.h 和 usart_str.h 文件。将新建的.c 文件添加到工程 Application/User/Core 文件夹下。

（4）编写用户代码

delay.h 和 delay.c 文件实现微秒延时函数 delay_us()和毫秒延时函数 delay_ms()。

key.h 和 key.c 文件实现按键扫描函数 key_scan()。

在 GPIO.h 文件中添加对 GPIO 接口和 LED 接口操作的宏定义。

在 usart.h 和 usart.c 文件中声明和定义使用到的变量、宏定义。usart.c 文件 MX_USART1_UART_Init()函数开启 USART1 接收中断，添加接收完成回调函数 HAL_UART_RxCpltCallback()。stm32f1xx_it.c 对 USART1_IRQHandler()函数添加串口操作处理。

timer.c 文件使能 TIM4 和更新中断，添加中断回调函数 HAL_TIM_PeriodElapsedCallback ()，执行 usart 扫描和定时器更新。

lcd.h、font.h 和 lcd.c 文件实现对 FSMC 接口的 LCD 模块的操作。

usart.h、usart_str.h、usart.c、usart_config.c 和 usart_str.c 文件实现对串口调试交互组件的支持。

在 adc.c 文件中添加 A/D 采样处理函数 Get_Adc()和 Get_Adc_Average()。

```
/* USER CODE BEGIN 1 */
//获得 ADC 值
//ch: 通道值 0~16，取值范围为 ADC_CHANNEL_0~ADC_CHANNEL_16
//返回值：转换结果
uint16_t Get_Adc(uint32_t ch)
{
ADC_ChannelConfTypeDef ADC1_ChanConf;

ADC1_ChanConf.Channel=ch;                              //通道
ADC1_ChanConf.Rank=1;                                  //第 1 个序列，序列 1
ADC1_ChanConf.SamplingTime=ADC_SAMPLETIME_239CYCLES_5;   //采样时间
HAL_ADC_ConfigChannel(&hadc1,&ADC1_ChanConf);          //通道配置

HAL_ADC_Start(&hadc1);                                 //开启 ADC

HAL_ADC_PollForConversion(&hadc1,10);                  //轮询转换

return   (uint16_t)HAL_ADC_GetValue(&hadc1);           //返回最近一次 ADC1 规则组的转换结果
}
//获取指定通道的转换值，取 times 次，然后取平均值
//times：获取次数
//返回值：通道 ch 的 times 次转换结果的平均值
uint16_t Get_Adc_Average(uint32_t ch,uint8_t times)
{
    uint32_t temp_val=0;
    uint8_t t;
    for(t=0;t<times;t++)
    {
            temp_val+=Get_Adc(ch);
            delay_ms(5);
    }
    return temp_val/times;
}
/* USER CODE END 1 */
```

在 main.c 文件中添加对用户自定义头文件的引用。

```
/* Private includes ---------------------------------------------------------*/
/* USER CODE BEGIN Includes */
#include "delay.h"
#include "key.h"
```

```
#include "lcd.h"
#include "usart.h"
/* USER CODE END Includes */
```

在 main.c 文件中添加对 LCD 模块和串口交互组件的初始化。

```
/* USER CODE BEGIN 2 */
usmart_dev.init(84);            //初始化 USART
LCD_Init();                     //初始化 LCD FSMC 接口

POINT_COLOR=RED;
LCD_ShowString(30,50,200,16,16,"WarShip STM32");
LCD_ShowString(30,70,200,16,16,"ADC TEST");
LCD_ShowString(30,90,200,16,16,"ATOM@ALIENTEK");
LCD_ShowString(30,110,200,16,16,"2022/11/18");
POINT_COLOR=BLUE;//设置字体为蓝色
LCD_ShowString(30,130,200,16,16,"ADC1_CH1_VAL:");
LCD_ShowString(30,150,200,16,16,"ADC1_CH1_VOL:0.000V");    //先在固定位置显示小数点
/* USER CODE END 2 */
```

在 main.c 文件中添加对 ADC 的操作。通过 STM32 内部 ADC1 读取通道 1（PA1）上面的电压，在 LCD 模块上面显示 ADC 转换值，以及换算成电压后的电压值。

```
/* Infinite loop */
/* USER CODE BEGIN WHILE */
while (1)
{
        adcx=Get_Adc_Average(ADC_CHANNEL_1,20);   //获取通道 1 的转换值，20 次取平均
        LCD_ShowxNum(134,130,adcx,4,16,0);              //显示 ADC 采样后的原始值
        temp=(float)adcx*(3.3/4096);           //获取计算后的带小数的实际电压值，比如 3.1111
        adcx=temp;                      //赋值整数部分给 adcx 变量，因为 adcx 为 unsigned int 整型
        LCD_ShowxNum(134,150,adcx,1,16,0);   //显示电压值的整数部分，3.1111 的话，这里就是显示 3
        temp-=adcx;   //把已经显示的整数部分去掉，留下小数部分，比如 3.1111-3=0.1111
        temp*=1000;    //小数部分乘以 1000，例如 0.1111 就转换为 111.1，相当于保留三位小数
        LCD_ShowxNum(150,150,temp,3,16,0X80); //显示小数部分（前面转换为整型显示），这里就是 111
        LED0=!LED0;
        delay_ms(250);
        /* USER CODE END WHILE */

        /* USER CODE BEGIN 3 */
}
/* USER CODE END 3 */
```

（5）重新编译工程

重新编译修改好的工程。

（6）配置工程仿真与下载项

在 Keil MDK 开发环境中通过菜单项 Project→Options for Target 或工具栏中的 ✍ 按钮配置工程。

进入 Debug 选项卡，选择使用的仿真器为 ST-Link Debugger。切换到 Flash Download 选项卡，选中 Reset and Run 复选框。单击"确定"按钮。

（7）下载工程

连接好仿真器，开发板上电。

在 Keil MDK 开发环境中通过菜单项 Flash→Download 或工具栏中的 ^{LOAD} 按钮下载工程。

工程下载完成后，连接串口，打开串口调试助手，查看串口收/发是否正常，查看 LED 是否正常，查看 LCD 模块显示的电压是否正常。

习 题

1．STM32F103x 系列芯片上集成了一个逐次逼近型模拟/数字（A/D）转换器，请简要叙述它的转换过程，并指出使用该 A/D 转换器的注意事项。

2．写出 STM32F103ZET6 处理器的 ADC 模块的所有可配置模式。

3．简要叙述 STM32F103x 系列芯片所集成的 ADC 模块的特征。

4．简要叙述 ADC 模块的自校准模式及其意义。

5．计算当 ADCCLK 为 28MHz、采样周期为 1.5 周期时的总转换时间。

第 12 章　STM32 DMA 控制器

本章介绍 STM32 DMA 控制器，包括 STM32 DMA 的基本概念、DMA 的结构和主要特征、DMA 的功能描述、DMA 的 HAL 库函数，以及采用 STM32CubeMX 和 HAL 库的 DMA 应用实例。

12.1　STM32 DMA 的基本概念

在很多的实际应用中，有进行大量数据传输的需求，这时如果 CPU 参与数据的转移，则在数据传输过程中 CPU 不能进行其他工作。若找到一种不需要 CPU 参与的数据传输方式，则可以解放 CPU，使其进行其他操作。特别是在大量数据传输的应用中，这一需求显得尤为重要。

直接存储器访问（Direct Memory Access，DMA）就是基于以上设想设计的，它的作用就是解决大量数据转移过度消耗 CPU 资源的问题。

12.1.1　DMA 的定义

学过计算机组成原理的读者都知道，DMA 是一个计算机术语，是 Direct Memory Access（直接存储器访问）的缩写。它是一种完全由硬件执行数据交换的工作方式，用来提供在外设与存储器之间，或者存储器与存储器之间的高速数据传输。DMA 在无须 CPU 干预的情况下能够实现存储器之间的数据快速移动。图 12-1 所示为 DMA 数据传输的示意。

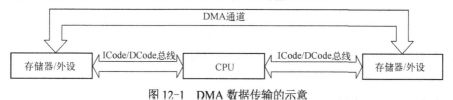

图 12-1　DMA 数据传输的示意

CPU 通常是存储器或外设间数据交互的中介和核心，在 CPU 上运行的软件控制了数据交互的规则和时机。但许多数据交互的规则是非常简单的，例如，很多数据传输会从某个地址区域连续地读出数据转存到另一个连续的地址区域。这类简单的数据交互工作往往由于传输的数据量巨大而占据了大量的 CPU 时间。DMA 的设计思路正是通过硬件控制逻辑电路产生简单数据交互所需的地址调整信息，在无须 CPU 参与的情况下完成存储器或外设之间的数据交互。从图 12-1 中可以看到，DMA 越过 CPU 构建了一条直接的数据通路，这将 CPU 从繁重、简单的数据传输工作中解脱出来，提高了计算机系统的可用性。

12.1.2　DMA 在嵌入式实时系统中的价值

DMA 可以在存储器之间交互数据，还可以在存储器和 STM32 的外设之间交换数据。这种交互方式对应了 DMA 另一种更简单的地址变更规则——地址持续不变。STM32 将外设的数据寄存器映射为地址空间中的一个固定地址，当使用 DMA 在固定地址的外设数据寄存器和连续地址的存储器之间进行数据传输时，就能够将外设产生的连续数据自动存储到存储器中，或者将存储器中存储的数据连续地传输到外设中。以 A/D 转换器为例，当 DMA 被配置成从 A/D 转换器的结果寄存器向某个连续的存储区域传输数据后，就能够在 CPU 不参与的情况下，得到连续的 A/D 转换结果。

这种外设和 CPU 之间的数据 DMA 交换方式，在实时性（Real-time）要求很高的嵌入式系统中的价值往往被低估。同样以 DMA 控制 A/D 转换为例，嵌入式工程师通常习惯于通过定时器中断实现等时间间隔的 A/D 转换，即 CPU 在定时器中断后通过软件控制 A/D 转换器采样和存储。但 CPU 进入中断并控制 A/D 转换往往需要几条甚至几十条指令，还可能被其他中断打断，且每次进入中断所需的指令条数也不一定相等，从而造成采样率达不到，或采样间隔抖动等问题。而 DMA 由更为简单的硬件电路实现数据转存，在每次 A/D 转换事件发生后的很短时间内将数据转存到存储器。只要 A/D 转换器能够实现严格、快速的定时采样，DMA 就能够将 A/D 转换器得到的数据实时地转存到存储器中，从而大大提高嵌入式系统的实时性。实际上，在嵌入式系统中 DMA 对实时性的作用往往高于它对节省 CPU 时间的作用，这一点希望引起读者的注意。

12.1.3　DMA 传输的基本要素

每次 DMA 传输都由以下基本要素构成。

1）传输源地址和目的地址：顾名思义，即 DMA 传输的源头地址和目的地址。

2）触发信号：引发 DMA 进行数据传输的信号。如果是存储器之间的数据传输，则可由软件一次触发后连续传输直至完成即可。数据何时传输则要由外设的工作状态决定，并且可能需要多次触发才能完成。

3）传输数量：每次 DMA 数据传输的数据量及 DMA 传输存储器的大小。

4）DMA 通道：每个 DMA 控制器能够支持多个通道的 DMA 传输，每个 DMA 通道都有自己独立的传输源地址和目的地址，以及触发信号和传输数量。当然各个 DMA 通道使用总线的优先级也不相同。

5）传输方式：DMA 传输是在两个存储器间进行，还是在存储器和外设之间进行；传输方向是从存储器到外设，还是从外设到存储器；存储器地址递增的方式和递增值的大小，以及每次传输的数据宽度（8 位、16 位或 32 位等）；到达存储区域边界后地址是否循环等要素（循环方式多用于存储器和外设之间的 DMA 数据传输）。

6）其他要素：DMA 传输通道使用总线资源的优先级、DMA 完成或出错后是否引起中断等要素。

12.2　STM32 DMA 的结构和主要特征

在 DMA 模式下，CPU 只需向 DMA 控制器下达指令，让 DMA 来处理数据的传输，数据传输完毕再把信息反馈给 CPU 即可。这样，在很大程度上减轻了 CPU 资源占有率，可以大大节省系统资源。DMA 主要用于快速设备和主存储器成批交换数据的场合。在这种应用中，处理问题的出发点集中到两点：一是不能丢失快速设备发出来的数据，二是进一步减少快速设备输入/输出操作过程中对 CPU 的打扰。这时可以通过把这批数据的传输过程交由 DMA 来控制，让 DMA 代替 CPU 控制在快速设备与主存储器之间直接传输数据。当完成一批数据传输之后，快速设备还是要向 CPU 发一次中断请求，报告本次传输结束的同时，"请示"下一步的操作要求。

STM32 的两个 DMA 控制器有 12 个通道（DMA1 有 7 个通道、DMA2 有 5 个通道），每个通道专门用来管理来自一个或多个外设对存储器访问的请求。还有一个仲裁器来协调各个 DMA 请求的优先级。DMA 的结构如图 12-2 所示。

STM32F103VET6 的 DMA 模块具有如下主要特征。

1）12 个独立的可配置的通道（请求）：DMA1 有 7 个通道、DMA2 有 5 个通道。

2）每个通道都直接连接专用的硬件 DMA 请求，每个通道都支持软件触发。这些功能通过软件来配置。

3）在同一个 DMA 模块上，多个请求间的优先级可以通过软件编程设置（共有 4 级：很高、高、中等和低），优先级相等时由硬件决定（请求 0 优先于请求 1，以此类推）。

4）独立数据源和目标数据区的传输宽度（字节、半字、全字）是独立的，模拟打包和拆包的过程。源地址和目的地址必须按数据传输宽度对齐。

5）支持循环的缓冲器管理。

6）每个通道都有 3 个事件标志（DMA：半传输；DMA：传输完成；DMA：传输出错），这 3 个事件标志通过逻辑“或”运算成为一个单独的中断请求。

7）支持存储器和存储器间的传输。

8）支持外设和存储器、存储器和外设之间的传输。

9）闪存、SRAM、外设的 SRAM、APB1、APB2 和 AHB 外设均可作为访问的源和目标。

10）可编程的数据传输最大数目为 65536。

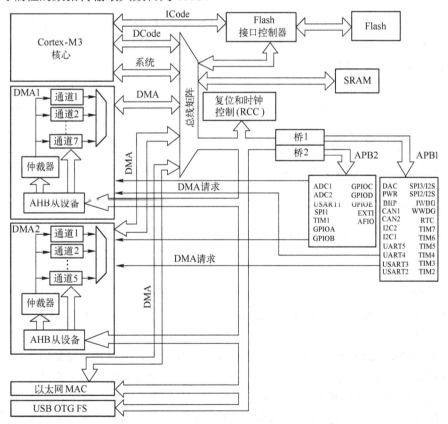

图 12-2　DMA 的结构

12.3　STM32 DMA 的功能描述

DMA 控制器和 Cortex-M3 核心共享系统数据总线，执行直接存储器数据传输。当 CPU 和 DMA 同时访问相同的目标（RAM 或外设）时，DMA 请求会暂停 CPU 访问系统总线若干个周期，总线仲裁器执行循环调度，以保证 CPU 至少可以得到一半的系统总线（存储器或外设）使用时间。

1. DMA 处理

发生一个事件后，外设向 DMA 控制器发送一个请求信号。DMA 控制器根据通道的优先级处理请求。当 DMA 控制器开始访问发出请求的外设时，DMA 控制器立即发送给外设一个应答信号。当从 DMA 控制器得到应答信号时，外设立即释放请求。一旦外设释放了请求，DMA 控制器同时撤销应答信号。如果有更多的请求，外设可以在下一个周期启动请求。

总之，每次 DMA 传输数据由 3 个操作组成。

1）从外设数据寄存器或者从当前外设/存储器地址寄存器指示的存储器地址读取数据，第一次传输时的开始地址是 DMA_CPARx 或 DMA_CMARx 寄存器指定的外设基地址或存储器单元。

2）将读取的数据保存到外设数据寄存器或者当前外设/存储器地址寄存器指示的存储器地址，第一次传输时的开始地址是 DMA_CPARx 或 DMA_CMARx 寄存器指定的外设基地址或存储器单元。

3）执行一次 DMA_CNDTRx 寄存器的递减操作，该寄存器包含未完成的操作数目。

2. 仲裁器

仲裁器根据通道请求的优先级启动外设/存储器的访问。

优先级管理分两个阶段。

1）软件：每个通道的优先级可以在 DMA_CCRx 寄存器中的 PL[1:0]设置，有 4 个等级：最高优先级、高优先级、中等优先级、低优先级。

2）硬件：如果两个请求有相同的软件优先级，则较低编号的通道比较高编号的通道有较高的优先级。例如，通道 2 优先于通道 4。

DMA1 控制器的优先级高于 DMA2 控制器的优先级。

3. DMA 通道

每个通道都可以在有固定地址的外设寄存器和存储器之间执行 DMA 传输。DMA 传输的数据量是可编程的，最大为 65535。数据项数量寄存器包含要传输的数据项数量，在每次传输后递减。

（1）可编程的数据量

外设和存储器的传输数据量可以通过 DMA_CCRx 寄存器中的 PSIZE 和 MSIZE 位编程设置。

（2）指针增量

通过设置 DMA_CCRx 寄存器中的 PINC 和 MINC 标志位，外设和存储器的指针在每次传输后可以有选择地完成自动增量。当设置为增量模式时，下一个要传输的地址将是前一个地址加上增量值，增量值取决于所选的数据宽度为 1、2 或 4。第一个传输的地址存放在 DMA_CPARx/DMA_CMARx 寄存器中。在传输过程中，这些寄存器保持它们初始的数值，软件不能改变和读出当前正在传输的地址（它在内部的当前外设/存储器地址寄存器中）。

当通道配置为非循环模式时，传输结束后（即传输计数变为 0）将不再产生 DMA 操作。要开始新的 DMA 传输，需要在关闭 DMA 通道的情况下，在 DMA_CNDTRx 寄存器中重新写入传输数目。

在循环模式下，最后一次传输结束时，DMA_CNDTRx 寄存器的内容会自动地被重新加载为其初始数值，内部的当前外设/存储器地址寄存器也被重新加载为 DMA_CPARx/DMA_CMARx 寄存器设定的初始基地址。

（3）通道配置过程

下面是配置 DMA 通道 x 的过程（x 代表通道号）。

1）在 DMA_CPARx 寄存器中设置外设寄存器的地址。发生外设数据传输请求时，这个地址将是数据传输的源地址或目标地址。

2）在 DMA_CMARx 寄存器中设置数据存储器的地址。发生存储器数据传输请求时，传输的数据将从这个地址读出或写入这个地址。

3）在 DMA_CNDTRx 寄存器中设置要传输的数据量。在每个数据传输后，这个数值递减。

4）在 DMA_CCRx 寄存器的 PL[1:0]位中设置通道的优先级。

5）在 DMA_CCRx 寄存器中设置数据传输的方向、循环模式、外设和存储器的增量模式、外设和存储器的数据宽度、传输一半产生中断或传输完成产生中断。

6）设置 DMA_CCRx 寄存器的 ENABLE 位，启动该通道。

一旦启动了 DMA 通道，即可响应连到该通道上的外设的 DMA 请求。

当传输一半的数据后，半传输标志（HTIF）被置 1，当设置了允许半传输中断位（HTIE）时，将产生中断请求。在数据传输结束后，传输完成标志（TCIF）被置 1，如果设置了允许传输完成中断位（TCIE），则产生中断请求。

（4）循环模式

循环模式用于处理循环缓冲区和连续的数据传输（如 ADC 的扫描模式）。DMA_CCR 寄存器中的 CIRC 位用于开启这一功能。当循环模式开启后，待传输的数据数目会自动地被重新装载成配置通道时设置的初值，DMA 操作将会继续进行。

（5）存储器到存储器模式

DMA 通道的操作可以在没有外设请求的情况下进行，这种操作就是存储器到存储器模式。

如果设置了 DMA_CCRx 寄存器中的 MEM2MEM 位，在软件设置了 DMA_CCRx 寄存器中的 EN 位启动 DMA 通道时，DMA 传输将马上开始。当 DMA_CNDTRx 寄存器为 0 时，DMA 传输结束。存储器到存储器模式不能与循环模式同时使用。

4. DMA 中断

每个 DMA 通道都可以在 DMA 传输过半、传输完成和传输错误时产生中断。为应用的灵活性考虑，通过设置寄存器的不同位来打开这些中断。相关的中断事件标志位及对应的使能控制位分别为

1）"传输过半"的中断事件标志位是 HTIF，中断使能控制位是 HTIE。

2）"传输完成"的中断事件标志位是 TCIF，中断使能控制位是 TCIE。

3）"传输错误"的中断事件标志位是 TEIF，中断使能控制位是 TEIE。

读/写一个保留的地址区域，将会产生 DMA 传输错误。在 DMA 读/写期间发生 DMA 传输错误时，硬件会自动清除发生错误的通道所对应的通道配置寄存器（DMA_CCRx）的 EN 位，该通道操作被停止。此时，在 DMA_IFR 寄存器中对应该通道的传输错误中断标志位（TEIF）将被置位，如果在 DMA_CCRx 寄存器中设置了传输错误中断允许位 TEIE，则将产生中断。

12.4 DMA 的 HAL 库函数

12.4.1 DMA 的 HAL 库函数概述

DMA 的 HAL 驱动程序头文件是 stm32f1xx_hal_dma.h 和 stm32f1xx_hal_dma_ex.h，主要驱动函数见表 12-1。

表 12-1 DMA 的主要 HAL 驱动函数

分组	函数名	功能描述
初始化	HAL_DMA_Init ()	DMA 传输初始化配置
轮询方式	HAL_DMA_Start ()	启动 DMA 传输，不开启 DMA 中断
	HAL_DMA_PollForTransfer ()	轮询方式等待 DMA 传输结束，可设置一个超时等待时间
	HAL_DMA_Abort ()	中止以轮询方式启动的 DMA 传输
中断方式	HAL_DMA_Start_IT ()	启动 DMA 传输，开启 DMA 中断
	HAL_DMA_Abort_IT ()	中止以中断方式启动的 DMA 传输
	HAL_DMA_GetState ()	获取 DMA 当前状态
	HAL_DMA_IRQHandler ()	DMA 中断 ISR 里调用的通用处理函数
双缓冲区模式	HAL_DMAEx_MultiBufferStart ()	启动双缓冲区 DMA 传输，不开启 DMA 中断双缓冲区
	HAL_DMAEx_MultiBufferStart_IT ()	启动双缓冲区 DMA 传输，开启 DMA 中断
	HAL_DMAEx_ChangeMemory ()	传输过程中改变缓冲区地址

DMA 是 MCU 上的一种比较特殊的硬件，它需要与其他外设结合起来使用，不能单独使用。一个外设要使用 DMA 传输数据，必须先用函数 HAL_DMA_Init()进行 DMA 初始化配置，设置 DMA 流和通道、传输方向、工作模式（循环或正常）、源和目的数据宽度、DMA 流优先级等参数，然后才可以使用外设的 DMA 传输函数进行 DMA 方式的数据传输。

DMA 传输有轮询方式和中断方式。如果以轮询方式启动 DMA 数据传输，则需要调用函数 HAL_DMA_PollForTransfer()查询，并等待 DMA 传输结束。如果以中断方式启动 DMA 数据传输，则传输过程中 DMA 流会产生传输完成事件中断。每个 DMA 流都有独立的中断地址，使用中断方式的 DMA 数据传输更方便，所以在实际使用 DMA 时，一般是以中断方式启动 DMA 传输。

DMA 传输还有双缓冲区模式，可用于一些高速实时处理的场合。例如，ADC 的 DMA 传输方向是从外设到存储器的，存储器一端可以设置两个缓冲区，在进行高速 ADC 采集时，可以交替使用两个数据缓冲区，一个用于接收 ADC 数据，另一个用于实时处理。

12.4.2 DMA 传输初始化配置

函数 HAL_DMA_Init()用于 DMA 传输初始化配置，其原型定义为

```
HAL_StatusTypeDef   HAL_DMA_Init(DMA_HandleTypeDef   *hdma);
```

其中，hdma 是 DMA_HandleTypeDef 结构体类型指针。结构体 DMA_HandleTypeDef 的完整定义如下，各成员变量的意义见注释。

```
typedef struct DMA_HandleTypeDef
{
    DMA_Stream_TypeDef            * Instance;            //DMA 流寄存器基址，用于指定一个 DMA 流
```

```
        DMA_InitTypeDef         Init;                    //DMA 传输的各种配置参数
        HAL_LockTypeDef         Lock;                    //DMA 锁定状态
        __IO HAL_DMA_StateTypeDef   State;               //DMA 传输状态
        void                    * Parent;                //父对象，即关联的外设对象
        /*DMA 传输完成事件中断的回调函数指针*/
        void (*XferCpltCallback)(struct _DMA_HandleTypeDef *hdma);
        /*DMA 传输半完成事件中断的回调函数指针*/
        void (*XferHalfCpltCallback)(struct _DMA_HandleTypeDef  *hdma);
        /*DMA 传输完成 Memory1 回调函数指针*/
        void (*XferM1CpltCallback)(struct _DMA_HandleTypeDef  *hdma);
        /*DMA 传输错误事件中断的回调函数指针*/
        void (*XferM1HalfCpltCallback)(struct _DMA_HandleTypeDef  *hdma);
        /* DMA 传输中止回调函数指针*/
        void (*XferErrorCallback) (struct _DMA_HandleTypeDef  *hdma);

        __IO  uint32_t      ErrorCode;                   //DMA 错误码
        uint32_t            StreamBaseAddress;           //DMA 流基址
        uint32_t            StreamIndex；                //DMA 流索引号
    }DMA_HandleTypeDef;
```

结构体 DMA_HandleTypeDef 的成员指针变量 Instance 指向一个 DMA 流的寄存器基址。

成员变量 Init 是结构体类型 DMA_InitTypeDef，它存储了 DMA 传输的各种属性参数。结构体 DMA_HandleTypeDef 还定义了多个用于 DMA 事件中断处理的回调函数指针。其完整定义如下，各成员变量的意义见注释。

```
    typedef   struct
    {
        uint32_t  Channel;           //DMA 通道，也就是外设的 DMA 请求
        uint32_t  Direction；        //DMA 传输方向
        uint32_t  PeriphInc;         //外设地址指针是否自增
        uint32_t  MemInc;            //存储器地址指针是否自增
        uint32_t  PeriphDataAlignment;  //外设数据宽度
        uint32_t  MemDataAlignment;  //存储器数据宽度
        uint32_t  Mode;              //传输模式，是循环模式或是正常模式
        uint32_t  Priority;          //DMA 流的软件优先级
        uint32_t  FIFOMode;          //FIFO 模式，是否使用 FIFO
        uint32_t  FIFOThreshold;     //FIFO 阈值，1/4、1/2、3/4 或 1
        uint32_t  MemBurst;          //存储器突发传输数据量
        uint32_t  PeriphBurst;       //外设突发传输数据量
    }DMA_InitTypeDef;
```

结构体 DMA_InitTypeDef 的很多成员变量的取值是宏定义常量，具体的取值和意义在后面实例中通过 STM32CubeMX 的设置和生成的代码来说明。

在 STM32CubeMX 中为外设进行 DMA 配置后，在生成的代码里会有一个 DMA_HandleTypeDef 结构体类型变量。例如，为 USART1 的 DMA 请求 USART1_TX 配置 DMA 后，在生成的文件 usart.c 中有如下的变量定义，称为 DMA 流对象变量。

```
    DMA_HandleTypeDef  hdma_usartl_rx: ; //DMA 流对象变量
```

在 USARTI 的外设初始化函数里，程序会为变量 hdma_usartl_rx 赋值（hdma_usartl_rx. Instance 指向一个具体的 DMA 流的寄存器基址，hdma_usartl_rx.Init 的各成员变量设置 DMA 传输的各个

属性参数）；然后执行 HAL_DMA_Init(&hdma_usartl_rx)进行 DMA 传输初始化配置。

变量 hdma_usartl_rx 的基地址指针 Instance 指向一个 DMA 流的寄存器基址，它还包含 DMA 传输的各种属性参数，以及用于 DMA 事件中断处理的回调函数指针。所以，将用结构体 DMA_HandleTypeDef 定义的变量称为 DMA 流对象变量。

12.4.3   启动 DMA 数据传输

在完成 DMA 传输初始化配置后，就可以启动 DMA 数据传输了。DMA 数据传输有轮询方式和中断方式。每个 DMA 流都有独立的中断地址，有传输完成中断事件，使用中断方式的 DMA 数据传输更方便。函数 HAL_DMA_Start_IT()以中断方式启动 DMA 数据传输，其原型定义为

```
HAL_StatusTypeDef    HAL_DMA_Start_IT(DMA_HandleTypeDef *hdma,uint32_t SrcAddress,uint32_t DstAddress,uint32_t DataLength)
```

其中，hdma 是 DMA 流对象指针；SrcAddress 是源地址；DstAddress 是目标地址；DataLength 是需要传输的数据长度。

在使用具体外设进行 DMA 数据传输时，一般无须直接调用函数 HAL_DMA_Start_IT()启动 DMA 数据传输，而是由外设的 DMA 传输函数内部调用函数 HAL_DMA_Start_IT()启动 DMA 数据传输。

例如，在第 8 章介绍 UART 接口时就提到，串口传输数据除了有阻塞方式和中断方式外，还有 DMA 方式。串口以 DMA 方式发送数据和接收数据的两个函数的原型定义为

```
HAL_StatusTypeDef    HAL_UART_Transmit_DMA (UART_HandleTypeDef *huart,uint8_t *pData,uint16_t Size)
HAL_StatusTypeDef    HAL_UART_Receive_DMA (UART_HandleTypeDef *huart,uint8_t *pData,uint16_t Size)
```

其中，huart 是串口对象指针；pData 是数据缓冲区指针，缓冲区是 uint8_t 类型数组，因为串口传输数据的基本单位是字节；Size 是缓冲区长度，单位是字节。

USART1 使用 DMA 方式发送一个字符串的示意代码如下：

```
uint8_t    hello1[]="Hello, DMA transmit \n";
HAL_UART_Transmit_DMA (&huart1, hello1, sizeof (hello1));
```

函数 HAL_UART_Transmit_DMA()内部会调用 HAL_DMA_Start_IT()，而且会根据 USART1 关联的 DMA 流对象的参数自动设置函数 HAL_DMA_Start_IT()的输入参数，如源地址、目标地址等。

12.4.4   DMA 的中断

DMA 的中断实际就是 DMA 流的中断。每个 DMA 流有独立的中断号，有对应的 ISR。DMA 中断有多个中断事件源，DMA 中断事件类型的宏定义（也就是中断事件使能控制位的宏定义）为

```
# define   DMA_IT_TC     ((uint32_t) DMA_SxCR_TCIE)      //DMA 传输完成中断事件
#define    DMA_IT_HT     ((luint32_t) DMA_SXCR_HTIE)     //DMA 传输半完成中断事件
#define    DMA_IT_TE     ((uint32_t) DMA_SxCR_TEIE)      //DMA 传输错误中断事件
#define    DMA_IT_DME    ((uint32_t) DMA_SxCR_DMEIE)     //DMA 直接模式错误中断事件
#define    DMA_IT_FE     0x00000080U                     //DMA FIFO 上溢/下溢中断事件
```

对一般的外设来说，一个事件中断可能对应一个回调函数，这个回调函数的名称是 HAL 库固定好了的，例如，UART 的发送完成事件中断对应的回调函数名称是 HAL_UART_TxCpltCallback()。但是在 DMA 的 HAL 驱动程序头文件 stm32f1xx_hal_dma.h 中，并没有定义这样的回调函数，因为 DMA 流是要关联不同外设的，所以它的事件中断回调函数没有固定的函数名，而是采用函数指针的方式指向关联外设的事件中断回调函数。DMA 流对象的结构体 DMA_HandleTypeDef 的定义代码中有这些函数指针。

HAL_DMA_IRQHandler() 是 DMA 流中断通用处理函数，在 DMA 流中断的 ISR 里被调用。这个函数的原型定义为

void　HAL_DMA_IRQHandler(DMA_HandleTypeDef　*hdma)

其中，参数 hdma 是 DMA 流对象指针。

通过分析函数 HAL_DMA_IRQHandler() 的源代码，整理出 DMA 流中断事件与 DMA 流对象（即结构体 DMA_HandleTypeDef()）的回调函数指针之间的关系，见表 12-2。

表 12-2　DMA 流中断事件与 DMA 流对象的回调函数指针的关系

DMA 流中断事件类型宏	DMA 流中断事件	DMA_HandleTypeDef 结构体中的函数指针
DMA_IT_TC	传输完成中断	XferCpltCallback
DMA_IT_HT	传输半完成中断	XferHalfCpltCallback
DMA_IT_TE	传输错误中断	XferErrorCallback
DMA_IT_FE	FIFO 错误中断	无
DMA_IT_DME	直接模式错误中断	无

在 DMA 传输初始化配置函数 HAL_DMA_Init() 中，不会为 DMA 流对象的事件中断回调函数指针赋值，一般是在外设以 DMA 方式启动传输时，为这些回调函数指针赋值。例如，对于 UART，执行函数 HAL_UART_Transmit_DMA() 启动 DMA 方式发送数据时，就会将串口关联的 DMA 流对象的函数指针 XferCpltCallback 指向 UART 的发送完成事件中断回调函数 HAL_UART_TxCpltCallback()。

UART 以 DMA 方式发送和接收数据时，常用的 DMA 流中断事件与回调函数之间的关系见表 12-3。注意：这里发生的中断是 DMA 流的中断，而不是 UART 的中断，DMA 流只是使用了 UART 的回调函数。特别地，DMA 流有传输过半完成中断事件（DMA_IT_HT），而 UART 是没有这种中断事件的，UART 的 HAL 驱动程序中定义的两个回调函数就是为了 DMA 流的传输过半完成事件中断调用的。

表 12-3　UART 以 DMA 方式传输数据时 DMA 流中断与回调函数的关系

UART 的 DMA 传输函数	DMA 流事件中断事件	DMA 流对象的函数指针	DMA 流事件中断关联的具体回调函数
HAL_UART_Transmit_DMA ()	DMA_IT_TC	XferCpltCallback	HAL_UART_TxCpltCallback ()
	DMA_IT_HT	XferHalfCpltCallback	HAL_UART_TxHalfCpltCallback ()
HAL_UART_Receive_DMA ()	DMA_IT_TC	XferCpltCallback	HAL_UART_RxCpltCallback ()
	DMA_IT_HT	XferHalfCpltCallback	HAL_UART_RxHalfCpltCallback ()

UART 使用 DMA 方式传输数据时，UART 的全局中断需要开启，但是 UART 的接收完成和发送完成中断事件源可以关闭。

12.5 采用 STM32CubeMX 和 HAL 库的 DMA 应用实例

本节讲述一个从存储器到外设的 DMA 应用实例。先定义一个数据变量，存于 SRAM 中，通过 DMA 的方式传输到串口的数据寄存器，然后通过串口把这些数据发送到计算机显示出来。

12.5.1 STM32 DMA 的配置流程

DMA 的应用很广泛，可完成外设到外设、外设到内存、内存到外设的传输。以使用中断方式为例，其基本使用流程由 3 部分构成，即 NVIC 设置、DMA 模式及中断配置、DMA 中断服务。

用到串口 1 的发送，属于 DMA1 的通道 4，下面来介绍 DMA1 通道 4 的配置步骤。

1）使能 DMA1 时钟。

DMA 的时钟使能是通过 AHB1ENR 寄存器来控制的。这里要先使能时钟，才可以配置 DMA 相关寄存器。方法为

```
_HAL_RCC_DMA1_CLK_ENABLE();//DMA1 时钟使能
```

2）初始化 DMA1 数据流 4，包括配置通道、外设地址、存储器地址、传输数据量等。

DMA 的某个数据流各种配置参数初始化是通过 HAL_DMA_Init()函数实现的，该函数的声明为

```
HAL_StatusTypeDef  HAL_DMA_Init(DMA_HandleTypeDef  *hdma);
```

该函数只有一个 DMA_HandleTypeDef 结构体指针类型入口参数。该结构体的定义为

```
typedef struct   __DMA_HandleTypeDef
{
    DMA_InitTypeDef                      Init;
    HAL_LockTypeDef                     Lock;
    __IO HAL_DMA_StateTypeDef          State;
    void                              *Parent;
    Void    (*XferCpltCallback)(struct __DMA_HandleTypeDef  *hdma);
    Void    (*XferHalfCpltCallback)(struct __DMA_HandleTypeDef  *hdma);
    Void    (*XferM1CpltCallback)(struct __DMA_HandleTypeDef  *hdma);
    Void    (*XferErrorCallback)(struct __DMA_HandleTypeDef  *hdma);
    __IO uint32_t                       ErrorCode;
    uint32_t                           StreamBaseAddress;
    uint32_t                           StreamIndex;
}DMA_HandleTypeDef;
```

成员变量 Parent 是 HAL 库处理中间变量，用来指向 DMA 通道外设句柄。

成员变量 XferCpltCallback（传输完成回调函数）、XferHalfCpltCallback（半传输完成回调函数）、XferM1CpltCallback（Memory1 传输完成回调函数）和 XferErrorCallback（传输错误回调函数）是 4 个函数指针，用来指向回调函数入口地址。

成员变量 StreamBaseAddress 和 StreamIndex 是数据流的基地址和索引号，HAL 库处理的时候会自动计算，用户无须设置。

其他成员变量的介绍从略。接下来着重看看成员变量 Init，它是 DMA_InitTypeDef 结构体类型。该结构体的定义为

```
typedef struct
{
    uint32_t  Direction;     //传输方向，例如存储器到外设 DMA_MEMORY_TO_PERIPH
    uint32_t  PeriphInc;     //外设（非）增量模式，非增量模式 DMA_PINC_DISABLE
```

```
        uint32_t  MemInc;              //存储器（非）增量模式，增量模式 DMA_MINC_ENABLE
        uint32_t  PeriphDataAlignment;  //外设数据大小，8/16/32 位
        uint32_t  MemDataAlignment;     //存储器数据大小，8/16/32 位
        uint32_t  Mode;                //模式，外设流控模式/循环模式/普通模式
        uint32_t  Priority;            //DMA 优先级，低/中/高/非常高
    }DMA_InitTypeDef;
```

该结构体成员变量非常多，但是每个成员变量配置的基本都是 DMA_SxCR 寄存器和 DMA_SxFCR 寄存器的相应位。例如本实例要用到 DMA2_ DMA1_Channel4，把内存中数组的值发送到串口外设寄存器 DR，所以方向为存储器到外设 DMA_MEMORY_TO_PERIPH；一个一个字节发送，需要数字索引自动增加，所以是存储器增量模式 DMA_MINC_ENABLE；存储器和外设的字宽都是字节 8 位。具体配置如下：

```
    DMA_HandleTypeDef    UART1TxDMA_Handler;        //DMA 句柄
    UART1TxDMA_Handler.Instance= DMA1_Channel4;    //通道选择
    UART1TxDMA_Handler.Init.Direction=DMA_MEMORY_TO_PERIPH;    //存储器到外设
    UART1TxDMA_Handler.Init.PeriphInc=DMA_PINC_DISABLE;        //外设非增量模式
    UART1TxDMA_Handler.Init.MemInc=DMA_MINC_ENABLE;           //存储器增量
    UART1TxDMA_Handler.Init.PeriphDataAlignment=DMA_PDATAALIGN_BYTE;//外设数据长度:8 位
    UART1TxDMA_Handler.Init.MemDataAlignment=DMA_MDATAALIGN_BYTE;
    //存储器数据长度为 8 位
    UART1TxDMA_Handler.Init.Mode=DMA_NORMAL;                  //外设普通模式
    UART1TxDMA_Handler.Init.Priority=DMA_PRIORITY_MEDIUM;     //中等优先级
```

这里要注意的是，HAL 库为了处理各类外设的 DMA 请求，在调用相关函数之前，需要调用一个宏定义标识符，来连接 DMA 和外设句柄。例如要使用串口 DMA 发送，所以方式为

```
    _HAL_LINKDMA(&UART1_Handler,hdmatx,UART1TxDMA_Handler);
```

其中，UART1_Handler 是串口初始化句柄，在 usart.c 中已定义过；UART1TxDMA_Handler 是 DMA 初始化句柄；hdmatx 是外设句柄结构体的成员变量，在这里实际就是 UART1_Handler 的成员变量。在 HAL 库中，任何一个可以使用 DMA 的外设，它的初始化结构体句柄都会有一个 DMA_ HandleTypeDef 指针类型的成员变量，是 HAL 库用来做相关指向的，hdmatx 就是 DMA_ HandleTypeDef 结构体指针类型。

这句代码的含义就是把 UART1_Handler 句柄的成员变量 hdmatx 和 DMA 句柄 UART1TxDMA_Handler 连接起来，是纯软件处理，没有任何硬件操作。

3）使能串口 1 的 DMA 发送。

在实例中，开启一次 DMA 传输函数如下：

```
    //开启一次 DMA 传输
    //huart：串口句柄
    //pData：传输的数据指针
    //Size：传输的数据量
    void MYDMA_USART_Transmit(UART_HandleTypeDef *huart,uint8_t *pData,uint16_t Size)
    {
        //开启 DMA 传输
        HAL_DMA_Start(huart->hdmatx,(u32)pData,(uint32_t)&huart->Instance->DR,Size);
        huart->Instance->CR3|=USART_CR3_DMAT;//使能串口 DMA 发送
    }
```

HAL 库还提供了对串口的 DMA 发送的停止、暂停、继续等操作函数：

```
HAL_StatusTypeDef   HAL_UART_DMAStop(UART_HandleTypeDef   *huart);       //停止
HAL_StatusTypeDef   HAL_UART_DMAPause(UART_HandleTypeDef   *huart);      //暂停
HAL_StatusTypeDef   HAL_UART_DMAResume(UART_HandleTypeDef   *huart);     //恢复
```

4）使能 DMA1 数据流 4，启动传输。

使能 DMA 数据流的函数为

```
HAL_StatusTypeDef         HAL_DMA_Start(DMA_HandleTypeDef   *hdma,uint32_t   SrcAddress,uint32_t
DstAddress, uint32_t   DataLength);
```

这个函数比较好理解，第 1 个参数是 DMA 句柄，第 2 个参数是传输源地址，第 3 个参数是传输目标地址，第 4 个参数是传输的数据长度。

通过以上 4 步设置，就可以启动一次 USART1 的 DMA 传输了。

5）查询 DMA 传输状态。

在 DMA 传输过程中，要查询 DMA 传输通道的状态，使用的方法是

```
__HAL_DMA_GET_FLAG(&UART1TxDMA_Handler,DMA_FLAG_TCIF3_7);
```

获取当前传输剩余数据量的方法是

```
__HAL_DMA_GET_COUNTER(&UART1TxDMA_Handler);
```

DMA 相关的库函数就讲解到这里，要了解更详细的内容可以查看固件库中文手册。

6）DMA 中断使用方法。

DMA 中断对于每个流都有一个中断服务函数，比如 DMA1_Channel4 的中断服务函数为 DMA1_Channel4_IRQHandler()。同样，HAL 库也提供了一个通用的 DMA 中断处理函数 HAL_DMA_IRQHandler()，在该函数内部，会对 DMA 传输状态进行分析，然后调用相应的中断处理回调函数：

```
void HAL_UART_TxCpltCallback(UART_HandleTypeDef   *huart);       //发送完成回调函数
void HAL_UART_TxHalfCpltCallback(UART_HandleTypeDef   *huart);   //发送过半回调函数
void HAL_UART_RxCpltCallback(UART_HandleTypeDef   *huart);       //接收完成回调函数
void HAL_UART_RxHalfCpltCallback(UART_HandleTypeDef   *huart);   //接收过半回调函数
void HAL_UART_ErrorCallback(UART_HandleTypeDef   *huart);        //传输出错回调函数
```

对于串口 DMA 开启、使能数据流、启动传输这些步骤，如果使用了中断，可以直接调用 HAL 库函数 HAL_USART_Transmit_DMA()。该函数的定义为

```
HAL_StatusTypeDef   HAL_USART_Transmit_DMA(USART_HandleTypeDef   *husart,uint8_t   *pTxData,
uint16_t   Size);
```

12.5.2 DMA 应用的硬件设计

本实例用到的硬件资源有：指示灯 DS0、KEY0 按键、串口、TFT LCD 模块、DMA。利用外部按键 KEY0 来控制 DMA 的传输，每按一次 KEY0，DMA 就传输一次数据到 USART1，然后在 TFT LCD 模块上显示进度等信息。DS0 还是用作程序运行的指示灯。

12.5.3 DMA 应用的软件设计

这里只讲解部分核心代码，有些变量的设置、头文件的包含等并没有涉及，完整的代码请参考开发板的工程模板。编写两个串口驱动文件 bsp_usart_dma.c 和 bsp_usartdma.h，有关串口和 DMA 的宏定义及驱动函数都在里边。

编程要点：

1）配置 USART 通信功能。

2）设置串口 DMA 工作参数。

3）使能 DMA。

4）DMA 传输的同时，CPU 可以运行其他任务。

1．通过 STM32CubeMX 新建工程

（1）新建文件夹

在 Demo 目录下新建文件夹 DMA，这是保存本节新建工程的文件夹。

（2）新建 STM32CubeMX 工程

在 STM32CubeMX 开发环境中新建工程。

（3）选择 MCU 或开发板

在 Commercial Part Number 搜索框和 MCUs/MPUs List 列表框中选择 STM32F103ZET6，单击 Start Project 按钮启动工程。

（4）保存 STM32Cube MX 工程

使用 STM32CubeMX 菜单项 File→Save Project 保存工程。

（5）生成报告

使用 STM32CubeMX 菜单项 File→Generate Report 生成当前工程的报告文件。

（6）配置 MCU 时钟树

在 STM32CubeMX 的 Pinout & Configuration 选项卡中，选择 System Core 列表中的 RCC，High Speed Clock（HSE）根据开发板实际情况选择 Crystal/Ceramic Resonator（晶体/陶瓷晶振）。

切换到 Clock Configuration 选项卡，根据开发板外设情况配置总线时钟。此处配置 PLL Source Mux 为 HSE、PLLMul 为 9 倍频 72MHz、System Clock Mux 为 PLLCLK、APB1 Prescaler 为 X2，其余保持默认设置即可。

（7）配置 MCU 外设

返回 Pinout & Configuration 选项卡，选择 System Core 列表中的 GPIO，对使用的 GPIO 接口进行设置。LED 输出接口为 DS0（PB5）和 DS1（PE5），按键输入接口为 KEY0（PE4）、KEY1（PE3）、KEY2（PE2）、KEY_UP（PA0），PB0 作为 LCD 模块的背光控制引脚。配置完成后的 GPIO 接口界面如图 12-3 所示。

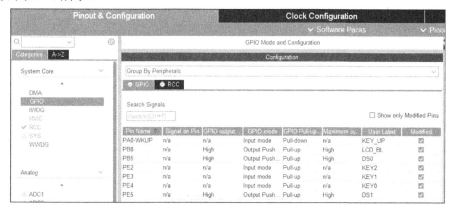

图 12-3　配置完成后的 GPIO 接口界面

继续在 Pinout & Configuration 选项卡下分别配置 TIM4、FSMC、USART1、NVIC 模块，方法同 SPI 部分。

在 Pinout & Configuration 选项卡下选择 System Core 列表中的 DMA，选择 DMA Request 为 USART1_TX、Channel 为 DMA1 Channel 4、Direction 为 Memory To Peripheral、Priority 为 Medium，其余保持默认配置。配置完成后的 DMA 界面如图 12-14 所示。

图 12-4　配置完成后的 DMA 界面

在 Pinout & Configuration 选项卡下，选择 System Core 列表中的 NVIC，配置 NVIC。取消选中 Force DMA Channels Interrupts 复选框，不使能 DMA 中断，如图 12-5 所示。

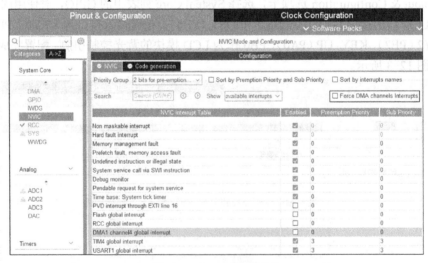

图 12-5　NVIC 配置界面

（8）配置工程

在 STM32CubeMX Project Manager 视图的 Project 选项卡下，选择 Toolchain/IDE 为 MDK-ARM、Min Version 为 V5，可生成 Keil MDK 工程。

（9）生成 C 代码工程

在 STM32CubeMX 主界面，单击 GENERATE CODE 按钮生成 C 代码 Keil MDK 工程。

2. 通过 Keil MDK 实现工程

（1）打开工程

打开 DMA/MDK-ARM 文件夹下的工程文件。

（2）编译 STM32CubeMX 自动生成的 Keil MDK 工程

在 Keil MDK 开发环境中通过菜单项 Project→Rebuild all target files 或工具栏中的 Rebuild 按钮编译工程。

（3）新建用户文件

在 DMA/Core/Src 文件夹下新建 delay.c、key.c、lcd.c、usart.c、usart_config.c 和 usart_str.c 文件，在 DMA/Core/Inc 文件夹下新建 delay.h、key.h、lcd.h、font.h、usart.h 和 usart_str.h 文件。将新建的.c 文件添加到工程 Application/User/Core 文件夹下。

（4）编写用户代码

delay.h 和 delay.c 文件实现微秒延时函数 delay_us()和毫秒延时函数 delay_ms()。

key.h 和 key.c 文件实现按键扫描函数 key_scan()。

在 GPIO.h 文件中添加对 GPIO 接口和 LED 接口操作的宏定义。

在 usart.h 和 usart.c 文件中声明和定义用到的变量、宏定义。usart.c 文件 MX_USART1_UART_Init()函数开启 USART1 接收中断，添加接收完成回调函数 HAL_UART_RxCpltCallback()。stm32f1xx_it.c 对 USART1_IRQHandler()函数添加串口操作处理。

timer.c 文件使能 TIM4 和更新中断，添加中断回调函数 HAL_TIM_PeriodElapsedCallback ()，执行 usart 扫描和定时器更新。

lcd.h、font.h 和 lcd.c 文件实现对 FSMC 接口的 LCD 模块的操作。

usart.h、usart_str.h、usart.c、usart_config.c 和 usart_str.c 文件实现对串口调试交互组件的支持。

在 main.c 文件中添加对用户自定义头文件的引用。

```
/* Private includes -----------------------------------------------------*/
/* USER CODE BEGIN Includes */
#include "delay.h"
#include "key.h"
#include "lcd.h"
#include "usart.h"
/* USER CODE END Includes */
```

在 main.c 文件中添加对 LCD 模块和串口交互组件的初始化。

```
/* USER CODE BEGIN 2 */
usmart_dev.init(84);          //初始化 USART
LCD_Init();                   //初始化 LCD FSMC 接口

POINT_COLOR=RED;
LCD_ShowString(30,50,200,16,16,"WarShip STM32");
LCD_ShowString(30,70,200,16,16,"DMA TEST");
LCD_ShowString(30,90,200,16,16,"ATOM@ALIENTEK");
LCD_ShowString(30,110,200,16,16,"2022/11/18");
LCD_ShowString(30,130,200,16,16,"KEY0:Start");
POINT_COLOR=BLUE;//设置字体为蓝色
```

```
//显示提示信息
j=sizeof(TEXT_TO_SEND);
for(i=0;i<SEND_BUF_SIZE;i++)        //填充 ASCII 字符集数据
{
        if(t>=j)//加入换行符
        {
            if(mask)
            {
                SendBuff[i]=0x0a;
                t=0;
            }else
            {
                SendBuff[i]=0x0d;
                mask++;
            }
        }else//复制 TEXT_TO_SEND 语句
        {
            mask=0;
            SendBuff[i]=TEXT_TO_SEND[t];
            t++;
        }
}
POINT_COLOR=BLUE;                   //设置字体为蓝色
i=0;
/* USER CODE END 2 */
```

在 main.c 文件中添加对 DMA 的操作。通过按键 KEY0 控制串口 1 以 DMA 方式发送数据，按下 KEY0 键，就开始 DMA 传送，同时在 LCD 上面显示传送进度。

```
/* Infinite loop */
/* USER CODE BEGIN WHILE */
while (1)
{
  t=KEY_Scan(0);
  if(t==KEY0_PRES)   //KEY0 按下
  {
      printf("\r\nDMA DATA:\r\n");
      LCD_ShowString(30,150,200,16,16,"Start Transimit....");
      LCD_ShowString(30,170,200,16,16,"    %") ; //显示百分号

      HAL_UART_Transmit_DMA(&huart1,SendBuff,SEND_BUF_SIZE);//启动传输
      //使能串口 1 的 DMA 发送，等待 DMA 传输完成，此时来做另外一些事，点灯
      //在实际应用中，传输数据期间，可以执行另外的任务
      while(1)
      {
        if(__HAL_DMA_GET_FLAG(&hdma_usart1_tx,DMA_FLAG_TC4))     //等待 DMA1 通道
                                                                //4 传输完成

        {
          __HAL_DMA_CLEAR_FLAG(&hdma_usart1_tx,DMA_FLAG_TC4); //清除 DMA1 通道 4 传输
                                                             //完成标志
```

```
                    HAL_UART_DMAStop(&huart1); //传输完成以后关闭串口DMA
                    break;
            }
            pro=__HAL_DMA_GET_COUNTER(&hdma_usart1_tx);   //得到当前还剩余多少个数据
            pro=1-pro/SEND_BUF_SIZE; //得到百分比
            pro*=100; //扩大100倍
            LCD_ShowNum(30,170,pro,3,16);
            }
            LCD_ShowNum(30,170,100,3,16);//显示100%
            LCD_ShowString(30,150,200,16,16,"Transimit Finished!"); //提示传送完成
            }
            i++;
            delay_ms(10);
            if(i==20)
            {
                    LED0=!LED0;//提示系统正在运行
                    i=0;
            }
            /* USER CODE END WHILE */

            /* USER CODE BEGIN 3 */

            /* USER CODE END 3 */
        }
```

（5）重新编译工程

重新编译修改好的工程。

（6）配置工程仿真与下载项

在 Keil MDK 开发环境中通过菜单项 Project→Options for Target 或工具栏中的 按钮配置工程。

进入 Debug 选项卡，选择使用的仿真器为 ST-Link Debugger。切换到 Flash Download 选项卡，选中 Reset and Run 复选框。单击"确定"按钮。

（7）下载工程

连接好仿真器，开发板上电。

在 Keil MDK 开发环境中通过菜单项 Flash→Download 或工具栏中的 按钮下载工程。

工程下载完成后，连接串口，打开串口调试助手，可以收到 DMA 发送的内容，查看 LCD 模块显示是否正常。

习　题

1．简要说明 DMA 的概念与作用。

2．什么是 DMA 传输方式?

3．在 STM32F103x 芯片上拥有 12 通道的 DMA 控制器，分为两类 DMA，分别是什么？各有什么特点？

4．STM32F103x 支持哪几种外部 DMA 请求/应答协议?

5．在使用 DMA 时，都需要做哪些配置？

参 考 文 献

[1] 李正军, 李潇然. STM32 嵌入式单片机原理与应用[M]. 北京: 机械工业出版社, 2023.

[2] 李正军, 李潇然. STM32 嵌入式系统设计与应用[M]. 北京: 机械工业出版社, 2023.

[3] 李正军, 李潇然. 嵌入式系统设计与全案例实践[M]. 北京: 机械工业出版社, 2023.

[4] 李正军, 李潇然. 现场总线及其应用技术[M]. 3 版. 北京: 机械工业出版社, 2023.

[5] 李正军, 李潇然. 现场总线与工业以太网[M]. 武汉: 华中科技大学出版社, 2021.

[6] 李正军. 计算机控制系统[M]. 4 版. 北京: 机械工业出版社, 2022.

[7] 李正军, 李潇然. 计算机控制技术[M]. 北京: 机械工业出版社, 2022.

[8] 张洋, 刘军, 严汉宇, 等. 原子教你玩 STM32: 库函数版[M]. 2 版. 北京: 北京航空航天大学出版社, 2015.

[9] 王维波. STM32Cube 高效开发教程: 基础篇[M]. 北京: 人民邮电出版社, 2021.

[10] 杨百军. 轻松玩转 STM32Cube. [M]. 北京: 电子工业出版社, 2017.